U0840004

中国民航建设与发展

The China CAAC Construction and Development

中国民用航空总局航空安全技术中心　编

人民交通出版社

内 容 提 要

"十一五"以至2020年，是我国全面建设小康社会的重要时期，也是民航发展的重要战略机遇期。该书从政府、行业、企业的角度出发，权威、客观、真实地反映了我国民航发展密切相关的各种政策环境，关键技术设备研究，项目规划等情况。

图书在版编目(CIP)数据

中国民航建设与发展/中国民用航空总局航空安全技术中心编.—北京：人民交通出版社，2009.5
ISBN 978-7-114-07713-5

Ⅰ.中… Ⅱ.中… Ⅲ.①民用航空-交通运输业-经济建设-研究-中国②民用航空-交通运输业-经济发展-研究-中国 Ⅳ.F562.3

中国版本图书馆CIP数据核字(2009)第058501号

书　　名：中国民航建设与发展
著 作 者：中国民用航空总局航空安全技术中心
责任编辑：赵瑞琴
出版发行：人民交通出版社
地　　址：(100011)北京市朝阳区安定门外外馆斜街3号
网　　址：http://www.ccpress.com.cn
销售电话：(010)59757969，59757973
总 经 销：北京中交盛世书刊有限公司
经　　销：各地新华书店
印　　刷：北京市凯鑫彩色印刷有限公司
开　　本：880×1230　1/16
印　　张：21.5
字　　数：596千字
版　　次：2009年5月　第1版　第1次印刷
印　　次：2009年5月　第1版　第1次印刷
书　　号：ISBN　978-7-114-07713-5
定　　价：198.00元

中国民航建设与发展

主　　编：任超英

策　　划：杨　勇

编　　辑：刘　玮

　　　　　孙　涛

　　　　　贺　飞

美　　编：刘　川

前言 Preface

“十一五”以至2020年，是我国全面建设小康社会的重要时期，也是民航发展的重要战略机遇期。为适应国家经济社会发展的需要和建设民航强国的要求，中国民航从“十一五”进一步加强了基础设施的建设步伐，迎来了新一轮发展的热潮。根据《全国民用机场布局规划》，到2020年，我国民航运输机场总数将达到244个，新增机场97个（以2006年为基数），形成北方、华东、中南、西南、西北五大区域机场群。

民航作为我国综合交通运输体系的重要组成部分，发展速度最快，在国民经济社会发展中的作用日益突出。民航发展对经济繁荣有着强烈的带动作用，特别是在推动国际贸易、促进区域经济平衡、促进航空产业链的科技进步等方面具有很高的经济和社会价值。而在过去的2008年中，民航经受住了油价攀升、雨雪灾害、汶川地震、奥运保障等严峻考验，在安全生产和能力建设方面取得了巨大成就，也引发了社会各界对民航发展的极大关注。

按照国家拉动内需，促进经济增长等一系列政策措施的要求，未来两年，我国将投资4000亿元用于民航基础设施建设。到2020年，中国民航将实现运输总周转量1400亿吨公里以上，旅客运输量超过7亿人次，旅客周转量在国家综合交通运输体系中的比重达到25%以上。届时，我国民航机场数量达到240个以上，在地面交通100公里或1.5小时的车程范围内，全国80%以上的县级行政单元较方便地得到航空服务，所服务区域内的人口数量达到全国人口的82%以上，国内生产总值达到全国总量的96%以上。

为客观、真实地反映我国民航建设与发展的新成就、新趋势，总结和探讨新一代民航运输体系建设的新理念、新内涵，积极推广服务于民航体系建设的新技术、新产品，特组织编写《中国民航建设与发展》一书。该书从政府、行业、企业的角度出发，权威、客观、真实地反映了与我国民航发展密切相关的各种政策环境、关键技术设备研究、项目规划等情况。同时，邀请行业内专家针对民航发展的形势环境、发展战略、航空经济、机场服务、关键设备研制等热点问题进行交流分析。该书的出版发行，将会对我国民航产业发展起到一定的推动作用。

在《中国民航建设与发展》一书的编写过程中，我们得到了各级交通主管部门和行业内相关单位的大力支持。在此，特向所有对本书的编撰工作给予支持的单位和个人表示衷心感谢！

编 者

2009年3月

中国民航建设与发展

特邀协办单位

（排名不分先后）

庞巴迪公司

CFM INTERNATIONAL(斯奈克玛)

珠海翔翼航空技术有限公司

香港中亚航空技术有限公司北京办事处

北京蓝天航空科技有限责任公司

香港飞机工程有限公司

北京飞机维修工程有限公司

泛亚太平洋航空服务有限公司

欧博迈亚工程咨询（北京）有限公司

法国巴黎工程公司(ADPI)

通用电气（上海）贸易有限公司

赛默飞世尔科技（上海）有限公司

机场保安有限公司

史密斯检测（亚太）有限公司

BAC 冷却系统（大连）有限公司

威海广泰空港设备股份有限公司

JOTRON ASIA PTE LTD

上海航天电子有限公司

中国民航局第二研究所

THE SECOND RESEARCH INSTITUTE OF CAAC

所长、党委书记：黄荣顺

研制的空管自动化系统

研制生产的飞机除冰液

中国民航局第二研究所是我国民航行业内专业从事高新技术应用开发的科研机构，其前身为中国民航局科学研究所，1958年12月11日在北京成立，现位于四川省成都市二环路南二段17号。

中国民航局第二研究所主要从事民航信息管理系统、空中交通管理系统、机场弱电系统、航空物流系统、航空安全管理系统、航空化学产品、农林航空产品的设计、研究、开发及科技成果产业化推广，同时还承担了航化产品适航性能、飞机非金属材料阻燃性能、农林航空喷洒设备、空管自动化系统、空管雷达系统的技术测试及航油适航审定、民航节能减排监测等民航行业技术支持工作。

中国民航局第二研究所建所50年来，经过艰苦创业、科技兴所的历程，逐步走上了研究、开发、生产、销售一体化的道路。运用现代科学的新理论、新技术先后研制开发了一系列适合民航现代化建设需要的新成果、新产品，共获得科技成果奖249项，其中国家级14项，省部级93项，其他奖142项；机场信息系统集成技术、行李自动分拣技术、场面移动引导控制技术、无线射频识别技术、空管自动化控制技术、航空化学应用技术、机场弱电系统设计技术及适航检测技术均处于国内领先水平。中国民航局第二研究所的科技成果先后在民航空管、机场、航空公司等领域的海内外200多家单位广泛应用，为民航的重大建设项目和生产运行提供技术保障服务，取得了显著的经济效益和社会效益，为民航的建设和发展做出了重大贡献。

中国民航局第二研究所目前已建成民航一流的空管和电子信息科研基地、空管新技术应用实验室、航化适航测试中心、农林航空测试中心、节能减排监测中心，与成都市高新区及电子科技大学建立了博士后流动站，拥有享受政府津贴的专家16人，民航中青年技术带头人4人。现全所在职员工445人，其中硕士以上（含博士及博士后16人）占21%，高级职称占20%，获国家级科技进步奖励人员38人，已发展成为民航重要的科技力量。近年来陆续承担了国家自然科学基金重点项目、国家863重点项目、科技主管部门技术专项及民航主管部门重大专项。在中国民航实施科教兴业、加大科技投入的宏观战略指导下，中国民航局第二研究所确立了民航一流、国内先进的科技创新基地，民航领先、国内知名的高新技术企业的奋斗目标，将继续以推进中国民航应用科学技术现代化为己任，发奋图强、锐意创新，在我国由民航大国向民航强国跨越的历史性进程中，中国民航局第二研究所将为中国民航提供更加先进的技术成果、更加完备的技术方案、更加优良的技术服务，为中国民航的科学发展做出新的贡献。

研制的“机场行李自动分拣系统”荣获2005年国家科技进步二等奖

研制的“民航机场生产运营指挥调度系统”荣获2006年国家科技进步二等奖

研制的民航行业RFID应用安全管理系统

北京首都国际机场新航站楼弱电系统设计

地址：成都市二环路南二段17号　邮编：610041　查询电话：028-82909114　传真：028-85224583　客服热线：028-962586
网址：http//www.caacsri.com　E-mail: casriof2@mail.sc.cninfo.net

我们的用户
伦敦希思罗国际机场
阿姆斯特丹国际机场
香港国际机场
巴黎戴高乐机场
郑州新郑国际机场
成都双流国际机场
深圳宝安国际机场
行李处理系统

目录 Contents

一、专家论坛

发展篇

运营篇

技术篇

二、政策法规

三、项目规划

四、行业信息

空管设备

飞机制造及维修

飞行模拟设备及培训

规划与咨询

地面支持设备与服务

信息技术

安防系统

环控系统与设备

其他

一、专 家 论 坛

论中国民航强国之路*

张建森　余凌曲

从民航大国走向民航强国是我国既定的国家战略。本文结合民航界最近的一动向，就“什么是民航强国?”“中国离民航强国还有多远?”和“中国如何实现民航强国?”等三个问题阐述作者个人的意见。

一、什么是民航强国

什么是民航强国?这个问题应该说是我国业界和学术界还没有完全搞清楚的一个问题。在2003年的民航工作会议上，时任民航总局局长杨元元提出了包括航空运输总量、机场密度、航空运输企业国际竞争力、空中交通管理系统、民航科技、人力资源、法律法规体系和航空安全综合保障能力等民航强国的八个方面奋斗目标。

这八个目标从民航产业本身发展以及技术的角度系统地对民航强国的特征进行了较好的描述，但仔细分析我们可以发现这八个目标还有着以下几个方面的明显问题：一是定量指标全部体现在产业规模方面，二是从民航产业发展给国民带来的福利角度考虑不足，三是各个目标缺乏细化的指标支撑，四是没有表述各个目标之间的相互关系。

2004年，民航大学校长吴桐水教授在《中国民用航空》上发表的《民航强国的内涵及实现》一文中对这八个目标进行了一定的补充，提出了实现民航强国的深层要求，如顺应世界航空自由化的潮流，持续稳定的产业政策，各子系统之间的协调发展，人均航空运输吨公里大幅提高以及提高国际业务在总周转量中的比重等。不过，总体来说对什么是民航强国仍没有一个清晰的概括。

本文无意也不能给出民航强国的科学而系统性的指标，但作者认为民航强国的指标体系除产业规模之外至少还应该包括以下三个方面的指标：一是民航产业发展给国民创造的福利，二是民航产业发展对国民经济的带动力，三是民航产业的运行效率。

在这三个方面中，最为本质的是民航产业自身的运行效率，而最为重要的是民航产业发展给国民创造的福利。如果民航产业本身没有良好的运行效率，则不太可能在国际竞争中取得好的业绩，不能称为民航强国；而如果不能给国民创造良好的福利，则民航产业的发展将会失去意义，也不能称为民航强国。

由于航空运输与其他运输方式相比有着快捷、舒适、安全等特点，但同时也比较昂贵，因此民航产业给国民创造的福利很大程度上反映在民航服务的普及率上，具体来说可以用人均乘机次数、人均航空运输周转量、机场密度、人均飞机拥有量和单位周转量价格与人均收入比等指标来表述，其中单位周转量价格与人均收入比也部分地反映了民航产业的运行效率。

航空运输业是经济增长的发动机，除自身创造直接经济效应外，对其他产业有着较强的乘数(Multiplier)或波浪(Ripple)效应，包括了间接(Indirect)、引致(Induced)和催化(Catalytic)效应。

国际民航组织2002年测算1998年全球航空运输业创造的直接经济贡献达3700亿美元，并给230万人提供了就业机会。

航空运输业每创造100美元和100个就业，就能带动其他产业创造325美元和610个就业，因此包括直接和乘数效应在内，1998年全球航空的总经济效应为1.36万亿美元和2770万个就业机会。

航空运输行动小组(ATAG)2005年的一份报告中指出2004年全球共有2.2万架飞机、1670个商业机场和160个航空导航服务商，年运输旅客近20亿人次和40%以价值计的出口货物，航空运输业为全球创造的总经济效应约为2.96万亿美元(相当于全球GDP的8%)和2900万个就业岗位。

民航运输系统由三个子系统，即航空运输企业、机场和空中交通管理系统组成，只有这三个子系统有机配合才能有效地完成运输任务。相应地，民航产业的运行效率也体现在这三个子系统各自的运行效率以及三个子系统之间的协调效率上。

美国战略学家Richard M. McCabe博士曾经提出了航空公司成功的4个方面12个关键因素，即代表顾客吸引能力方面的顾客吸引力和营销活动有效性，代表航班管理能力方面的飞机利用效率和载运率，代表员工管理能力方面的员工生产率和员工士气或工作态度，以及代表财务管理能力方面的营业收入、营业支出、营业利润率、相对增长率、股本增长率和负债程度。这12个指标很大程度上可以衡量航空公司的运行效率。机场运行效率可以用航班延误率、机场收费水平和顾客满意度等指标来表示。空中交通管理系统的运行效率可以用航班延误率以及收费水平来表示。

二、中国离民航强国还有多远

2005年以来.我国航空运输总周转量和旅客周转量均仅次丁美国，排名世界第二位，且增长水平高丁世界平均增长水平6.5个百分点。预计未来十年间，我国航空运输年均增长速度仍将保持在10%以上。同时，我国航空运输企业的经营规模还大幅提升，有3～4家航空公司旅客周转量和营业收入世界排名前20位；航空安全综合保障能力逐步增强，航空安全水平接近民航发达国家的水平。随着我国宏观经济的迅猛发展，民航产业取得了举世瞩目的业绩。但众所周知中国是一个人口大国，中

* 本文转载自《中国民用航空》2008年第5期

国也是一个正在快速崛起的发展中国家，我们不能仅仅用产业规模和发展速度来衡量民航产业的发展水平。

以下以美国民航产业发展为标杆，结合民航产业发展给国民创造的福利、民航产业发展对国民经济的带动力和民航产业的运行效率等三个方面的指标来揭示中国离民航强国的距离。

首先，我们来看民航产业发展给国民创造的福利。

由表1所示，中国人均航空运输周转量仅为美国的1/17；中国年旅客运输量约为1.6亿人次，相当于每8个中国人一年坐一次飞机，而美国则是每个美国人平均一年坐2.5次飞机，相差20倍。

2006 年中美航空运输业数据　　　表 1

	人均航班运输总周转量（吨公里）	每人年均乘机次数（次）	航班机场数量（个）	运输飞机数量（架）	每吨公里航班总周转量运输收入（元）	每人公里旅客周转量运输收入（元）
中国	23	1/8	147	998	5.43	0.60
美国	524	2.5	566	8186	7.82	0.59

数据来源：中国民航出版社《从统计看民航 2007》、美国航空运输业协会（ATA）2007 年年报、美国交通部网站、中国民航总局网站及相关公司年报等。中国人口以 13 亿人计，美国人口按 3 亿人计。货币换算：1 美元=7.5 元人民币。

中美两国国土面积大致相当，而中国的运输机场数量仅为美国的1/4；平均每130万中国人拥有一架运输飞机，而美国则是3.7万人就拥有一架运输飞机，相差35倍。

中国劳动力成本低的优势没有体现在航空运输产业和机票价格上，中美两国每人公里旅客周转量收费大致相当，而中国人的平均收人水平却仅相当于美国人的1/20。

这一系列对比悬殊的数据直观地揭示了中国离民航强国的距离，只有航空运输成为普通国民生活的一部分或者必需品的时候，我国的民航产业才可能发挥其在推进社会经济发展、提高国民福利水平方面的重要作用。但是，目前来看这一目标还相当遥远。

其次，我们来看民航产业发展对国民经济的带动力。

根据美国咨询公司DRI-WEFA在2002年7月发布的《民用航空业的国民经济影响力》报告测算，2000年美国民用航空业贡献了9040亿美元的GDP，贡献率达到9%，同时还创造了1120万个工作岗位。

而中国2006年全部民航企业的业务收入之和只有2658亿元，与GDP的比值约为1.2%，参考美国民航业的“乘数效应”，这一比例也将不超过3%。国内学者的相关研究结果也表明中国是经济增长带动了民航发展，而民航发展对经济增长的影响则不显著，这也反映了我国航空运输业还处于粗放型增长阶段。

根据2007年作者本人所做的中国北京、上海、深圳等主要城市航空运输业发展与经济发展之间的格兰杰因果检验，除深圳外各城市航空运输业发展对经济发展的带动力并不明显。

最后，我们再来看民航产业的运行效率。

在此我们主要分析我国航空公司的运行效率。表2是美国战略学家Richard M.McCabe博士提出的航空公司成功的4个方面和12个关键因素，可以将之作为衡量一个航空公司或者一个国家航空运输产业竞争能力的重要参考。

衡量航空公司竞争能力的关键因素　　　表 2

竞争力领域	关键因素	衡量指标	指标类型
顾客吸引能力	顾客吸引力	客运收入与客运周转量之比	B
	营销活动有效性	客运周转量与营销费用之比	A
航班管理能力	飞机利用率	平均每架飞机的日飞行小时	A
	载运率	客运周转量与可用客运周转量之比（RPK/ASK）	A
员工管理能力	员工生产率	可用客运周转量与员工数量之比	A
	员工士气/工作态度	每 10 万名旅客投诉次数	B
财务管理能力	营业收入	总收入与可用客运周转量之比	A
	营业支出	总支出与可用客运周转量之比	B
	营业利润率	每单位可用客运周转量的收入与支出之差	A
	相对增长率	当期可用客运周转量相当于上期的增长水平	A
	股本增长率	当期股本相当于上期的增长水平	A
	负债程度	长期债务与总资产之比	B

根据2006年的统计数据，从顾客吸引能力来看，美国旅客需要为自己每公里的飞行支付7.93美分（约合人民币0.59元），而国航、南航、东航的每客公里价格分别为0.59元、0.60元和0.62元，也就是说中美两国机票价格大致相当。航空运输业是一劳动密集型产业，这就说明中国低劳动力成本的优势并没有在民航产业中得到体现。

从航班管理能力来看，美国航空公司的平均客载率达到79.2%，而国航、南航、东航分别只有75.9%、71.7%和71.3%。民航产业是一个高投入而低利润水平的产业，客载率相差1%有时可以决定一个航空公司的盈亏，我国航空公司平均客载率与美国航空公司相差甚远。这表明我国航空公司在航班管理能力方面与国际水平还是有相当差距的，航线布局结构、营销水平、飞机利用效率等多方面亟待提高。

从员工管理能力来看，美国航空产业提供全职工作岗位544550个，平均每个工作岗位运营的客运运能为296万座位公里，而国航、南航、东航的数据分别为255万、213万和184万座位公里，作为中国最大的三家航空公司，其规模远高于美国航空公司平均水平，规模优势却没有得到体现，三大航空公司的单位员工生产效率甚至明显低于美国航空公司平均水平。

从财务管理能力来看，在单价（每单位客运周转量的收入）大致相同的情况下，美国航空公司每座位公里产能带来的客运收入为6.29美分（约合人民币0.47元），而国航、南航、东航单位产能的客运收入分别为0.45元、0.43元和0.44元，均低于美国平均水平，这也从财务角度说明了中国航空公司的运营水平相对落后，盈利能力相对较低。

在国际竞争力方面，2000年至今，中国航空公司占中国国际航空货运的市场份额从44%下降至18%，几乎已被边缘化；中国航空公司占中国国际客运的市场份额也从56%下降至44%。在国内航空运输市场上占据垄断地位的三大航空公司在国际航线上也是节节败退，比如，在美国各大航空公司炙手可热的中美航线上，中国航空公司却飞一条亏一条，不得不减少航班航线，将市场拱手让人。

此外，我国在空中管制和地面保障上的能力也大大落后。

根据民航总局的统计，2007年12月平均航班正常率为84.68%，确系飞机检修、综合服务等航空公司自身原因而造成的飞行延误，占到总延误率的41.5%，而流量控制和航行保障的空管原因则占到23.3%，仅次于航空公司自身以及天气原因。

机场建设更是远不能满足航空运输市场发展的需求，北京、上海、深圳等地的机场运行均处于饱和状态，首都机场甚至因此不得不被迫减少飞机起降架次。尽管我国各项航空运输生产指标还远落后于美国，但是空中的“拥堵”状况较之美国则有过之而无不及，空中管制和地面保障能力或将成为滞缓我国航空运输业发展的严重不利因素。

三、中国民航强国之路在何方

从以上分析可知中国离民航强国还有很远的距离。那么中国如何实现民航强国呢？或者说中国民航强国之路在何方？近来中国民航界传闻要合并中国的前三大航空公司，打造“超级承运人”，以提高中国航空公司的国际竞争力，实现民航强国。在给出中国民航强国之路本文作者观点之前，我们首先论证“超级承运人”决非中国民航强国之路，理由有三：

理由一：航空公司特别是中国的航空公司企业规模的提高并不必然带来竞争力的提高。

首先，中国目前的三大航空公司的规模并不算小。根据国际航空运输协会（IATA）的排名，在国内旅客周转量指标上，南航、国航和东航分别排名全球第6、第10和第11，各项生产指标已在国际前列。

其次，虽然航空运输企业有着较强的规模经济效应，但这一规律在中国并不能得到很好的体现。在中国，南方航空公司规模最大，但经营业绩并不理想，而一些小型的民航企业如深圳航空公司、海南航空公司和厦门航空公司却有着与南方航空公司相比显著较好的经营业绩。

再者，放眼全球，航空公司显然也并非企业规模越大就越有竞争力。例如，生产指标落后于欧美超大型航空公司的新加坡航空，却能多年来一直保持全球最赚钱航空公司的地位。

理由二：如果合并中国的前三大航空公司形成“超级承运人”，则中国民航业的市场结构将会呈现明显的垄断市场结构，这违反市场经济的基本规律，将严重损害国民福利。

有人也许会讲美国是民航强国，其航空运输市场也呈现出明显的寡头垄断市场结构，从而似是而非地拿来证明中国应该走民航垄断之路。孰不知，中国目前航空运输市场的集中程度已经远高于美国。当前，中国航空运输市场按运输总周转量计算的企业集中度系数和赫尔芬达–赫希曼指数（HHI）约为美国的2倍。

另外，美国航空运输市场的寡头垄断市场结构是在放松管制后通过市场竞争而形成的，符合强者愈强的基本市场规律，而中国航空运输业市场的寡头垄断市场结构则是人为撮合而成的。中国民航产业效率不高的问题在于竞争不足，而非竞争过度。

国航之所以旗帜鲜明地反对“东新恋”，一个非常重要的原因在于一旦新航等强有力的竞争者进入，国航通过兼并重组强化国内航线网络结构以增强自身实力的战略实施难度将大大增加，不利于国航巩固其在国内的行业龙头地位。但是，我们不能以一个企业的利益来代替国家利益。从中国航空运输产业的角度来看，以各种方式引入竞争应该是十分有利的。

理由三：“超级承运人”不能提高中国航空运输产业的国际竞争力。

如上所述，中国航空公司的国际竞争力不强。造成这种结果的原因是复杂的，我们很难想象把现在的中国三大航空公司合并后就可以提高中国航空公司的整体国际竞争力，重新夺回失去的国际市场，因为在国际市场上跟我们竞争的主要是外国航空公司，而不是中国的航空公司。在扩大企业规模不能显著提高中国航空公司运行效率的推理下，消灭中国航空公司之间的相互竞争并不能提高中国航空公司的总体国际市场份额。

那么到底中国民航强国之路在何方呢？吴桐水教授在其2004年的文章中提出了许多非常有意义的路径，如法制建设先行、放松民航管制和产权结构改革等等。

本文于此想强调的是中国民航强国之路必须强化市场配置资源（如资本资源、空域资源、航线资源和人力资源等）的基础作用。只有充分发挥市场机制的作用，才能真正提高中国民航产业的运行效率，也只有民航产业运行效率的提高才能更好地为国民创造福利，并推动国民经济发展。民航业的产业政策和法制建设都必须以完善和维护市场机制的有效性为基本目标，在此基础上，加强监管，有效保障产业和国家的安全性。在如何有效发挥市场机制作用方面，中国民航业放松行业管制和打破产业垄断是其必要的条件。

放松管制作为政府经济职能转换的重要标志，起源于20世纪70年代的美国。美国航空运输业在1978年放松管制后产生了显著的变化。中小型航空公司大量涌现，而航空公司的运营效率得到了很大的提升，航空票价平均下降了18%，1976～1982年间，虽然美国国内油价上涨了73%，使航空公司成本增加了15%，但每客公里的平均票价仍下降了8.5%。此后，美国航空运输业发生了新的变化，一方面是新的竞争者进入，另一方面是大量的兼并和重组行为，逐步形成了寡头垄断的市场结构和枢纽辐射航线结构。不可否认，放松管制对美国民航强国地位的确立有着重要的作用。

30多年过去了，但中国目前的民航产业管制程度甚至还比美国1978年放松管制之前还要严格，稳步推进放松管制是中国民航强国之路的必然选择。通过放松价格，市场准入和航线等管制，才能使市场配置资源的基础作用得以发挥，才能形成符合经济规律的市场结构、航线结构和消费结构。我们可以假设如果中国民航市场机制是有效的，而国航的经营又特别有效率，那么市场机制自然会发生作用，国航自然会去兼并其他航空公司，同时进一步完善自己的航线结构，其他航空公司也会愿意被兼并，因为只有这样才符合股东利益最大化的原则。此时，政府要做的不是去推进这种兼并行为，而是要对这种兼并行为进行监管，防止市场垄断。如果这种市场机制失灵了，政府应该想办法来激活市场机制，而不是用行政来代替市场。这就是中国民航业放松管制与加强监管的原则。

随着亚当·斯密发现市场这只“看不见的手”之后，现代经济学发展了200余年，竞争有利于经济效率而垄断不利于经济效率已经成为现代微观经济学基础教义，但中国民航政策似乎偏好于采用垄断的产业政策。

在航空运输业的上游，航空器和航油供给均处于独家垄断地位，归民航总局管理，政企不分。根据国外经验，航空器和航油均属竞争性产业，而我国由于体制原因至今并未放开对该领域的垄断经营。中国航油供给由中国航空油料总公司（简称中航油）独家经营，中航油完全垄断油源和全国机场的储供油设施，实行高出国外市场50%～100%的垄断价格。航油成本约占国内航空公司总成本的30%以上，航油的价格近年来持续上涨，导致航空公司的运营成本大幅增加，这是造成中国航空公司成本居高不下、缺乏竞争力的重要原因之一。

在产业中游，目前航空运输企业的市场结构属于寡头垄断，但如果考虑到前三大均为中央国资委的下属企业，航空运输市场可称为国有垄断。

在产业下游，对区域来说机场本身有着自然垄断的特性，这是机场的自然属性。对全国来说各机场之间应该有一定的竞争性，自2004年全国机场属地化后，这种竞争格局应该说可以逐渐形成。但有一种趋势还是让人十分担虑，自机场属地化后首都机场在全国大肆收购机场，迄今已经收购了包括重庆江北机场在内的30多个机场，将全国近1/3的航班机场囊括旗下，似乎又形成了一种全国性的机场垄断，而这种收购行为并没有引起相关部门的重视。

总之，中国民航强国之路应该打破产业垄断，促进产业的适当竞争度，重视反垄断监管，而不是去构筑新的垄断。

当然，民航强国之路是一个系统工程，在市场机制方面还应该充分发挥市场在人力资源、空域资源、航线资源、航班时刻资源和机场商业资源等方面的资源配置作用，积极培育民航人才的专业市场，改革现有的空域管理体制，放松航线管制，完善航班时刻管理机制，推进机场管理由经营型机场向管理型机场转变等等。在产业政策方面，应该加强机场建设投入，提高机场密度；支持支线航空发展，形成有效的枢纽航线结构；逐步开放天空，利用各种航权，提高中国机场的国际枢纽地位等。不过，本文最为强调的还是要充分发挥市场在配置民航资源方面的基础作用，打破垄断而不是构筑垄断。

张建森　余凌曲：综合开发研究院

关于我国民航发展环境的战略思考*

陈晓宁

一、环境是支撑我国民航发展的重要因素

在经济社会中，任何经济组织的发展，无论是企业、行业，还是作为经济组织的国家乃至多国经济组织，都是在一定的环境影响中发展的，其影响的深度和广度随着社会生产力的发展而逐步加强。在国际政治多元化、经济一体化的今天，环境对发展主体的影响更加敏感、直接、深刻，也更加持久。近期的国际金融海啸，风波所及，无论是企业、行业，亦或国家、多国经济组织，几乎无一幸免。其影响之快、之深、之广，充分说明了环境及其变动对发展主体的重大作用。

交通运输是社会性十分强的产业，环境的影响更为明显。随着社会生产力的提高和国际经济一体化，这种影响的国际化也更加突出。从产业内部来看，环境的影响主要表现在各种交通方式连接和交叉逐渐紧密，经历了独立发展—竞争发展—综合发展的过程。从产业外部来看，环境影响主要表现为国际化和发展资源供给渠道的多元化，国家、地区、洲际以至全球的经济、政治形势，金融、石油等发展资源的市场及供给渠道的变动，都会对交通运输业产生重大的甚至可能是决定性的影响。

我国民航的发展同样如此。民航初建时期，由于规模小、范围窄，旅客构成单一，资源供给渠道一元化，是在一个相对封闭、平稳的环境中发展的。改革开放后，这种封闭、平稳的格局被打破了，民航发展的社会化、市场化、国际化和发展资源供给渠道多元化特征逐渐显现，具有发展规模扩大、范围拓展、旅客构成丰富的趋势，与行业发展的内外环境的连接越来越紧密，受环境的影响也越来越大。近几年国际国内政治、经济形势的变化，诸如"9·11"事件、非典、汶川地震、金融海啸、国家宏观调整等等，以及各种交通方式、国内地区经济的发展，都对民航的发展产生重大影响。

因此，科学构建促进我国民航健康发展的良好环境，是一项重大战略任务。要将我国建设成为民航强国，必须高度重视发展环境的研究、创造和调整，增强发展环境的积极因素，抑制消极因素。同时，环境的变化，不仅深刻地影响我国民航的发展，而且必将导致发展观念的变革。一些过去行之有效的发展理念、模式、方式已不适应，必须以新的理念、模式、方式取而代之，并由此建立新的民航发展环境理论。

二、我国民航发展环境的基本构成及作用

改革开放以来，我国民航经历了从恢复性高速发展到常态协调发展、计划经济体制到市场经济体制、中央统一管理到中央与地方及国内外资本多元化管理、政企合一到政企分开、以国内发展为主到走向世界等变化，国际、国内政治经济形势和格局也发生了极其深刻的变化，科学技术和社会生产力取得前所未有的进步。这一切使得我国民航置身于与过去有本质差别、崭新的发展环境之中，这是我们建设民航强国的基本环境。

我国民航的发展环境大致可以分为4个层面，即：宏观环境、中观环境、微观环境、法律政策环境。

1.宏观环境

宏观环境主要是通过具有全局意义的社会变动对民航发展产生直接、深刻的影响。这种影响一般是通过政治、经济、自然等因素的变动去实现的。导致这些变动的原因是复杂的、综合的，由此产生的对民航发展的影响程度也不同。

宏观环境包括国际、国内两个方面。

国际环境。改革开放以来，我国经济的国际化、市场化程度不断提高，国际环境的影响越来越大。民航开放性、国际性的行业特点，使之与国际环境的联系就更加紧密。我国民航在资本、能源、飞机及配件、市场、信息、管理等各个方面，都不同程度地与国际环境相连，有的已成为国际经济一体化的有机组成部分。因此，国际政治、经济形势已成为影响我国民航发展的重要因素，而且越来越明显。分析近年来国际环境对我国民航发展影响的状况，可以看出几个特点：一是经济性。以经济形势变化的影响为主。虽然"9·11"后国际反恐的严峻形势对国际政治经济产生了深刻的影响，但由于国际航空运输在我国民航的比重不大，影响也只是有限的。相反，国际资本、能源变动的影响却是直接、深刻的。二是突发性。影响国际政治经济形势变动的因素十分复杂，有的带有很强的偶然性，且具有很强的冲击力。比如"9·11"，比如近期石油价格的暴涨暴跌，给予国际民航业几乎致命的打击，也直接影响了我国民航的发展。三是竞争性。在高度市场化的国际经济发展中，竞争是不可避免的。随着我国航权的逐步开放，外航的进入对我国航空公司形成直接的竞争。目前，外航占我国国际航空客货运输量的一半以上，成为我国国际航空运输的重要力量。仁川、成田、新加坡、曼谷等机场的建设和发展，也对我国首都、浦东、白云机场的枢纽建设形成有力的竞争。四是全面性。我国民航发展的生产要素和基本资源都与国际市场有着紧密的联系，国际环境对其影响尽管在不同的阶段、时期以及对不同的发展主体的表现程度不同，但从民航行业发展的整体上看，却是全面而广泛的。

国内环境。就宏观而论，国内环境对民航的影响主要表现在两个方面：一个方面是国家的产业战略。这个问题过去很少提出过，但从对国家产业政策研究和在这几年的实际工作中，我深感这个问题对民航的发展、对我们建设民航强国的影响是直接和

*本文转载自《中国民用航空》2008年第12期

巨大的。国际上民航业比较发达的国家，无不将民航的发展放在国家发展战略的重要位置上。发达国家对民航的发展都有专门的法律和倾向性政策，民航发展的一些重大战略问题是作为国家行为来实施的；在新加坡、韩国、阿联酋等亚洲国家，民航在国家发展战略中具有十分重要的地位，有的甚至举足轻重，其发展得到政府的高度支持。另一个方面是国家宏观经济状况的影响。这里之所以不提"国民经济增长"或GDP增长的影响，不仅是因为这两类增长推动民航增长是题中应有之义，更重要的是我国经济发展正处于转变之中，经济发展的指导战略发生了根本变化，从过去追求量的增长转变为速度和结构质量效益的统一，着力于推动产业结构升级优化。产业结构升级、经济增长质量优化以及消费、投资、出口对经济增长的协调拉动，将使得国民经济状况出现重大质变，从而形成崭新的发展环境。这一切必将对民航的发展产生深刻的影响。

2.中观环境

中观发展环境主要是指国民经济的某一部分或部门以及地区经济状况对民航发展的影响，其特点是直接、见效快、综合性强但不平衡，而且很大程度上是通过政府行为去启动、调整和完成的。这一层次的环境状况对于民航的局部发展有着极为重要的作用，并在一定程度上影响民航整体战略的实现。

中观环境主要是包括市场环境、产业环境、行业环境和地区环境。

市场环境。经过数年的努力，我国民航市场化程度有了很大提高，基本建立了适应市场经济的航空运输体制和价格决定机制，市场在资源配置中的基础性作用进而对民航发展的影响日益明显。市场环境表现在两个方面：一个是消费市场，对民航发展的影响首先而且最直接的是供求关系以及市场秩序。"九五"期间民航正处于市场化初期，由于供求关系的变化，经营主体企业化程度低，缺乏有效的市场规范和监督机制，市场竞争无序，对民航发展的消极影响是不言而喻的。通过几年的深化改革，政府监管基本到位，经营主体企业化改造基本完成，市场规范和纠正机制基本建立，市场秩序开始好转，市场运行质量有所提高，为民航的发展营造了健康的市场环境。市场环境还有一个我们以往忽视却极为重要的方面，即生产要素特别是资本、劳动力的市场状况。这几年困扰民航发展的发展资金问题、飞行员跳槽问题，实际上都是生产要素逐渐走向市场后带来的新问题。今后的一个时期，我国航空运输仍然可能持续、快速发展，生产发展的需求与生产要素稀缺的矛盾将继续存在，并对民航的发展产生影响。这样的市场环境应该引起我们重视并制定相应的战略措施。

产业环境。产业环境主要是指交通运输行业各种运输方式之间的竞争和联系。科技进步和生产力水平的提高，大大增强了各种交通运输方式的输送能力，形成了产业内的竞争环境。近年来，我国铁路不断提速，高速公路不断拓展，对航空运输形成强有力的竞争，分流了一部分中短程旅客。这是一方面。另一方面，各种交通方式的交叉、衔接和换乘，形成了综合交通能力。这是国家交通能力质的提高。相对于竞争来说，综合交通能力的形成为民航的发展提供了新的良好环境，有着更为重要的战略意义。过去我们说航空枢纽是航空公司的概念，现在看不全面，航空枢纽不仅仅是航空公司的概念，也不仅仅是机场的概念，而是综合交通体系的概念。在我们这样幅员辽阔的国度，航空枢纽的建设必须依托地面综合交通体系才能完成。现代交通能力强弱，不仅仅在于建了多少条高速公路、铁路，开辟了多少条航线，更重要的是建立各种交通方式有机结合的综合交通体系。这是今后我国民航枢纽战略不可或缺的发展环境。

行业环境。改革开放以来，民航行业完成了政府与企业分开、航空公司与机场分开、航空主业与保障单位分开的演变，并在市场化进程中形成不同利益的市场主体。然而，民航航空运输生产的环节没有改变，行业各部门在生产中的职责也没有改变，行业运行依然需要各部门的合力支撑。新的行业环境对民航发展产生不同以往的影响，主要有两个，一个是各部门间协调的质量。以往民航一家人，一个单位，一个号令，生产各环节的运行顺畅无阻。现在是不同的单位，受不同的领导指挥，特别是政企分开、机场属地化后，相互之间、与民航局之间更不存在指挥关系，而当前民航对生产各个环节的协调和连接的要求却越来越高，如何保证航空运输生产的有序、顺畅、安全，是新的环境下的新课题。另一个是作为市场主体的利益关系。利益问题是根本问题，在市场经济环境中更是如此。不同的利益主体，如何做到共同的协调行动，如何在行动中实现各自的利益，这也是我们在发展民航、建设民航强国中遇到的新问题。总之，在新的行业环境中，要处理好经济与技术的关系，在市场化条件下，建设既适应市场运行规则、又符合民航增长运行技术要求的行业环境。我们提出建立新一代航空运输体系，实质上就是创造良好的行业环境。

地区环境。地区环境主要是指某一地区、地域或经济区域的经济、社会、自然等方面的状况。我国幅员辽阔，自然环境差异大，经济和社会发展不平衡，发展战略和重点也不同。从地理位置上看，东部大型、特大型城市密集，人口众多；中西部地阔人稀，旅游资源丰富。从产业重点来看，东部地区经济比较发达，尤其是服务业方兴未艾，出口外向型经济占主导，与国际市场联系紧密。中西部特别是西北部经济相对落后，传统产业基础雄厚，外向型经济比重不大，开始进入国际市场。从消费能力来看，东部地区由于经济相对比较发达，市场经济活跃，远距离商务活动频繁，公众消费能力较强，而中西部地区就相对弱一些。地区环境的这些差异对民航发展的影响程度、方向、时间是不同的，客观上要求民航发展战略在不同地区实施的差异性以及从整体对这些差异的把握，促进民航健康发展。

3.微观环境

微观环境主要是指企业环境。企业环境往往表现为内外两个方面。外部环境主要是企业与政府、相关企业等的联系。内部环境主要是企业的内部治理结构和企业文化。企业环境的影响主要是作用于企业个体成长，这里略而不论。

4.法律政策环境

法律政策环境虽是民航发展的软环境，却至关重要，主要是由保证民航正常运行的国家法律、法令和支持民航发展的导向性政策构成。法律政策环境在一定意义上，体现了民航在国家战略中的地位，其特点一是具有很强的规范力，保证民航行业的运行质量，二是导向明确，保证民航各个方面相对平衡、协调发展；

三是重点突出，主要解决民航发展的薄弱环节。

民航发展环境是一个整体，是一个有机的系统。一方面，系统中各个子系统及其相互作用构成民航发展的综合环境，作用于民航的发展。另一方面，民航的发展也反作用于环境，改变甚至创造新的环境。因此，重视构建民航发展的良好环境，推动民航发展主体与发展环境的和谐共进，是建设民航强国的重要战略任务。

三、构建良好环境是建设民航强国的重要战略任务

发展环境是发展主体置身其中的客观环境，其构成因素在不同的层次、时期、方向对发展主体产生不同的影响。发展环境的客观性决定其不可选择，是民航发展的基础。然而，发展主体的主观能动性决定其不是消极地适应环境，而是可以积极地反作用于环境，根据自身发展的需要改造环境。建设民航强国，必须充分发挥主观能动性，构建良好的环境，以促进民航业健康快速发展。

构建发展环境是一个系统工程，涉及方方面面，需要专门研究。但是，从民航发展的实际出发，当前有4个问题亟待解决：

1.确立民航在国家产业发展战略中的重要地位

应该说，国家对民航的发展是重视的。中央领导对民航的发展十分关注，多次从战略的高度作出重要指示，并在实际工作中给予支持。然而，民航的持续发展不仅需要各级领导的支持，更需要有一个整体的战略安排。我认为，从整体和战略上看，目前我国民航在国家产业发展战略中的地位与建设民航强国的客观要求是有差距、不适应的，必须重新定位。如不尽快调整或改变，我国民航大而不强的状况将长期继续下去。民航强国的战略目标实质上是国家目标。我理解，所谓民航强国，主要应该是在国际民航业具有很强的竞争力、占有航空运输很大比重的世界民航强国。这一战略目标的确立，本身就意味着已经把民航的发展列入国家战略层面。当前，世界经济一体化的进程加快，国家的国际竞争力成为表现其实力、以及立于世界经济之林的重要因素。民航是国际运输不可替代的重要手段之一，从这个意义上说，民航竞争力就是国家交通运输竞争力的核心因素。民航强国不仅仅是行业发展战略目标，更重要的是国家发展战略目标；这一战略的实施应该是国家行为。最近，美国总统布什在视察运输部时，总结执政8年运输领域的工作，大部分篇幅是民航方面的政绩。在视察当日，他还签署了关于实施美国下一代航空运输系统的总统令，明确了内阁各部的责任和实施路线图，他还为今后的航空运输工作提出了建议。这就是美国成为民航强国最为重要的原因。显然，目前我国民航在国家产业发展战略中的地位以及在国家产业政策、财政预算、政策支持的安排上，都存在一定差距，国家对民航发展的关注度不足以支撑我们实现民航强国的战略目标。就此而言，当前我国民航的发展并不完全具备理想的国家环境。

民航强国将成就于系统综合力量的共同努力。建设民航强国是一个复杂的系统工程，民航行业只是这一系统的核心，它还涉及到国家职能的方方面面，相关的国家职能部门与民航的有机组合共同构成完整的系统。在实际工作中，建设民航强国的任何一个具体目标，都不是民航自身的努力就能够完成的。民航的一些老问题，比如发展国际航空运输问题，民航固然可以在战略规划、运营规模、航线网络、经营手段、管理方式等方面不断改进，提高竞争能力，但是，通关效率和方便程度始终是瓶颈之梗。对此，很多国家是在国家层面上去协调解决的。我国的情况也是如此，必须从国家发展战略的高度，从国家层面上去协调，辅之以导向性支持政策，才能从根本上解决问题。枢纽机场的建设也同样。又比如发展支线航空问题，多年来我国支线航空的状况一直没有根本转变，战略定位偏差是重要原因。发展支线航空事关国家经济布局和交通运输发展战略，必须以国家行为推动才能有所成就，仅靠10元机场建设费和对航空公司的微薄补助的刺激，是无法改变现状的。

由此可见，在世界经济一体化趋势中，民航的发展水平是国家国际竞争力的重要组成部分，建设民航强国实质是加强国家竞争力。只有在国家层面上以国家行为实施，才能形成促进并做强我国民航的国家环境，最终实现民航强国的目标。

2.创造规范有序的市场环境

在市场经济条件下建设民航，市场环境是最直接、有效、长期的生存和发展环境。我国民航的市场化改革历时十几年，初步建立了开放、有序的航空运输市场。政府、企业、消费者的市场定位基本清晰，生产要素流动渠道顺畅，市场机制对供求关系的平衡作用日益明显，有利于民航发展的市场环境基本形成。

但是，我国航空运输市场还处于发展初期，或者说还处在向成熟市场过渡期，一些基本因素虽已形成但不成熟，运行中还存在不少问题。市场进入资格不清、市场运行规章滞后、政府监管不到位、恶性垄断和竞争尺度模糊、代理人行为规范不力等问题在一定程度上妨碍了市场的生长和生产运行。市场是我国民航赖以生存和发展的基本环境，市场环境不好必然迟滞民航的发展。因此，必须从战略的高度认识建立良好的市场环境的必要性，着力抓好基础性建设。一是建立健全市场运行的法律、法规和规章。目前我国航空运输市场法律法规缺位的问题依然比较严重，管之无法、处之无据的现象不胜枚举，市场环境缺乏厚实的法律基础。因此，要尽快根据市场不同要素运行的特点，制定和完善各个环节、各个部分的运行规章，规范市场进出、市场营销、市场竞争、市场契约、结算支付、代理人管理、劳动力资源等各个方面的行为，使我国航空运输市场在法制的轨道上健康运行。二是规范政府监管的方式方法。我国民航市场化起步晚，发展较快，政府管理转型滞后，管什么、怎么管的问题并未解决。目前市场管理在内容、方式、手段等方面基本上还是沿用过去的套路，特别是从服务型政府的角度来说，如何通过管理，为航空运输企业创造一个良好的发展环境，还处于起步探索阶段。这些问题如不尽快解决，市场将出现管理缺位或错位的危机，并导致不同市场主体无规则的运行和碰撞，干扰民航的正常发展。另一方面，航空运输市场是国家综合市场的组成部分，既有共性，又有行业特点。我认为，带有明显共性的问题，应交由国家市场管理职能部门去管，民航行业管理部门管好有行业特点这部分就可以了。什么都自己管，不仅造成资源浪费，而且实践证明，必定管不住、管不好。三是加强对市场主体的管理，既要规范包括航空运输、机场、油料等民航企业的管理，更要尽快规范代理人的管理，健全代理人管理制度，从根本上解决代理人行为无序对市场

当前中国民航业面临的形势及对策分析*

姚津津　范幸丽　鱼海洋

回顾我国民航近几年的发展，民航运输从2002年起至2007年末，经历了一轮高速增长。这一轮高速增长，既有民航改革不断深化对航空运输市场发展的促进，也有国民经济高速发展的强力助推作用。

今年以来，受世界经济增长减缓、连续自然灾害和通胀压力等因素影响，我国国民经济增长开始从高位回落。作为一种重要的交通运输方式，民航运输除了受到自然灾害对生产秩序的影响外，运输需求开始持续回落，同时成本压力剧增开始对民航业的发展构成威胁。

严峻的发展形势使得航空公司必须采取措施，积极应对诸如美元贬值、油价攀升、需求下滑等变化，并充分把握如“奥运”和两岸“三通”等发展机会。民航局作为行业监管部门，也应积极出台相关政策，改善市场环境，以保障行业和谐发展。

本文就当前中国民航业的经济特征及面临形势进行分析，围绕需求增速减缓、油价攀升、自然灾害频发等诸多问题展开，提出相应政策建议。

一、当前中国民航业生产经营特点

1.航空运输周转量增速明显放缓

从主要运输生产指标完成情况来看，2008年1～5月份，全行业运输增长的势头明显放缓（见图1）。2008年5月，共完成运输总周转量154.2亿吨公里，旅客运输量7761.4万人，货邮运输量169.5万吨，分别比去年同期增长9.7%、7.3%和9.9%。三项运输生产指标分别完成年初预期全年生产指标的36.7%、37.0%和38.1%。

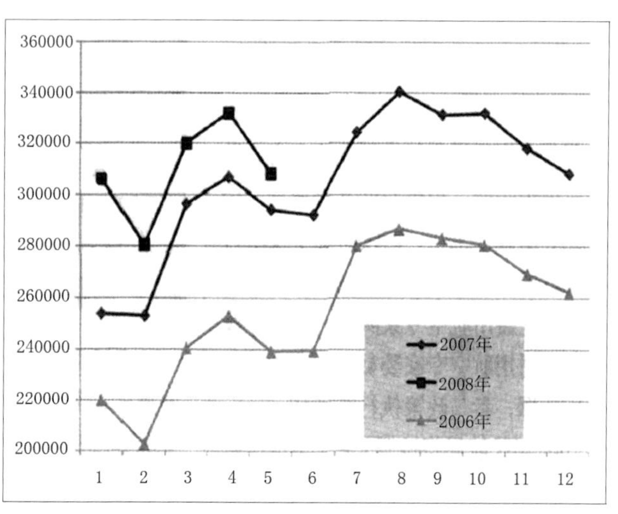

图1　运输总周转量绝对值

2008年以来，民航运输生产增长速度明显放缓，增长幅度逐月降低。今年1～5月份上述三项生产指标与上年同期相比的增幅变化如图2所示。其中，2008年5月，运输总周转量、旅客运输量和货邮运输量三项主要生产指标仅比上年同期分别增长4.7%、-1.1%和11.5%，旅客运输量出现自2003年“非典”以来的首次月度负增长。

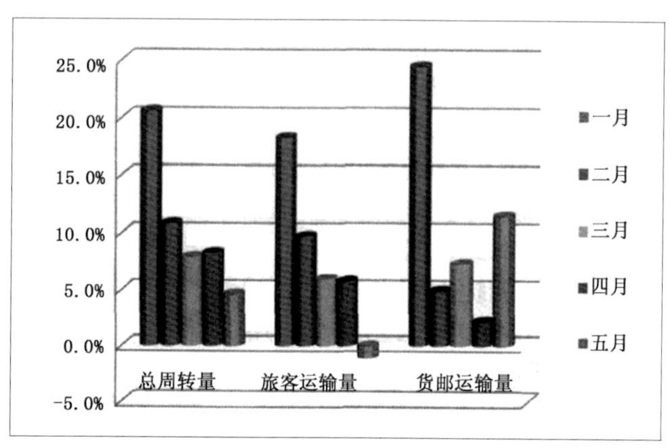

图2　2008年1～5月三项生产指标增长速度

与去年同期运输总周转量、旅客运输量和货邮运输量的增长水平相比，国内航线（包含港澳航线）和国际航线均有较大幅度的回落（见图3）。1～5月份，海南、新华、长安、山西4家航空公司运输周转量出现负增长。

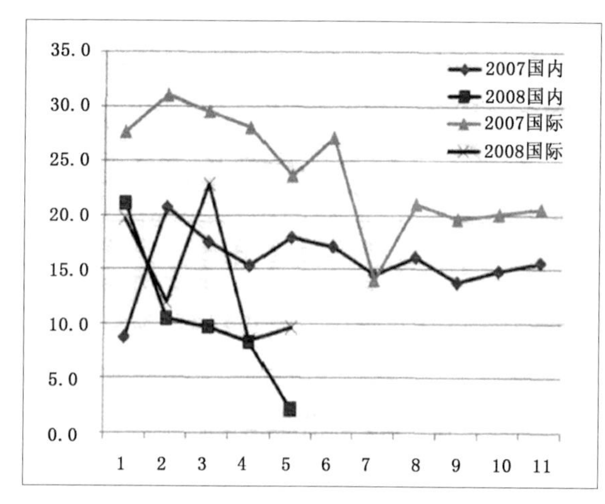

图3　运输周转量增长率

2.航班运输效益有所降低

2008年5月，正班客座率为70.9%，比上年同期降低2.8个百分点；本月由于救灾物资运输较多的原因，正班载运率为65.2%，

* 本文转载自《中国民用航空》2008年第7期

比上年同期提高0.7个百分点。2008年1～5月，正班客座率平均为76.3%，比去年同期提高了2.6个百分点；正班载运率平均为66.8%，比去年同期提高了2.06个百分点（见表1）。

2008年航班运输效益情况　　表1

	正班客座率（%）			正班载运率（%）		
	平均	国内航线	国际航线	平均	国内航线	国际航线
一月	74.8	76.2	70.5	67.6	72.2	60.6
二月	74.9	76.5	69.7	64.3	67.1	59.6
三月	76.0	77.8	69.8	68.4	71.9	63.0
四月	76.0	77.8	67.1	68.7	72.4	61.7
五月	70.9	73.2	63.8	65.2	68.0	61.1

从飞机日利用率来看，2008年1～5月份运输飞机平均日利用率持续下降，分别为8.9小时、9.4小时、9.1小时、9.4小时和9.0小时，较去年同期下降0.2小时、0.3小时、0.4小时、0.6小时和0.7小时，5月份下降幅度比较大。由上述三指标判断，当前航空运输效率有所降低，但1～5月份整体运输效率与去年相比，基本持平。

3.票价指数基本稳定

从综合票价指数情况（见图4）看，1～4月份同比增幅逐步收窄，4月份接近持平，其中远程票价和支线票价指数到了3、4月份有一定下滑，中程票价水平略高于去年，考虑到今年的通货膨胀因素，实际票价水平有所降低；另外，突发事件和节假日的调整应该对票价产生了一定的影响。

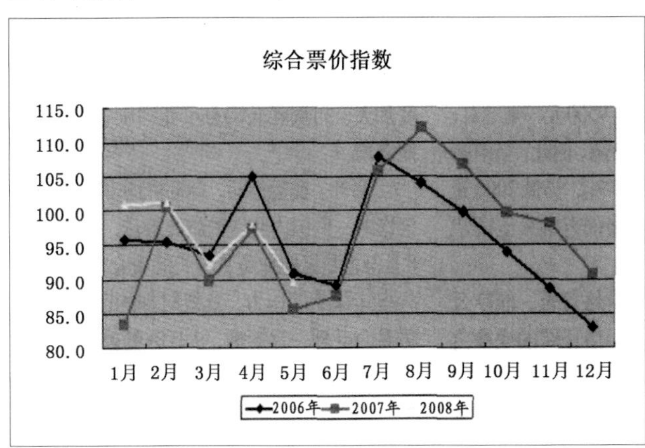

图4　票价指数走势

4.全行业利润较去年略有增加

数据显示，2008年1～5月份，全行业完成主营业务收入1195.6亿元，同比增长17.1%；成本费用1145.2亿元，同比增长17%；全行业累计盈利44亿元，较去年同期增长5.7%。

其中，航空公司完成主营业务收入833.9亿元，同比增长14.5%，成本费用800.7亿元，同比增长12.2%；累计盈利27.1亿元，较去年同期增长101.3%。

民航各机场完成主营业务收入107.9亿元，同比增长13.4%；成本费用99.9亿元，同比增长28.7%；累计盈利8.0亿元，较去年同期降低56.6%。

其中，本月全行业亏损5.6亿元，其中航空公司亏损6.5亿元，机场盈利0.9亿元。

因"5.12"地震，各航空公司大量航班延误、签转或取消，生产运营受到较大影响，同时，各公司投入大量运力抗震救灾，加之油料价格屡创新高，成本费用压力较大。

2008年1～5月份，共有11家航空公司亏损；与去年同期相比，利润降幅较大的有深圳航空公司、四川航空公司等8家航空公司。

二、形成当前民航业生产经营特点的原因

1.通货膨胀压力是导致民航运输需求增速下降的主要因素

1～5月份，CPI持续保持高位、通货膨胀压力较大以及假期的调整，都对航空消费需求产生了一定的抑制作用。1～5月份，居民消费价格同比上涨8.1%，比上年同期上升5.2个百分点。在8.1%的涨幅中，翘尾影响5.2个百分点，占64%；新涨价因素影响2.9个百分点，占36%；其中，交通和通信下降1.5%。价格指数下降表明航空运输需求增速下降。

同时，上游产品价格涨幅继续上升。1～5月份，工业品出厂价格同比上涨7.4%，比上年同期上升4.6个百分点。其中，石油和天然气开采业上涨34.1%，黑色金属矿采选业上涨34.8%，副食品加工业上涨20.7%，黑色金属冶炼及压延加工业上涨21.6%，原材料、燃料、动力购进价格上涨10.6%，上升6.7个百分点。其中，燃料动力类上涨18.9%，黑色金属材料类上涨18.1%。

2.自然灾害对民航产生不利影响

自2008年1月中旬开始的雪灾，持续时间长达一个月，其造成的机场关闭、航班延误、航班取消等对航空运输业造成很大影响。此次雪灾导致安徽、江西、河南、湖南、湖北、贵州、陕西等14省受灾，其中雪灾影响贵阳、安徽等地；震灾影响四川、陕西等地，主要关闭的机场有长沙、黄山、南昌、贵州、广州、武汉、新疆部分机场。

"5.12汶川震灾"后各航空公司大量航班延误、签转或取消，生产运营受到较大影响，同时，各公司投入大量运力抗震救灾；成都、重庆、九寨机场航班受到很大影响。

灾后，成都机场每天约安排航班飞行370架次，每天运送旅客23000余人，救灾飞行约100架次，航班飞行只有震前的80%，救灾飞行任务繁重。重庆机场平均每天航班飞行300班，运送旅客14000余人，达到了震前水平。九寨机场由于游客大量减少，目前每天只维持2～4班航班飞行，运送旅客100～300人次（震前每天约12班旅客1700人）。

3.奥运保障是民航目前重要工作

为备战奥运，民航加大安检力度、控制对出入境签证的发放等等因素，都抑制了旅客出行需求，导致旅客周转量增速降低；同时，民航承担的奥运保障工作还包括圣火包机航空运输保障任务和传递城市机场的地面保障工作。此次航空运输保障工作涉及民航7个管理局和33个机场，一定程度上影响了航空运输。

4.油价上涨增大成本压力

2008年1～5月份，全球油价持续攀升，WTI原油期货价格曾一度达到140美元/桶，航油价格随之上涨至170美元/桶。全球民航业面临航油成本上涨压力，一些航空公司为减少成本，停止

了一些国际航线航班，运力投入减少。与去年同期相比，今年1～5月份，国内航油销售价格平均为6872元/吨，上涨20%，航空公司航油成本增加28%，其中，因航油价格上涨导致成本增加56.5亿元(图5、图6)。

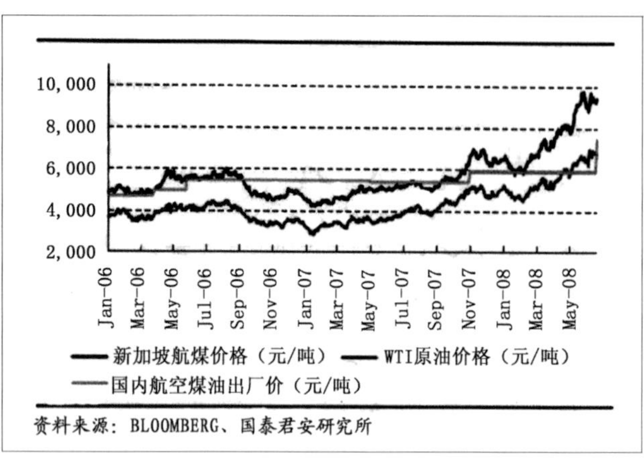

图5 航空煤油价格走势情况

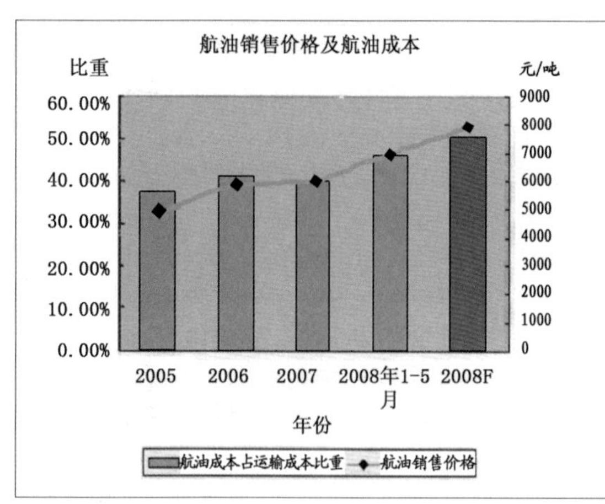

图6 航空煤油成本走势分析

5.其他

"3.14"藏独事件、"3.10"新疆劫机事件以及东航返航事件等等，对当地旅游造成一定影响，旅客旅游出行需求降低，对国内客运周转量增速产生较大影响。

三、当前中国民航业面临的形势

1．经济形势

根据国家统计局对今年以来国民经济运行状况的最新通报：今年以来，尽管连续遭遇重特大自然灾害和面临复杂的国际经济环境，但全国人民在党中央、国务院的正确领导下，积极应对各种困难和挑战，国民经济仍保持平稳较快发展，朝着宏观调控预期的方向运行。

初步测算，一季度国内生产总值61491亿元，同比增长10.6%，增速虽比上年同期回落1.1个百分点，但仍处于较快发展的区间。这个回落是在前5年快速增长基础上的高位回落，而且幅度不大，符合宏观调控的预期目的。

这表明，今年以来，我国经济对外面临美国次贷危机、石油和粮食等初级产品价格大幅上涨、金融市场剧烈动荡等复杂多变的国际环境，对内则连续遭遇低温雨雪冰冻灾害、特大地震灾害、严重洪涝灾害等不利因素，但在党中央、国务院的正确领导下，中国宏观经济已连续5个月处于"绿灯区"，国民经济仍保持了平稳较快的发展。

但在当前经济基本面未发生大变化的情况下，仍要高度关注经济运行中存在的问题：

一是通货膨胀压力还比较大。调整成品油和电价形成新的涨价因素，上游产品价格涨幅持续攀升，国际大宗商品价格仍在高位上涨，通货膨胀预期仍比较强。

二是影响经济增速加快或放慢的因素存在着不确定性：一方面，当前流动性过剩和基础货币投放压力仍较大，地方政府仍有加快发展的积极性，信贷和投资存在反弹的可能；另一方面，当前工业生产和出口交货值增速回落，外需持续减弱，经济增长幅度可能继续回落。

三是世界经济金融形势仍不稳定。尽管一季度美国、欧盟、日本等主要经济体经济增长好于预期，但缺乏稳定的基础；世界初级产品包括石油、粮食等价格仍在高位上波动，国际金融市场剧烈振荡调整。

2.民航企业面临运输成本上涨压力

航空公司仍面临油价急剧上涨带来的运输成本增大压力。自6月20日起，航空煤油出厂价格每吨上调1500元，航煤出厂价格由每吨5950元调整至7450元，涨幅25%。

以此涨幅计算，2008年6～12月，下半年航空公司航油成本上涨116亿元；由于当前新加坡航煤离岸价格为9500元/吨左右，且预期下半年不会大幅下降，因此，当前国内航煤出厂价格7450元/吨，仍低2000元左右，未来国内航煤价格仍有继续上调空间。

如国内与国际航煤价格接轨，航空公司运输成本会继续上涨，估计航油成本会再增加154.7亿元，预计全年航油成本比去年增加78%，2008年航油成本占运输成本比例将达到50%以上，巨额的航油成本势必影响航空公司运力提供，侵蚀利润空间，航空公司将不堪重负，民航运输业陷入亏损。

3.奥运会带来的挑战和机遇

奥运会的举办，对民航发展是一个契机，但同时也有一些制约影响。例如奥运会前和奥运期间的航空安全压力会在一定程度上抑制民航运输增长。随着奥运会临近，"安全、正常、优质服务"成为2008年民航业发展的重点，航空安全成为压倒一切的头等大事，民航局出台的安全保障措施将使航空公司投放运力更加谨慎，供给减少会从一定程度上影响需求；而民航安检力度加大、时间延长均有可能抑制中短期民航需求。

另外，奥运期间，首都机场容量受限，会影响一些国内航线的航班数量。传统上，8月份正是民航业务量增长的黄金时间，因为奥运保障的压力，这段时期的民航业务量会受到一定影响，9月份奥运结束后，形势会有所缓和。

4.自然灾害的后发影响

汶川震灾发生后的一段时间内，对成都、都江堰、九寨沟等地的旅行需求势必会受到影响，而往年7、8、9月份正是成都等地旅游旺季，由此会影响到达该地区的主要航线的运量。

新近爆发的南方水灾，对民航运输也造成一定影响。受灾严重的省份有广西、广东、湖南、江西等地，飞往这些地区的航线航班也会受到影响。

综上，宏观经济减速、油价上涨和安全压力是制约下半年民航需求的主要因素。特别是随着奥运会临近及奥运期间，民航供给和需求都会受到一定抑制，影响传统的黄金季节的民航经营；奥运过后，且随着各地灾情的缓解，民航生产会有所恢复，但受经济减速的影响，将很难达到年初计划生产业务量"15%"的增长预期。

四、应对措施研究

1.应对航空运输需求减缓的措施

(1)合理投放运力

2007年运输飞机总座位数达到了16.14万个，截至今年6月底民航运输飞机达到1191架，运力平均每月增长0.88%。预计今年下半年的运力将以每月1%的速度增长。

按照去年民航运输飞机生产率(10028吨公里/小时)来计算，去年陆续引进的飞机(2007年未发挥全部生产能力的部分)今年全年将提供25亿吨公里的周转量，加上今年计划新增运力的周转量20.34亿吨公里，中国民航2008年可提供吨公里水平将较去年提高12.41%。即按照假设的客座率和日利用率平均水平计算，2008年总周转量必须增长12.4%以上方能支撑运力的增长。

经初步预测，我国民航今年总周转量的增长将在11.4%～12.9%之间，如超过12.4%，则运力增长不会影响到客座率和日利用率的下滑；如增长率为11.4%，按照运力引进计划可提供周转量将富余3.7亿吨公里，即今年8～12月的新增运力过剩。

(2)给予航空公司更灵活和自主的航线经营和航班计划权

航线经营权和航班计划权直接影响航空公司的运力配置，将"促进航空公司优化配置"落到实处是当前在市场需求下降情况下所要解决的重要课题。目前航线和航班审批程序有所简化，但与航空公司自主和灵活的航班安排需求存在差距。建议加快航班时刻管理规定的实施，将非协调机场的航线经营和航班计划权真正归属于航空公司。另外在当前形势下建议对加班和包机的审批进一步简化。

(3)保持运输实际价格的稳定

在已经提高燃油附加费的情况下，航空旅客面临更高昂的运输开销。在宏观市场需求增速下降的形势下，民航应该尽量保持实际运输价格的稳定，主要通过减少非必要的服务来降低运输成本，使消费者从中受益，避免价格敏感旅客的需求下降过大。

2.应对航油价格上涨的措施

(1)理顺航油供应机制和价格形成机制，加快国内与国际航油价格接轨

现行航油供应和价格仍属政府管理范围，实现其可控的市场化应是未来民航运输的重要基础，有必要改革现行航油供应体制和价格机制。但目前国内航空运输需求有快速降低风险，因此不宜大幅度提高国内航油价格及燃油附加费。但基于油价上涨的预期，应尽快研究制订航油供应新体制和价格新机制，以便在航空运输需求回暖和国际油价下滑时推出，对保障民航运输的长期健康发展具有积极意义。

(2)积极鼓励航空公司采取节油措施

降低航空公司服务标准，向国外低成本航空公司学习，减少机场装置和餐食服务种类、采用更轻巧的飞机餐具和机舱座椅；要求空管局扩大航路经济高度中的容量，并对航班进离场进行优化，减少飞机空中等待时间；鼓励航空公司运用掉期及复杂期权等衍生工具，明确交易员的交易限额，可以在一定程度上减少航油波动的风险。

3.应对自然灾害措施

(1)加快推出并实施民航应急救援规划，建立民航应对自然灾害和突发事件的管理机制，完善民航的灾害保险基金或制度，涵盖救助他人与自我救助两个方面。

(2)申请财政救灾补贴和减免税。雪灾、震灾和水灾期间，民航还肩负救灾的艰巨任务，同时，民航也是受灾行业之一。向国家有关部门申请财政救灾补贴，并对航空公司适当减免税收。

(3)发展通用航空的良机，尽快制定通用航空发展规划，并向国家申请放开空域，鼓励发展通用航空业。

(4)允许受灾地区，特别是水灾受灾严重地区的民航管理局，灵活掌握航线航班审批和运力调配，合适时机增加包机、航班等。

4.应对“奥运会”的措施

(1)借赈灾和奥运的契机，出台宣传措施，提升民航整体形象。民航局除了进一步督促航空公司提高航班正常率和改善服务质量外，可藉此契机积极制订民航宣传规划，系统地树立中国民航安全发展的良好形象、树立民航局行业监管者权威和公众利益维护者形象。在各大机场开展如民航局、地区管理局与旅客的对话互动等活动，介绍民航维护公众利益的立场、决心和努力，使安全民航与和谐民航的理念深入人心。

(2)中央要求民航确保安全、稳定的大局，全力保障奥运与残奥会顺利举办，民航可以有针对性地为行业谋求发展的良好环境；申请建立更为灵活高效的空域协调机制。奥运和残奥会的举办，围绕首都国际机场的对民航运输空域管制的放松经验，民航可及时总结并向上申请作为示范推进全国民航机场的空域管制放松。

(3)充分挖掘“奥运”商机，加强航空与其他相关产业合作，形成“奥运经济”。积极与相关行业主管部门沟通，帮助民航企业与其他产业合作，创造奥运产业链，为行业创造盈利机会。

5.应对美元贬值的措施

(1)利用人民币升值契机，国内航空公司争取国际资本性扩张，如直接或间接进行国外航空公司的股权投资。今年初以来，全球数十家小规模航空公司倒闭，全球航空业将面临巨大的考验。预计由于油价高企和客座率过低，今年全球航空业的营运亏损将达到400亿美元。面对美元贬值和国外航空公司的经营困境，国内航空公司应积极把握海外资本扩张机会，兼并重组有益自身发展战略的行业对手，或参股国外金融租赁公司，降低飞机租赁费用。

(2)鼓励国际业务使用人民币结算。买进飞机和融资租赁飞机为航空公司产生大量的美元负债，经营租赁飞机也为其产生部分美元负债，这些以美元或港元记账的债务，在人民币对美元及港元的升值时实现了巨额缩水。在人民币对美元持续升值期间，鼓励国际业务以人民币结算，可获取更高利润和减少债务，有效避免汇率风险。

(3)鼓励国内航空企业直接进行外汇和外汇期货交易，积极探索国内企业运用经济和金融手段规避外汇及金融风险。

姚津津　范幸丽　鱼海洋：中国民用航空总局航空安全技术中心

逆势而上　振翅高飞

——中国航空业现状、前景及机场建设融资

毕马威华振会计师事务所

2007年全球有超过22.5亿人次的乘客乘坐飞机，使得从新世纪伊始就饱受经济低迷影响的世界航空业得以恢复。然而最近开始的全球经济衰退，从某种程度上又使得世界航空市场客运需求变得不明朗。中国的航空业以及整个世界的航空业，都已经受到世界经济下滑的影响，但是受冲击的程度还有待观察。

本文将探讨中国航空业的现状及发展前景，并讨论机场建设融资。中国经济取得了持续的迅速增长，航空业需要与迅速增长的经济相适应。中国人口超过13亿，为乘客服务的机场只有146个，而美国人口只有3亿，为其乘客服务的机场超过5300个。毫无疑问，中国的这一行业仍然有着巨大的发展潜力。

一、全球发展趋势

亚太地区是全球航空客运业务发展最快的地区，预计2001～2010年期间平均年增长率达7.2%。世界航空货运业务也日益转到亚太地区，在同期预计以年8.4%的速度增长。全球金融危机到底在多大程度上影响到全球以及亚太地区的航空业还有待观察。在过去的几个月中，全球燃料价格显著下降，但是交通运输业务量却也同时下滑了。

然而即使经济开始下滑，包括中国在内的新兴市场仍然在扩大基础设施投入，显然机场建设能从中得到裨益。2008年早些时候，美林银行曾经发布报告称全球基础设施投入将在今后三年从1.25万亿美元增加到2.25万亿美元。其报道显示，超过70%的投入将会发生在中国、中东和俄罗斯。

除了经济下滑之外，全球航空业面临的变化包括安全措施的升级和技术创新的加快，这些都对航空业前景产生重大影响。包括电子客票和自动检票系统在内的相关技术稳步发展，让旅行更加便捷顺利，不断释放旅客出行的需求潜力。另一方面，政府强化对航空业监管又部分抵消了航空业从效率提升获得的盈利。

二、中国市场最近的发展趋势

虽然前景不确定性的阴云笼罩着国际航空业，但是中国仍积极推动机场建设，不会因全球经济低迷而踟蹰不前。中国航空业在过去40年保持年均增长15%，并且有潜力在至少10年内保持相同的增长速度。出入境旅客数量都在增加。在过去5年，出境航班的数量每年以22%的速度增长，并将继续超过入境航班的增长速度。

中国航空业的客运和货运航空分别以平均每年14%和13%的速度增长。在2006～2010年间，中国民航总局计划增加45个新机场，扩建25个航站楼和升级9条跑道。到2020年，中国民航运输机场总数将达到244个，新增机场97个（以2006年为基数），形成北方、华东、中南、西南、西北五大区域机场群。

人口从农村地区迁移到城市地区的城市化进程也促进了这一趋势。到2020年，届时中国预计有14亿人口，其中将有超过40%居住在城市地区。当新城市兴起的时候，小型的省级机场将需要扩建，支线机场也要建设。中国民航局预计到2010年之前客运和货运航空业务将每年增长14%，到2020年之前将每年增长11%（图1）。

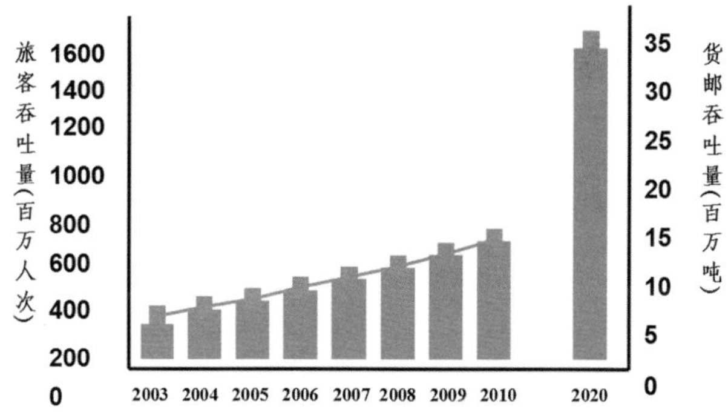

图1　机场旅客吞吐量和货邮吞吐量

2003～2010年以及2020年展望

为了保持这一快速的增长速度，中国民航局公布了未来两年巨额的机场建设投入计划，资金规模高达4500亿元，加上2008年新建、改扩建机场投入300亿元，近三年需要有近5000亿元的资金流向机场建设项目。

中国航空业一个显著特征是其集中性。2007年超过一半的旅客流量都集中在8个大型机场，其中大部分位于中国东部沿海地区。

不断增长的业务量在配套服务领域方面创造了同样的机遇。特定配套领域如餐饮、停机坪服务、货物处理、工程设计和机械维护服务等正吸引投资者。投资者正考虑投资形式的选择。投资者通过合资、战略联盟和其他合伙形式与国内机场集团和辅助服务公司合作，实施国际先进技术并且帮助合作伙伴优化流程管理。

三、中国主要增长区域

1.长江三角洲

作为中国排名第八的繁忙空港，杭州萧山国际机场2007年接待了超过1100万人次的旅客。杭州萧山国际机场有限公司CEO黄伟麟把萧山国际机场比作购物中心或大型社区。他说："我们的零售商就是航空公司，而且我们还打造了社区并确保在这个社区的人都得到了很好的服务。"

最近，杭州萧山机场得益于两岸交通流量的增加，但受益方式与大家预想的不同。由于台湾和大陆之间的关系回暖，通过香港的货运和旅客运输量预期下降，香港国际机场开始寻找位于北方的合作伙伴。现在杭州和香港机场开始密切合作以增加运输流量。黄伟麟表示："由于担心因为两岸直航使途经香港的乘客大幅下降，我们需要弥补那个空白并且面向未来制订一个强有力的发展计划。解决方案就是投资于中国大陆并且向香港输送乘客。"

黄伟麟表示，由于机场安全措施等原因，乘客们等待登机的时间越来越长，其情绪也会受到影响。但是他仍然对此保持乐观，他说："希望科技发展能够带来长期的解决方案，例如RFID标签技术。"

2.北京

在过去几年中，首都国际机场一直全力准备北京2008年奥运会和3号航站楼的启用。首都国际机场集团公司海外及国际事务部总经理郭新民将公司角色定位为未来的发展和扩张。这需要在中国之外寻找更多的机会。"首都国际机场集团公司经常与国外运营商交流，"他介绍说，"比如说，我们与美国休斯敦机场和其他机场有战略合作伙伴关系。"

2008年对于北京机场来说是具有标志意义的一年。工程总投资达250亿元的3号航站楼于2008年3月26日开始运营，减轻了机场原来严重拥挤和设施紧缺的压力，并且让首都的国门给人留下深刻印象。3号航站楼使用了所有最新的设施，其中也包括节能设施；并且运用了几乎所有最新的机场设计概念，例如机场设计中已经包含了接待多架A380的能力。

与第三航站楼建设同步进行的另外一些大型项目，例如第三条平行飞机跑道，连接机场内部的轨道网线，包括占地30万平方米的运输中心、新的高速公路连接、新的装货区域以及为A380提供服务的巨大飞机修理库。

机场的运输能力已经从每年3500万人次增加到7800万人次。2008年首都机场预计将接待5800万人次，2009年增至6500万人次，并且从乘客数量角度看将跻身世界五大机场。北京需要开始做更长期的未来航空运输计划，其中包括在首都机场新建第4条跑道以及建设第二机场。

3.昆明

昆明是中国西南部最大的城市之一，拥有超过400万人口。昆明是一个重要的旅游中转站，也开始成为东南亚的重要口岸。昆明巫家坝机场是中国排名第七的机场，2007年接待了1570万人次乘客以及23.2万吨货运。机场现在主要作为中国东方航空公司的国内航空枢纽并且开辟了越来越多的国际航线。机场的航站楼正在扩建，以应付增长的运量。作为中国第四大枢纽机场的昆明新机场目前已进入全面建设阶段。

昆明新机场的建设将是中国未来几年最大的机场建设工程，总投资超过200亿元。新机场将位于昆明西北方向20公里的地方，占地面积达21平方公里。昆明新机场在第一阶段将有2条飞机滑行跑道并且有每年容纳2500万人次的乘客和60万吨货运的能力；下一个阶段将增加2个新的平行道并且机场将有能力容纳6000万乘客以及120万吨货物。

中国民航局将其规划为中国面向东南亚、南亚和连接欧亚的国家门户枢纽机场。此外，机场附近的区域将被开发成一个航空港城市，主要发展新航空服务业和制造业。现有的巫家坝机场在新机场建成后将继续运行。

4.深圳

深圳宝安国际机场1991年开始运营。尽管来自周围香港、广州和澳门的竞争越来越激烈，深圳机场现在仍是中国最繁忙的航空中心之一。2007年机场接待了超过2000万名乘客并因此成为中国第五大机场。机场主要接待国内运输，但在将来将要开辟越来越多的国际线路。

由于在过去几年中的运量的大幅度增长，现在的两个航站楼与一条飞机跑道在高峰期严重拥堵。为了适应这种增长，机场已经开始填海围地建设新跑道和T3航站楼。第一阶段将于2015年投入使用，最终阶段将于2035年投入使用。与此同时，将建设一个新的地面运输中心，与规划的香港－深圳－广州铁路线以及深圳地铁系统连通。

非航空的收入是机场需要提前考虑的事情。从阿姆斯特丹机场和香港机场的例子来看，深圳机场管理层希望把机场发展成为一个航空港城市，其相当大的部分将被用于办公室、商店以及娱乐休闲设施，并为航空和非航空公司提供场所。深圳机场还是一个重要的货运中心，并期望达到世界前30的位置。新货运设施正在建设以便到2035年有200万吨的货运处理能力。

四、机场建设的融资

中国大规模的机场新、扩建项目需要大量的资金支持。过去，机场建设的资金来自民航基础建设基金、机场建设费、地方拨款和银行贷款。近几年来机场建设融资渠道日益拓宽，但是在融资方面还面临压力，有待进一步实现融资多元化。

1.上市融资

效益较好的企业积极开展上市融资，比如首都机场、上海机场、白云机场、深圳机场、海南美兰机场、厦门机场已经进入资本市场进行融资。这些机场公司在上市时注重引入战略投资者。比如2002年，海南美兰机场在香港上市，国际投资商丹麦的哥本哈根机场斥资认购20%股份，并获得2个董事会席位，直接参与美兰机场日常经营管理。国内机场公司分别在香港、上海和深圳股市上市，部分公司已经有意回归A股。

2.战略投资者

机场积极引入战略投资者，获得资本投入，改善资产负债比例和财务状况。2005年4月，香港机场管理局通过增资入股的方式取得杭州萧山国际机场有限公司35%的股份，使得萧山国际机场成为中国内地首个整体合资的民用机场。2007年1月，新加坡樟宜机场正式与南京禄口国际机场签署协议，收购南京禄口国际机场29%的股权，成为南京禄口国际机场的战略合作伙伴。2008年，法兰克福机场集团正式入股西安咸阳国际机场股份有限公司，购入其24.5%的股份。除了这些具有行业运营经验的战略投资者，还有麦格里银行、GE等投资者在中国寻找投资机会，充分利用其经营国际机场资产的经验，寻求获得网络协同效益。此外，一些大型国际基金也积极寻找投资机遇。这些不同类型的战略投资者在运营、投资回报和投资周期等方面会有所不同。

3.集团兼并整合

大型机场对中小型机场的兼并重组，增加了中小机场的融资能力。首都机场集团先后收购了天津、江西、湖北、贵州、吉林、内蒙古和黑龙江的机场公司，目前管理全国36个机场。首都机场集团近期获得国家10亿元拨款，用于首都机场跑道升级工程以及扩建重庆、江西等地机场的项目。未来中国将新建数量众多的支线机场，大型机场公司对中小机场的兼并收购，在财务、运营管理、航线网络方面具有优势。

4.PPP项目融资

PPP(Public Private Partnership，即公私合作)融资模式最早是英国在1992年采用，现在已经广泛地为世界各国政府所接受，应用到交通(公路、铁路、机场、港口)、卫生(医院)、教育(学校)等领域。在PPP模式中，政府保持对基础建设项目的最终所有权和相当的控制权；投资者获得了稳定的收益，降低了风险；整个基建项目通过公私合作解决了资金缺口问题，提高了资金运用效率，通过引入私营公司先进的管理经验和技术专长，提高了项目的效率和服务质量，并降低了整体的运营成本。

毕马威会计师事务所曾担任加拿大机场发展公司的财务顾问，协助公司完成多伦多皮尔逊机场3号航站楼的PPP项目。该项目总投资额达5亿加元，是世界最早的PPP项目之一。为实现以有限的资金扩建机场促进经济发展的目的，哥伦比亚政府2007年采用了PPP模式实施首都波哥大“埃尔多拉多”国际机场改造计划。毕马威担任哥伦比亚政府的主咨询顾问，领导财务、工程和法务团队协助其完成PPP项目融资，项目总额超过6.5亿美元。PPP模式已经成为国际上机场融资建设的重要方式之一，PPP融资模式对中国中小机场改变单一财政融资模式，拓宽融资渠道，满足机场建设资金的需求，有借鉴意义。

BOT(建设—运营—转让)是PPP模式中非常重要的方式。在中国，BOT特许经营权模式已经广泛地应用到很多基础建设领域，如自来水厂、污水处理厂、高速公路的建设和运营。希腊采取了BOT方式建设了雅典机场。中国机场也可参照国内外的BOT项目经验，尝试将机场建设运营的整体或者部分设施进行BOT招标，解决建设资金不足的难题，同时，也有助于提高资金使用效率，改善运营水平。

5.其他融资手段

2006年3月，中国保监会推出《保险资金间接投资基础设施项目试点管理办法》，鼓励保险公司间接投资基础设施建设。2007年，保险资金被成功引入上海基础设施建设领域。国务院已经批准保险公司投资未上市公司的股权，其中一部分主要是对于基础设施的投资。目前，保险资金基础设施的股权投资主要集中在铁路等行业，以基础设施股权投资计划的方式参与。2008年12月3日，国务院常务会议指出，要引导保险公司以债权等方式投资交通、通信、能源等基础设施和农村基础设施项目。据测算，保险公司可用于投资基建的资金超过1000亿元。机场建设作为基础设施建设一部分，也可积极探索与保险公司合作的模式。机场公司可以尝试资产证券化、开发信托计划，拓展其他融资渠道。

五、未来趋势

展望未来，中国民航业蕴育着巨大的发展机遇，需要积极应对以下发展趋势。

1.安全

虽然业界人士认为中国民航的安全状况好于世界平均水平，但是中国航空安全问题也同样面临着挑战。改善安全检查程序，提高安全检查技术水平，将需要机场增加这方面的投资。

2.技术

更好地运用咨询服务将会使机场运行流程更加顺畅。投入大量资源实施的新技术会帮助乘客了解更多信息并提供更友好的选择，帮助乘客更好地安排行程。

3.新航线的选择

台湾和大陆之间的直航将会极大地影响各大机场：在香港和澳门换机的乘客将被点对点的旅行取代而减少。第五航权将会使更多的航班和国际运营商进入中国市场，使得当地的乘客和机场受益。

4.航空港口城市

运输、物流和商业设施的整合发展越来越迅速，并且使机场成为了所有活动的中心。中国在这方面有更大的发展空间。为致力于创造协同效应以及增强规模经济，部分机场正在寻求建立综合的货运物流网络。

5.交通的衔接和整合

充分整合的运输选择权的使用将使乘客感到更加便利，并可能因此增加机场的运输。然而只有香港、北京、上海等少数机场和轨道运输相结合。

6.非航空收入

促进非航空收入的增长，例如零售，以帮助机场扩大他们的收入来源。

中国民航业控制航空排放政策研究*

武洲宏　马湘山

摘　要：应对全球气候变化，中国民航业应给予足够重视并实施行动。在坚持技术、运营减排措施的基础上，积极探索并分步实施符合中国责任义务的基于市场的减排措施。在各航空公司实施碳抵消计划后，适时开展自愿减排计划。在实施该计划中，可尝试设定基于人文需求的量化指标，如人均强度指标或人均排放总量指标。

关键词：民航业；航空排放；政策研究

因“温室效应”引发的全球气候变暖已经受到世界各国的关注，而人类活动导致的温室气体排放是其主要根源。就民航业而言，航空器发动机运行中因燃烧化石燃料（航空煤油）而产生排放。航空运输使人员、货物在国家、区域甚至全球范围便利流动的同时，因航空器的排放与船运业一样同属移动源排放，不同于钢铁、电力等行业的固定源排放，其领域已经通过航线网络扩展到全球，远远超出国别范畴，更容易引起飞行目的地国对温室气体排放的注意。如欧盟已经计划于2012年将所有进出欧盟的国际航空运输纳入欧盟排放交易体系（EU ETS），而且该提案已经进入立法程序的“二读”阶段。越来越多的事实证明，我们在分享民航高速增长带来的福祉的同时，更应对航空排放给予足够的重视和研究。

一、航空运输与全球气候变化

1.航空运输与全球气候变化的科学理解

按照IPCC第四次评估报告（AR4），民航业（含国内和国际航空）CO_2排放占全球CO_2排放的2%，占全部辐射强的3%。早在1999年，IPCC就指出民航业在交通运输领域中，CO_2排放量仅占全部运输形式的13%，远低于道路运输（占74 %）。所不同的是，道路运输产生的温室气体扩散到平流层相比直接在平流层飞行的航空器的排放，在时间积累上需要非常漫长的时间，而飞行器是直接将温室气体排放到对流层上部和平流层，因此备受全球瞩目。况且航空器和发动机技术虽然得到了改进、空中交通管理系统提高了效率，但这些却抵消不了由预计的航空增长而增加排放的影响。根据国际民航组织理事会环境保护委员会第六次会议（CAEP/6）上的最新预测，预计2000～2020 年全球航空运输将有4.3%的年增长率，在2002～2020年之间，将有12667架航空器加入全世界的机队以适应增长，预示着未来全球民航业航空排放将继续增加。

2.航空减排的措施

目前国际民航业在航空减排措施上主要有三种：技术、运营和基于市场的措施。

技术措施：空中交通管理（ATM）新技术应用，通过空管新技术优选航路和飞行高度，增加空域容量，提高航空器运行和燃油效率；航空器采用的新技术，如清洁燃料、可替代燃油、新型发动机设计等。

运营措施：航空器运营效率提高，包括机队现代化、规范飞行节油程序、提升客座率和载运率以实现节油。另外，包括机场基础设施和运营服务的改进。

基于市场的措施：与排放有关的费用和收费、排放权交易机制（ETS）、碳抵消。在我国的提议下，国际民航组织将清洁发展机制（CDM）也纳入其中。其中最具争议的是排放权交易机制，虽然该手段在理论上被认为是最具成本—效率的措施，但其“上限—交易”的配额分配方式，对处于成长期的发展中国家民航业的影响十分巨大，因此一直遭到众多国家的反对。为此，国际民航组织36届大会通过的A36–22号决议的附录L《基于市场的措施，包括排放权交易》中规定“敦促各缔约国除非在国家之间相互同意的基础上，否则不对其他缔约国的航空器运营人实施排放权交易制度”。目前，只有日本、英国、欧盟等建立了排放交易机制。

二、中国民航业航空减排政策及现状

2007年，中国民航全行业总周转量、旅客运输量和货邮运输量预计达到360亿吨公里、1.87亿人和398万吨，比2006年分别增长17.6%、17.4%和14%。与此同时，2006年航空运输企业燃油消耗已达1000.5万吨，按总周转量计算，2007年燃油消耗将近1200万吨。在可以预见的未来，中国民航仍将保持较高的发展速度，预计到2010年全行业航油消耗将达到1500万吨。

中国民航在航空减排方面，因无强制性量化减排指标，政策上主要是按照《中国应对气候变化国家方案》中规定“采用节油机型，提高载运率、客座率和运输周转能力，提高燃油效率，降低油耗”，并按照国际民航组织倡导的各项措施，重点倡导机场、航空公司节约能源消耗。如在政策导向和配套措施上鼓励各航空公司引进高性能发动机、及时淘汰老旧机型、提高飞机利用率。至2006年底，全行业运输飞机998架，新机型、高效机型占据主要部分。2006年全行业运输飞机平均日利用率9.48小时，比2005年增加0.1小时；平均正班客座率73.5%，较2005年提高2%；正班载运率为65.7%，较2005年提高0.7%。正班客座率和载运率均比以往有一定提高。各航空公司建立了相应的燃油使用规定（如燃油使用手册、燃油使用监控与奖惩机制等），最大限度地减少和节约航空燃油的使用。

*本文转载自《中国民用航空》2008年第5期

在空管方面，中国民航局进一步调整空域和航路结构，借鉴国际民航组织标准，确定并施行符合我国实际的空域分类管理办法。在基础设施布局和实施新技术试验和应用上，加强新技术应用政策研究，逐步采用国际空管技术标准，减少飞机在空中盘旋等待时间。“十一五”期间中国民航将建设“新一代国家空中交通管理系统”，将极大减少航路拥挤和飞机地面等待时间，以此不断提升运行保障能力和运行管理能力，进而达到控制温室气体排放的目的。

2006年年初，民航局下发了《关于加强节能工作的意见》，更加明确地提出了到2010年民航单位产出能耗比目前下降10%左右，力争到2020年下降20%，达到目前航空发达国家的水平，为未来中国民航业减排设定了目标。

三、中国民航业控制航空排放政策分析

1.国际民航业航空减排形势

各国因民航业发展阶段不同而在航空减排上坚持不同利益导向，即使是发达国家之间也存在不同意见。在减排措施上，目前各国在技术、运营减排上均无实质性不同，基于市场措施主要矛盾集中在排放交易制度(ETS)。

因欧洲法院本年度预计通过将国际航空纳入欧盟排放交易体系的法案，欧盟为继续单边行动，在各种国际场合积极鼓吹排放交易制度，认为各缔约国采用“相互同意”原则比较困难，该原则可能阻碍全球航空减排。巴西、南非、尼日利亚等发展中国家则坚决认为排放交易不符合“共同但有区别的责任”原则，只有在相互同意基础上才能探讨经济措施。美国则认为通过技术和运营改进完全可以取代基于市场的经济措施；日本也反对强制性排放交易制度。此外，巴西、沙特等国认为当前重点是发达国家向发展中国家进行机队现代化、燃油效率改进方面的技术转让。

2.中国民航业航空减排现行政策分析

根据《联合国气候变化框架公约》第3条第1、2款确立的“共同但有区别的责任”原则和《京都议定书》第2条第2、3款规定，目前我国尚无量化减排责任，而且国际航空运输也未列入温室气体排放清单，因此至今未开展量化减排。但随着“巴厘路线图”的实施，未来发展中国家必将以适当形式参与到减排工作中，特别是2012年后的“后京都时代”的到来，需要民航这种能源密集型行业进行温室气体减排研究和规划。

在政策方面，我国民航尚无系统、全面的国家减排计划。表现在以下几个方面：

(1)认识上，主体地位欠缺。谁将主导航空减排，依靠政府还是依靠市场？是所有利益相关者参加，还是抓住矛盾的主要方面？如果靠政府行政力量推动航空减排，需要证明主体地位的合法性和产权规定性。《行政许可法》颁布以后，要求政府依法行政，因此民航主管部门推动航空减排，特别是未来尝试市场措施，如税费收取，都需要从法律上确立不同主体的排放所有权、使用权、收益权和处分权，即经合组织(OECD)定义的“产权得到全面分配、产权独占、产权可转移、产权安全”。目前而言，不仅民航领域，全国范围也尚未有相关法律规定将温室气体作为资源与产权建立联系的制度安排。

(2)方法上，节能与减排关系需要深化，市场措施未予重视。温室气体减排和节能降耗既有密切的联系，又有明显区别。一般认为，节能是手段、减排是目标，即通过节能降耗实现了温室气体减排工作。但节能只是减排的技术和运营手段，还有其他措施(比如碳抵消)，况且国际民航组织也积极推动市场手段的应用。因此减排应该从统筹技术、运营和市场三个手段上予以理解。

就民航而言，通过提高燃油效率的节能措施，如采用新发动机和替代燃油技术、提高空管和机场的运营保障能力可以直接减排，但采用碳抵消、碳税费收取等间接经济措施，可以通过影响运营企业生产成本来实现间接减排。

(3)在执行措施上，对于控制航空排放尚未进行整体行动。目前航空运输节能减排工作中，主要沿袭传统体制下行业部门的分割计划和管理，不能形成聚集规模效应，进而无助于形成有效行动和工作思路，使我国民航，特别是航空公司在国际社会日益关注航空减排的大环境中不能形成合力。

四、中国民航业控制航空排放政策设想

中国作为负责任的民航大国，面对国际上针对发展中国家航空减排的强大压力，特别是欧盟将于2012年将国际航空纳入EU ETS的举措，需要在政策上创新思路并做出实际工作。中国民航“十一五”及未来的“十二五”规划中，要从长远角度通盘考虑航空减排问题，避免发红头文件的“运动”方式处理，更要戒除一蹴而就、一了百了的思维定势；在价值思维方式和认识上，借鉴国外经验但不能照搬西方发达国家航空减排方式，特别是减排指标的研究一定要符合当下中国国家战略和行业发展实际，为未来发展留有余地。

1.第一步(2008～2010年)：碳抵消

对中国而言，在国内实施国际通行的减排措施，自愿措施是当下值得研究和推行的方案选择。在操作层面，碳抵消是指民航最终使用者(旅客)为飞行中产生的CO_2付费给某个机构，该机构用此费用进行植树、碳储存等碳汇项目，以抵消碳足迹。如，北京至芝加哥往返程飞行中，每个旅客将排放7.3吨CO_2，则每位旅客通过票价反映或网上购买吸收7.3吨CO_2相等的减排费用，以此抵消该旅客的飞行排放。目前国外许多航空公司已经执行了该措施，比如英航、法航，这些公司的做法是在公司网站上设立CO_2计算器，旅客只需输入起止目的地、单程或往返程、往返程频率、旅客乘机人数等相关信息参数，即可通过网站计算器计算出排放的CO_2数量及需要支付的碳抵消费用。该措施得到了广大旅客和航空公司的认可和执行，国际民航组织也正在积极推动该举措，并在其网站上建立了计算器。

该措施需要民航局、行业协会和航空公司密切配合，并在政策宣传、网站计算器设计、费用收取机构及碳汇项目执行等各环节认真筹备和沟通，特别是费用收取机构的设立上，要发挥航空运输协会的能动性和主动性。同时，鉴于世界各著名航空公司每年都对外发布环境报告，也可推动国内航空公司借鉴该做法，阐述其在节能和减排工作中的成就，展示企业的社会责任。

2.第二步(2011～2012年)：自愿量化减排前期研究

因我国没有量化减排责任，该措施完全建立在自愿基础上，即并不强迫任何一家国内航空公司硬性参加；另一方面，因为自

愿参加，其驱动力并不依靠经济刺激（如税费收取、罚款），而是社会责任的道德和价值取向驱动，故需要建立航空公司参加者整体认可和同意的框架。框架需要包括减排意义、目标、指标。需指出，该减排措施的参加者是航空公司，不是旅客、机场、发动机制造商、空管业或燃油供应商。因为航空公司是航空燃油的最终使用者和CO_2排放的直接人，它的减排措施将直接影响到减排效果。

（1）适用范围是国内航空运输还是国际航空运输。我国2002～2007年航空运输总周转量年均增长16.2%，比前5年（1998～2002）增长率高2.5个百分点。鉴于国内航空运输市场经过多年的发展，航线开辟和运力投入基本稳定，经过了北京奥运会和上海世博会，未来发展速度将呈现10%～14%的稳步缓慢上升态势，但不可能出现"井喷式"增长，因此可以在这段时间尝试在国内航空运输范围内进行量化减排。我国国际航空发展正处于上升期，未来发展空间较大，因此不宜纳入减排范围，应待国内航空摸索出减排经验后，再进入下一步研究国际航空运输领域的减排。

（2）减排指标采用强度指标、总量指标还是人文需求指标。潘家华（2002）提出了人文需求指标，即因为人类人文发展的基本生存（衣食住行）和生活质量等不是无限的，与满足人文发展基本需求相对应的排放总量按比例分配到每一个地球公民，将是十分平等的，而不应按政治实体国家作为分配单元。无论发达国家还是发展中国家，强度指标是随着时间技术进步和经济增长而下降的，按这一自然下降趋势作出的承诺是没有任何实际意义，如果要承诺低于这一趋势则很可能表现出制约影响。他继而提出"慎重考虑强度指标，否定京都类型指标，宜采用需求指标"。

民航而言，强度指标表示为每客公里收入所排放的CO_2（CO_2/RPK）、燃烧每加仑燃油获得的吨公里收入（RTK/Gallon Fuel），常用前者。因各航空公司RPK增长率不同，使用强度指标更能直接和平等地比较各公司的减排效果，也符合国际民航组织将燃油效率作为未来全球意向性目标的倡导。总量指标属于京都型指标，可以表示为每年绝对排放多少吨CO_2（CO_2 ton/annum），因为我国是发展中国家，使用该指标将大大抑制我国民航（特别是国际航空运输）发展空间，故不能采用该指标。

因此，需要研究并确定人文需求指标，既要考虑到民航未来维持在10%～14%的年均增长，又要确实保证减排指标的实际下降。可以设定人文指标为人均强度指标或人均总量指标，即CO_2/RPK/Pax或CO_2ton/Pax，其中Pax为载运人数。

（3）基准年和减排目标的选定。2006 年年初民航下发的《关于加强节能工作的意见》中定下了2010年民航单位产出能耗比目前下降10%左右，力争到2020年下降20%，达到目前航空发达国家的水平。为此，选定2005年作为基准年，减排目标是2012年CO_2/RPK/Pax 或CO_2 ton/Pax减少10%。

五、结论及引申

应对全球气候变化，需要中国民航的实际减排工作予以支撑，可以借鉴国外先进经验并结合中国民航实际做出行动。可以按照京都第一承诺期的时间安排，在民航"十一五"时间段内细化具体减排措施。在坚持技术、运营减排措施的基础上，积极探索并分步实施符合中国责任义务的基于市场的减排措施。在各航空公司实施碳抵消计划后，适时开展自愿减排计划，为取得良好的国际声誉，可以"低碳飞行计划"、"清洁蓝天计划"等作为计划名称。在实施计划中，可以尝试设定基于人文需求的量化指标，如人均强度指标或人均排放总量指标予以衡量。民航主管部门要起到政策引导作用，同时充分发挥航空公司的自愿减排作用，形成合力以共同控制我国航空排放。

参考文献

[1]经济合作与发展组织编．曹东，张天柱译．国际经济手段和气候变化[M]．北京：中国环境科学出版社，1996．

[2]经济合作与发展组织编．李自敏，李丹译．发展中国家环境管理的经济手段[M]．北京：中国环境科学出版社，1996．

[3]保罗·伯特尼，罗伯特·史蒂文斯主编．穆贤清，方志伟译．环境保护的公共政策（第二版）[M]．上海：上海三联书店，上海人民出版社，2004．

[4]潘家华，庄贵阳，陈迎．减缓气候变化的经济分析[M]．北京：气象出版社，2003．

[5]潘家华．碳排放需求与碳排放强度的几点思考[R]．中国社会科学院可持续发展研究中心：研究快报，2002-12-12．

[6]中国民航局规划发展司．从统计看民航2007[DB]．北京：中国民航出版社，2008.3．

[7]IPCC．Special Report on Aviation and the Global Atmosphere [R/OL]．1999．

[8]IPCC．[R/OL]．AR4，http://ipcc-wg1.ucar.edu/wg1-report.html．

[9]ICAO．ICAO Environmental Report 2007 [R]．

武洲宏：中国民用航空局国际合作司，副司长
马湘山：中国民用航空局航空安全技术中心

从国外空管历程看我国的空管体制改革*

秦绪林

一、引言

世界各国的空管体制是经过了不同程度的改革后形成的，目前，也都在积极地向“空管现代化、标准统一化”的目标进行着变革。我国作为国际民航组织（ICAO）的成员大国，为适应国内、国际形势，紧跟时代步伐，也不失时机地做着不懈地努力。那么，在借鉴国外成功做法的同时，如何寻求适合我国国情的空管新路子，是摆在我们面前的义不容辞的责任。

二、国外空管历程分析

各国都有着不同的空管发展历程，但空中交通管制作为国家政权组成部分，其发展初期，民用航空都依靠军队空管系统，由于军民航飞行目的不同，导致双方存在着大量的管制协调，而管制协调模式随着不同发展阶段也进行着变化。

1．国外空管历程举例

（1）美国

1926年5月20日，美国《空中商业法案》的诞生标志着一系列空中交通规则的确立。1934年，航空商业局的成立，首次沿航线建立了3个空中交通管制中心以提高管制能力。1938年，通过《民用航空法案》成立了一个新的独立机构——民航局，来履行商业部所承担的联邦民用航空职责。1940年，弗兰克林·罗斯福总统将民航局分成民用航空管理局（CAA）和民用航空委员会（CAB）两个机构，均隶属于商业部。在二战之前，CAA开始加强在机场起飞和着陆运行的空中交通管制职责，使用雷达帮助管制员实施空中交通管制，同时也推动了战后商业航空运输的繁荣。随着喷气式客机的出现和一系列空中冲突事件的发生，促使《联邦航空法案》经过艰难的历程后于1958年诞生。该立法转变了CAA的职能，成为一个新的独立实体——联邦航空代理处（Federal Aviation Agency），其主要权力是处理航空险情。该法案撤消了CAB 制定安全法规的职责，并授予新成立的联邦航空代理处负责，即发展和保持共同的军民航空中导航和空中交通管制系统。1966年，国会批准要联合主要联邦运输职能部门来产生新的内阁部门，于是运输部（DOT）于1967年4月1日成立并展开了全面工作，联邦航空代理处成为运输部中数个代表组织之一并更名为联邦航空管理局（FAA，Federal Aviation Administration）。到20世纪70年代中期，在FAA策划下，以雷达和计算机技术并用的半自动化空中交通管制系统形成。1978年《航空公司违规法案》逐渐淘汰了CAB制定的航空公司的经济运行规章，直到1984年末CAB不再存在。为适应交通量增长的挑战，FAA制定国家空域系统（NAS）计划，在航路、终端管制配备更先进的系统，建立现代化飞行服务站，改进地空监视与通信。FAA的首任行政长官主张在航空领域内应当形成一种由华盛顿行使管制权的管理体系，然而，1961年，他的继承者开始实行一个地方分权制，给予了地方组织更多的权力，这种模式一直持续到1988年，因国家首脑较多参与航空领域的活动而改变。为了更好地利用空域资源，FAA于1994年在沿用其六大商业航空公司的基础上重新改组，一年后扩大为七大商业航空公司，同时，商业航空运输处将运输秘书处的权力交给FAA，使得FAA拥有了对私营单位有效利用空间进行统一调配的职责。在1996年期间，改革立法有了进一步的重大改变，包括提高FAA关于购置与职员政策的灵活性。在NAS 计划下，继续进行空中交通管制现代化建设，FAA也忙于开发技术的多样性与广泛性，并侧重于推行星基技术在民用航空中应用的长远研究计划，另外一个重大举措就是为提高空域利用率而提倡的“自由飞行”。

（2）俄罗斯

1962年以前，俄罗斯空中交通管制工作由军方负责，民航负责民用飞机和军用运输机在航路上的飞行指挥。1962年以后，空中交通管制工作改由军民两家分别负责，这种军民分别指挥的方式，不能适应飞行量的不断增长和空中危险不断出现的现实。1974年，苏联政府批准成立“空中交通管制统一系统”，将军民航双方的空管部门纳入该统一组织中，军航管制单位向国防部负责，民航管制单位则向民用航空部负责，军民双方对空域的联合使用的协调由军航的管制部门负责。80年代末期，为了更有效地使用空域，1990年成立了“空域使用及空中交通管制委员会”，主要负责修订空域使用的法律、法规，为建立“国家空域使用统一系统”起草建议书、协调空域的使用，并管理其他

* 本文转载自《中国民用航空》2008年第10期

影响飞行安全的活动。苏联解体后，为了协调独联体各国之间对空域的使用问题，独联体各国同意成立"独联体各国间空域协调委员会"。1992年2月27日，根据俄罗斯总统命令成立了"俄罗斯联邦政府空域使用及空管服务委员会"，作为原苏联"空域使用及空中交通管制委员会"的合法继承者。在1997～1998年，俄罗斯空中交通管制机构进一步改革，成立俄联邦空域使用跨部门委员会，负责空管体制改革与空管现代化建设。2005年9月7日，俄对航空管制体制做出重大调整，成立俄联邦航空导航署，统一负责俄空中管制事宜，交通部、联邦交通监察机构和联邦空中交通署等机构在空中管制方面的职能转交联邦航空导航署，俄军方原来空中管制机构和人员也并入联邦航空导航署，但军人保留军籍。

统一空中交通管理系统具有双重职责，空管系统拥有3万名军、民用航空从业技术人员，其组织机构基于军民合一而设，包括：总调、区域中心、地区中心和其他空管机构。为了保护空域使用者的利益，无论其他部门/系统是否为空管的直属单位，其运行和发展均应由空管系统统一协调。空管系统在遵守国际和国内相关标准规范的前提下进行全盘规划，空管系统的建设和发展拟分为三个阶段：

①短期规划(至2008年前)：主要目标为完成建立统一的、高效有序的军民航组织机构，发挥现有技术设备潜能，以提高空域使用的安全性和经济性。

②中期规划(至2015年前)：主要实现向有前景的地面、机载、卫星设备和系统转型，在国内航空运输按计划速度增长的情况下，进一步提高空管系统有序、高效保障的能力。

③长期规划(至2025年前)：预计完全实现向有前景的技术和设备转型，完全实现俄罗斯空管系统与世界空管系统的接轨。

(3)欧洲

1955年北大西洋公约理事会(NAC)成立了欧洲空域协调委员会(CEAC)，并于1998年重建为北大西洋公约组织(NATO)空中交通管理委员会(NATMC)。该委员会负责确保19个北约成员国军民航空域需求的协调，包括重大演习的空域使用、空中交通管制系统运营的协调一致和通信频率的共享等。ICAO、国际航空运输协会和欧盟均有负责空中航行安全的观察员协助该组织工作。在维护和平的联合行动中，该委员会提供北约负责大规模空中军事活动的军事当局与各个国家、国际组织中管理空域的相关部门的惟一渠道。1990年，欧洲民航大会(ECAC)提出欧洲空域管制协调和集成项目(EATCH IP)，该项目的主要目标之一是军民航用户更有效地使用空域并且通过执行空域灵活使用增加空中交通系统的能力。从1991年起，北约成员国和其他欧洲国家定期举行有高层参与的空中交通管理的军民航协调会议。参与工作的有北约国家的代表、北约军事当局的代表和与此领域相关的5个国际组织的代表。从1992年11月起，合作者被邀请参加委员会全体会议，确定军民航协调及东欧在西欧空中交通管理策略中的整合程度。1994年初，其他欧洲中立国家也被邀请参与其中，由于其参与国家的广泛性和代表性，从而确立了NATMC在整个欧洲大陆空域军民航协调惟一论坛的地位，正如人们熟知的欧洲民航委员会一样。鉴于欧洲空域结构的复杂性，ECAC运输部长们于1997年2月批准了一项高层次计划——欧洲统一ATM的组织战略。欧洲空中航行安全组织(EUROCONTROL)由34个成员国组成，总部在比利时海伦的布鲁塞尔国际机场附近。负责协调和规划欧洲空管的短期与长期战略计划，主要目的是共同发展欧洲的空中交通管理系统。主要目标是进行流量控制，保证飞行安全，降低成本，并考虑对环境的影响。在欧洲地区，中小国家林立，飞机半个小时内就可飞越几个国家，因此，飞机主要用于国际航行，国内交通主要依靠铁路和公路。但是如果各国的空管法规千差万别，通信、导航、监视及空中交通管理设施互不相容，国际航空就不可能得到安全、快速的发展。因此，ECAC着力建立"一个空域"，即以空中交通管理为目的的空域应该是连续的、不受国家边界限制的，统一提供ANS，形成一体化的ATC，这是EUROCONTROL的任务，也是ICAO的希望所在。

由此可见，以上各国都经历了不同的空管发展阶段，但其变革和努力的方向都在试图通过寻求如何灵活使用空域，最大限度地开发空域资源，而建立一种适合本地区的统一管制工作模式的基础上，追求全球一体化的未来空管新格局为终极目标。

2.航空管制体制类型

世界上各个国家，均根据本国的国家行政体制、安全战略、经济状况和科学技术水平等因素，建立不同的航空管制体制，形成不同的航空管制机构，主要形成以下4种代表性的形式：

(1)由国家政府机关设立专门的航空管制机构，对军、民用航空器的飞行活动实施统一的航空管制。例如，美国政府成立的FAA负责管理国家空域和空中交通管制系统，制定和颁布航空安全法规和技术标准，管理民用航空并促进高效率地使用国家空域和航空导航设备，促进国内、国际航空商业活动，支援国防需要，促进军民共用航空系统的发展。

(2)由国家政府机关指定军事航空管制机构代表国家，对军、民用航空器的飞行活动，实施统一的航空管制。例如，巴西的航空管制工作由空军担任，空军管制员为全国的军民航提供管制服务，并负有监督和管制领空内一切飞行活动的任务。

(3)由军航系统、民航系统分别建立航空管制机构，互相派出航空管制人员到对方的管制机构，共同对军用、民用航空器的飞行活动实施统一的航空管制。例如，法国实行军、民航协调的管制体制，管制工作由法国民航局和空军共同组织实施。前者隶属法国设施交通旅游部，在全国共设7个管理局，有5个管制中心，其下属航行局负责一般航空交通，对航空公司、航空俱乐部的航空器进行管制；空军在全国也设立了5个管制中心，负责军用航空交通，对全境内的所有飞行活动实施监控，掌握飞行动态。

(4)军民航联合建立航空管制机构，共同掌握军民用航空器。例如：俄罗斯，实行航路内民航指挥，航路外军航指挥的管制体制。军航在完善空域结构、规划和协调空域的使用、组织全国空管工作的实施、制定飞越国境的方法和规定、协调军民航在空域使用的矛盾等方面发挥着主导作用，目前正向"空管系统一体化"的建设目标迈进。

无论采用哪一种形式的管制体制，国家的军事指挥机关根据国土防空的需要，对其领空内的各种飞行活动均有监督权和控制权。在战争时期,将由军事指挥机关统一组织实施领空内的航空活动。

3.军民航管制工作模式

虽然各个国家的空管体制不尽相同,但空管体制所决定的军民航管制工作模式是固定的,各个国家通过不同程度的体制改革后形成的军民航管制工作模式可分为一体化模式、联合模式、协调模式三种。

(1)一体化模式

一体化模式是指由一个统一的国家航空管制机构向所有航空器的飞行活动提供管制服务的模式,而无需考虑航空器的军、民性质,如美国、日本、加拿大、巴西等。其特点是管制权限高度集中,和平时期国家空域资源可得到最有效的利用,但对航空管制系统硬件功能及其系统管理水平提出更高要求。

(2)联合模式

联合模式是指由军民航两部分管制员共同组成管制机构,军民双方联合向航空器提供管制服务的模式,如英国、俄罗斯、澳大利亚、德国等。其特点是一般不轻易划分军民航管制界限,当某一空域的飞行活动需要军民航共同负责时,就共同联合管制,若离开需要共同协调的空域时,双方都各自保留自主性和独立性;双方仍然利用统一的航空管制系统,且对航空管制系统的硬件功能要求比协调模式高;参与人员必须有能力和经验对军民航的飞行活动进行管制。

(3)协调模式

协调模式是指军民航双方按照预先设立的协商程序,各自独立地向航空器提供管制服务的模式,如法国、南非等。其特点是多存在于空中交通流量和密度较小的国家;军民航双方各自拥有一套航空管制系统,对兼容性要求高;双方约定程序的完善程度直接影响航空活动安全;空间利用率低;对操作技能要求高,管制人员的素质对管制活动影响大。

三、可比性分析

1.基本任务相同

国家的空中交通管制通常是由军航和民航两部分组成,军民航分别担负着维护国家领空安全和国民经济建设的使命,但其航空管制的基本任务是一致的:“监督航空器严格按照批准的计划飞行,维护飞行秩序,禁止未经批准的航空器擅自飞行;禁止未经批准的航空器飞入空中禁区、临时空中禁区或者飞出、飞入国(边)境;防止航空器与航空器、航空器与地面障碍物相撞;防止地面对空兵器或者对空装置误射航空器”(《中华人民共和国飞行基本规则》第二十九条)。不同国家航空管制的基本任务有着不同的表述,但其本质是一致的,都是在规范各类航空器的飞行活动,保证航空器安全、快速、有序地运行,以实现不同类别的航空器所担负不同性质的任务。

2.空域资源固定

空域是国家重要资源,且是不可再生资源,传统的空域结构划分是以各国的要求和主权为依据的,其结果是空域的零散和国家的差异以及陈旧的设备妨碍了空域的最优利用。根据空域管理安全性和经济性原则,军民航在维护国家经济利益和安全飞行方面有共同的责任,因此,军民航需要共享资源,才能更好

地履行各自的职责。

3.坚持原则一致

军航、民航作为国家不可或缺的两类空域使用者,在综合衡量国家整体利益的基础上,建立完善的军民航协商机制,理顺协调关系,既是解决平时军民航飞行矛盾的有效途径,也有利于平时向应急状态的转换。世界各国都将战时空域管制赋予极高的优先权,军民航空管系统只有遵守高度统一的原则,才能实现空中交通管制和区域防空行动之间的协调,降低误伤的风险,顺利完成各种飞行任务。

4.追求标准统一

在国际合作与交流的进程中,ICAO对其成员国有着严格的要求,“国际民用航空公约”的“国际标准和建议措施”都是向统一标准靠拢,同时为各个成员国的统一管制创造了宏观条件,也为未来的全球一体化奠定了基础。

四、不可比性分析

我国航空管制系统与发达国家相比,无论是从技术设施上还是体制与管理上都有较大差距。一是飞机数量和飞行量所占比重差异较大,我国通用航空器数量较少;二是所处周边环境不同,我国的周边环境比较复杂,对空域开放要求有更多的限制;三是我国民用航空事业与欧美相比,虽然不很弱小,但却正以世界上最快的速度发展壮大,特别是改革开放以来,已有了长足的发展,每隔几年都能上一个新台阶,而且在今后相当长的时期内,还会继续快速发展,这就要求空管工作要为我国民用航空事业的快速发展提供更多、更快、更好的服务。这些不同特点决定了我们在借鉴国外经验教训的同时,要防止脱离我国国情而生搬硬套。

五、我国空管体制改革设想

多年来,在国家空管委的领导下,不断推进空管体制改革。1993年以来,相继对我国境内飞行高度层进行了三次大的改革,达到与国际标准基本一致;完成了全国航路管制指挥移交,初步形成了我国境内的飞行活动在空军统一组织实施下,基本实现了“一个空域内由一家管制指挥”的改革目标。近年来,随着我国航空事业的迅猛发展,空域使用需求急剧增加,空域管理与使用

的矛盾日益突出，航空管制体制需要进一步创新发展。从我国国情出发，借鉴国外的成功做法，本着有利于维护国家领空主权和适应军民航发展需要的原则，按照“先联合后一体化”的总体思路，对空管体制建设提出几点建议。

1.近期目标

建立联合模式。在国家空管委的领导下，建立军民航联合管制机构，统一掌握飞行动态，统一监督飞行活动。这种模式是在现有管制体制的基础上，加强宏观管理和微观调整，对空管系统进行有效整合，可在一定时期内实现我国空域资源的充分利用，基本与我国现阶段空管实际相适应，也与国家整体科学技术相适应。建立此种模式需要解决的问题：

(1)建立联合空中交通管理局。在国家空管委的领导下，组建联合空中交通管理局，负责组织实施全国的飞行管制，统一监控全国的飞行流量。

(2)成立军民航联合管制中心。在重点地区和飞行繁忙地区逐步建立区域、分区和机场三级军民联合管制中心，在各级联合管制中心实行军民航管制员合署办公，现场协调军民航飞行矛盾和空域使用问题，管制指挥穿越航路飞行的军民航各类飞机，协商解决航线上的飞行矛盾。

(3)整合军民航空管设施。加强军民航信息网络总体规划和顶层设计，建立军民航快速稳定的信息网络平台，实现军民航航行情报、飞行情报、雷达信息、气象情报等各类静态和动态信息的自动交换，通信、雷达设施互为备份和信号多重覆盖，提高系统的可靠性。

(4)加强航管队伍建设。在目前军民航分别教育培训的基础上，明确联合管制人员的素质要求和培养目标，统一知识结构，加强军民航之间的交流与协作，提高管制指挥技能，使军民航管制员具备指挥所有飞机的能力。

2.远期目标

建立一体化模式，实现国家统一管制。当空管系统硬件建设及其系统管理水平达到一定程度之后，逐渐过渡到一体化管制模式，成立专门的国家航空管理机构，进行全国统一的航空法规建设、空域管理、流量控制、教育培训等空管战略决策，加强陆基系统与星基系统配套开发，建成适合未来发展的空管信息系统，逐渐向有未来空管技术和设备转型，实现军民航空管系统与世界空管系统的接轨。

六、结语

空管体制改革是一个漫长的过程，面临着许多艰巨的任务和意想不到的困难，只有我们以求真务实的态度，锐意进取的精神，全面贯彻落实科学发展观，在实践中不断探索，在创新中不断发展，才能推动我国的空管体制改革。我们坚信，在国家空管委的正确领导下，经过军民航的不懈努力，一套完善的、具有中国特色的航空管制体制一定能够早日建立起来。

秦绪林：南京航空航天大学

中国航空运输市场区域发展现状*

刘少成　戈　锐

本文主要介绍中国航空运输市场区域发展状况，分析区域发展的影响因素，对"十一五"时期（2006~2010年）区域发展趋势作出初步展望。在介绍和分析之前，作如下两点说明：

1.只对中国大陆地区航空运输市场的区域发展状况作介绍和分析，没有涉及香港、澳门和台湾地区的航空运输市场；

2.考虑到中国区域发展的战略格局已由传统的沿海、内地两大板块，演化为改革开放后的东中西三大地带，再到目前的东部、西部、东北、中部四大政策区域，因而，我们采取"四极格局"或"四大板块"的划分，即从东部地区（京、津、冀、鲁、沪、苏、浙、闽、粤、琼）、中部地区（晋、豫、鄂、湘、皖、赣）、西部地区（桂、川、云、贵、藏、渝、陕、甘、青、宁、新、蒙）和东北地区（辽、吉、黑）来考察航空运输市场区域发展状况。四大板块2006年土地面积、人口数量和经济总量情况见表1。

2006 年中国大陆区域四大板块基本情况　表 1

指标 地区	所辖省（区、市）	国土面积（万平方公里）	年底总人口（万人）	GDP（亿元）
东部	北京、天津、河北、山东、上海、江苏、浙江、福建、广东、海南（10）	91.6	46388	127535.3
中部	山西、河南、湖北、湖南、安徽、江西（6）	102.8	35202	42961.6
西部	广西、四川、云南、贵州、西藏、重庆、山西、甘肃、青海、宁夏、新疆、内蒙古（12）	686.7	35976	39301.3
东北	辽宁、吉林、黑龙江(3)	78.8	10757	19723.1
总计	31 个省（区、市）	960.0	130756	209406.8

资料来源：①年底人口数字摘自《2007 年中国统计摘要》（中国统计出版社），年底总人口数包括现役军人数，分地区数字中未包括；②土地面积、GDP 数字均摘自《2007 年中国统计摘要》。

一、航空运输市场区域分布现状

1.机场分布及密度

2006年，中国大陆共有运输航班机场147个，其中4E机场（能起降B747等飞机的机场）26个，4D机场（能起降B767、B757、MD−82等飞机）38个，4C机场（能起降B737等飞机）26个（见表2）。东部、中部、西部、东北地区机场个数分别占机场总数的27.9%、17.0%、46.9%和8.2%，西部地区由于地域广大，比例最高。东部地区机场平均等级最高，4E型的大机场有半数分布在东部地区，而3C型的小机场只有1个。

2006 年中国大陆航班运营机场区域分布　表 2

机场等级 地区	4E	4D	4C	3C	合计	占机场总比例数（%）
东部	14	13	13	1	41	27.9
中部	2	8	11	4	25	17.0
西部	7	16	26	20	69	46.9
东北	3	1	7	1	12	8.2
合计	26	38	57	26	147	100

资料来源：《民航管理数据手册 2007》，中国民用航空总局规划发展财务司编。

2006年，按旅客吞吐量排名前20位的机场依次是北京、上海浦东、广州、上海虹桥、深圳、成都、昆明、杭州、西安、重庆、厦门、青岛、海口、长沙、大连、南京、武汉、沈阳、乌鲁木齐和桂林，其中东部地区10个，中部地区2个，西部地区6个，东北地区2个。这20个机场旅客吞吐量占中国大陆全部机场旅客吞吐量的77.8%。旅客吞吐量超过1000万人次的机场有北京、上海浦东、广州、上海虹桥、深圳、成都和昆明，前5个分布在东部地区，成都和昆明在西都地区。北京首都机场旅客吞吐量达到4875万人次，列全球机场第10位。上海浦东和广州白云机场超过2000万人次。

截至2006年，中国大陆共有56个航空口岸（供人员、货物和交通工具出入国/边境的机场），其中东部、中部、西部、东北地区有22、10、16和8个，占总数的比例分别是39.3%、17.8%、28.6%和14.3%（见表3）。

分地区考察机场密度（见表4）。东部地区机场密度是全国平均水平的3倍，中部地区机场密度为全国平均水平的1.5倍强，东北地区机场密度与全国平均水平大致相当，而西部地区密度仅为全国平均水平的2/3。从各省（区、市）的机场密度看，东部地区各省（市）的机场密集程度大大高于其他省区、市。2.机场起降架次、旅客吞吐量和货邮吞叶量分布

2006年，中国大陆机场共完成飞机起348.6降万架次，旅客吞吐量33197.3万人次，货邮吞吐量753.2万吨（分地区的统计情况见表5、表6和表7）。

* 本文转载自《中国民用航空》2008年第2期、第3期（连载）

中国大陆航空口岸区域分布　　　表3

地区	航空口岸	数量（个）	占总数百分比（%）
东部	北京、天津、石家庄、济南、烟台、青岛、威海、上海、南京、杭州、温州、宁波、福州、厦门、武夷山、广州、深圳、汕头、湛江、梅州、海口、三亚	22	39.3
中部	太原、郑州、洛阳、武汉、宜昌、长沙、张家界、南昌、合肥、黄山	10	17.8
西部	西安、兰州、银川、成都、重庆、贵阳、昆明、西双版纳、拉萨、乌鲁木齐、喀什、呼和浩特、海拉尔、南宁、桂林、北海	16	28.6
东北	沈阳、大连、长春、延吉、哈尔滨、齐齐哈尔、牡丹江、佳木斯	8	14.3
合计		56	100

资料来源：根据“中国口岸协会”网站公布资料整理。

东部地区机场共完成起降架次占中国大陆机场总起降架次的57.1%，完成的旅客吞吐量占全部旅客吞吐量的62.2%，货邮吞吐量占79.7%；国际航空运输、港澳航线运输绝大部分集中在东部地区，2006年完成的起降架次、旅客吞吐量均在80%以上，货邮吞吐量超过95%。

中部地区国际航线运输比例最低，起降架次、旅客吞吐量和货邮吞吐量仅分别占全部国际航线运输起降架次、旅客吞吐量和货邮吞吐量的0.92%、0.88%和0.3%，但起降架次和旅客吞吐量比2005年分别提高0.52、0.48个百分点。

西部地区国内航线运输起降架次和旅客吞吐量占全部国内航线的26%左右，港澳航线起降架次和旅客吞吐量占11%左右，而国际航空运输所占比例与东北地区大致相当，均占5%～8%左右。

3.航空公司基地区域分布

截至目前，中国大陆共有具备法人资格的运输航空公司35家，还有几家经批准正在筹建。运输航空公司共在45个机场设立了运营基地（不包括过夜基地），其分布情况见表8。全国所有省（区、市）首府所在城市机场，航空公司都设置了运营基地。北京、天津、上海、广州、深圳、成都、重庆、西安、贵阳、乌鲁木齐、海口、武汉、太原等机场，有2家以上的公司建立了基地。近几年新成立了13家航空公司，有9家基地机场在东部，3家在西部，1家在中部。

4.国内主要航段分布

2006年，中国大陆共有国内航线1068条，旅客运输量14553.2万人。旅客运输量在5万人以上的航段有454个，比2005年增加47个，占航线总数的42.5%；其中，运输量在100万人以上的有28个，50万～100万的有50个，10万～50万的有232个，5万～10万的有144个，共完成旅客运输量13921.3万人，占国内航线旅客运输总量的95.7%（见表9）。

旅客运输量50万人以上的航段，共完成旅客运输量7683.6万人，占全部国内航线旅客运输量的52.8%（见表10）。

其中，东部区内航段29个，完成的旅客运输量为3481.9万人，占全部国内航线旅客运输量的23.9%；西部区内航段7个，完

2006年中国大陆各地区及省（区、市）民用机场密度　　　表4

	东部地区	北京	天津	河北	山东	上海	江苏	浙江	福建	广东	海南	中部地区	山西	河南	湖北	湖南	安徽	江西
面积（万平方公里）	91.6	1.64	1.13	18.77	15.71	0.63	10.26	10.18	12.14	17.98	3.5	102.8	15.6	16.7	18.59	21.19	13.96	16.69
机场（个）	41	2	1	2	7	2	7	7	5	6	2	25	4	3	4	5	4	5
机场密度（个/万平方公里）	0.45	1.22	0.88	0.11	0.45	3.17	0.68	0.69	0.41	0.33	0.57	0.24	0.26	0.18	0.22	0.24	0.29	0.30

	西部地区	广西	四川	云南	贵州	西藏	重庆	陕西	甘肃	青海	宁夏	新疆	内蒙古	东北地区	辽宁	吉林	黑龙江	合计
面积（万平方公里）	686.7	23.63	48.5	39.4	17.62	122.84	8.24	20.56	43	72.2	6.64	166	118.3	78.8	14.59	18.74	45.4	960
机场（个）	69	5	10	11	5	3	2	5	4	2	1	12	9	12	5	2	5	147
机场密度（个/万平方公里）	0.10	0.21	0.21	0.28	0.28	0.02	0.24	0.24	0.09	0.03	0.15	0.07	0.08	0.15	0.34	0.11	0.11	0.15

资料来源：①各省（区、市）国土面积来自“中华人民共和国中央人民政府网站”公布数据；

②各省（区、市）机场数来自《2007民航管理数据手册》。

2006年中国大陆机场起降架次区域分布　　表5

分类 地区	国内航线（不含内地至港澳航线）		港澳航线		国际航线		合计	
	起降架次（次）	占国内航线起降架次比重%	起降架次（次）	占港澳航线起降架次比重%	起降架次（次）	占国际航线起降架次比重%	起降架次（次）	占全部航线起降架次比重%
东部	1669032	53.77	91608	83.29	229090	84.09	1989730	57.07
中部	476788	15.36	4080	3.71	2518	0.92	483386	13.86
西部	808557	26.05	12468	11.34	19390	7.12	840415	24.11
东北	149611	4.82	1831	1.66	21424	7.86	172866	4.96
合计	3103988	100	109987	100	272422	100	3486397	100

2006年中国大陆机场旅客吞吐量区域分布　　表6

分类 地区	国内航线（不含内地至港澳航线）		港澳航线		国际航线		合计	
	吞吐量（万人次）	占国内航线旅客吞吐量比重%	吞吐量（万人次）	占港澳航线旅客吞吐量比重%	吞吐量（万人次）	占国际航线旅客吞吐量比重%	吞吐量（万人次）	占全部航线旅客吞吐量比重%
东部	16895.5	58.6	924.7	84.2	2839.1	87.0	20659.3	62.2
中部	2682.0	9.3	36.4	3.3	28.9	0.9	2747.2	8.3
西部	7640.3	26.5	121.3	11.0	165.1	5.1	7926.8	23.9
东北	1617.8	5.6	16.3	1.5	229.9	7.0	1864.0	5.6
合计	28835.7	100.0	1098.6	100.0	3263.0	100.0	33197.3	100.0

资料来源：根据中国民用航空总局《2006年民航运输、通用航空生产统计年报》公布数据整理、计算。

2006年中国大陆机场货邮吞吐量区域分布　　表7

分类 地区	国内航线（不含内地至港澳航线）		港澳航线		国际航线		合计	
	吞吐量（万吨）	占国内航线货邮吞吐量比重%	吞吐量（万吨）	占港澳航线货邮吞吐量比重%	吞吐量（万吨）	占国际航线货邮吞吐量比重%	吞吐量（万吨）	占全部航线货邮吞吐量比重%
东部	315.9	69.0	45.6	98.0	239.1	96.0	600.6	79.7
中部	25.9	5.7	0.2	0.5	0.7	0.3	26.9	3.6
西部	94.5	20.6	0.5	1.1	3.2	1.3	98.2	13.0
东北	21.3	4.7	0.2	0.4	6.0	2.4	27.4	3.6
合计	457.7	100.0	46.6	100.0	249.0	100.0	753.2	100.0

资料来源：根据中国民用航空总局《2006年民航运输、通用航空生产统计年报》公布数据整理、计算。

成的旅客运输量为708.6万人，占全部国内航线旅客运输量的4.9%；东部一西部之间航段22个，完成的旅客运输量为2025.1万人，占全部国内航线旅客运输量的13.9%；东部一中部之间航段11个，完成的旅客运输量为万678.5人，占全部国内航线旅客运输量的4.7%；东部一东北航段7个，完成的旅客运输量为671.7万人，占全部国内航线旅客运输量的4.6%；中部到西部航段2个，完成的旅客运输量占全部国内航线旅客运输量的0.8%。以上说明，国内主要干线集中在东部区内、东部与西部、东部与

运输航空公司基地分布　　表8

地区	基地机场	数量（个）	占总数百分比（%）
东部	北京首都、北京南苑、天津、石家庄、济南、青岛、烟台、上海虹桥、上海浦东、南京、无锡、杭州、宁波、福州、厦门、广州、深圳、汕头、珠海、海口、温州	21	46.7
中部	太原、郑州、武汉、长沙、南昌、合肥	6	13.3
西部	成都、重庆、贵阳、昆明、大理、西安、兰州、乌鲁木齐、呼和浩特、南宁、桂林、银川、西宁、拉萨	14	31.1
东北	沈阳、大连、长春、哈尔滨	4	8.9
合计		45	100

资料来源：中国民用航空总局运输司

中部、东部与东北、西部区内之间。中部区内、东北区内和中、西、东北之间几乎没有运输量在50万人以上的航线。

2006年旅客运输量在5万人以上的航段　表9

分类	数量（个/条）	旅客运输量（万人）	占国内航线旅客运输总量比重（%）
100万以上	28	4272.1	29.4
50万～100万	50	3411.5	23.4
10万～50万	232	5223.7	35.9
5万～10万	144	1014	7
全部国内航线	981	14553.2	100

资料来源：根据《2006从统计看民航》整理、计算。

5.总结与评价

(1)东部地区航空运输市场相对发达。

——机场密度是全国(中国大陆)平均水平的约3倍，拥有大中型机场数量最多(4D、4E机场共27个)，有22个口岸机场(占全国总数约40%)；

——航空公司在东部的20个机场设立了运营基地，国航、南航、东航、海航4个较大的公司主运营基地都设在东部地区；

——东部地区航空运输市场规模占中国大陆航空运输市场半数以上，国际航线和港澳航线运输绝大部分集中在东部地区，

2006年旅客运输量在50万人以上的航段分布　表10

航段分布	数量（个）	旅客运输量（万人）	占国内航线运输量百分比（%）
东部区内	29	3481.9	23.9
中部区内	0	0	0
西部区内	7	708.6	4.9
东北区内	0	0	0
东部—中部	11	678.5	4.7
东部—西部	22	2025.1	13.9
东部—东北	7	671.7	4.6
中部—西部	2	116.4	0.8
中部—东北	0	0	0
西部—东北	0	0	0
合计	78	7683.6	52.8

资料来源：根据《2007从统计看民航》整理、计算。

其中旅客吞吐量占85%左右，货邮吞吐量占95%以上。

——接近90%的主要国内干线分布在东部区内以及东部与中部、西部、东北地区之间。

(2)中部地区国际和港澳航线运输市场规模偏小，与国内航线市场发展很不平衡。其中国际航线起降架次、旅客吞吐量和货邮吞吐量占中国大陆国际航空市场总量的比重均不到1%。

(3)西部地区地域广阔，机场密度低于全国平均水平，但拥有7个4E机场，有22条连接东部的年旅客运输量在50万人次以上的国内干线。

(4)东北地区由于所辖省份最少，航空运输市场规模最小。但东北地区国际航线在全国所占比重明显高于西部地区，远远高于中部地区。

(5)各地区航空运输市场发展水平基本上与经济社会发展水平相符合。2006年东部地区人口占全国比重为36%，国内生产总值占全国的55.6%，城镇居民可支配收入是全国平均水平的约1.3倍，货物进出口总额占全国的89.7%(见表11)；而东部地区机

2006年各地区经济社会发展有关指标　表11

	人口		国内生产总值		对外贸易	
	绝对数（万人）	占全国比重%	绝对数（亿元）	占全国比重%	货物进出口额（亿美元）	占全国比重%
东部	46906	36.3	127535.3	55.6	15798.1	89.7
中部	35251	27.3	42961.6	18.7	540.5	3.1
西部	36157	28.0	39301.3	17.1	576.7	3.3
东北	10817	8.4	19723.1	8.6	691.6	3.9
合计	129131	100	209407	100	17606.9	100

资料来源：《2007中国统计摘要》，表中合计数字是根据东、中、西、东北四个区域数字相加的结果。

场航班起降架次占全国57.1%，旅客吞吐量占62.2%，货邮吞吐量占79.7%，其中国际航线起降架次、旅客吞吐量占全国比重均在80%以上，国际货邮吞吐量所占比重在95%以上。以上两组数据对照，可说明东部地区航空运输市场规模与其经济社会发展水平高度相关。中部地区航空运输市场规模相对于经济社会发展水平相对偏小。西部地区航空运输市场规模占全国的比重，大于其经济社会发展指标占全国的比重。东北地区经济总量占全国的比重最少，航空运输市场规模也最小。

二、"十五"以来航空运输市场区域增长格局

1.全国(大陆地区)总体情况

"十五"以来(2001～2006年)，中国大陆地区航空运输市场快速增长，机场起降架次由2000 年的175.7万架次，增加到2006年的348.6万架次，2001～2006年均增长12.1%；旅客吞吐量由2000年的13369.2万人次，增加到2006年的33197.3万人次，2001～2006年均增长16.4%；货邮吞吐量由2000年的309.4万吨，增加到2006年的753.2万吨，2001～2006年均增长16%(见表12)。其中国内航线、港澳航线和国际航线市场增长情况分别见表13、表14和表15。

"十五"以来中国大陆航空市场增长　　表 12

	2000	2005	2006	"十五"以来(2001～2006)年均增长
机场起降架次(万架次)	175.7	305.7	348.6	12.1%
旅客吞吐量(万人)	13369.2	28435.1	33197.3	16.4%
货邮吞吐量(万吨)	309.4	633.1	753.2	16.0%

资料来源：根据中国民用航空总局2006、2005和2000年《民航运输、通用航空生产统计年报》公布数据整理、计算。

"十五"以来国内航线市场增长　　表 13

	2000	2005	2006	"十五"以来(2001～2006)年均增长
机场起降架次(万架次)	158.3	268.9	310.4	11.9%
旅客吞吐量(万人)	11258.3	24414.3	28835.7	17.0%
货邮吞吐量(万吨)	211	386.3	457.7	13.8%

资料来源：根据中国民用航空总局2006、2005和2000年《民航运输、通用航空生产统计年报》公布数据整理、计算。

"十五"以来内地至港澳航线市场增长　　表 14

	2000	2005	2006	"十五"以来(2001～2006)年均增长
机场起降架次(万架次)	5.6	10.1	11	11.9%
旅客吞吐量(万人)	648.9	965.2	1098.6	9.2%
货邮吞吐量(万吨)	12.7	40.2	46.6	24.2%

资料来源：根据中国民用航空总局2006、2005和2000年《民航运输、通用航空生产统计年报》公布数据整理、计算。

"十五"以来国际航线市场增长　　表 15

	2000	2005	2006	"十五"以来(2001～2006)年均增长
机场起降架次(万架次)	11.8	26.7	27.2	14.9%
旅客吞吐量(万人)	1462	3055.6	3263	14.3%
货邮吞吐量(万吨)	85.7	206.6	249	19.5%

资料来源：根据中国民用航空总局2006、2005和2000年《民航运输、通用航空生产统计年报》公布数据整理、计算。

国内航线客运放松了票价管制，实际价格水平维持在每客公里0.58元左右，比"九五"期间(1996～2000年)实际价格水平下降了15%左右，一定程度刺激了需求，吸引了更多旅客乘坐飞机，航班运输效率提高。国内航线起降架次年均增长11.9%，而旅客吞吐量年均增长达17%。

中国与其他国家双边航空运输关系加快发展，6年中与49个国家签署了新的双边航空运输协定或航权安排，2006年末中国与他国双边航空运输协定达107个(含草签)。从实际增长情况看，机场国际航线起降架次年均增长14.9%，比国内航线起降架次年均增长率高3个百分点；旅客吞吐量增长接近14.3%，货邮吞吐量增长19.5%，呈高速增长态势。

2.东部地区

总量。东部地区机场航班起降架次由2000年的96.2万增长到2006年的199万，占全部机场起降架次的比重由54.8%提高到57.1%，"十五"以来(2001～2006)年均增长12.9%(全国12.1%)；旅客吞吐量由8662.9万人次增长到20659.3万人次，占全部机场旅客吞吐量的比重由64.8%下降到62.2%，2001～2006 年均增长15.6%(全国16.4%)；货邮吞吐量由235.7 万吨增长到600.6万吨，占全部机场货邮吞吐量的比重由76.0% 增加到79.7%，2001～2006 年均增长16.9%(全国16%)。

国内航线。2001～2006年，东部地区机场国内航线起降架次年均增长12.4%(全部国内航线11.9%)，占全部机场国内航线起

降架次的比重由2000 年的52.2%提高到2006年的53.8%；旅客吞吐量年均增长16.1%(全部国内航线17%)，占全部机场国内航线旅客吞吐量的比重由2000年的61.2%下降到2006年的58.6%；货邮吞吐量年均增长13.4%(全部国内航线13.8%)，占全部机场国内航线货邮吞吐量的比重由2000年的70.5%下降到2006年的69%。

港澳航线。2001～2006年，东部地区机场至港澳航线起降架次年均增长14.4%(全部港澳航线11.9%)，占港澳航线起降架次的比重由2000 年的73.6% 提高到2006 年的83.3%；旅客吞吐量年均增长10.2%(全部港澳航线9.2%)，占全部机场港澳航线旅客吞吐量的比重由2000年的79.6% 提高到2006年的84.2%；货邮吞吐量年均增长25.1%(全部港澳航线24.2%)，占全部港澳航线货邮吞吐量的比重由2000 年的93.7% 提高到2006 年的98%。

国际航线。2001～2006年，东部地区机场国际航线起降架次年均增长16%(全部国际航线14.9%)，占全部机场国际航线起降架次的比重由2000年的79.7%提高到2006年的84.1%；旅客吞吐量年均增长14.6%(全部国际航线14.3%)，占全部机场国际航线旅客吞吐量的比重由2000年的85.5%上升到2006年的87%；货邮吞吐量年均增长21.3%(全部国际航线19.5%)，占全部机场国际航线货邮吞吐量的比重由2000年的87.6%提高到2006年的96%。

综上所述：(1)2001～2006年，东部地区航空运输市场保持快速增长，机场起降架次和货邮吞吐量增长略高于全国平均增长水平，占全国的比重提高；但总体上旅客吞吐量的增长略低于全国平均增长水平，比重有所下降；(2)国际航线和港澳航线起降架次、旅客吞吐量和货邮吞吐量增长速度均高于平均水平，占全国的比重均有较大提高；(3)国内航线旅客和货邮吞吐量占全国的比重均有所下降(见表16)。

2001～2006 年东部地区航空运输市场增长　表 16

	旅客吞吐量		货邮吞吐量		起降架次	
	年均增长(%)	占全国比重增减（百分点）	年均增长(%)	占全国比重增减（百分点）	年 均 增 长(%)	占全国比重增减（百分点）
国内航线（不含港澳）	16.1	-2.6	13.4	-1.5	12.4	+1.6
港澳航线	10.2	+4.6	25.1	+4.3	14.4	+9.7
国际航线	14.6	+1.5	21.3	+8.4	16	+4.4
合计	15.6	-2.6	16.9	+3.7	12.9	+2.3

资料来源：根据中国民用航空总局2006和2000年《民航运输、通用航空生产统计年报》公布数据整理、计算。

3.中部地区

总量。中部地区机场航班起降架次由2000年的31.5万增长到2006年的48.3万，占全部机场起降架次的比重由17.9%下降到13.9%，“十五”以来(2001～2006)年均增长7.4%(全国12.1%)；旅客吞吐量由924.6万人次增长到2747.2万人次，占全部机场旅客吞吐量的比重由6.9%提高到8.3% ，“十五”以来年均增长19.9%(全国16.4%)；货邮吞吐量由13.6万吨增长到26.9万吨，占全部机场货邮吞吐量的比重由4.4%下降到3.6% ，“十五”以来年均增长12%(全国16%)。

国内航线。“十五”以来中部地区机场国内航线起降架次年均增长7.4%(全部国内航线11.9%)，占全部机场国内航线起降架次的比重由2000年的19.6%下降到2006年的15.4%；旅客吞吐量年均增长20%(全部国内航线17%)，占全部机场国内航线旅客吞吐量的比重由2000年的8.0%提高到2006年的9.3%；货邮吞吐量年均增长16.9%(全部国内航线13.8%)，占全部机场国内航线货邮吞吐量的比重由2000年的4.8% 提高到2006年的5.7%。

港澳航线。“十五”以来中部地区机场至港澳航线起降架次年均增长5.8%(全部港澳航线增长11.9%)，占港澳航线起降架次的比重由2000年的5.2% 下降到2006年的3.7%；旅客吞吐量年均增长7.7%(全部港澳航线增长9.2%)，占全部机场港澳航线旅客吞吐量比重由2000年的3.6%下降到2005年的3.3%；货邮吞吐量年均增长26.8%(全部港澳航线增长24.2%)，占全部港澳航线货邮吞吐量比重由2000年的0.4%增加到2006年的0.5%。

国际航线。“十五”以来中部地区机场国际航线起降架次年均增长3.4%(全部国际航线增长14.9%)，占全部机场国际航线起降架次的比重由2000年的1.7%下降到2005年的0.9%；旅客吞吐量年均增长57.8%(全部国际航线增长14.3%)，占全部机场国际航线旅客吞吐量的比重由2000年的0.1% 增加到2005年的0.9%；货邮吞吐量年均下降22.4%(全部国际航线增长19.5%)，占全部机场国际航线货邮吞吐量的比重由2000年的4.0%下降到2006年的0.3%。

综上所述：(1)“十五”以来中部地区机场起降架次增长大大低于全国平均增长水平，占全国的比重下降；(2)国内航线和国际航线旅客吞吐量、国内航线货邮吞吐量增长高于全国平均水平，所占比重均有所提高；(3)国际航线起降架次增长缓慢，国际航线货邮吞吐量大幅度下降，占全国的比重下降(见表17)。

4.西部地区

总量。西部地区机场航班起降架次由2000年的38.3万增长到2006年的84万，占全部机场起降架次的比重由21.8%提高到24.1% ，“十五”以来(2001~2006)年均增长14%(全国12.1%)；旅客吞吐量由2952.9万人次增长到7926.8万人次，占全部机场旅客吞吐量的比重由22.1%增加到23.9%，“十五”以来年均增长17.9%(全国16.4%)；货邮吞吐量由46.6万吨增长到98.2万吨，占全部机场货邮吞吐量的比重由15.1%下降到13%，“十五”以来年均增长13.2%(全国16%)。

国内航线。“十五”以来西部地区机场国内航线起降架次年均增长14.4%(全部国内航线11.9%)，占全部机场国内航线起降架次的比重由2000年的22.7%提高到2006年的26%；旅客吞吐量年均增长18.6%(全部国内航线17%)，占全部机场国内航线旅客吞吐量的比重由2000年的24.4% 增加到2006年的26.5%；货邮吞吐量年均增长14.4%(全部国内航线13.8%)，占全部机场国内航线货邮吞吐量的比重由2000年的20.0%增加到2006年的20.6%。

2001～2006年中部地区航空运输市场增长　表17

	旅客吞吐量		货邮吞吐量		起降架次	
	年均增长(%)	占全国比重增减（百分点）	年均增长（%）	占全国比重增减（百分点）	年均增长（%）	占全国比重增减（百分点）
国内航线（不含港澳）	20.0	+1.3	16.9	+0.9	7.4	-4.2
港澳航线	7.7	-0.3	26.8	+0.1	5.8	-1.5
国际航线	57.8	+0.8	-22.4	-3.7	3.4	-0.8
合计	19.9	+1.4	12.0	-0.8	7.4	-4.1

资料来源：根据中国民用航空总局2006年和2000年《民航运输、通用航空生产统计年报》公布数据整理、计算。

注：2000年，中部地区货邮吞吐量合计为13.6万吨，其中国内航线货邮吞吐量10.2万吨，港澳航线0.06万吨，国际航线3.4万吨（其中3.39万吨由太原机场俄罗斯货运包机完成）；到2006年，中部地区货邮吞吐量合计为26.9万吨，其中国内航线货邮吞吐量25.9万吨，港澳航线0.2万吨，国际航线0.7万吨。国际货邮吞吐量大幅度下降的主要原因是在太原机场运营的俄罗斯货运包机大幅度减少。

港澳航线。"十五"以来西部地区机场至港澳航线起降架次年均增长3%(全部港澳航线11.9%)，占港澳航线起降架次的比重由2000年的18.7%下降到2005年的11.3%；旅客吞吐量年均增长3.5%(全部港澳航线增长9.2%)，占全部机场港澳航线旅客吞吐量的比重由2000年的15.2% 下降到2005年的11%；货邮吞吐量年均下降2.6%(全部港澳航线增长24.2%)，占全部港澳航线货邮吞吐量的比重由2000年的4.9%下降到2005年的1.1%。

国际航线。"十五"以来西部地区机场国际航线起降架次年均增长8.1%(全部国际航线14.9%)，占全部机场国际航线起降架次的比重由2000年的10.3% 下降到2006年的7.1%；旅客吞吐量年均增长7.2%(全部国际航线14.3%)，占全部机场国际航线旅客吞吐量的比重由2000年的7.4%下降到2006年的5.1%；货邮吞吐量年均下降了3.3%(全部国际航线19.5%)，占全部机场国际航线货邮吞吐量的比重由2000年的4.6%下降到2005年的1.3%。

综上所述：(1)"十五"以来西部地区机场起降架次和客运吞吐量增长高于全国平均增长水平，比重有所提高；货邮吞吐量的增长略低于全国平均增长水平，比重有所下降；(2)国内航线旅客吞吐量和货邮吞吐量和起降架次增长率均高于平均水平，占全国的比重都提高；(3)港澳和国际航线货邮吞吐量负增长；(4)国际和港澳航线客运、起降架次增长低于全国平均增长水平，占全国的比重下降(见表18)。

2001～2006年西部地区航空运输市场增长　表18

	旅客吞吐量		货邮吞吐量		起降架次	
	年均增长(%)	占全国比重增减（百分点）	年均增长（%）	占全国比重增减(百分点）	年 均增 长(%)	占全国比重增减（百分点）
国内航线（不含港澳）	18.6	2.1	14.4	0.7	14.4	3.3
港澳航线	3.5	-4.1	-2.6	-3.8	3.0	-7.3
国际航线	7.2	-2.4	-3.3	-3.2	8.1	-3.2
合计	17.9	1.8	13.2	-2.0	14.0	2.3

资料来源：根据中国民用航空总局2006年和2000年《民航运输、通用航空生产统计年报》公布数据整理、计算。

5.东北地区

总量。东北地区机场航班起降架次由2000年的9.7万增长到2006年的17.3万，占全部机场起降架次的比重由5.5%下降到2006年的5%，"十五"以来(2001~2006)年均增长10.1%(全国12.1%)；旅客吞吐量由828.9万人次增长到1864万人次，占全部机场旅客吞吐量的比重由6.2% 下降到5.6%，年均增长14.5%(全国16.4%)；货邮吞吐量由13.4万吨增长到27.4万吨，占全部机场货邮吞吐量的比重由4.3% 下降到3.6%，年均增长12.6%(全国16%)。国内航线。"十五"以来东北地区机场国内航线起降架次年均增长9.6%(全部国内航线11.9%)，占全部机场国内航线起降架次的比重由2000年的5.4%下降到2006年的4.8%；旅客吞吐量年均增长14.5%(全部国内航线17%)，占全部机场国内航线旅客吞吐量的比重由2000年的6.4%下降到2006年的5.6%；货邮吞吐量年均增长13.5%(全部国内航线13.8%)，占全部机场国内航线货邮吞吐量的比重2000年与2006年基本持平，为4.7%。

港澳航线。"十五"以来东北地区机场至港澳航线起降架次年均增长4.7%(全部港澳航线11.9%)，占港澳航线起降架次的比重由2000年的2.5%下降到2006年的1.7%；旅客吞吐量年均增长7.6%(全部港澳航线9.2%)，占全部机场港澳航线旅客吞吐量的比重由2000年的1.6%下降到2006年的1.5%；货邮吞吐量年均增长5.2%(全部港澳航线24.2%)，占全部港澳航线货邮吞吐量的比重由2000年的1.0% 下降到2006 年的0.4%。

国际航线。"十五"以来东北地区机场国际航线起降架次年均增长14%(全部国际航线14.9%)，占全部机场国际航线起降架次的比重由2000年的8.3%下降到2006年的7.9%；旅客吞吐量年均增长14.8%(全部国际航线14.3%)，占全部机场国际航线旅客吞吐量的比重由2000年的6.9% 增加到7%；货邮吞吐量年均增长10.1%(全部国际航线19.5%)，占全部机场国际航线货邮吞吐量的比重由2000年的3.9%下降到2006年的2.4%。

综上所述：(1)东北地区"十五"以来航空运输市场总体上保持快速增长，但起降架次和客、货吞吐量的增长均略低于全国平均增长速度，占全国的比重均有所下降；(2)国际航线旅客吞吐量增长高于全国平均增长，占全国比重略有上升；(3)国内、港澳航线客、货吞吐量和国际航线货邮吞吐量增长均略低于全国平均增长，比重下降(见表19)。

6.总结和评价

(1)航空运输市场增长格局

2001～2006年东北地区航空运输市场增长　　表19

	旅客吞吐量		货邮吞吐量		起降架次	
	年均增长（%）	占全国比重增减（百分点）	年均增长（%）	占全国比重增减（百分点）	年均增长（%）	占全国比重增减（百分点）
国内航线（不含港澳）	14.5	-0.8	13.5	-0.1	9.6	-0.6
港澳航线	7.6	-0.1	5.2	-0.6	4.7	-0.8
国际航线	14.8	0.2	10.1	-1.5	14.0	-0.4
合计	14.5	-0.6	12.6	-0.7	10.1	-0.6

资料来源：根据中国民用航空总局2006年和2000年《民航运输、通用航空生产统计年报》公布数据整理、计算。

将航空运输市场细分为国内航线旅客运输(国内,旅客)、港澳航线旅客运输(港澳,旅客)、国际航线旅客运输(国际,旅客)、国内航线货邮运输(国内,货邮)、港澳航线货邮运输(港澳,货邮)、国际航线货邮运输(国际,货邮)等6个市场,其区域增长格局见表20。

"十五"以来全国航空运输市场区域增长格局
（机场吞吐量年均增长%）　　表20

细分市场	全国	东部	中部	西部	东北
（国内，旅客）	17	16.1	20	18.6	14.5
（港澳，旅客）	9.2	10.2	7.7	3.5	7.6
（国际，旅客）	14.3	14.6	57.8	7.2	14.8
旅客运输市场总量（包括国内、港澳、国际）	16.4	15.6	19.9	17.9	14.5
（国内，货邮）	13.8	13.4	16.9	14.4	13.5
（港澳，货邮）	24.2	25.1	26.8	-2.6	5.2
（国际，货邮）	19.5	21.3	-22.4	-3.3	10.1
货邮运输市场总量（包括国内、港澳、国际）	15.4	16.9	12	13.2	12.6

资料来源：根据前文分析整理。

①在(国内,旅客)市场,中部和西部增长高于全国增长,占全国比重提高,中部为9.3%,西部为26.5%;东部增长与全国增长大致相当,占全国比重略有下降,所占比重为58.6%左右;东北增长低于全国增长,占全国比重有所下降,所占比重为5.6%左右。

②在(港澳,旅客)市场,东部增长大大高于全国增长,中部和东北增长较慢,西部呈负增长,市场进一步向东部集中,比重提高到85%左右。

③在(国际,旅客)市场,中部、东北增长高于全国增长,占全国比重略有提高;东部增长与全国增长大致相当,所占比重略有上升,达到87%;西部地区增长低于全国增长,所占比重略有下降。

④在(国内,货邮)市场,中、西部增长高于全国增长,占全国比重略有提高,其中中部为5.7%、西部在20.6% 左右;东北增长与全国增长几乎相当,所占比重保持不变,接近5%;而东部低于全国增长,所占比重略有下降,为69%。

⑤(港澳,货邮)市场,主要集中在东部,占90%以上,东部和中部高于全国增长,西部呈负增长。

⑥(国际,货邮)市场,主要集中在东部,占90%以上,东部增长高于全国增长,集中度进一步提高;西部增长大大低于其他地区增长,差距拉大。

(2)区域航空运输市场增长与经济增长的相关性(以2001～2005年数据计算)

"十五"期间,东部、中部、西部和东北地区旅客吞吐量总体年均增长速度分别为15.8%、19.1%、17.4%和14.0%,货邮吞吐量总体年均增长速度分别为16.3%、11.6%、12.4%和13.0%,客、货吞吐量与所在地区GDP的弹性系数(旅客吞吐量弹性系数=旅客吞吐量增长速度/GDP 增长速度,货邮吞吐量弹性系数=货邮吞吐量增长速度/GDP 增长速度)见表21。

从表21可以看出,"十五"时期,东部、中部、西部、东北地区的GDP每增长1%所带动的机场旅客吞吐量增长率分别为0.96、1.42、1.17和1.18个百分点,货邮吞吐量增长率分别为0.99、0.87、0.83和1.09个百分点。东部地区客、货吞吐量弹性系数小于1,主要是因为东部地面交通发达,对航空运输的替代作用明显;同时,东部地区空域资源紧张一定程度上限制了航空运输的增长。中部、西部地区货邮吞吐量弹性系数均小于1,主要是因为适宜于航空运输的高附加值产品的生产与消费市场都很小。

三、"十一五"时期初步展望

长期以来,中国大陆航空运输市场60%以上分布于东部地区,中部、西部、东北与东部存在较大的地区差距。最近10年来客运市场差距变化不显著,东部、中部、东北略有下降,西部略有上升,西部与东部差距有所减少;货运市场变化也不明显,东部略有上升,其他地区比重均有所下降,与东部差距有所加大(见表22)。

区域航空运输市场的发展,从需求一方看,主要影响因素有人口、经济增长、旅游开发、对外贸易、地理环境和地面交通等等;从供给一方看,主要影响因素有运力及基础设施增长、空域、航空运输市场对外开放等。需求与供给相互作用,决定区域航空

“十五”期间各地区客货吞吐量与GDP弹性关系 表21

地区	旅客吞吐量年均增长（%）	货邮吞吐量年均增长（%）	GDP年均增长（%）	弹性关系	
				旅客吞吐量与GDP	货邮吞吐量与GDP
东部	15.8	16.3	16.4	0.96	0.99
中部	19.1	11.6	13.4	1.42	0.87
西部	17.4	12.4	14.9	1.17	0.83
东北	14.0	13.0	11.9	1.18	1.09
全国	16.3	15.4	13.0	1.25	1.18

资料来源：① 旅客吞吐量和货邮吞吐量年均增长率根据中国民用航空总局2005和2000年《民航运输、通用航空生产统计年报》公布数据整理、计算。

② GDP增长数据来自“中国税务总局网站”，是以当年价格计算的年均增长率。

各地区客货吞吐量占全国比重 表22

年份／地区	1995		2000		2005	
	旅客吞吐量占全国比重（%）	货邮吞吐量占全国比重（%）	旅客吞吐量占全国比重（%）	货邮吞吐量占全国比重（%）	旅客吞吐量占全国比重（%）	货邮吞吐量占全国比重（%）
东部	65.7	77.5	64.8	76.2	63.4	79.2
中部	7.9	4.0	6.9	4.4	7.8	3.7
西部	20.2	13.4	22.1	15.1	23.2	13.2
东北	6.2	5.1	6.2	4.3	5.6	3.9
全国	100	100	100	100	100	100

资料来源：根据中国民用航空总局1995、2000和2005年《民航运输、通用航空生产统计年报》公布数据整理、计算。

运输市场发育水平。航空运输市场发展的地区差距，既是长期以来区域经济社会发展历史过程的综合反应，也是现实内外部环境条件差异综合影响的结果。

在未来航空运输的区域发展中，导致地区差距扩大的因素（如人口、经济总量及产业基础、区位和人文环境等）短时间内还将继续存在；但另一方面，缩小差距的有利因素也正在形成。主要有：

一是随着建设社会主义和谐社会的进程和国家对缩小地区经济差距的日益关切，从发展战略和政策设计方面正在并将进一步出现有利于中、西部和东北地区经济社会加快发展的环境条件，从而改善航空运输的综合外部条件和环境。

二是东部地区的经济发展将更加需要和中、西部以及东北地区之间的衔接与融合，特别是东部对能源等基础材料、土地和劳动力资源等需求的扩大，产业结构的调整和部分产业的转移，将为中、西部和东北地区发展带来新的机遇，同时也为中、西部和东北地区航空运输带来新的机遇。

三是从航空运输市场的供给因素来看，目前无论是国内航空公司还是外国航空公司在东部地区运力投放相对充足，在供求趋向基本平衡之后，随着航空运输需求的增长以及市场的对外开放，新增运力将主要投向其他地区；加之随着中、西部和东北地区航空基础设施的增加与完善，反过来将促使这些地区航空市场需求的更大增长。

综合起来判断，“十一五”期间，四大地区的航空运输市场都将保持快速增长，客运增长速度不会存在很大差异；区域发展差距尤其是东部与西部的差距将进一步减少；东部—西部、中部、东北的主要干线市场将快速增长。

1.东部地区仍将占有50%~60%的航空运输客运市场和70%以上的货运市场

东部地区凭借优越的区位、先进的体制机制以及业已形成的先发优势，将继续保持经济快速增长的态势。长江三角洲地区、珠江三角洲地区、京津唐地区、胶东半岛将逐步形成大城市圈，成为区域经济发展的主导力量。这些大城市圈将成为技术和制度创新的中心，以及先进制造业的基地，成为中国参与全球经济一体化的竞争与合作，最具实力和活跃的地区。“十五”期间东部地区将优先发展以电子信息、生物医药、新材料等为代表的高新技术产业和具有比较优势的先进制造业和现代服务业，进出口与利用外资方面将继续占有主导地位；天津新区的开发将是东部地区重要的新的经济增长点；国内旅游和国际旅游将继续保持领先地位。经济快速增长将对航空运输提出持续快速增长的需求。另外，2008年的北京奥运会、2010年的上海世博会和广州亚运会，也为航空运输发展提供了良好的契机。

从航空运输供给的角度看，目前制约东部航空运输发展的一些矛盾将在“十一五”期间得以缓解。通过管理体制改革和采用新技术，将扩大空域流量。首都机场建设第三条跑道、T3航站楼，浦东机场建设第三条跑道、第二航站楼，广州白云机场建设

第三条跑道和国际航站楼，杭州、深圳机场新建第二跑道和扩建航站楼，等等，将改善基础设施状况和条件。近两年新成立的大部分民营或中外合资航空公司把基地设置在东部机场，将成为航空运输市场中一股活跃的力量。国外著名大型物流企业已在东部许多机场设立转运中心，将进一步推动国际航空货运市场的持续快速增长。

2.中部地区客货运市场有加快增长的条件，但占全国比重将不会产生显著变化

中部地区位于中国内陆腹地，人口众多，自然、文化和旅游资源丰富，是重要的农产品、能源、原材料和装备制造业基地。2003年，十六届三中全会提出有效发挥中部地区综合优势，支持中部地区加快改革发展；2004年3月，温家宝总理在《政府工作报告》中首次明确"促进中部地区崛起"的概念。中部地区凭借有利的区位和资源、劳动力、土地等方面优势，在基础设施建设、有竞争力的制造业和高新技术产业发展等方面取得了积极进展，经济开始进入发展的快车道。按现价计算，2005年中部地区生产总值增长17.2%，比2001年高出8.4个百分点，扭转了长期以来发展速度低于东部地区的局面。

"十一五"期间，中部地区将大力提高资源综合开发利用水平，变资源优势为产业优势和经济优势，提高能源原材料产业的效益；以建设高新技术产业基地为重点，加快发展电子信息、生物工程、现代中药、新材料等新兴产业；大力发展旅游业和商贸流通业，促进中部地区区域合作和对外开放；着力打造中原城市群、武汉城市群、长珠潭城市群、大运城市带、皖江城市带、昌九城市带等。经济的加快发展将带动航空运输加快发展，特别是国内航线运输的加快发展。

在地理位置上，中部地区具有承东启西、连接南北的区位优势，是我国多方向跨区域运输的交通要冲和多种交通运输网络交汇的枢纽地区，在全国现代综合运输体系中具有仅次于主要沿海港口群地区的举足轻重的地位和作用。为建设中部航空枢纽，"十一五"期间中部六省省会城市机场将全部进行改扩建，其中武汉、郑州、太原机场改扩建工程已开工，这将促进中部地区航空市场的增长。

3.西部地区客运市场占全国的比重将进一步上升

西部大开发在"十五"期间取得了重要进展，基础设施得到显著改善，重点城市和特色优势产业发展呈现良好势头，经济总量保持快速增长，主要经济指标平均增速高于全国。由此带动了航空运输特别是客运市场的加快发展，机场旅客吞吐量的平均增长速度高于全国。

"十一五"期间，西部地区将继续发挥比较优势，大力发展能源及化学工业、矿产资源开采及加工业、特色农牧业及加工业、装备制造业、高技术产业、旅游业等特色优势产业，推进成渝经济区、关中经济区和北部湾经济区率先发展，推动重点边境口岸城镇跨越发展，扶持少数民族地区加快发展，进一步加强基础设施和生态环境保护建设，以保持经济快速增长的态势，这将为航空运输提出快速增长的需求。

东部产业向西部梯度转移将刺激东部—西部航线市场的快速增长。到2006年，已有3万多家东部企业到西部投资，投资额超过5000亿元。"十一五"时期将有更多的企业投资西部。

西部地区具有全国最丰富的旅游资源，重点开发一批跨区域旅游区将带动航空运输市场的发展。"十一五"期间将重点开发的跨区域旅游区有：丝绸之路旅游区、香格里民族风情—高原风光旅游区、长江三峡高峡平湖旅游区、青藏高原生态旅游区、川渝黔生态旅游区、珠三角—桂东—桂北黄金旅游区、澜沧江—大湄公河次区域民族风情热带风光跨国旅游区、西北大漠草原旅游区、黔东南—湘鄂西民族风情与生态旅游区和重点红色旅游区。

西部地区有毗邻14个周边国家和地区的地缘优势和人文优势。"十一五"期间将重点扶持位于西部地区具有重要战略地位和发展潜力的机场，特别是强化能够对周边国家和地区的航空运输市场发挥辐射作用、具有较强门户功能的枢纽机场(如乌鲁木齐、昆明机场)的建设。在西部大开发"十一五"总体规划中，已确定以促进旅游资源开发、改善边远地区交通条件和加强国防为重点，扩建成都、西安、乌鲁木齐等机场，迁建昆明机场，新建阿里、玉树等一批支线机场。

4.东北地区国际航空市场占全国的比重将上升

"十一五"时期是振兴东北地区老工业基地政策全面发挥作用的时期。随着扶持政策的实施，将使东北成为珠江三角洲、长江三角洲之后，又一个国际性投资热点地区。

东北地区是中国能源、原材料工业和装备制造业比较发达的地区。随着中国进入工业化中期以后，国民经济发展对能源、原材料工业和装备制造业的需求日益突出，其资源优势和产业优势将会得到进一步发挥，对于东北地区老工业基地振兴的支撑和带动作用将更加显著。东北老工业基地有可能成为中国新的经济增长极。

东北地区与俄罗斯、朝鲜等国接壤，毗邻韩国，是中国对外贸易往来的重要地区之一，将在东北亚经济合作中发挥重要的作用。

东北又是中国旅游业发展的主要潜力地区之一。其总体表现出来的冰雪概念和气候优势，已使其成为国内冬季旅游、夏季避暑的热点地区。同时，与东北亚其他区域具有较强的互补性，使东北旅游开发具有较强的国际市场竞争力。

以上因素都将促进东北地区航空运输市场尤其是国际航空运输市场的加快发展。

刘少成　戈锐：中国民用航空总局

长三角区域民航发展问题的思考*

王志清　庄国强

长江三角洲地区是中国经济社会最发达的地区之一，区域中16个城市，占全国国土面积的1.1%，占国家人口的6.3%，并创造出约占国家1/5的经济总量，1/3的进出口总额和近1/2的实际利用外资额。长期以来，这一地区不仅在中国经济社会发展中发挥着十分重要的作用，在中国航空运输发展中也处于十分重要的地位。

一、长江三角洲地区民航发展状况

伴随着中国经济社会的持续快速发展，中国航空运输业的成长举世瞩目。2006年，中国民航运输总周转量、旅客运输量和货邮运输量分别达到305.8亿吨公里、1.6亿人和349.3万吨，1978～2006年年均增长率分别为18%、16.3%和15.4%。

中国民航运输总周转量的平均增长速度高出世界平均水平2倍多，定期航班运输总周转量在国际民航组织缔约国中的排名，由1978年的第37位上升至2005年的第2位。

目前，中国民航开辟的定期航线总数达1300多条；具有独立承运人资格的航空公司38家，共有各型运输飞机1100架；有航班运营机场147个，行业正处于成长期的加速发展阶段。

长三角地区经济社会的快速发展，为航空运输提供了广阔的发展空间，而航空运输的高效、便捷也为地区经济发展提供了有效保障。目前，长三角地区有民航运输机场10个（含军民合用机场3个），机场密度为全国平均水平的6.5倍。具备独立承运人资格的运输航空公司共有8家，此外还有6家航空公司设有运行基地，近60家国外航空公司在该地区开展运输业务。

“十五”期间，长三角机场旅客和货邮吞吐量年均增长18.8%和25%，分别比全国平均水平高出2.5和15.4个百分点。2006年10个机场完成旅客吞吐量6735.5万人次、货邮吞吐量293万吨，分别占全国总量的20.8%和40.6%，其中，上海浦东、上海虹桥、杭州萧山机场业务量位居全国前8位，浦东机场跻身世界第6大货运机场。

近年来，为促进长三角地区航空运输发展，民航有关部门与地方政府共同努力，开展了卓有成效的工作。

一是大力改善基础设施，不断提高保障能力。先后完成了一大批机场、空管、航空公司设施的改扩建项目，大大增强了机场的客货处理能力、空管的飞行保障能力，为运输生产的发展奠定了基础。

二是建立协调工作机制，共同促进民航发展。民航总局在与上海市建立航空枢纽推进机制的基础上，又分别与江苏、浙江两省签订了加快民航发展的纪要，明确了各自对地区民航发展的责任和义务，在建设资金和扶持政策上予以支持，为进一步推动本地区民航的发展提供了良好的政策环境。民航华东管理局与相关省市主管部门建立了沟通与交流机制，共同开展发展战略和专业规划研究，制定了民航发展的阶段目标和要求。

三是积极构建航空枢纽，扎实推进各项工作。按照《上海航空枢纽战略规划》所确定的目标，机场设施建设按期实施、空域保障能力逐步增强；基地航空公司不断加强中枢航线网络建设和结构调整，积极拓展中转联运产品，目前，东航、上航在上海投放的运力分别比2003年底增加125%、42.5%，东航的中转服务已覆盖100多个国内外城市；通关手续得到简化，实现了长三角通关一体化，通关效率持续提升；综合配套交通设施加速改善，连接邻省与两机场的一批地面交通路网建设正在加紧实施；航空货运发展迅速，UPS国际转运中心落户浦东，浦东空港保税物流园区规划正在进行。

四是不断创新管理理念，努力拓展航空市场。杭州、南京、宁波、无锡等机场，不断创新管理理念，积极吸引航空公司，努力拓展服务范围、培育航空市场，使机场客货运量取得了较快的发展。

二、长三角地区民航发展面临的问题

未来13年，中国将全面建设小康社会，中国航空运输有着广阔的发展前景。民航总局预测，到2020年，中国民航运输总周转量将达到1400亿吨公里，旅客运输量7.7亿人，货邮运输量1600万吨；北京、上海、广州三个城市的机场旅客吞吐量将超过1亿人次。届时，作为中国经济最活跃、航空运输最发达的长三角地区，民航发展必将面临更高的要求。在看到发展机遇的同时，我们必须清醒地分析所面临的问题。

1.空域资源紧缺、结构有待进一步优化

长三角地区城市密集、经济物流密集、机场密集，是全国飞行情况最复杂、军民航飞行矛盾最严重的地区之一。虽然上海区

*本文转载自《中国民用航空》2008年第1期

域管制中心和RVSM工作的建成和实施，提高了空域的使用效率和管制工作效率，使空中交通拥挤状况得到了一定程度的缓解，但机场终端区空域结构没有根本改变，难以对进离场航线进一步优化，导致飞行拥挤，流量受限制的问题难以得到根本解决。现行航线和空域结构已经成为制约航空运输快速发展的瓶颈，需要引起充分的重视。

2.基础设施尚无法满足未来发展的要求

长三角地区航空运输需求旺盛且发展迅猛。目前，上海、杭州、南京、宁波等机场现有设施的容量已经饱和或接近饱和，其他各机场综合功能也不够健全，与提高航空安全保障能力和运输服务水平的客观要求存在较大差距。虽然各地加快了机场建设的步伐，但与运输生产的快速发展相比较仍有较大差距。据预测，2010年世博会期间上海两个机场将承担7000万～8000万人次的旅客吞吐量，杭州萧山机场2015年将突破2560万人次，加快机场建设仍将是今后一个时期需要着力解决的问题。此外，机场作为公共基础设施，投资巨大、回报较低，尚需进一步拓宽投融资渠道，加大政府投资的支持力度。

3.功能定位尚需明确、整体优势有待发挥

经过多年的建设和发展，长三角地区已经形成了较为完善的机场网络。目前，结合“十一五”规划，各地纷纷制定了机场发展战略和机场建设计划，努力开辟国际航线，打造客货运枢纽。但是从整体上看，仍然存在着区域内机场体系未能充分协调，各机场间缺乏合理定位和明确分工，机场对干、支线航空运输协调发展的合理引导作用薄弱，难以有效配置资源和充分发挥航空资源整体优势和作用等一些问题。

4.地面综合交通体系有待进一步健全

上海机场作为中国最重要的门户机场之一，承担了区域内绝大部分的国际客货运，其国际客货很大部分来自江苏、浙江，特别是长三角区域。目前浦东和虹桥两场之间快速交通连接、浦东机场与长三角地区交通衔接、航空货物集散通道等交通方面的问题较为突出。地面交通的拥堵，影响了长三角机场间的紧密联系，增加了客货运输的成本和时间，已成为影响上海航空枢纽向周边地区集散客货能力的主要问题。

5.国际航空枢纽的竞争力较为薄弱

建设国际航空枢纽，对长三角地区乃至全国经济和运输体系的发展至关重要。目前亚太地区国际航空枢纽的竞争十分激烈，在这一区域内的东京成田、韩国仁川、新加坡樟宜等机场，已经在天空开放、航空联盟、航线网络等方面具备显著优势。以仁川机场为例，中国航班数量约占仁川机场总航班量的1/4，每年经仁川枢纽前往北美地区的中国旅客达数十万人次。当前，长三角地区参与全球竞争的国际枢纽尚未形成，竞争力较为薄弱，有关各方特别是机场和基地航空公司必须面对这一现实，积极协作，努力应对。

三、促进长三角区域民航发展的建议

《长江三角洲地区区域规划纲要》草案中，提出了“一核六带”的区域总体布局框架，即强化上海发展核心，优化提升沪宁沪杭沿线发展带，重点建设沿江发展带、沿(杭州)湾发展带、积极开发沿海发展带，培育宁湖(湖州)杭发展带，引导沿(太湖)湖生态服务带。

民航工作的中心任务是与其他交通方式一起，共同构建服务于“一核六带”的综合交通体系，最大程度地满足该地区参与全球合作和对外交流的需要，满足国内市场对航空运输的要求，为旅客和货主提供高效、便捷和优质的服务，为长三角地区经济发展提供有效保障。

1.加大区域协调力度、有效利用区域资源

长三角地区社会发展、经济发达，具有较为完善的基础条件。就航空运输而言，现有机场体系、航线网络、运输能力、市场发展已具备较强的基础，要实现更好更快的发展、提升长三角区域整体国际竞争力，加大区域协调力度、有效利用现有资源至关重要。

有必要通过建立密切、有效、多层次的协调工作机制，统一筹划地区经济发展战略部署，努力实现经济一体化和运输一体化。结合发展实际，按照“加强资源整合、完善功能定位、扩大服务范围、优化体系结构”的思路，重点培育国际枢纽和区域中心机场，完善干线机场功能，适度增加支线机场布点，构筑规模适当、结构合理、功能完善的区域机场群。要统筹考虑区域航线网络的规划和衔接，加大对航空公司航线航班开辟的扶持力度，提高航线网络的辐射能力、提高网络的运行效率。与军方密切协调、配合，进一步优化和改善现有空域结构，创新管理模式，提高空域利用率，缓解空域拥挤状况。打破行政界线，鼓励区域内机场间的联合或重组，加强地区间、机场间的协调与合作，充分发挥各自的优势、优化资源配置、合理进行分工，构建枢纽、干线和支线有机衔接，客、货航空运输全面协调的发展格局。

2.积极推进上海航空枢纽战略的实施

有关研究数据显示，每年100万人次航空旅客运输量相当于产生1.3亿美元的经济效益和2500个就业岗位。民航运输对国民经济有着极大的拉动作用，因此国际上民航业的竞争格外激烈，其竞争的意义远远超出了民航业本身。建设上海航空枢纽不仅是建设民航强国的需要，也是增强国家综合竞争力的需要。

上海航空枢纽是我国重要的复合中枢，也是中国主要门户枢纽，它位于东亚中心、立足长三角、背靠中国内地广阔的市场，具有得天独厚的区位优势。同时，上海航空枢纽的建设将充分发挥航空运输的比较优势，为长三角地区的国际贸易和国际化高科技产业的生产协作提供有效的支持。因此，要进一步加大上海航空枢纽战略的实施力度，积极创造条件，尽快建成具有较强国际竞争力的国际航空枢纽，不断拓展辐射范围，逐步建立起以枢纽结构为主、枢纽结构与城市对结构并存互补的航线网络。

3.加强区域内综合交通运输体系的衔接

一个地区的交通运输体系是否先进、是否具备竞争力，关键在于交通体系的整体效能。要提升长三角地区的国际竞争力，就必须建立起一个统一、高效的综合交通运输体系。航空运输的比较优势是安全、舒适和快捷，优势的发挥离不开地面交通的有效支持。

正在实施的上海虹桥机场综合交通枢纽工程，计划将京沪高铁、沪宁和沪杭城际轨道、城市地铁和高速公路、虹桥—浦东机场磁悬浮等地面交通结合在一起，最大程度上发挥了综合交通的优势，使得长三角之间的城市群能够充分享受到上海航空枢纽的便捷服务，这一方法值得借鉴。据预测，上海两机场在2020年前后即将达到终端设计规模（1.1亿人次/年），通过建立高效的地面交通联系，可以有效地发挥南通等邻近机场的作用，以满足上海地区航空业务进一步发展的需求，实现机场资源的有效整合。建立起统一高效的综合交通体系，将会促进各机场运量的合理分布和平衡，从而更好地发挥长三角机场群整体的资源优势。

4.努力发展与航空运输相关的产业集群

当前，我国正处于国际产业转移和国内产业结构转型的新型工业化时期，选择并培育主导产业直接关系到区域产业结构的优化和升级。民航产业集群有可能成为产业结构调整中的重要产业之一。长三角地区经济发展活跃，资金密集、技术密集、人才密集，有较强的航空制造和研发基础，具备发展航空运输相关产业的独特优势。

努力发展“临空经济”，利用国际航空口岸的优势，建设空港保税区或物流园区，形成保税仓储、物流中转、物流配送、国际采购、展览展示、加工出口以及其它保税功能的延伸产业集群。

充分发挥现有航空器制造和研发产业的优势，积极拓展飞机维修、零配件制造、航材配送等业务，努力提高民航关键技术装备的研发、制造和维护能力，培育并形成民航特种车辆、机场登机桥、信息系统集成、行李分拣系统以及空管重要技术和设备、飞机运行保障设备等重大技术装备国产制造的产业群体，改变90%均来自进口的局面。

在开发与航空运输业直接相关的服务保障产业的同时，逐步向高新技术产业、现代制造业等非航空业领域延伸及拓展，进而促进旅游业、生活服务业、以及金融保险、信息咨询、商业贸易等现代服务业的发展。

努力构建以航空运输业为依托、以发展临空产业为核心、服务于全球性或区域性人流、物流的经济发展新模式，不仅有利于地区经济的繁荣，也会进一步促进航空运输的发展。

2008年北京奥运会和2010年上海世博会的举办，将为长三角地区经济带来更强劲的动力，相信在有关各方的共同努力和支持下，长三角地区的民航事业将取得更大的发展。

王志清：中国民用航空总局
庄国强：民航华东地区管理局

世界机场建设与发展的基本趋势*

刘　锋

机场既是航空运输业的重要组成部分，又对经济发展具有重要的促进作用，许多国家非常重视机场建设与发展。20世纪90年以来，机场采取压缩成本、私人融资、积极促销甚至兼并、联盟等战略加快发展，全球机场建设与发展中出现了一些值得重视的新趋势。

一、高度重视机场在经济发展中的作用

机场对所在地区经济和全球经济发展的促进作用日益引起人们的高度重视。人们认为，机场发展对其辐射范围内的工业和商业企业的竞争力提升具有战略意义；国际机场是影响跨国公司国内和国际竞争力的重要因素；是否有机场是影响外国资本直接投资的一个重要因素，机场带来的就业机会，能在当地/地区经济中发挥重要作用，对于小国（尤其是岛国或内陆国家）而言，甚至能对其国民经济发挥重要作用。

机场作为一个商业系统，对邻近地区的就业起到的促进作用超过了跨国汽车制造商或者电子产品生产厂家等大型跨国企业。机场运营者每雇佣一个员工引发机场附属企业雇佣5～6个员工。

对于机场的经济贡献，国际民航组织以及权威的研究机构都做过一些宏观或个案研究。

美国新奥尔良大学完成的新奥尔良机场贡献研究报告显示，机场对其周边地区能够产生特别积极的影响。新奥尔良机场每年产生的直接和间接花费为10亿美元以上，每年解决约12471个就业岗位，新奥尔良国际机场附近居民中4000多人靠机场解决就业问题，机场使这些居民家庭每年增加加1.3亿美元收入。2003年，新奥尔良国际机场还为本州和当地政府贡献了7100万美元的税收。

正因为如此，许多国家非常重视机场的规划、建设和发展。在美国，许多大型和中型枢纽机场都被当地城市视为宝物。美国新奥尔良市市长称，机场是创造财产的财产，而且是一种可靠财产。

以迪拜世界中心Jebel Ali机场城建设为例，按每年1.2亿人旅客吞吐量、1200万吨货物吞吐量设计，规模是洛杉矶机场与伦敦希思罗机场之和，货运能力将是目前最繁忙的孟菲斯机场的2倍。该机场建设规划还包括一个物流城、一个商务中心、一个科技公园、迪拜新展览中心和可容纳100多万人的居住区。这个计划使迪拜机场成为本地区重要的经济、贸易、物流枢纽，可以保证迪拜在未来50年内不会因机场容量问题限制发展。该工程一旦完工，在若干方面都是世界最大机场。

阿联酋之所以花如此大的力量建设迪拜机场，就是看中了机场具有经济活动催化剂的功能。据统计，2005年石油业对迪拜GDP的贡献率是13%。预测认为，再有25年，它的石油储量将用尽。迪拜的发展将不可能再仅依赖于石油资源。

二、机场之间面对日益激烈的竞争

对民用航空领域的竞争，以往关注较多的是航空公司之间的竞争。实际上，更加开放的航空运输市场使不同机场之间的竞争同样异常激烈。机场之间通过各种手段争客源、争枢纽机场地位。

以亚洲为例，韩国仁川机场、日本东京成田、大阪关西机场，香港国际机场、吉隆坡机场、澳门机场、曼谷机场、新加坡樟宜机场，北京首都机场，上海浦东机场、广州新白云机场等，都雄心勃勃地希望成为亚洲枢纽。吉隆坡机场直接与曼谷和新加坡机场竞争欧洲和澳大利亚/新西兰之间繁忙走廊的交通。

大枢纽机场之间、中小机场之间在竞争，中小机场与大机场之间也在竞争。中小机场害怕大机场联合起来使他们的生存空间越来越小，所以制订计划扩建候机楼、跑道，吸引支线和低成本航空公司。

当然，机场能否在竞争中取得优势地位，取决于多方面的因素：

1．是否具有满足航空公司发展需要的能力

机场容量是机场竞争获胜的决定性因素之一，很多国家、地区、机场对机场扩容均给予高度关注。

日本成田机场东北亚航空枢纽地位受到来自韩国仁川机场的压力和严峻挑战，就在于它接近于能力限制状态。尽管2002年第二条跑道投入使用，大多数美国航空公司愿意用成田机场作为中转站，但它一直不能解决起降时段限制的问题。

韩国仁川机场则完全不同，它没有能力限制问题，有足够的空地让航空公司建造自己的设施；它还在机场建成一个自由贸易区，吸引中国和其他国家、地区的半成品产品生产厂家。产品可以在仁川最后完成并装运，运往美国或欧洲。从仁川机场起飞的波音747飞机可以直飞美国东海岸，这将吸引从东南亚至美国的交通。

20世纪末，巴黎机场跑道起降能力不能满足强劲的运输增长需要，巴黎机场国际枢纽地位受到影响。为改善这种状况，法国政府批准了巴黎机场当局在鲁瓦西/戴高乐机场新修建2条跑道的计划。

英国为了保持与对手法国、荷兰、德国航空枢纽的竞争力，于2002年8月公布了其在半个世纪内最大的英国机场系统扩大计划，以满足30年内增加一倍的预期旅客需求。他们认为，如果

*本文转载自《中国民用航空》2008年第11期

不能准确地对需要做出反应，英国将被挤掉。

2.国家或地区实行的航空运输政策

一个国家或地区机场的竞争力，还取决于其航空运输政策。争取尽可能多的中转航班是机场盈利的重要因素，中转旅客的多少取决于航空运输政策。

航空运输政策开放，航空公司开辟航线、增加航班的限制少，机场则能够争取到多的客货吞吐量。

以我国香港赤腊角机场为例，2002年，由于香港特别行政区与美国签署的航空服务协议扩大了客货航班，使已经是亚洲重要枢纽的香港赤腊角机场变得更加重要。该协议使美国航空公司飞香港与第三国间的每周28个航班增加一倍。美国联合航空是飞香港航班最多的航空公司，把香港作为飞往亚洲其他地方的重要枢纽。

国际航协的研究表明，香港在亚洲至马尼拉、新加坡、东京和汉城等的10条重要城市对航线中，明显位于前列，香港在发挥亚洲枢纽的重要作用。这与香港比较开放的航空运输政策相关.韩国较自由的航空运输政策也是仁川机场成为有吸引力的枢纽机场的一个因素。

3.对用户的价格、收费

面对全球航空运输市场的激烈竞争，航空公司高度关注各种成本、费用支出。在此大环境下，哪家机场的收费合理，无疑具有更强的竞争力。以价格优势实施竞争是机场采取的一项重要措施。

广州新白云机场投入使用后，希望成为亚太地区客货枢纽。香港国际机场为了应对其竞争，提出以着陆费退款方式招揽新承运人开辟新目的港。具体措施是：第一年退着陆费的50%，第二年退着陆费的25%。

墨尔本Tullamarine机场对开始运营或扩大现有服务的航空公司着陆费、候机楼使用费和安检收费也实施优惠措施。

东京成田机场是世界上着陆费最贵的机场，自1984年以来，一直按22美元/吨收费。韩国仁川机场投入使用后，成田机场面临压力和挑战。仁川机场的设施不比成田机场差，收费却比它低很多。成田机场要维持东北亚最大枢纽机场的地位，也在考虑降低着陆费。

4.服务、广告和促销

机场要在竞争中取胜，必须树立服务意识，采用新技术，提高办事效率，努力为航空公司、旅客提供方便的衔接、优质的服务。同时，还要通过广告等推销自己。如荷兰阿姆斯特丹机场通过广告战，承诺具有更方便的中转连接和提供低价免税商品，努力从别国、尤其是英国吸引更多的中转旅客。

三、在竞争中走向联盟

当航空公司为了取得竞争优势而走向联盟化的时候，该趋势也蔓延到了机场领域。机场联盟的形式多种多样，不同机场之间或者交叉持股，或者控股其他机场，或者签订管理合同。机场合并、联盟既发生在国内机场间，也发生在不同国家和地区间。

德国法兰克福机场公司(FAG)和荷兰史基浦集团为了加强他们的力量，建立一个名为Pantare的合资公司。史基浦机场集团持有纽约肯尼迪机场新建第4候机楼的股份，并协助经营；还持有澳大利亚布里斯班机场16%的股份。这个合资公司在5年中为两家公司节省5000万欧元左右支出。FAG通过其子公司在40个地区活动，经营着土耳其的安塔利机场和马尼拉机场，经营并持有雅典新机场的股权。

目前，全球形成了英国机场公司(BAA)、英国的WIGGINS集团和TRI机场集团、意大利SEA机场集团，法兰克福机场集团、西班牙机场集团、罗马机场集团、史基浦机场集团、巴黎机场公司等机场集团公司。

机场正在成为有实力的经济实体及全球性经营者。英国机场公司(BAA)是世界最大的机场集团，除经营英国的部分机场外，还管理着澳大利亚、毛里求斯和美国的一些机场。

机场之间交叉持股或联盟，可以利用联盟中领头机场的声誉方便筹资，带来规模效益、最佳运行状态，以更低的成本最佳利用机场资源，由此带来自身经济效益的提高和对用户收费水平的降低，为股东创造价值，为用户提供更好的服务。

四、多渠道筹集机场建设资金

全球经济和航空运输的发展，对机场基础设施扩大规模、提升服务水平提出了新要求，机场需要进行大规模投资。以往，机场建设的投资主体比较单一，主要是国家或地方政府。建设规模扩大需要巨额投资，而许多国家税收不足，政府开始改变国家单一投资和经营模式，吸收民间资本参与投资，私有资金正在成为机场建设的重要组成部分。

澳大利亚政府在1997～1998年出售机场的租用股份，把布里斯班机场、墨尔本机场和佩斯机场交给了私有经营者。2002年，澳大利亚政府还把澳大利亚最大的机场悉尼金斯福德史密斯机场以31.8亿美元的价格租赁给了一个银行财团。为了吸引投资者高价收购和发展机场，澳大利亚把出租期定为50年，并可再延长49年。为了在如此长的时间内不产生垄断，除制定一个收费公式外，还规定大型机场必须每5年降价一次。

在欧洲，1987年，英国把英国机场当局更名为英国机场公司(BAA)，包括伦敦希思罗，盖特威克和斯坦斯特德机场在内的7个机场完全卖给公众。其他机场有的部分上市，有的被租赁。德国的法兰克福机场于2001年6月进行了首次股票上市(IPO)，向投资者发行2900万股股份，为该机场资本的31%；杜塞尔多夫机场也引进了私人资本。丹麦政府1994年开始向公众出售哥本哈

根机场。奥地利政府1992年卖出维也纳机场。巴黎戴高乐机场、阿姆斯特丹机场、雅典新国际机场、意大利罗马、米兰机场以及西班牙和葡萄牙的机场都引入了私人股份。作为地区经济的重要砝码，塞浦路斯政府希望采用建设—经营—转让的方式来发展机场，但希望在20年内保留对机场的影响。

在亚洲，日本大阪关西国际机场、名古屋中部机场已经引入了私营公司的股份，成田机场也在进行中。在韩国，曾经经营着汉城金浦国际机场和韩国15个较小型机场的韩国机场当局于2002年结束了长达20年作为政府机构的历史，更名为韩国机场公司(KAC)，其合法地位可以使它采用私营企业的管理方式，其融资、人员、工资和预算等经营模式不再受政府的限制，可以利用多种方式进入私营资金市场，吸引私营资金，也可以通过发行政府担保债券的方法为新计划融资。

印度近年来航空运输发展迅速，但机场等机场设施严重滞后，制约着航空运输量和旅游业的发展。为此，印度实机场现代化计划，打算在短时间内拥有世界级的机场设施，实施新德里、孟买两大门户机场以及马德拉斯、加尔各答机场的现代化，还要把南部的班加罗尔、海德拉巴两个机场建设成国际机场。为了解决资金问题，准备出售新德里、孟买，马德拉斯、加尔各答机场49%的股份，引进私营资本。机场当局也在把其管理的120个机场中的部分外包出去。出租合同包括经营、建设和融资等内容，以保证机场的后续升级和按照国际标准运行。合同中还包括前3年的最低投资水平，承包者必须拿出承包期间的投资计划。经营者还可以涉足其他经营活动，例如高尔夫球场、旅店和饭店等。印尼、阿曼、马来西亚、巴基斯坦、菲律宾、泰国、越南等国的机场建设和发展中都开始引进私营资本。

在美国，目前除有一些州属的中小型机场出卖给私人外，美国的大型机场仍为政府所有。其原因在于，美国大量候机楼建设由航空公司投资；航空公司有较大的机场控制权。如美三角航和美联航对纽约肯尼迪机场航站楼改造曾花巨资进行投资。此外，美国还有一个非常活跃的机场债券市场，通过发行债券融资非常普遍。

在拉美国家，墨西哥、阿根廷、智利、哥伦比亚、古巴、秘鲁、哥斯达黎加、乌拉圭的私人资本已经进入机场建设之中。

在机场投资主体多元化的初期，机场的买主几乎均出自同业，如BAA、ADR和阿姆斯特丹史基浦机场。后来，一些非机场投资者进入该市场，包括国际财团、建筑公司、运输经营公司以及工业大集团。

五、机场建设与环境保护的有机结合

随着人们对环境重要性的认识日益提高，对善待环境的期望也越来越高。一直以来，现代化机场面临着如何有效解决噪声，安全地储存和转运燃油、滑油，安全地处理除冰化学品等问题。现在，世界上几乎所有新建的国际机场，为赢得声誉，所要关注的已不仅仅是旅客的便利和安全，还要考虑善待环境，建设绿色机场。

为此，一些新开放和正在建设中的机场，几乎都无一例外地采用了综合环境保护方案，力求把机场从里到外建成风景如画的绿色机场。

伦敦希思罗、阿姆斯特丹，法兰克福、苏黎世等著名大机场，都有噪音和污染监视系统。新加坡樟宜国际机场，从机场到市中心建设了一条林荫大道，道路两旁栽植郁郁葱葱的阔叶棕榈，候机楼用诱人的大树和热带植物装扮。马来西亚吉隆坡国际机场被称为“这里是森林中的机场，机场中的森林”。我国的香港国际机场，呈现了环绕机场的小岛森林秀色加上波飞浪涌的南中国海浩渺风情相结合的风光组合。泰国曼谷新机场的候机楼，是一座单一结构七层大楼。其屋顶设计具有革命性创新，夏可遮荫，节省空调电力，冬可吸热，室内温暖如春。

韩国仁川机场把环境保护放在优先地位，它是21世纪绿色机场的开端和典范。从设计开始，就立志建成一个高标准环保样板机场，政府批准建设之日起就轻而易举地解决了噪声问题。机场选址在小岛上，远离仁川海港15公里，飞机起飞、进近都在海面上，噪声降到了最低限度。空气和水面全天24小时处于监测中。机场用水靠内陆地下管道供应，水处理设施对候机楼用过的废水进行处理，经过净化达到BOD标准，用来浇灌花园和洗东西。所有废水流入大海前都要经过处理。对含有油污的水，用油水分离装置处理。废品垃圾，有现代化的焚烧炉焚烧，以减少空气污染。仁川机场的1/3是绿化区，其中9个停车场全部绿化，大大提高了仁川机场的美丽度。机场建设尽量减少环境中断性破坏。机场方面密切监视本区域生态系统，探索环境管理和发展承受度的有效办法，开工前就确定了防止对机场环境的潜在危害、保护海洋生物的方针。机场成功地贯彻这一方针，环境中断性破坏减到了最低，由此得到国际组织的奖赏，获得了ISO141001环保证书。

六、非航空收入在机场总收入中的比重不断增加

机场收入是机场生存、发展之本。它包括航空收入和非航空收入两部分。航空收入主要是起降费、候机楼使用费、安检费等。非航空收入主要是机场商店、停车场、汽车租赁、特许经营、广告等方面的收入。

长期以来，机场收入主要依赖航空收入。非航空收入占机场总收入的比重仅为30%左右。但机场很快发现，过于依赖航空收入一种来源，很容易使机场在经济萧条时陷入困境，或受到行业内竞争的影响。国家管制部门也不允许机场随便提高航空性收费，航空公司非常关注机场收费。所以，应着力于开拓非航空收入来源。

从20世纪90年代开始，机场收入的比例逐步发生变化。就全

球范围统计，非航空收入已占机场总收入的50%以上。1998年全球机场的非航空收入占52%。2001年，国际机场协会（ACI）成员机场的总收入为422亿美元，其中196亿美元为航空收入，另外226亿美元为非航空收入，非航空收入占54%。

机场如何增加非航空收入？关键在于在调查研究的基础上创造性地采取创收措施。以旅客在机场购物为例，它是非航空收入的重要来源，但不同机场在这方面的差距很大。

一项研究表明，美国达拉斯机场平均每位过往旅客购物2.53美元，温哥华机场平均每位过往旅客购物则高达34.25美元。出现如此大差别的原因在于，一般机场因为考虑到出港旅客时间紧，一门心思等着叫登机，想象他们可能不会购物，于是出港旅客区干脆不设购物柜台。但有的机场就在旅客出港区设置了最好的购物中心，实践证明后者的做法是成功的。

在增加非航空收入中，除旅客购物收入外，许多机场非常重视以下几个方面的开发。

一是广告收入。机场旅客的质量和数量决定了电信、计算机和融资服务公司非常希望在机场做广告，他们是机场最重要的广告来源。有统计显示，过去的十多年，机场广告市场发展迅速，年增长率在35%以上。

二是旅客休闲收入。提供旅客休闲服务也是机场非常重要的收入来源。

英国伦敦希思罗机场（英国第一大机场），斯坦斯特德机场、亨伯赛德郡机场、曼彻斯特机场（英国第三大机场）等瞄准"旅客休息商机"高地，开展了花钱买休息服务。2002年12月，伦敦希思罗机场在3号候机楼旅客离港区揭幕一个"休息岛"，曼彻斯特机场在2号候机楼旅客进港区开设一个"消遣房"。这两家大机场花钱买休息服务的开展，标志着机场第一次突破这片先前被航空公司占领的高地。

进入休息岛的旅客消费价格一般为25英镑（35美元），价格根据客流确定。休息岛绝大多数消费者来自远程航班旅客，特别是跨大西洋飞行的出港旅客。休息岛内有一家饭店，从中午12点开始提供房间。整个休息岛开放时间是早上5点至下午2点，岛内有29个带淋浴的豪华套房，有抽烟和不抽烟休息室、补餐茶点室。办公设施有解调器、自费电话、传真机、复印机、手提电脑和国际互联网接口等。BAA公司计划把休息项目通过特许程序扩展到其他机场，在世界各地开办类似的设施。

三是对非旅行者的销售收入。这也是一项不可低估的收入。一些机场音像店25%的顾客是机场员工。有些机场建有餐馆、迪斯科舞厅，其主要顾客是当地居民。还有的机场以提供高档精美餐饮和有地方特色餐饮为特点。

加拿大卡尔加里国际机场不是拥挤的机场，它新建的Kidspace集教育、主题公园和观景于一体，其目标顾客就是非旅行公众。日本关西机场有一个大型的多主题游客中心，瑞士日内瓦机场在星期天市内商店关门时，成了当地的购物场所，它甚至还有一个超级市场。吉隆坡国际机场则希望通过它的摩托车和方程式I赛车场获得70%的收入。总之，机场在以不同方式开拓新的渠道增加非航空收入。

刘锋：中国民用航空局

中国枢纽机场发展探讨*

孙维佳

一、“分裂”的枢纽模式

近年来，随着航空自由化、新型飞机的不断出现和低成本航空公司的成长，在城市对间建立直飞航线的门槛越来越低，更多的城市对享受到了直飞航线的便利。特别是在欧美等国家，较高的人均收入水平使更多人有航空旅行的需求。根据BCG公司的一项分析，目前欧美间只有1/3的城市对能够支撑直飞航线，而到2015年，将有39%的城市对可以支撑直飞航线，到2025年，则是43%的城市对。而在欧洲—亚洲间2004年有26%的城市对具有直飞潜力，到2025年，则是40%的城市对。在北美—亚洲间2004年有57%的城市对具有直飞潜力，到2025年，则是73%的城市对（如图1）。

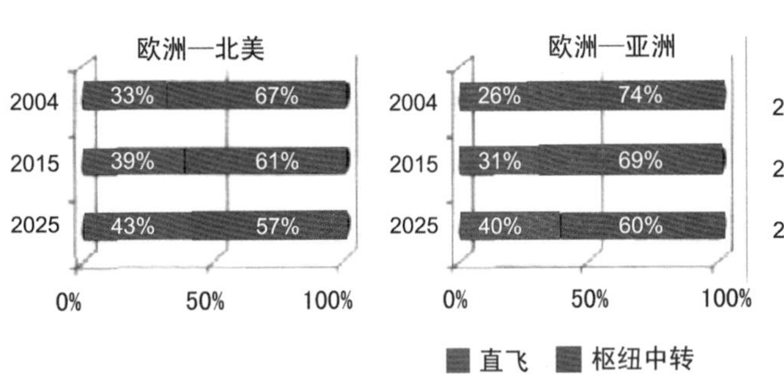

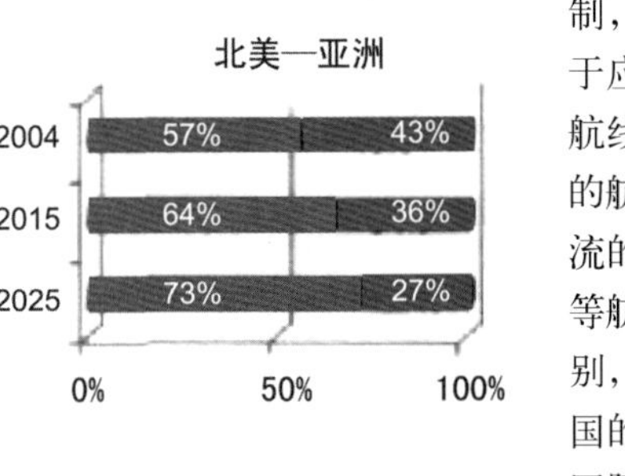

图1　世界各区域间直飞可能性演进

数据来源：Airline Business October 2006, Decline of Megahub, 72—76, by Boston Consulting Group.

因此，国际航空界出现了认为枢纽模式地位正在日益下降的见解，特别是一些超大型枢纽机场，如亚特兰大等，出现了客流长期增长缓慢的情况，从一定程度上佐证了这一观点。但笔者认为，中国的情况是不同的。

二、中国枢纽的崛起

中国是近年来航空发展最为迅速的国家，2000～2005年旅客吞吐量年均复合增长率16.3%，远高于世界平均水平，并成为仅次于美国的世界第二航空大国。那么，在如此高的增长率下，中国是否也出现了如欧美那样的绕开枢纽开辟直飞航线的趋势呢？

笔者认为，城市对间能否建立直飞航线，受到以下三个因素的影响：

（1）城市间客流水平。城市对间必须具有一定的客流，才能支撑一条直飞航线，而客流水平受到地区人口、经济发达程度、经济外向性程度、文化与政治交流等因素的影响。从根本上说，人均收入和经济活跃程度是城市间客流水平的决定性因素。

（2）飞机技术。一般来说，越大型的飞机其平均座公里成本就越低，而且早期的A319、B737-200等飞机舒适性较差，因此，在枢纽间使用大型飞机，使用小型飞机实现客源地、目的地与枢纽间的连接在经济上和服务质量上都是合理的。而新型飞机，如B787、A350等，在平均座公里成本上与更大型的飞机A380间并没有明显的差距，可以在更低的客流基础上实现直飞，并提供较低的票价。

（3）管制政策。航线一般需要国家主管机构的批准，特别是国际航线。目前中国虽然经济高速发展，但人均收入水平并不高，特别是航空运输的主要消费群体——中等收入人群总数仍较低，而且国内航空管制政策较为严格，对航线主要实施审批制，使中国航空市场发展低于应有水平。特别是在国际航线上，较高的票价和严格的航权政策都限制了国际客流的增长。这些情况与欧美等航空发达国家有较大的区别，因此，研究枢纽模式在中国的发展前景，不能单纯从国际趋势进行推测，而必须进行全面的数据分析。

下面，笔者根据2006年数据（见图2、图3），对中国与欧美间的客流进行了全面分析。

除三大机场外，中国最大的两个出境客源地为乌鲁木齐和哈尔滨，但两城市客流主要目的地为俄罗斯，缺乏中转可能性，因此在此不做分析。其他城市中，在美加方面，客流量最大的城市对2006年客流量不超过2万人，而欧洲方向，单一城市对的客流也不超过3万人。

可见，除三大直辖市外，中国其他城市目前均无条件开通至欧美的直飞条件。则中欧、中美间，除始发地或目的地是三大枢纽的旅客外，只能选择中转模式。而中国国际航线2002～2005年复合增长率为12.1%，按这一增长率计算，中国其他城市在数年内无法支撑直飞的航线。因此，中国枢纽中转运量，在未来十年之内，将会随着中国GDP的增长而不断增长。

而在国内航线上，笔者认为由于国内主要为短程航线，直飞门槛较低，而且国内各城市间客流量较大，因此，虽然在近期国内枢纽可能有一定发展，但从长期而言，国内枢纽地位将逐步下降。目前，美国重要国内枢纽出现的旅客吞吐量长期停滞甚至萎

*本文转载自《中国民用航空》2008年第3期

缩的状态正表明了这一趋势(如图4)

同时,笔者认为,目前国内三大枢纽由于地理位置所限,并不具备作为主要国内枢纽的条件。同时中国国内航段普遍航程较短,进行枢纽运作的价值不大,而且国内航空公司普遍缺乏可以用作支线航空的中小型飞机,因此建设国内枢纽也是较为困难的。而出于盈利能力方面的考虑,国内中转并不是枢纽机场建设的重点市场。

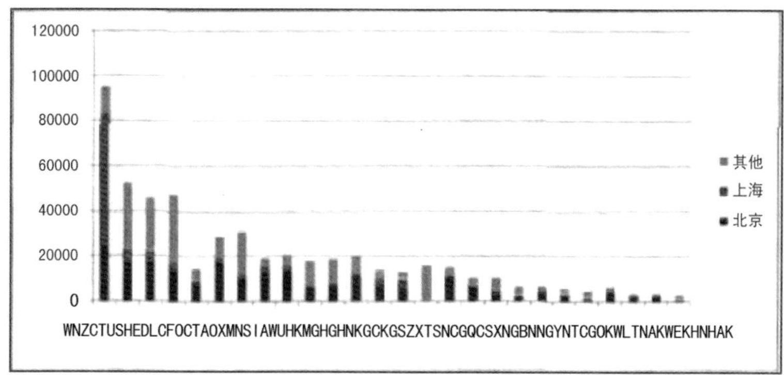

图2 中国－欧洲客流分析

数据来源:Sabre,中航信,2006年全年数据。

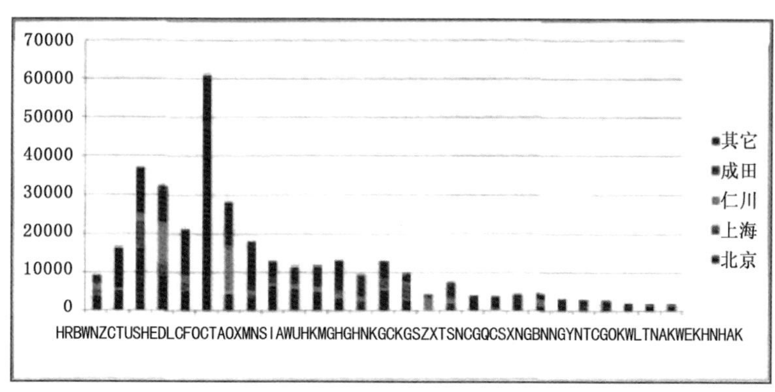

图3 中国－美加客流分析

数据来源:Sabre,中航信,2006年全年数据。

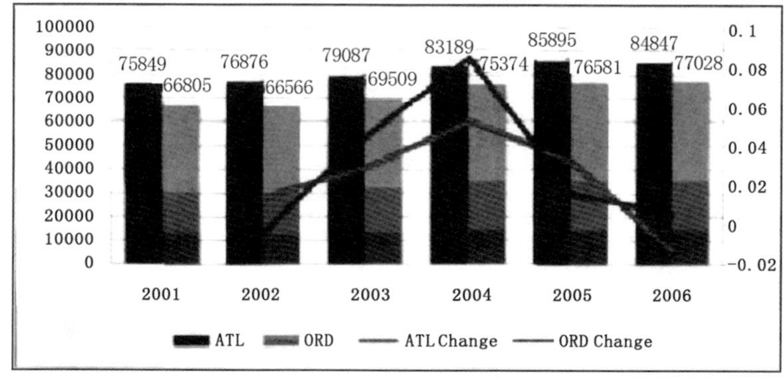

图4 美国国内枢纽旅客吞吐量

数据来源:ACI年度统计、各机场年报。

因此,笔者预计随着中国经济的不断增长,国际旅客人数将不断增长,但由于缺乏直飞条件,国内三大枢纽的中转客流,特别是国际中转客流将呈上升趋势。

三.中国枢纽竞争力分析

中国大陆周边有仁川、成田、新加坡、香港等成熟枢纽,同时曼谷、Kuala Lumpur等新建设的机场也以建设枢纽为目标,周边竞争形势可谓严峻,中国三大枢纽能否在这一市场中牢牢把握住中转客流呢?

在欧洲方向,旅客可以选择国内三大枢纽中转,也可以选择飞往香港或欧洲枢纽进行中转。但在中欧方向,除三大枢纽及温州外,其他城市尚未达到开通任一欧洲航线的旅客量要求,因此,旅客如需要从欧洲枢纽进行中转,必须选择三大枢纽之一再进行一次中转,需要更长的旅行时间并增加了不便。因此,预计随着三大枢纽开通更多的国际航点,欧洲枢纽中转市场的重要性将下降。而香港是中国目前主要的国际枢纽之一,但由于航权的限制,主要面对的还是广东省出入境旅客及需要在香港停留的旅客,对除广州外的其他两大枢纽影响有限。

而去往美加方向,国内旅客除三大枢纽外,尚有仁川、成田等枢纽可供选择,中国各城市去往韩国及日本的旅客完全可以支撑一定频率的航班,同时,上述两机场也是中转位置较优的机场,根据笔者的数据分析表明,上述机场分流了国内相当的去往美加方向的中转客流(见图5)。

中国大陆枢纽机场与其他国际性枢纽机场(如仁川机场、希思罗机场等)在中转时间、商业环境、服务水平等方面均存在一定差距,特别是在美加方向上,由于周边存在竞争性枢纽,国内客流流失相当严重。那么,在目前的政策环境下,中国大陆枢纽机场是否全无竞争优势呢?

笔者认为,虽然在运营条件上存在一定差距,但中国大陆的枢纽机场相对于其他国际性枢纽,还是存在一定的竞争优势。中国大陆枢纽机场的优势在于,任何国外机场,在目前的客流基础上,都不可能与国内诸多城市建立高频率的航班连接,而只能提供非常有限的航班连接,在客观上延长了旅客在机场的等待时间,即虽然其名义MCT较短,但旅客必须要在机场等待相当长的时间,才能登上下一程航班。这种现象受到航班时刻、航空公司运力安排等原因的影响,很难得到根本性的解决。

而中国大陆枢纽机场则依托于庞大的国内客流,能够为旅客提供最为便捷的国内航线连接,同时,本地客流加上中转客流,完全可以支撑一定频率的国际航线。这样,旅客可以选择最为方便的时间乘坐航班,尽量减少在机场停留的时间,并能够更为灵活地安排行程。

因此,面对周边枢纽的竞争,中国大陆枢纽机场虽然有诸多困难,但也有其优势所在,竞争的关键在于机场能否在不断提高自身服务水平的同时,与基地航空公司通力合作,完成枢纽网络的建设。

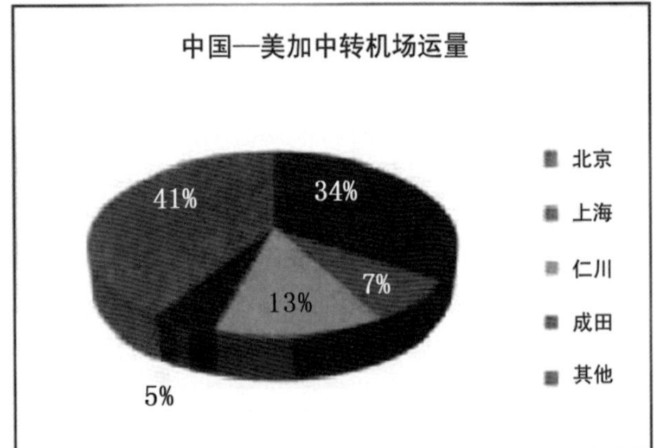

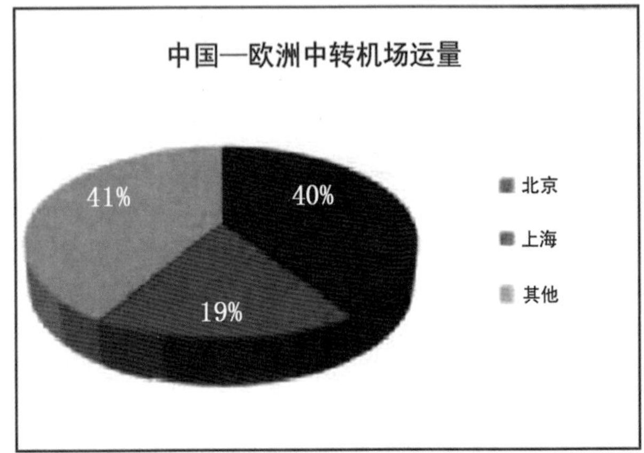

图5　中国及周边枢纽中转量分析

数据来源：Sabre，中航信，2006，表中未包括三大城市本地客流。

目前在国内三大枢纽中，以北京首都机场的枢纽建设水平最高，中转旅客最多。首都机场的基地航空公司国航是国内最成熟的网络型航空公司，以北京为中心的航线网络初步成型。而上海受制于其两场分离的运行模式，导致国际国内中转这一最重要的市场开发困难。而广州枢纽则受制于香港及周边机场的发展，也受制于基地航空公司国际网络不足的问题，中转规模始终不大。因此，笔者认为首都机场是国内最有可能建设成为国际性枢纽的机场。

四、制约中国大陆枢纽机场发展的关键因素

1.提高基地航空公司网络运营水平

目前中国最成熟的网络型航空公司——中国国际航空公司在欧洲仅有10个航点，而在美国只有8个航点，一些重要的城市如阿姆斯特丹、米兰、波士顿等均无直达航班，使大量去往上述城市的中国旅客只能选择从国外枢纽进行中转，甚至进行2～3次中转。虽然仅依靠北京的O–D旅客可能难以开通上述城市，但根据数据分析表明，如果能够汇集国内其他城市的中转旅客，完全可以开通新的航点。同时，国内航空公司在重要航点上的周频严重不足，难以达到旅客所需的便捷性。

2.机场规划与建设

目前国内三大枢纽，除广州白云机场外，都不是按照枢纽机场的功能进行设计的，在运行中，面临着中转资源不足，中转流程不畅等诸多问题。特别是上海两机场的设计，在虹桥机场起降国内航班，在浦东机场主要起降国际航班，使国际国内中转非常不顺畅。笔者认为，如果一个城市有两个机场，一定要进行战略定位上的区分，如一个机场作为主要的客运机场，而另一个机场作为点对点机场和非传统航空公司机场等，否则一旦面临两场间运输的问题，将导致运行上的困难和时间上的浪费。

而首都机场也面临着3座航站楼三明治型分布的问题，使楼间中转较为困难，必须对航空公司分配进行详细规划，才能为枢纽建设提供基础条件。

3.争取联检政策突破

与国外较为开放的机场相比，国内机场的联检政策较为僵化。如严格的旅客分流，中转旅客不能直接进行登机口中转，中转行李后台验放等，增加了中转流程复杂性，也延长了MCT，使中国大陆枢纽机场在竞争中处于劣势。

4.航空联盟

虽然随着航空自由化的推进，航空公司可以更便利地进入其他国家市场，航空联盟的作用受到质疑，甚至有专家认为，航空联盟将失去存在的必要，航空公司可以利用收购、合并等手段建立更稳定的航线网络。但在中国，这一情况是不同的，中国仍然是航空市场受管理最为严格的国家之一，国外航空公司如果希望能够在中国市场上获得更大的成功，必须与中国的主要航空公司建立联盟。这样才能够从中国市场获取更多的中转旅客，而国内航空公司也必须在很大程度上依靠联盟伙伴提供的国际航线网络来扩展自身的海外航点。因此，联盟甚至可以允许一些不太常规的举动，如国航在加入星空联盟的同时，还与寰宇一家的重要成员国泰航空公司保持紧密的业务联系。各机场在进行资源分配时，需要详尽规划，以配合联盟运行的需要。

五、结语

根据笔者的分析，随着中国经济的逐步增长，中国出境旅客将有所增长，但由于除三大枢纽外其他城市去往欧美方向的客流在未来几年中难以达到直飞标准，国内三大枢纽去往欧美方向的中转客流将持续增长。

在这一进程中，三大枢纽必须与其他世界级枢纽展开竞争，而中国大陆枢纽通过提供更便利的国内航班连接，可以为旅客提供更便捷的中转服务，因此有可能在与其他枢纽的竞争中占据优势。但要达成这一目标，需要不断提高战略规划及管理水平并与基地航空公司通力合作。

国内三大枢纽中，从目前的趋势来看，首都机场枢纽建设水平最高，中转旅客吞吐量最大，有可能成为首先确立亚太复合型枢纽地位的机场。而随着新的收费方案的出台及国内机场非航业务经营水平的提高，中转旅客的经济价值将不断提高，将使各机场更加关注这一市场。

孙维佳：北京首都国际机场股份有限公司

开创中小机场建设发展的美好明天*

潘校军

今年是中国改革开放30周年。30年来，随着中国经济社会的快速稳定发展，中国民航业也保持持续迅猛发展的态势，取得了举世瞩目的成就。2005年，中国民航定期航班运输总周转量在国际民航组织缔约国中的排名，由1978年的第37位上升至第2位，成为世界民航第二大国，实现了历史性的飞跃。在中国民航业快速发展的同时，中国机场业也取得良好业绩。据统计，2007年中国民航机场旅客吞吐量达3.86亿人次，货邮吞吐量达850.35万吨，飞机起降架次达394.31万架次，均实现了两位数增长。2007年，中国民航在用机场数量(含军民合用机场)为151个，其中旅客吞吐量超过1000 万人次的机场10个，超过500万人次的机场11个，而年旅客吞吐量在500万人次以下的中小机场130个，占86%，可见中小机场对民航业和地区经济社会发展的贡献功不可没。尽管与我国东中西部地区的"不均衡"发展相类似，我国机场的发展也呈"两极分化"之势，一些中小机场受诸种条件的制约举步维艰，生存和发展面临严峻挑战，然而，在21世纪初人民生活水平长足提高，航空普遍性服务稳步推进的时代背景下，中国中小机场正迎来难得的历史机遇和巨大的发展空间，中小机场新一轮建设投资热潮即将和正在到来。

一、我国中小机场的现状

根据民航局相关文件规定，年旅客吞吐量在500万人次以下的为中小机场，其中，50万～500万人次的为中型机场，50万人次以下的为支线机场。目前我国中小机场数量较多，对所在地经济社会发展起到了积极的促进作用，但从中小机场整体发展情况看，外部制约因素、内部组织结构和运营管理等方面还存在一些比较突出的问题。

1.中小机场数量多，但流量占全国比重不高，布局不尽合理。目前，全国共有民用机场151个，其中，年旅客吞吐量超过500万人次的大型机场仅21家，占全国旅客吞吐量的73%；也就是说，占全国民用机场总数86%的中小机场，其流量仅占全国旅客吞吐量的27%。在这86%的机场中，很多中小机场距离枢纽机场或中心机场很近，有的完全就处于枢纽机场的客源辐射范围内；还有的中小机场地处偏远，自然条件和经济社会发展水平落后，客源严重不足，发展相当缓慢。

2.中小机场管理方式不一，定位模糊。目前，中小机场存在5种管理模式，分别是：民航局直管、航空公司控股或托管、大型机场集团管理、地方政府直管、地方政府和军队共管等。管理模式的不同，造成了中小机场集体定位的模糊。与大型机场大多定位为经营性机场形成对比的是，中小机场呈现出公益性、事业性、经营性三种性质并存的局面，反映出中小机场"软性"的定位，也使得中小机场发展缺乏明确的政策依据。

3.中小机场大多经营困难，生存形势严峻。由于一些支线机场地处经济落后、交通不便、客源稀少的地区，每周航班量极少，非航空业务也难以开展；部分中小机场建设初期追求"贪大求洋"、超规模建设，运营过程中又一味开通至特大城市的"瘦长"航线，不确定因素多，收入不稳定；一些地方政府无力负担财政支持和补贴，造成很多中小机场经营困难。据统计，2005年，全国89%的营运机场亏损，亏损总额达8亿元，其中绝大多数为中小机场。

4.中小机场基础条件落后，发展后劲不足。由于资金投入不足，大多数中小机场安全设施设备不健全，老化严重，安全薄弱环节多，安全隐患较为突出。还有的中小机场，由于场地受限，很多必要的服务设施和服务项目无法到位，不能充分发挥机场的服务功能。

二、中小机场日益重要的地位和作用

中小机场的生存发展面临诸多问题，是否意味着可以忽略中小机场?答案当然是否定的。从枢纽机场的重要客源输送地、综合交通体系的重要节点、地方经济社会发展的重要载体来看，中小机场不仅不能缺少，而且地位作用十分突出。尤其是不久前圆满落幕的北京奥运会，在给中国和世界带来欢乐祥和的同时，也在推动着中国更深更广地融入世界，中国经济必将保持又好又快的发展势头。正是在这样宏大的时代背景下，中小机场正处于百舸争流、加快发展的大好时期。

1.中小机场是枢纽机场的重要客源输送地。中小机场与枢纽机场的关系，在一定意义上可以比喻为支流与干流的关系。如

*本文转载自《空运商务》2008年第19期

果每条支流都有涓涓溪水，那么干流才会汇集各条支流形成浩荡之势；但是如果大部分支流干涸或者水量偏少，那干流也难以达到浩瀚状态。对应到中小机场和枢纽机场，如果中小机场能够有足够的客源保证正常运营，那枢纽机场就会有源源不断的客流；但是如果中小机场客源支撑不足，枢纽机场也难以发挥枢纽和辐射带动作用。从我国西南地区的情况看，云南省内的众多支线机场与昆明机场共同构成了高密度、高频次的航线航班网络，相互输送客源，相互支撑联动，既增强了昆明机场作为枢纽机场的辐射带动作用和竞争力，也盘活了云南其他支线机场，促进了支线机场的良性发展，促使云南机场集团的年旅客吞吐量攀升到了全国第四的位置。

2.中小机场是综合交通体系的重要节点。综合交通体系由公路、铁路、民航、水运、城市交通、管道交通等构成。每个交通运输系统又由若干节点组成，而每个节点承担的任务不同，也就决定了每个节点在综合交通体系中地位的不同。但是如果综合交通体系只有枢纽，没有次级枢纽或者其他单个节点做支撑以及分流协作，枢纽将会无限膨胀，直至最后瘫痪，无法发挥有效作用。因此，中小机场是综合交通枢纽的一个重要节点，从这种意义上来说，支线机场与枢纽机场也是一种协作关系。如韩国首尔的仁川机场同金浦机场的关系，前者主要运输国际客流，起到了汇集、辐射作用，后者司职国内运输任务，起到了合理协作分工、减轻枢纽机场过重负担的作用。

3.中小机场是地方经济社会发展的重要载体。机场无论大小，都在地方经济社会发展中起着举足轻重的作用。以云南丽江为例，丽江机场1994年通航以来，旅游人数平均每年以47%的速度增长，到2001年，当地旅游人数已达322.07万人次，旅游收入占到当地国民收入的一半，旅游业已成为当地的支柱产业，由此可见机场的带动作用十分巨大。而在一些地形复杂、地面交通落后的地区，中小机场在对外交往、物资运输、促进发展、国家战略和国防安全等方面更是具有重要地位。如西藏地区由于其特殊的地理自然环境，民航在西藏的对外联络中居于首要位置，每年的航空旅客总周转量大约占到客运总周转量的一半以上，有效地密切了西藏与内地的关系，在巩固边防安全和维护西藏社会稳定上发挥了特殊重要的作用。

4.中小机场是公共应急救援的重要平台。中小机场的地理位置、建筑特性，以及自身承受自然灾害相对较强的能力，决定了中小机场在抗震救灾、抗洪抢险等诸多公共应急救援事件的重要作用。在今年年初，四川抗击雨雪冰冻灾害天气和“5.12”抗震救灾的过程中，部分公路、铁路中断，救援物资和人员无法输送，旅客大量积压，而恰恰在这个时候，除成都双流机场处于抗震救灾航空中转第一线外，绵阳、太平寺、达州等中小机场也保持了通畅，及时承担起了物资中转和人员输送的任务。这一平台的畅通，为确保抗震救灾、抗击雨雪冰冻灾害天气的重大胜利奠定了坚实的基础。

三、中小机场建设发展的必要性和有利条件

1.区域经济社会发展需要中小机场。机场与公路、铁路和水运共同构成区域综合交通体系，使得所在城市具备最为便捷的交通通道，对当地经济特别是旅游业的促进具有无可替代的作用，此外机场还直接带动地区物流业的发展，对内陆地区贸易和高附加值物品运输更为重要。四川地处我国东西和南北的交汇处，战略地位十分重要。2007年，四川国内生产总值在西部地区中率先跨入万亿元俱乐部，进出口总额、旅游文化收入、高新技术产业水平等指标纷纷名列中西部榜首，在中国的经济版图上占有举足轻重的位置。随着四川改革开放的进一步深入，四川省委九届四次全会提出了建设“西部经济发展高地”的宏伟战略目标。经济发展，交通先行。这就迫切要求作为地区经济发展重要载体的四川中小机场抓紧抓好机遇，在加快发展中找准坐标，定好路径，不断发展壮大，成为四川经济社会发展的强劲推动力。

2.中国民航由大变强需要中小机场。中国已成为世界第二大民航国，在世界民航业内具有越来越重要的地位。但是，目前干线机场与支线机场、客运与货运、国内运输与国际运输、民用运输与通用运输之间存在的不平衡发展，阻碍着中国民航的由大变强。为切实发挥中小机场在国民经济和综合交通运输体系中的重要作用，从2005年起，民航总局陆续出台了《关于促进支线航空运输发展的若干意见》、《关于进一步促进小型机场发展的若干意见》、《民航中小机场补贴管理暂行办法》、《支线航空补贴管理暂行办法》等一系列扶持政策，从机场实现属地化改革到推动实现航空普遍服务，从中小机场补贴办法到机场收费新方案，从规划布局和建设投资倾斜到航线航班鼓励，中小机场迎来了新一轮的建设发展良机。

3.完善的综合交通体系需要中小机场。近年来，四川的综合交通体系建设取得了长足进步，高速公路里程节节攀升，铁路大动脉的规划建设力度得到前所未有的加强。然而目前四川民用机场，除了成都双流国际机场在综合交通体系中担当重要角色外，其余的中小机场大多处于各自为政的状态，许多支线机场甚至面临“等米下锅”的窘境，使得四川的综合交通体系建设呈现不平衡局面，这显然与构建“西部综合交通枢纽”的战略目标存在较大差距。为此，四川在加快高速公路和出川铁路建设的同时，也计划进一步大力推进民用机场建设发展，尽快启动成都双流机场第二跑道和新航站楼建设，以及乐山机场、稻城机场和马尔康机场建设，形成以成都双流机场为枢纽，辐射全省各支线机场的航空网络，带动全省机场良性发展。应该说，四川中小机场在完善综合交通体系的历史性进程中大有可为。

四、四川中小机场建设发展的策略与途径

四川现有民用机场11个，对所在地经济社会的发展起到了积极的促进作用。四川中小机场要致力于适应未来航空普遍性服务需求，加快自身建设做强做大，应从战略上长远谋划，从机制上深化改革，从政策上寻求支持，从企业结构上联合重组，从经营管理上创新突破，从航线网络上不断完善，以在新的战略机遇期实现跨越式发展。

1．明确定位，理顺关系。名不正，言不顺，事不成。中小机场所处的内外环境，决定了它区别于大型机场的独特定位。特别是在一些贫困落后、对航空运输依赖较强的地区，更不能单纯用经济指标来衡量中小机场的作用，而忽视其社会效益和潜在影响。因此，政府有关部门应从中小机场的实际出发，积极探索将中小机场定性为公益性或事业性机场的路子，为中小机场发展创造有利的政策环境。在此基础上，按照建设“西部综合交通枢纽”的战略要求，稳步推进四川省内机场的一盘棋计划，积极理顺关系，紧紧围绕枢纽机场，带动支线机场，形成梯次合理、分工协作的四川民用机场体系。

2．深化改革，抓好主业。一是建立适应业务发展需要的组织构架，精简机构，裁减冗员，实行一人多岗制，完善激励约束机制；二是加强业务技能培训，改善生产条件，切实提高安全服务保障水平；三是联合地方政府、旅行社，积极围绕四川的枢纽战略拓展航线，不断提高生产量；四是严格控制成本支出，稳步提高经济效益，努力走上自我发展的道路。

3．拓宽思路，提升辅业。积极向地方政府争取广告、停车场的专营权，积极开发商业零售、餐饮、客货、VIP等业务，实现机场资源价值最大化和非航空业务的快速发展。与此同时，从政策上研究探讨将公安、医疗、消防等职责委托社会化管理的可行性，优化业务资源配置，促进主业和辅业各自良性发展。

4．多方扶持，强化协作。作为地区经济发展的重要组成部分，中小机场的建设发展理应得到地方政府的高度重视和实质性支持。中小机场所在地方政府应在机场的改扩建、航线拓展、税费减免等方面给予优惠扶持，保证中小机场的正常运营，为中小机场充分发挥自身功能创造积极条件。作为四川机场业的龙头——成都双流国际机场，也要通过管理输出，帮助中小机场提高安全服务水平和营运能力，促进四川机场业的整体发展。此外，在对外交往和航线拓展上，要强化枢纽机场与支线机场的协作关系，采取整体营销、收费优惠、一条龙服务等措施，增强四川机场在全国机场的话语权，不断提高四川机场业的整体竞争实力。

潘校军：四川省机场集团有限公司

支线机场走出困境之路*

段延辰

为促进地区经济发展，近年来全国各地建设了一批支线机场，但许多机场修起来后多年没有很好地发挥应有的效益，有的甚至长期闲置，成了包袱，这就是问题。如何科学地修建支线机场，如何发挥已建成支线机场效能，如何支持支线机场步入良性发展，是一个值得研究的课题。

一、目前支线机场经营状况

支线机场一部分至今未飞起来；一部分因航班量太少，只能惨淡经营，有的已奄奄一息，随时都有停航的可能；一部分现基本能正常经营，但基本都巨额亏损，机场公司都十分着急。一个机场修建少则一二亿元，多则三五亿元，全国支线机场修建已投入上百亿元，而许多小机场至今未能很好发挥效能，是不符合科学发展观的。

以贵州为例，铜仁大兴机场2001年开航，仅2004～2006年就累计亏损6145万元；兴义机场2004年开航，现已亏损5496万元；黎平机场2005年开航后就停航，2006年仅运送旅客3240人次，起降94架次。各机场因巨额建设投入和高额的固定运行成本，都面临着严重的经营亏损。而且，现在飞这些机场的航空公司所飞航线也全面亏损，随时可能停航，一个支线航空公司飞了大半年，已亏了5000万元。

这几个支线机场本身技术力量就比较薄弱，由于经营亏损，机场工作人员待遇普遍偏低，技术骨干已开始流失。有的机场机务人员只有两个有执照的，还走了一个，这必然危及飞行安全。有的机场因修建时投资紧，修得档次低，飞机着陆经常出现危险警告。大兴机场因跑道短、气温高，飞北京航线严重减载，波音737－300飞机只能载72人。

贵州支线机场的现状在全国具有一定代表性。

二、支线机场经营困难的原因分析

支线机场经营困难并不是因为机场自身不努力，从调研情况看，各支线机场公司本身都在千方百计想办法维持经营：到处求航空公司来飞，找政府支持等。困难原因固然是多方面的，但其主要原因是：支线机场的社会效益大于经济效益，造成市场机制在一定时期内作用不大；政府重视社会效益，而严重忽视经济效益，在企业起步阶段，片面强调市场作用，该作为而不作为。大量问题不是机场自身能解决的。

具体地说，支线机场经营困难的原因有以下几方面。一是有些机场规划设计本身不合理，有的机场所在地与中心城市之间已通了高速公路。二是有些机场设计建设本身就有缺陷，造成“三不”现象：有的跑道太短，气温又高，造成飞机减载太多，航空公司亏损太大，不去飞；有的机场飞机下滑时出现三次警告，飞行员不敢飞；有的没有加油设施，稍长一点的航线不能飞。三是有的机场修得太超前，市场开发又不跟进，经济发展跟不上，没有客源。四是对支线航空发展不够重视，机队结构不合理，未用经济适用的支线飞机去飞，是航空公司飞支线严重亏损的重要原因之一。五是政府支持力度不够，虽然制定了相关文件，但文件可操作性太差，国家和省区及地州县互相依赖，有的机场被机场集团公司收购后，机场集团与政府有互相依赖思想。六是机场自身经营成本高，主要是折旧大，生产总量少，一些社会公益性的职能与骨干机场一样都让机场承担，造成小机场负担重。

三、盘活支线机场资产的对策

只要政府重视，机场及航空公司共同努力，已建好的支线机场是可以很好发挥效能的。主要需做好以下工作：

1．完善机场设施，健全机场功能

功能齐全、设施完善是机场建设的基本要求。完善已建机场的设施，健全其功能，是保证安全的必须，也是发挥机场效能的前提。机场不建则罢，建就要使机场符合正常运行标准，导航设备和净空条件一定要达到最低标准，保证飞机安全飞行，跑道设计必须考虑高原高温条件下运行要求，保证飞机不减载。要政府协调，各方努力，尽快实现。

2．各方配合，大力开发市场

机场修起来了，必须有航线支撑。支线机场公务客人是有限的，因为这些机场一般都修在地州县附近。商务旅客要增多，必须加快当地经济发展，这是地方政府的责任，不能都依赖行业。要大力发展支线机场所在地的旅游产业。许多机场都建在有旅游资源的地方，大自然赐给了风景，不等于开发了旅游，要大力开发当地旅游资源，大力宣传旅游景点，建好旅游配套服务设施，下大力组织旅客到当地旅游观光。这些工作要政府组织协调，相关部门要发动酒店和旅行社共同努力。机场要加强沟通，共同开发航空市场。机场主要是分析好客源流向，策划好航线，配合旅游部门，提供优质服务，满足社会需求。

3．政府政策支持

中国支线航空还处在发展的初级阶段，无论是支线机场，还是支线航空公司都面临着巨大困难，而有些困难不是他们自身能解决的。

重要的是转变观念，要确立发展立体交通的思想。要扭转重路轻空的现象。国家要加大对航空的投入。一些省区一年修铁路和公路都要投入数百亿元，而国家对全民航有时一年投入只有几十亿元。机场与公路一样，都是带社会公益性质的基础设施，

＊本文转载自《中国民用航空》2008年第1期

况且在有些地方修一公里高速公路就要6000多万元，修几公里的高速公路的资金就可以修1个支线机场，可是舍不得投入，造成机场先天负担重，这是造成机场巨额亏损的主要原因。国家投入不足，是我国支线航空和支线机场发展不理想的主要原因之一。

为盘活现有支线机场资产，建议政策思路是：政府扶持，分级负担，按级负责。一是可考虑国家对支线航空公司和新建支线机场在一定时期内给予经营补贴，重点是西部贫穷落后地区。因为这些地区本身经济不发达，陆路交通又不便，山多沟深，修路成本太高，不可能都修高速公路，急需支线航空支持发展，而当地政府自身财政都困难，有心无力，所以急需国家扶持。国家帮助主要是考虑免除债务；对基础设施、设备完善等给予财政投入；制定有关减轻机场负担的政策。二是省区政府应给予支线运输航线补贴。因为事物发展总有过程，市场培育至少要有三五年时间。支线航线距离短，飞得低，成本高，不给予航空公司支线航线补贴，在市场经济条件下，航空公司不可能维持总是亏损航线的经营。而飞机不来飞，机场就会处在恶性循环中，支线机场始终不能盘活，而机场既然修了，就要早日发挥作用，否则就是很大浪费。要盘活支线机场资源，晚支持不如早支持。地州县政府要对机场进行政策支持，给予适当财政补贴，帮助他们活下来。当地政府要从战略发展考虑，从盘活资产出发，有所作为，不能只在那里等靠要。三是政府协调，探讨将小机场一些功能剥离，使其社会化，充分利用社会服务资源，降低机场运营成本。有些地方政府在机场经营前期，帮助机场开展一些以地补空的项目也是可以借鉴的。

4.改善机队结构，发展支线航空

支线机场要发挥效益，关键是航空公司要有合适的飞机来飞。现在我国在飞的支线飞机数量少，成本高，不能适应社会需求。航空公司在支线战略上不要贪大求洋，要根据市场需求选择合适机型。所谓“涡桨时代在中国已经过时”的观点是错误的，要发展和使用涡桨支线飞机，它们性能先进，购置成本和运行成本都低，可以经营出效益来。要加强对现代涡桨飞机安全性和经济性的宣传，克服社会上一些人对涡桨飞机的偏见。要下决心发展我国自己的新一代一流的支线涡桨飞机。目前我国使用的进口50座级涡喷支线飞机因固定成本和经营成本都很高，全是亏损的。从航空公司来讲，也不可能长期完全依赖政府补贴。政府对购置支线飞机应给予政策支持，如在一定阶段适当减少有关税收。乘坐支线飞机应免收机场建设费。

5.机场公司要加强内部管理

机场公司是机场经营主体，要很好研究和充分利用政策，积极主动地创造条件争取各方支持。要如实反映情况，认真研究解决问题的办法。效益不是等来的，越在困难的条件下，越要加强内部管理。主要是加强人员培训，提高人员素质；加强安全管理，保证飞行安全；细化措施，节约成本；优质服务，创造品牌；加强沟通，为自身发展创造良好环境。

四、科学修建支线机场

支线机场修建要坚持“四要三不要”原则：一要面向市场修机场。建设近期可发挥效益的支线机场。机场修建要科学规划。支线机场要建在陆路交通不便，有一定经济基础，旅游开发比较好又离中心城市较远的地方。二要统筹兼顾，科学布局。要与铁路和高速公路建设统一规划，做到优势互补、资源优化配置。三要量力而行，一步到位。既然要建机场，就要严格按标准设计，严格按标准建设，不要因为资金不足，建一些缺胳膊少腿工程，造成先天不足。四要重视配套服务设施建设和市场开发。当地政府从确定建机场开始，就要做到三个同步：机场建设与市场开发同步进行，机场建设与配套服务设施建设同步进行，机场开航与政策到位同步落实。要做到机场开航时，配套服务设施齐全，三五年内旅客量基本能维持机场保本运行的水平。这一点，有的省已走出了成功的路子。支线机场建设要尊重科学，做到“三不要”：不要搞政治工程，不要搞政绩工程，不要太超前。

段延辰：原贵州航空有限公司总经理

低成本航空对二线机场发展的影响分析*

陈团生

进入21世纪，全球航空运输业在经历了“9·11”事件、“非典”疫情、油价高升等一连串不利事件的影响下，低成本航空由于其特有的运营模式，在全球航空运输市场迅速发展。长期以来，许多机场尤其是大型机场，凭借其先进和可靠的设施，以满足高品质服务需求为目标，在航空运输中发挥着重要作用。低成本航空公司的兴起，由于其独特和简约的运营模式，从候机楼服务即采取“无花饰”运营模式，例如采用自助值机、自助安检，用最少的登机口服务最多的航班，最大程度地提高了飞机的运营效率。低成本航空公司这些独特的运营方式，就需要区域机场的规划和建设，为其配备相适应的低成本服务机场。低成本航空的发展，在为区域机场的规划和发展提出了新课题的同时，也为机场特别是二线机场的发展带来新的机遇，本文通过对低成本航空对二线机场发展的影响进行深入分析，就二线机场适应低成本航空发展，提出了一些建议和措施。

一、低成本航空对二线机场发展的影响

多机场系统(Multi-airport)是指某一城市或某一地区拥有多个用于商业运营的机场。根据该定义，多机场系统的各个机场一般是指商业运营的机场，军事机场、私人机场等不用于商业性的公共民用航空运输，不属于多机场系统的范畴。据统计，目前始发客流量超过1000万的都市区内，基本上有2个以上的机场在运营，另外，全球还有约30多个城市也正在规划建设第二机场。

在区域的多机场系统中，二线机场一般是指繁忙程度相对较低的机场。长期以来，区域内多机场系统发展的主要方向是通过修建大型豪华机场，并配备了各种先进设施，以满足大型网络型航空公司高质量服务的需求，对区域内二线机场的建设并没有引起足够的重视。

近年来，随着低成本航空公司的迅速发展，由于低成本航空公司独特的运营方式，其倾向于采用一些简易和廉价设施。由于多机场系统的二线机场主要定位为枢纽机场的互补机场，为其顾客提供更为方便、廉价的服务，低成本航空独特的运营模式为二线机场发展提供了良好机遇。早在20世纪70年代，美国西南航空公司就开始在都市区二线机场设立低成本航空公司的基地，并运营达拉斯爱田机场(Love)与休斯敦霍比机场(Hobby)之间的航线。在欧洲，瑞安和易捷等低成本航空在20世纪90年代也开始在都市区二线机场设立运营基地，并取得非凡的业绩。近几年，全球重要的低成本航空公司，也纷纷在二线机场设立运营基地，有的二线机场甚至有多家低成本航空同时设立运营基地(见表1)。

低成本航空在二线机场设立基地的情况　　表1

区域	二 线 机 场	二线机场的基地航空公司
伦敦	斯坦斯特德机场	爱尔兰瑞安、巴斯航空公司
伦敦	劳顿机场	英国易捷
巴黎	博韦机场	爱尔兰瑞安
旧金山	奥克兰机场	西南航空公司
波士顿	沃里克机场	西南航空公司
罗马	钱皮诺机场	英国易捷、爱尔兰瑞安
奥斯陆	加勒穆恩机场	爱尔兰瑞安
格拉斯哥	普雷斯蒂克机场	爱尔兰瑞安

在全球多机场系统中，二线机场成为低成本航空公司最为活跃的地方，同时也促进了二线机场客流量的迅速增长，二线机场在多机场系统的市场份额也得到了发展，并迅速提升了二线机场在多机场系统中的地位。从表2数据可以看出，低成本航空公司进入二线机场对主机场市场份额的影响。

低成本航空对二线机场发展的影响　　表2

区域	主 机 场	机场市场份额的变化	
		1994 年	2004 年
波士顿	洛根机场	10%	28%
伦敦	希思罗机场	35%	47%
迈阿密	迈阿密国际机场	31%	44%
罗马	费米奇诺机场	1%	9%
旧金山	旧金山国际机场	32%	42%

二、低成本航空和二线机场相互影响关系

低成本航空公司选择机场的出发点，是通过避开机场空中和地面的交通拥塞，降低其运营成本。在大型繁忙机场，由于航班拥挤，经常要排队等待空中交通管制安排起降。另外，由于大型机场停机位距离跑道远，增加了飞机的滑行距离，不利于提高飞机的转场效率。因此，低成本航空公司一般会选择避开收费高昂的繁忙机场，选择大都市周边的二线机场作为起降机场。

二线机场所具有的一些优势，也为低成本航空的发展带来了良好的机遇。为了在大型航空公司枢纽辐射航线网络的缝隙中谋求生存，低成本航空公司通常根据自身的特点和优势，采取各种各样的运营模式，以实现其低成本的发展战略。特别是在机场选择和航线开辟方面，低成本航空公司几乎避开传统轮辐式(Hub-And-Spoke)航线机场，而选择二线机场作为其运营机

*本文转载自《空运商务》2008年第21期

场。这不仅有利于开辟新市场，另一方面，可以大幅减低支付机场的各种使用费，同时避免受到拥挤的流量影响，达到快速周转的目的。为避免与传统航空公司的竞争，低成本航空业者大都开辟起迄点不互相重叠的航线。

选择二线机场，是低成本航空运营模式的一个重要特征，也是其实现低成本的主要途径之一。低成本航空公司通过在二线机场的运作，可以占据二线机场高峰起降时间带，为低成本航空公司运作提供理想的经营时间与空间。另外，由于二线机场航班量少，航班延误比较少，有利于减少飞机的转场时间和提高航班的准点性，能有效地降低航空公司的运营成本。通过对美国的一些枢纽机场和二线机场航班延误情况进行比较发现，二线机场航班业务的延误概率远远小于枢纽机场的业务，其延误比较具体如表3所示。

枢纽机场和二线机场航班延误比较 表3

枢纽机场	二线机场	航班延误大于15分钟的概率
Boston/Logan		27%
	Manchester, NH	19%
	Providence, RI	18%
San Francisco/International		27%
	Oakland	19%
	San Jose	18%

资料来源：US FAA, Bureau of Transportation Statistics (2006)

再者，低成本航空公司选择二线机场，能避开大型枢纽机场网络航空公司设置的进入壁垒。一般情况下，二线机场距离城市中心比较远，旅客到达二线机场也比较不方便。但是，二线机场的一个主要优点是由于航班数量比较少，可以通过降低飞机的转场时间，提高飞机和机组的利用率。另外，由于二线机场多属于中小型机场，航班不多、客源有限，这些机场业务量普遍不足，所以低成本航空公司与机场当局就机场收费磋商时有很强的主动性。特别是当低成本航空的平均票价相当优惠时，许多旅客将会愿意选择二级机场乘坐低成本航空的廉价航班，特别是对于时间价值低的休闲旅客来说，更加具有吸引力。

三、二线机场发展低成本航空的策略分析

大力发展低成本航空公司，是二线机场未来的一个发展方向。二线机场可以采用简约设计，只提供一些基本服务项目，通过高效率的地勤保障及廉价收费来吸引低成本航空。传统航空公司为了保证其核心竞争力，在与低成本航空公司的博弈中，必须突出航空运输产品和服务的差异性。枢纽机场为了满足传统航空公司对高端乘客的高品质服务水平的需求，必须不断推出特色服务，配备先进机场服务设施。从这个层面来说，低成本航空公司的兴起，更加剧了传统航空公司对大型机场高质量服务的需求。为了在市场的缝隙中求得生存，二线机场可以通过调整自身的经营策略以适应低成本航空公司的运营需要，其具体措施如下：

1. 与区域内其他机场分工协作

多机场系统各机场一般都有自己的市场定位，区域内各机场不仅客流量有所差异，而且客流特征也明显不同。多机场系统的主要机场侧重于服务大型网络航空公司，为其提供高品质服务，其客流一般是高端的商务旅客。因此，二线机场为了避开与枢纽机场业务的重叠，需要与区域内的其他机场进行分工协作，服务那些在主要机场比较难以得到服务的市场，以保持自身的竞争能力。如德国的法兰克福机场以中枢辐射航线结构为主的枢纽机场，哈恩机场则将低成本航空业务作为自身业务拓展目标，英国机场管理集团(BAA)也将其所属的斯坦斯特德机场作为发展低成本航空的主要机场，该机场已成为欧洲近几年来发展最快的机场之一。对全球一些二线机场的目标市场定位进行分析，区域内二线机场主要定位为支线、短程航线以及旅游机场(见表4)。

二线机场目标市场定位的差异 表4

都市区	第二机场	作用
纽约	拉瓜迪亚机场	支线或短程航线
伦敦	劳顿机场	旅游机场
洛杉矶	安大略机场	美国联合包裹快递公司枢纽
	橙县机场	支线机场
巴黎	欧里机场	国内及非洲地区机场
华盛顿	巴尔机场	国内机场
奥斯陆	加勒穆恩机场	旅游机场

2. 加强市场营销，避免客流波动性

通过对航空公司在某一航线的市场占有率与其航班占有率的关系分析表明，随着航空公司增加某一航线的航班密度，其市场占有率的增加比例大于航班密度增加的比例。因此，航空公司考虑航班计划，不只是单纯考虑本航班的客座率，而且还需要考虑该航班对其他航班客座率的影响。在运力一定的情况下，如果开辟二线机场的航线，航空公司势必减少在主要机场的航班密度，因此，开辟二线机场航线新增加的客流量，需要弥补在主要机场客流量的损失。这就经常会导致航空公司宁愿在主要机场增加航班密度，也不愿意在二线机场开辟新的航线，这也使得二线机场经营压力远远大于主要机场。

由于多机场系统二线机场客流量比较小，又受到系统内各个机场激烈竞争的影响，多机场系统内二线机场的客流量存在明显波动性。在实际运营中，二线机场运营的基地航空公司数量一般比较少，经常只有一个基地航空公司，并占据二线机场的大部分市场份额。特别是当该航空公司的发展战略或者运营计划调整时，二线机场客流将受到巨大影响。例如，芝加哥中途机场是中途航空公司(Midway)运营基地，该航空公司在中途机场大约占2/3的市场份额。1991年，中途航空公司曾经停止该机场的某些运营航班，致使该机场减少了大约1/3的客流。

3. 提高飞机的转场效率

飞机的转场时间是指飞机停靠登机桥到飞机滑离登机桥之间的时间段，这期间要完成旅客下机、机舱整理、旅客登机、行李货物装卸、机组登机等一系列的工作。为了缩短转场时间，二线

机场必须在航班调度、维修安排、机位合理使用等方面进行详细规划和管理，通过提高低成本航空公司的飞机周转率，从而达到降低航空公司运输成本的目的。

国外的研究资料也表明，在低成本航空公司降低其成本的所有途径中，通过降低机场服务成本的方法，其权重只占到了6%。因此，机场通过提供较高的服务质量和运行效率，是机场和低成本航空公司良好合作的最重要的基础，而不是一味降低机场收费（见图1）。

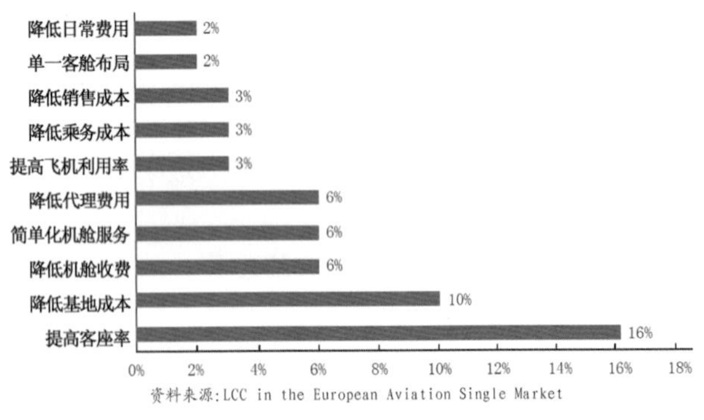

图1　低成本航空公司降低成本的驱动因素

4.二线机场建设和规划注重兼容性

由于二线机场的客流量一般比较小，且目标市场也不同于区域内的主要机场。因此，建设和规划二线机场，应该根据未来客流的需求特征，配套与其相适应的设施和设备。另外，考虑到二线机场的客流量波动性比较大，在设施和设备的设计上应该注意其兼容性，使二线机场可以适用国内、国际不同类型的客流，如果需要，可以将机场转变为货运机场。二线机场的建设和规划必须考虑低成本航空发展的需要，建立"兼容型"机场，即同一机场设置两套设施，同时为传统航空公司与低成本航空公司服务。如法国戴高乐机场2003年低成本航空公司在该机场的旅客吞吐量已超过100万人次，机场特别为低成本航空公司建设了专用的候机楼及停机位。近几年来，亚太地区的大型枢纽机场也都朝着兼容型机场发展，马来西亚吉隆坡机场决定利用原机场的货运仓库改建低成本候机楼，新加坡樟宜机场于2006年开启了一个专供低成本航空运营的候机楼。

5.利用客流资源发展非航空业务

机场是旅客、迎送旅客人员的聚集地，具有广泛的客流资源。特别是由于在二线机场运营的低成本航空公司，基本不给旅客提供免费餐食和饮料，也没有贵宾室提供附加娱乐设施，这就使得乘坐低成本航空公司航班的旅客更有可能在二线机场进行消费，这一定程度上会刺激二线机场非航空业的发展。当前，机场依靠航空性收入维持生存已经不再现实，更多的是要整合机场现有资源，开发新资源，以一种全新的理念提高机场单位资源价值量。低成本航空这一新兴运营模式也给机场非航空业务发展带来了良好的发展机遇。

总之，二线机场作为整个航空服务链条的一个环节，在发展低成本航空中能起到的作用主要是通过提高服务效率、降低运营成本等方式促进低成本航空的发展。在低成本航空公司实现其低成本的各种措施中，机场主要围绕提高低成本航空的飞机利用率、提高航班时刻的准点性、降低机场的服务费这几个方面进行。例如，通过减少飞机的滑行时间，使飞机能够迅速起飞和着陆，减少飞机的转场时间，以达到提高飞机利用率的目的。在机场硬件设施方面，通过完善机场行李处理系统、增加登机桥和停机位，减少航班延误，提高航班时刻的准点性。当然，机场还可以配合当地政府，采取补贴、弹性价格、税收、建立航空公司基地等优惠条件，促进低成本航空的发展。

四、结论与建议

低成本航空公司的发展，对于开辟新的航线，丰富机场的航线网络、提高机场的航班密度，扩大机场的辐射范围，具有重要的意义。二线机场作为多机场系统的非主要机场，为了适应低成本航空公司的发展，需要通过提高机场服务效率、降低运营成本，并在建设和规划时注重兼容性等方面，促进低成本航空的发展。低成本航空的发展也将对二线机场的运营与管理等方面提出更高的要求，甚至需要机场降低其收费标准以吸引低成本航空公司的进入，二线机场的收益可能因此有所减少，但从长远的角度看，机场的收益还是会因为旅客人数的增加而随之增长，为方便旅客的出行，促进地方经济和社会的发展，将带来巨大的效益。

陈团生：厦门国际航空港集团有限公司

大型枢纽机场与区域经济城市圈统筹发展的现状和对策*

宋怀祖

自2002年以来，一些经济区域如环渤海、长三角、珠三角具有区位、资源和产业优势，形成了以北京、上海、广州为核心城市的发展相对集中的城市圈。这些经济区域以超大城市为依托，形成辐射作用大的城市圈，客观上为培育和发展我国大型国际中枢机场提供了经济基础，为大型枢纽机场布局及航空城建设，为不失时机地破解干线机场热、支线机场冷的难题，提供了一个巨大的机遇，同时又是一个严峻的挑战。对此，本文对我国区域经济城市圈发展与大型复合枢纽机场建设的统筹互动发展进行初步探讨。

一、我国区域经济城市圈发展的现状及促进枢纽机场功能多元化

1. 京津冀都市圈的平稳发展，将催生京津两地高速公路为主轴的200多公里经济走廊

为期5年的入世过渡期已经结束，一个全方位开放、全面融入全球化的新时代已经来临，国际产业与资本转移将呈现规模扩张与布局调整的总体态势，高新技术产业、现代服务业将成为新一轮外资转移的热点领域。京津冀都市圈已经成为新一轮外资转移的热点地区。以京津冀为核心、以辽东半岛和山东半岛为两翼的环渤海经济区域也就是三省两市的“3＋2”经济区域，北京与天津两市经济发展将挑起环渤海地区经济发展的重任。

2007年北京市实现GDP 9006.2亿元，比上年增长12.3%，人均GDP 7370美元，北京目前人均GDP的水平已经达到了中上等国家和地区的发展水平。2007年天津市GDP 5018.28亿元，比上年增长15.1%，人均GDP 6022美元，显示了社会生产力的发展水平和财富创造的能力。区域经济发展在时间上和空间上是按照由点成线、交线成网、扩网成面的规律循序渐进展开的。从北京首都国际机场经市郊六环路、转入京津高速公路到天津滨海新区的国际机场为轴线的京津冀都市圈经济区，轴线两侧两个半圆涵盖周边相邻城市唐山、廊坊、秦皇岛、保定、石家庄等城市。沿京津交通干线还分布着北京中关村高科技园、北京亦庄新技术开发区、廊坊开发区、天津武清开发区、天津新技术产业园区、塘沽海洋高新技术开发区、天津经济技术开发区和天津港保税区共8个有一定规模的产业区，这些高科技产业带将能孵化出更多的高技术产品，发挥出色的辐射作用。

2006年6月，国务院正式批准天津滨海新区成为国家综合配套改革试验区。滨海新区的功能定位主要内容是依托京津冀、服务环渤海、辐射“三北”(即东北、华北和大西北)、面向东北亚，努力建设成为我国北方对外开放的门户和国际物流中心。天津滨海新区2270平方公里的待开发面积，相当于5个浦东开发区，比深圳市还要大。2007年滨海新区在汽车、冶金、机械、石化、医药和食品等支柱产业带动下，滨海新区完成工业总产值6282.83亿元，占天津市工业总产值的62.4%。2007年5月15日，欧洲空中客车A320系列飞机天津总装线项目正式开工。2008年8月开始总装第一架飞机，天津滨海新区正逐渐成为中国的“图卢兹”。目前，天津滨海机场为北京奥运会备降服务的天津机场航站楼扩建及配套工程已于2007年12月底完工，预计在2008年5月正式运行。

京津冀三省市的区域合作已经开始起步。2007年5月，北京市已编完《京津冀都市圈规划》，国家发改委提出建立“京津冀联席会议制度”，三方负责经济发展的部门定期举行联席会议，共同研究和商讨区域“两头热带中间”经济发展大计。2007年，北京首都国际机场年旅客吞吐量已突破5 000万、建筑一流的T3航站楼竣工使用、第三条跑道投入运行三大业绩，进一步畅通了北京连通内外、走向世界的通道。根据在滨海新区的功能，天津滨海国际机场是未来的东北亚国际航空货运枢纽中心。京津两个强势机场的客流、货流、资金流具有无限的张力，推动区域经济发展需要吸纳周边2 000公里内西安、济南、沈阳等地区枢纽机场航空客货流。

2. 沪宁杭城市经济圈的快速健康发展，催动优化长三角经济区域航空运输网络布局，提高机场利用率

作为带动长三角经济区经济发展的上海与南京、杭州城市圈，已成为长三角经济区最具活力的核心。1992年6月21日，国务院正式批准上海浦东新区进行市场经济综合配套改革试点，以经济开发区身份走过15年之后，上海浦东正以综合实验区的特殊身份开始下一个15 年。2006年上海人均GDP 突破7 000美元大关；2007年人均GDP突破7 500美元。上海今后五年(2007～2011)将在国际经济、金融、贸易、航运中心建设取得突破性进展，到2020年基本建成社会主义现代化国际大都市。

上海市是我国唯一的“一市两场”的城市。上海市城市总体规划确定的从虹桥机场至浦东国际机场的东西方向发展轴，体现浦东浦西“联动发展、协调发展、全面发展”的新格局。2008年1月，大飞机公司已经确定落户上海临港新城，上海投入50亿元作为第三大股东用于大飞机项目的研发与制造。2007年全球十大物流企业和50大船运公司已全部入驻上海，使较成熟的物流园区仓储面积订购正在迅速提价。世界500强企业中有400多家在长江三角区域投资，一些跨国公司区域总部、研发中心、采购中心也转入到长江三角区域落户，外资企业已成为物流市场需求的庞大客观群体。

南京坚定不移地走新型工业化道路，引导制造业集聚发展，

---

* 本文转载自《中国民用航空》2008年第3期

提升先进制造业竞争力，加快建设长三角先进制造业中心。2006南京人均GDP超过5 000美元，2007年底南京人均GDP超过6 000美元。杭州以浙商的活跃而独树一帜。杭州2006年人均GDP达到6 505美元；2007年人均GDP按户籍人口计算可超过8 000美元。杭州市在2006福布斯中国潜力100榜中，杭州排名第二。

目前《长三角地区区域规划纲要》送审稿基本编制完成。长三角区域功能定位为我国综合实力最强的经济中心、亚太地区重要的国际门户、全球重要的先进制造业基地和我国率先跻身世界级城市群的地区。长三角区域现有各种等级的机场11个，已成为我国机场密度属于最高的地区之一。上海机场航空货运量已进入全球第五位。南京禄口机场和杭州萧山机场是属于地区枢纽机场，但是两个机场目前进入了增势强劲的发展轨道。南京机场2007年禄口机场客流量突破800万人次，杭州萧山国际机场2007年累计进出港旅客1 173万人次。长三角区域航空市场航空客运的巨大潜力和国际市场需求，沪宁杭城市圈不得不打破行政区划界限，划分机场功能定位，完善现有航空网络布局，缓解上海空域资源的紧张状况，有效使用沪宁杭城市圈空域资源。

3.珠三角都市圈的经济持续发展，拉快穗港澳深珠五机场整合步伐

进入21 世纪，广东以广州、深圳两市为核心，形成具有强大经济实力和辐射力的珠三角都市群，继续拉动珠三角区域经济健康快速发展。珠三角电子信息产业产值在总量上占到全国的三分之一，主要集中在广州至深圳轴线，形成“IT业走廊”，是世界上重要的IT产品制造基地和国际采购基地。2007年广州人均GDP按常住人口计算达到9 302美元，增长11.3%。深圳2007年人均GDP为10 628 美元，使深圳一举成为内地首个公认的从发展中状态进入发达状态的“发达”城市。

广州北部有望成为世界级的航空运输中心和空港经济集聚区。最近三年，广州依托新白云国际机场为中心的广州空港经济区已初具规模，联邦亚太转运中心、USP、TNT等数百家公司项目的落户加快空港物流园区建设。空港物流基础设施的进一步完善，促进广州及周边地区现代物流业的形成。以新白云国际机场为龙头、机场周边区为核心的空港物流体系，正为广州、珠三角乃至泛珠三角区域活跃的经济活动提供高效物流服务。广州将建设成为中国南方的国际物流中心，将打造成中国航空货运的“孟菲斯”，广州白云机场有专用高速公路与广州市交通网络相连，从白云机场出发2h内可到达珠三角29个主要城市。重要的是广州花都区在发展空港经济上掌握着大量的可开发的土地资源，产业拓展空间大，空港经济作为一种新型的经济形态，已经是推动我国地方经济发展的新的增长极。深圳将要实现深港大都会的21世纪飞跃的伟大构想。深港两地有专门小组对深圳河套地区的综合开发进行2年研究，结论回答是可行的。深圳河套地区的开发将是深港两地更紧密合作，打造世界级大都会的一个重要内容，也是深港两地合作的突破口。把深圳与香港提升到都市圈的高度显然属于一个经典设计，深圳需要充分利用香港的体制优势、市场优势和国际中心城市优势等机遇，使深圳相对先进的市场经济加速提升建立国际化制度的高度。

香港机场发展战略提出“融入珠三角，跨越珠三角”的原则，更强化了对大陆内地市场的依赖。2005年1月香港与杭州萧山机场签定合资项目书，入股20亿元，取得杭州机场35%股权。香港机场和珠海机场历时6年的商谈后，珠海成为香港机场入股的第二个国内机场。

2007年6月3日，珠三角五大机场在香港签署了《珠三角地区五大机场会议议决》，设立“珠三角机场合作论坛”沟通机制，目的是推动区域民航运输业的合作发展、支持地区整体经济的可持续发展、配合国家经济发展政策将珠三角机场的辐射力扩展到泛珠三角地区。珠三角五大机场之间关系较为为复杂，各机场本身在运营模式、管理体制等多方面还存在显著差异，另外还存在航权、空域、海关制度和“一国两制”政治制度安排等诸多体制性障碍，因而要完成珠三角区域多机场系统的构建，需要经过一个时期的协调运行阶段。

4.成渝城市圈统筹城乡综合配套改革，加强西部大型枢纽机场建设步伐

2007年我国经济改革有两大亮点，其中一个经济改革亮点是，2007年6月国家发展和改革委员会发出通知，批准重庆市和成都市设立“全国统筹城乡综合配套改革试验区”，这是中国首次设立统筹城乡综合配套改革试验区。

2006年四川省人均GDP超过1 300美元，城镇化率达到34%，以上数字标志着四川已初步进入工业化中期阶段。2007年成都市人均GDP超过4 000美元；重庆市人均GDP超过2 000美元。2007年，四川省和重庆市共同签署了《关于推进川渝合作共建成渝经济区的协议》，首次确定了“成渝经济区”的范围，确定建立统一的工作和协调机制，并就基础设施建设、一体化市场体系、产业协作、共建生态屏障等一系列问题达成协议。这标志着川渝将自觉携手打破行政藩篱，联手打造成渝经济圈。根据该协议，川渝共同确定成都及绵阳等14个沿高速公路、快速铁路、黄金水道的城市和重庆1小时经济圈的23个区县进入“成渝经济区”的范围。成渝经济区的定位是：将以成都、重庆两个特大城市为龙头，共同争取成渝经济区列为国家重点开发区，共同争取国家编制成渝经济区发展规划。

成都市政府已经启动成都机场航空物流园的建设，已经吸引到包括新加坡富园集团在内的多家大型物流公司入驻。航空物流园规划面积3 500亩，航空货物年处理能力250万吨。重庆城市核心竞争力在于区位优势，今后西藏生产的中药材、工艺品，可以先通过航空货运运抵重庆，再经长江黄金水道运抵上海。重庆可以成为西藏的第二大空中交通通道。

成都双流机场是民航总局确定的未来西部航空枢纽，2007年成都双流机场旅客吞吐量约1 858万人次，有望成为中国第四大航空枢纽机场。成都双流机场将投资约130亿元修建第二跑道，设计要求可以起降目前世界上最大的空客A380飞机。近年重庆民航业的发展已经有效改善重庆市自直辖以来的投资环境，2007年重庆江北机场旅客吞吐量突破1 000万人次，因此，重庆综合交通规划将机场、火车站两者作为一个整体进行考虑，充分利用现有的交通资源，发挥各自的优点，形成一体化的交通枢纽。到“十一五”末四川省将是拥有14个机场的名副其实的航空大省。但是，目前省内有些机场各自为政的管理体制和营运模式，造成各支线机场城市对飞航线。成渝城市圈需要率先破行政区划，尽快统筹对四川省民航机场及周边机场辐射力，促成以成

渝两市机场为核心的航空网络的形成，发挥示范和带动作用。

5.长株潭城市圈/武汉城市圈"两型社会"综合配套改革，加快中部大型枢纽机场建设步伐

(1)长株潭城市圈。2007年我国经济改革另一个亮点是，2007年12月14日，经报国务院同意，国家发改委正式下文，批准长(沙)株(洲)(湘)潭城市群和武汉市为"资源节约型、环境友好型社会综合配套改革试验区"。

新获批的长株潭试验区拥有丰富的森林和湿地资源，长株潭的森林覆盖率达到了45%以上，湘江及其他水域拥有的大片湿地。长株潭三市沿着湘江分布形成"品"字格局，彼此相距30～50公里，有着非常密切的经贸和社会联系。2007年湖南省生产总值9 145亿元，增长14.4%，人均GDP接近1 300美元，正是消费结构升级的有利时机。2007年长沙市生产总值预计达到2 179亿元，同比增长15.2%，人均GDP接近4 000美元。长沙充分发挥科技的支撑作用，为先进制造、新材料、生物医药、电子信息四大高新技术产业发展创造条件。株洲是京广、浙赣和湘黔3条铁路主干线的交汇点，是我国南方重要的交通枢纽。近几年株洲和湘潭的城区向外发展，与长沙城区距离逐渐缩短，未来的长株潭城市群会形成合力，加大对周边包括益阳、岳阳、常德、娄底、衡阳等5个城市在内的辐射作用，最终形成"3+5"城市群战略。由于长株潭三市的航空客货将全部汇集黄花国际机场，增加机场的区位优势，依靠机场拉动长株潭城市圈经济发展，改善投资环境，发挥城市群的聚集形成的经济效应。

(2)武汉城市圈。武汉城市圈GDP占全省近60%，财政收入占全省的53.1%，是湖北产业经济最集中的区域。2007年武汉人均GDP达到4 700多美元，比2000年翻了一番还多，这意味着武汉跨入了工业化后期阶段。2008年武汉市重点推进城市圈内基础设施建设，已建成的7条快速公路，以武汉为中心，周围半径两百公里的范围内有8 个城市，坐汽车1～1.5h分别通往孝感、红安、仙桃、鄂州、咸宁、麻城、汉川等周边城市。远期目标，武汉城市圈提前实现全面建设小康社会目标，率先在湖北和中部地区实现信息化、工业化、城市化和现代化，成为我国内陆地区重要的经济增长极之一。

为实现航空运输综合改革的历史性突破，民航总局决定率先在武汉试点，打造中部最大综合交通枢纽。目前，武汉天河机场第二航站楼已进入尾声，该航站楼每年可满足旅客流量1 300万人次。根据《武汉临空经济区总体发展规划》，2010年以武汉天河国际机场为中心，面积达94.1平方公里的天河航空城，将形成以航空运输为主体，配套以空港型高新技术、现代制造业和现代物流业为主的空港经济区。

二、复合大型枢纽机场建设与经济区域城市圈互动发展的对策

1.解放思想，落实科学发展观

用科学发展观统筹区域经济发展，就是要统筹兼顾，合理布局，妥善处理区域经济发展中的各方面关系，走区域经济协调发展、共同富裕之路。大型枢纽机场需要紧跟经济区域城市圈的经济发展步伐，适应经济区域城市圈发展布局。

在完善社会主义航空市场经济的过程中，(1)需要把大型枢纽机场从航空运输经济向空港经济转变，从运送航空旅客的集结疏散一元化机场走向航空旅客在航空城(包括航站区)国际中转、娱乐购物、金融投资、休闲会客的多元化机场转变，我们需要把空港经济视为民航业的"增长极"、"新发动机"。美国经济学家钱纳里曾提出：人均GDP3 360～5 040美元时，经济发展处于发达经济高级阶段。2007年北京、上海、广州市人均GDP都已超过5 000美元，处于经济发达的特大城市，从经济实力上已经先行一步获得在机场周边营建"航空城"的入场券。(2)大型枢纽机场将从为国内旅客服务为主向为国内、国际旅客并举服务的理念转变，要成为我国三大航空公司向国际航空市场发力的重要战略支撑点。根据区域经济发展形势，需要大型枢纽机场以更高的站位，科学谋划大型复合门户机场的建设规划，最大限度地挖掘大型枢纽机场年旅客吞吐量1 000万以上的禀赋，做好航空运输文章。坚持全面协调可持续发展，是全面统筹国际、国内两个航空市场，全面协调大型枢纽机场与国内三大航空公司利益关系，共谋双赢。航空意识是一种全方位开放的意识，远大的目标对心态、观念和胸怀提出更高层次的要求，必须以民航开放的思维，探索中国特色的大型枢纽机场发展模式，提出发展新举措。

2.完善复合大型枢纽机场主体功能，认清建设航空城大趋势

完善复合大型枢纽机场主体功能这里主要指经济主体功能，即经济区域城市圈的中心城市机场是国内经济区域城市圈航空旅客的聚散功能，以及与国际其他经济区域城市圈航空旅客的聚散功能。

中央在"十一五"规划中明确指出，大城市要逐步形成服务经济为主的产业结构，对于人均GDP在5 000美元以上的国际大城市，市场发展对服务业有更多的需求。经济区域城市圈中心城市如北京、上海、广州、天津、深圳、杭州等人均GDP均在5 000美元以上的国际大城市，将全力发展现代服务业，这无疑是航空城建设的重要机遇，打造一个航空城，就是建设一条国际资本着陆的"跑道"。经济学家形象地比喻国际资本好比盘旋在空中的飞机，哪里有适合降落的跑道，它便在哪里降落。国际资本降落在航空城，既给航空的基础设施建设带来巨大的资金支持，又给当地城市带来投资和技术项目。

在全球经济"飞"起来的今天，在大型枢纽机场建设航空城已成国际通常做法。航空城是一个全新的理念，在短短的几十年时间内，它已成为带动并促进区域社会经济发展的城市发展模式之一，许多国家城市都在以实施航空城为载体，以机场为核心，综合开发航空运输、物流、商务会展、旅游休闲及机场民用产业的计划，如国外的著名航空城括荷兰的阿姆斯特丹、德国的法兰克福、美国的奥兰多以及法国的戴高乐等。航空城将成为全球产业链的主导环节。因为现在经济全球一体化，使得发达国家跨国公司更多向发展中国家布局，我国大型枢纽机场可以直接能够跟国外经济发达的大城市相连，跨国公司可以在航空城周边建立研发机构、产品加工企业，这种发展趋势使得航空城将成为民航业新的经济增长点。建设航空城可以将社会经济中最精华的优势资源吸引并聚集到机场，如果能挖掘与之相关的现代服务业潜力，就可形成人流、货流、资金流及信息流为导向的产业集群，整个城市经济增长方式产生跨越式发展。

3.抓住经济区域都市圈，做提高航空公司国际竞争力的助推器

全球世界经济在过去30多年的发展中，从把握运输产品的价值方面把原来通过陆路运输40%的货物转到航空货运来，所以航空运输快捷已经成为世界贸易之中最重要的推动因素。如美国戴尔公司的生产路线图，会发现有85%的部件都是在美国以外的城市生产销售和发展的，他们大部分都建立在机场周边，这样他就可以无论是从国家的层面，还是从国际层面上，与他自己的全球供应链更加紧凑，与顾客更加紧密连接，这就是为什么机场成为全球经济发展的重要推动因素。

在激烈的国际航空竞争中大型复合枢纽机场与大型骨干枢纽航空公司联手，对统筹国内发展和对外开放形成参与国际合作与竞争的新优势。A380、B787等大型远程飞机的相继问世，向世人昭示全球范围内将开通更多的直飞国际远程大型枢纽机场的航线，未来国际性的大型枢纽机场所在城市也将变得更加国际化，在经济区域城市圈构筑全球性航空枢纽有利于提高国家的软实力和城市的影响力。如果我们把大型枢纽机场比作“鸟巢”，那么航空公司就是飞翔九万里的大鹏。当前如何适应大型骨干枢纽航空公司对国际航空中转市场需求，是大型枢纽机场的功能延伸。由于历史的原因，我国许多机场都是按照“终端机场”的功能来规划建设的，并没有考虑航空枢纽运营和国际航班中转的需求。下一步大型枢纽机场的改扩建作出规划，要适应变化中的国际航空运输市场。

经济区域城市圈经济快速发展，对航空运力的需求也会逐年增加，增强大型复合枢纽机场主体功能，除具有国际旅客转换国际航线的服务功能，同时还要用国际战略思维去控股或兼并全球客货运输量列前30名的大型枢纽机场，积极参与世界航空市场的竞争，在境外设立我国枢纽航空公司的中转基地。增强大型复合枢纽机场功能也就间接增强航空运输企业国际竞争实力，实现我国大型骨干航空公司向国际枢纽航空公司的跨越式发展。

4.突破驻机场各行业界限，进行超大型枢纽机场功能定位

民航“十一五”按照“突出中心机场，加强资源整合，完善功能定位，增加机场密度”的布局思路，正在积极稳妥地逐步落实。航空交通的优势在于在相距1 000公里以上的城市修建机场，占地少、成本低，可以便捷地将两地的人流、物流通过机场连接，降低经济成本，提高时效性和流动性。法国地理学家哥特曼认为枢纽功能是城市群最突出的功能之一。航空运输方式恰恰适应经济区域城市圈的集聚功能，能将分别在若干地方几千里之外的物品在较短时间内空运到大型枢纽机场。三大经济区域的大型复合枢纽机场，以年旅客吞吐量规模最终达到5000～8000万人次为特征，聚集在机场的超级人流、超级物流管理模式需要创新，实现经济效益最大化。

当前在我国民航机场确定为企业经营活动性质，兼有社会公益性质。而作为突破行政区划的经济区域的大型复合国际枢纽机场作为重要的城市基础设施，就城市公共服务来说，属于城市基础设施开发项目，其管理性质以社会公益为主，需要打破社会各行业驻机场界限，设立代行部分政府职能的管理机构——即大型复合枢纽机场综合管理当局，管理、协调、监督除机场本身各部门外，还代管公安、检疫、海关、航空服务专业公司等驻机场机构，保证大型复合国际枢纽机场高效运行，走出一条符合我国民航特色的机场管理创新模式。

5.组成经济区域干支线机场经济共同体，与中小机场实现良性互动的多元化

都市圈经济的快速发展又为大型复合枢纽机场整合中小机场打下经济基础。建设功能完备的以大型复合枢纽机场为龙头，突破行政区划界限，形成若干带动力强、联系紧密的机场经济利益共同体。我国区域经济发展的不平衡，决定了民航机场建设的东部密度高、西部密度低的不平衡，航空运输市场干线热与支线冷的不平衡。这些深层次的结构矛盾，只有在发展中解决大型复合枢纽机场与中小机场的资源配置问题。近年来，有的地方政府把修机场作为城市形象工程的组成部分，机场建设强度超过当地的财政资源、消费资源承载力，使一些“先天不良”的机场在飞行淡旺的夹缝中生存。民航运输经济的高投入(机场建设规模与财务概算)、高风险(飞行航线不盈利即停飞)，使人客观上认识到，民航机场的发展必须以强大的经济基础为后盾。都市圈经济的快速发展，都市圈内的中小机场可以与干线大型枢纽机场联姻，成立具有协调功能的机场经济利益共同体，设立常务办事机构，合理开发利用和保护现有空地资源，在机场功能、飞行架次、中转旅客、航空城开发等项目合作。机场经济共同体以航空市场为导向，地方政府部门在市场运行机制方面起最有力的调节、监督作用。

宋怀祖：中国民航机场建设集团

航线网络结构调整和支线运输的发展*

张峰琳

一、我国民航航线网络现状

1920年，北京—天津航线的开通标志着我国航空运输的开始，但是由于国内的经济落后，我国的航空运输业发展缓慢，直至1980年我国民航国内航线只有59条，通航城市78个。进入20世纪80年代，随着改革开放政策的实行，国民经济快速发展，对交通运输产生迫切需求，使得我国民航无论是在飞机的拥有量、航线的数量、机场的个数及运输量等方面，均获得空前发展，取得辉煌成绩。截至2004年底，我国定期航班航线达到1200条，其中国内航线975条（包括香港、澳门航线），国际航线225条，境内民航定期航班通航机场133个（不含香港、澳门），形成了以北京、上海、广州机场为中心，以省会、旅游城市机场为枢纽，其他城市机场为支干，联结国内127个城市、38个国家的80个城市的航空运输网络。截至2006年，我国民航定期航班运输总周转量排名世界第2位，旅客运输周转量排名世界第2位，货物周转量排名第6位，但航空运输发展很不平衡。截至2006年底，我国共有民航运输机场147个，其中年旅客吞吐量低于50万人次的机场就达95个，10万人次以下的机场56个，其中更有30多个机场不足5万人次。究其根源，就是我国民航支线航空发展滞后，还没有真正建立起支线和干线有效衔接的方便公众出行的航线网络，影响了航空服务的普遍性。

从航线距离看，呈现两头小中间大的状况，航距在800～2000公里的航线占49%，800公里以下的航线占37.5%，2000公里以上的航线占14.5%。从航线幅射情况看，区际（即两个管理局之间）航线占了大多数，为66.2%，区内（管理局内部）航线为33.8%。从航线布局看，东部与东南部经济发达地区的航线密度远大于中西部。当前我国的国内航线网络结构从全国范围看是以直达航线为主、中转航线为辅的城市对式航线网。

当前，我国以城市对为主的航线网络，完全按照城市对间的需求量开辟航线，这使得客流量小、航班密度低的航线比例较大。航班密度低，则地面等待时间相对于空中飞行时间来讲太长，体现不出航空运输快速的特点，这样对旅客的吸引力就会下降，客流量随之下降；客流量的减少又会引起航班密度下降，形成恶性循环。这一问题在前几年民航运力不能满足需求的情况下表现不出来，但随着近几年大型飞机的迅速引进，主要干线市场逐渐出现供大于求的现象，航线网络对市场的促进作用则显得日益重要。如何使潜在需求成为有效需求，即如何培育和开发市场，对各航空公司而言，固然需要加强管理和市场营销工作，但从整个行业高度而言，则需在全国范围内建立一种有利于吸引潜在消费者的航线网络结构。这种航线结构一方面要求覆盖范围广阔，有良好的便利性和通达性；另一方面要求能提供相对低廉的价格，更好地满足消费者的需求。也即要求航线网络不仅具有能满足实际需求的运送功能，还应具有对需求的吸引功能，而支线运输能够很好地满足这一点要求。

二、我国支线运输现状

支线运输是航空运输业的重要组成部分，具有高速公路和铁路不可替代的优势。在过去10年里，在高速公路和铁路高度发达的美国和欧洲，支线航空以高于干线航空1倍以上的速度稳定增长，其运输总量也同时翻了1番。特别是近几年支线喷气客机大量投入市场，更助长了全球支线航空的发展势头。支线运输对于科学构筑轮辐式与城市对式相结合的航线网络，并对轮辐式的发展有着不可替代的作用。航线规划安排除以大城市（直辖市、省会城市、重点旅游城市）为枢纽，在其间建立干线航线外，同时以支线航线以大城市为枢纽辐射至附近的中、小城市，充分发挥支线为干线汇集和疏散客货源的桥梁作用。专家们预测，支线航空运输在21世纪将获得更快的发展。

中国支线航空总体而言尚处于初步开发阶段，它的发展状况还与航空大国的地位很不相称。虽然支线航空面临巨大发展机遇，但同时面临诸多问题：

1.支线航空市场开发程度低

2004年底，我国民航运输飞机总规模达750架，但航空公司拥有的各种型号支线客机仅74架，运送旅客约400万人，分别只占到总数的9.8%和3.3%。欧、美支线航空公司拥有的飞机约占总数的30%，运送的旅客占到15%～20%。我国的支线航空市场尚处于初步开发阶段。

支线航空市场开发程度低的原因之一，是长期以来航空公司将主要的精力、资金用于发展干线航空，对发展支线航空的认识不够。目前民航从总体上说是国有资本占绝对优势，整个行业活力不够。我国的航空公司没有按干线和支线进行区分管理，支线和干线大多在一家航空公司混合经营。多数企业的经营观念、运行模式和市场定位雷同，发展重点都在干线上，支线航空发展得不到重视。

在美国，骨干航空公司大都有数个代码共享的伙伴支线航空公司；欧洲的骨干航空公司则大都建立了本公司全资或控股的支线航空公司。这些支线航空公司开发和经营支线市场，为骨干航空公司集散旅客，存在互为依存的关系。

2.支线飞机技术性能还不能满足全方位支线航空发展的需要

我国航空公司在支线航线上大量使用B737或A320等运力

*本文转载自《中国民用航空》2008年第12期

过大的单通道干线飞机，造成航班频率低，反过来给支线航空市场培育和发展造成负面影响。现有支线飞机能够适应高原性能的很少，使用也不甚理想。西部地区机场严峻的高温高原条件，往往对支线飞机的运行有过严的限制。

3.支线航空营运成本过高

支线航空的生存和发展必须依赖于支线飞机运营的利润。进口支线飞机高购置成本和高航材关税是制约发展支线航空运力的原因之一，中国支线经营成本高、收益低甚至亏损，是支线航空市场开发程度低的根本原因。

和干线飞机相比，支线飞机座位数少，单位客座采购成本高。在航程偏短的支线上，单位座公里所分摊的起降费、地面服务费、空勤费和燃油费均高于干线飞机。中国支线主要是客流量偏低、收益率低的休闲旅游市场，营运地区又往往是运行条件严峻的西部。目前对支线飞机在使用过程中的收费给予实质性的优惠政策还不多。在这样的环境下，现有支线航空成本比干线高，要求消费者有较强的支付能力，而我国地区发展不平衡，大部分中小城市的经济还不发达，消费能力不强，大量潜在的航空运输需求不能马上转化为实际需求。北美支线市场主要由商务市场构成，航程较短而收益水平高，有很强航班频率效应的支线飞机比干线机有高得多的成本优势，因此骨干航空公司与支线航空公司签约，支线航班按干线航班来飞行，使支线航班加入干线的航线网络结构，直接为干线集散旅客服务。

三、我国发展支线航空运输的意义

改革开放以来，中国的航空运输业取得了很大发展。此间，我国的支线航空也得到一定程度的发展，一部分航空公司在发展干线航空的同时，积极发展支线航空；支线航空亦为这些公司的干线提供了客源，输送了素质优良的飞行人员，为其取得良好的经济效益作出了贡献。但是，就中国支线航空总体而言，它的发展状况还与航空大国的地位很不相称。

在欧洲，仅支线航空协会的会员航空公司就有73家，拥有1100架飞机，1998年共飞行194万个起落，运送了共6260万名旅客。在美国，其支线航空协会的97家会员航空公司拥有2150架支线客机，1998年共飞行433万个起落，运送旅客达7210万人。在我国，专门从事支线航空经营的公司还很少，在33家运输航空公司中，以经营干线为主、兼营支线航空的公司约20家，所拥有的支线飞机数量不多，支线航空的运输规模在我国航空运输的总量中所占的比重就更小了。特别是近几年来，随着我国高速公路的迅猛发展和铁路提速，本来规模就很小的支线航空面临进一步萎缩的局面，不少地区支线航空正在被高速公路和铁路挤出交通运输市场。

目前，我国支线航空发展滞后的问题已经引起中国民航主管部门和各航空公司的重视，民航总局有关部门正在研究制定我国支线航空发展战略，并提出“将在深入研究后制定促进支线运输发展的政策”，这些都使我们进一步坚定了发展支线航空的信心。

1.加快发展支线航空，是我国全面建设小康社会的迫切需要

目前我国航空运输主要集中在大城市之间，航空运输服务的范围还很有限，众多中小城市还没有航空服务。

在未来15年内，中国经济还将保持较高发展速度，工业化、现代化进程的加快，必将带动我国的城市化进程，预计2020年我国的城市人口将占到总人口的50%。众多经济发展快的中小城市，把发展当地支线航空列为改善投资环境的重要措施之一。旅游业的发展使得休闲旅客比例已接近于公务商务旅客，广大游客出行坐飞机的“大众喷气时代”已成现实，与遍布全国的旅游热点和旅客人数相比，目前能提供的航空运输服务还有很大的差距。在美国，每人每年乘坐2.2次航班飞机，我国目前仅为0.09次。加快发展支线航空，逐步把民航服务延伸到包括中西部在内的中小城市和旅游热点，可以满足社会公众方便、舒适、快捷出行的需要，这将有效提高人民生活质量和水平，是全面建设小康社会的重要内容之一。

2.加快发展支线航空，对改善我国中西部地区交通运输条件具有十分重要的意义

我国西部地区12个省、市、区拥有国土面积685万平方公里，占全国的71.4%，山高沟深，地广人稀，但历史古迹、文化遗产、自然风光等旅游资源丰富。不方便的地面交通条件成了限制当地社会、经济发展的重要因素，不少旅游胜地“藏在深山人未识”。相比较而言，建支线机场比建公路、铁路投资少，建设时间比较短，而且可以克服山川、河流给地面交通带来的种种不便，有效保护西部脆弱的生态条件。发展支线航空，对尽快改善中西部地区交通条件，加强地区间人员往来，帮助不同地区经济融合，促进中西部地区的经济、旅游发展，具有深远意义。

四、当前发展支线航空的有利环境

中国经济目前正处于一个持续快速发展期，中国民航将迎来更大的机遇和更快的发展。当中国干线航空发展到一定程度，市场的细分和需求以及枢纽航线网络的形成，都将对支线航空的发展起到催生作用，支线航空的发展孕育巨大的潜力。

民航总局在2006年初出台了《关于促进支线航空运输发展的若干意见》，为我国支线航空运输指明了道路。2007年，华夏航空首次提出了“中小城市航空通达性改善计划”，其核心内容是：利用现有的国家干线航线网络，通过在支线城市与国家干线网络的节点之间开通高密度航班，从而实现任一支线城市在6～8小时内到达国内40～50个主要中心城市的比例达到80%。这恰恰与民航总局的政策方向相一致，提出了一个可操作的支线航空发展解决方案。

该计划的实现模式是以支线城市为出发地，以其到主要中心城市之间的航程长度和航线单向客流量为依据，选择3～5个中转点，采用提高航班密度、合理衔接时刻、实行行李免提、价格给予优惠的联程中转方式，改善中小城市的航空通达性。

这一计划的实施相对铁路、公路而言，效率高，范围广。从长期来看，既避开了门户机场时刻资源瓶颈问题，又保证了支线机场所在城市旅客方便地到达更多的中心城市。实现这一目标，将使我国的航空有效覆盖人口从目前的2.8亿提升到8.5亿。对于一个城市而言，在5年内所需要投入的总成本不高于修建2.5公里高速公路(1亿元)的建设投资，而所获得的将是通达50个城市的50条空中高速公路。这一成本对于国内大多数中小城市完全

可以承受，从实际情况看，很多边远地区的小城市现有航线补贴已经超出这一数额。就目前的国情来看，国内中小城市实施航空通达性改善计划，从国家骨干航线网络建设、国家支付能力和地方政府经济承受能力等方面均已基本具备实施条件。

通过以上分析，我国在发展支线航空问题上，既要学习国外的先进经验，认识并遵循航空运输发展规律，更要认真分析国情和经济社会形势，坚持走自己的路。在进一步做大做细干线航空市场的同时，兼顾并培育支线航空市场。从长远来看，支线航空一定要大发展，这是改善行业结构、保证中国民航可持续发展的需要，更是国家进行经济建设和西部大开放的需要；同时支线航空也一定会大发展，因为这是具有巨大市场潜力的中国航空运输业的客观发展需要。

五、政策建议

中国支线航空市场潜力巨大，如何将潜在需求转换为实际有效需求，在保护目前已形成支线航空的基础上，鼓励更多的企业参与、投入，进一步扩大支线航空市场，建议如下：

1.降低支线航空市场准入门坎，鼓励更多地开发支线航空市场

允许成立新的支线航空公司，或将现有的航空公司改组或改造为支线航空公司，允许少数甲类通用航空公司在满足运营标准和核定经营范围的条件下运营少量不定期支线通勤航班。鼓励国内各方投资国内支线航空市场，对于支线航空领域的外资比例可以进一步提高。

2.加大对支线航线航班的保护和扶持

现有的关于国内航线航班管理的相关规定是针对所有的国内航线航班，这些政策更多地向干线倾斜，针对上述对支线航空市场的界定，提出以下扶持支线航线航班的措施：

(1)对航空公司运营支线航线实行保护，保护期限为4年(8个航季)，最长10年(20个航季)。保护期内，每条航线运营的航空公司原则上为1家，根据航空公司运营表现和市场情况民航总局可允许第2家航空公司进入市场。

(2)航空公司可以在民航局的监督下，按市场价格转让支线航线经营权给其他国内航空运输企业。

(3)航空运输企业享有在其经营的支线航线上受保护的权益，需满足提供支线航线航班服务的最低标准：①所运营的航线上提供航班频度不低于每周14班，新开航线的前两个航季不能低于每周7班，从第三个航季开始不能低于每周14班。特殊落后地区的标准可适当降低，具有很强季节性的支线航空市场，淡季航班可在以上标准上降低，但不能少于每天1班的最低频度。②最低营运期限为2年(4个航季))，在最低运营期内不能中断航线经营。

在航空运输企业在运营中没有达到以上航线航班频率(具体指单个航季实际运营航班数量低于最低规定航班总量的85%)的情况下，从下一航季开始，民航局可允许其他航空运输企业参与该条航线的运营或者终止该企业的该条航线航班经营权。

(4)对航空公司在支线市场上使用的机型、航线执行区域、过夜基地的设置、经停三大机场和六大枢纽等运营方面不做限制规定。

3.对支线航空票价给予更大的自主权

以现有民航价格管理办法为基础，提高票价的上浮幅度(最高限价高于支线航空平均运营成本)，不设最低限价，航空运输企业可根据不同的市场营销策略、季节特点和竞争力等因素在价格上限内自主制定支线航空票价。

4.积极支持扩大支线航空市场运力的投放

(1)对航空公司运营支线市场原则上不对其使用的机型加以限制，但要调整目前国内大飞机所占比例过大的机队结构，减少干线飞机飞支线的现象，应鼓励增加小座级的支线飞机的数量。在运力配置规划中，对引进支线飞机的数量应比干线飞机的限制更加宽松；同时，可考虑放松对支线飞机以短期租赁方式引进的审批。

(2)扩大机型选择范围。目前进口50座喷气支线飞机的价格很高，给航空公司带来很大压力。为使企业运营支线航空(尤其是西部经济落后地区)有更大的机型选择余地，降低经营成本，应研究30座以下通用类(CCAR23部)飞机运营定期航班的运行管理标准和相关规定。

5.减低支线航空相关税费的建议

目前，运营的成本高是发展支线航空的瓶颈问题，从政策上帮助航空公司合理降低成本是民航局的重要职责。

(1)减免进口支线飞机和航材税费

这是一个长期问题，但又是非常重要和切实的问题。这个问题能否得到解决，决定支线航空能否健康发展。目前支线飞机进口环节的关税为6%，增值税为17%。鉴于这项工作难度很大，除了争取最优结果即免征或减征支线飞机进口环节税费，建议向国家提出对进口支线飞机关税增值量之内的支线飞机减免关税、增值税，配额外执行现行税率或高额税率。具体配额条款由民航局商财政部决定，内容包括规划期、配额总量、各公司分配比例等。

(2)机场收费和地面服务费

建议在现行的机场收费和地面服务收费标准基础上，进一步降低支线机场和地面服务的相关收费标准。

由于各支线机场软硬条件不一，而规定对收费标准一刀切的做法不符合市场经济；目前，机场下放地方，机场参与航空经营的积极性进一步提高；航空公司是机场的最主要客户，双方既有短期利润冲突，又有长期的共同利益，建议赋予航空公司与机场自主协商机场和地面收费定价权。定价过程要以国家的价格标准为依据，本着互让互惠双赢、鼓励多飞的原则，按照市场实

际情况由航空公司与机场部门协商收费形式和标准，并到民航局备案。

(3)对于新界定的支线机场在支线飞行时免收机场建设费。

6.对西部欠发达地区支线航空实行财政补贴的办法

(1)对西部落后地区机场的补贴

目前，支线机场的建设步伐不断加快，但机场建成就亏损的不利局面一直困扰着投资各方，其中涉及多方面的因素，但航线运量低、航班数量少是其中的主要原因。为保持支线航空的健康发展，真正达到扶持地方经济社会发展的目的，建议在投资方面，由国家、政府主管部门制定政策对新建支线机场基础设施建设的投资扶持，转为对基础设施建设和航空市场运营的双向扶持，对市场运营的扶持资金可从原来的资金总盘中切块，并要求地方政府提供配套资金，保证开航后的航线运营。这样可以将机场建设—航线培养—航空市场开拓—推动地区经济社会发展有机结合，真正达到投资目的。补贴对象限定在列入民航局机场建设布局规划的支线机场范围内。

(2)对航线的补贴

支线航空对推动地区经济社会的发展起到非常重要的作用，但支线航线的经营主体是以盈利为目的的企业，因此，国家应该对经济发展水平较低地区的支线航空运输给予补贴，维护支线航空的社会效益和经济效益的合理统一。建议对连接西部经济落后地区机场和上一级干线机场的低效益航线给予补贴，补贴形式采取利润差额的方式，按航季进行补贴。具体条款由民航局财务部门按实际情况核定并执行，经费来源为民航航路资源费。

(3)支线机场的建设和通航标准方面的建议措施

目前，国内机场的通航标准主要由飞行区安全标准（包括场道、净空条件等）、机场管理和候机楼运行标准、治安消防标准等组成，分属2个司3职能处归口管理。如果是新建机场，还需要达到工程验收标准。以上标准对于航班量少、经济欠发达的地方机场存在通航标准偏高的问题，不利于此类机场的健康发展。另外，支线机场的投资效率低、投资体制不完善、社会效益内部化程度低等也是亟待解决的问题。

应在保证飞行安全的前提下，提高机场的全天候航班放飞能力和快速通行能力，降低开航标准，以最大限度地减少机场运营成本，提高盈利能力；明确支线机场的属性定位，应注重其基础设施的公益性属性，作为政府建设资金支持的主要对象；完善民航机场属地化管理的配套措施；探索新的、具有可操作性的机场建设和经营模式，机场业务与当地经济共同开发，互利互补，外部效益内部化，形成机场业务与地方经济发展之间的良性循环。

(4)转变观念，加强管理，提高人员素质

随着机场属地化以及地方兴建支线机场的数量不断增多，转变观念、加强管理、不断提高人员素质是发展支线航空的重要因素。总局应积极组织和开展支线航空方面的业务培训，并加大国际间交流力度，学习国际上支线航空经营管理的先进经验，为国内支线航空发展创建良好的人才环境，建议针对支线航空与国外有关机构建立定期交流和培训机制。

张峰琳：中国民航管理干部学院

发展通用航空的若干问题和建议*

曹 坤 刘 军

2008年5月12日，四川汶川发生了8.0级特大地震，这是新中国建国以来破坏性最大、波及范围最广的一次地震灾害。地震重灾区绝大多数是山区，地震导致地面交通严重受损，救援人员和设施无法及时到达。国家抗震救灾指挥部紧急从军队和民航征调了100多架直升机(其中民航32架)参与到救灾中，起到了相当大的作用。特别是在唐家山堰塞湖的排险中，由于道路中断，大型施工机械无法通过地面运输到现场，只有靠直升机悬吊空运。可以说，如果没有直升机的参与，唐家山堰塞湖极有可能溃坝，那将造成更大的人员伤亡和财产损失。

但直升机在这次抗震救灾中发挥出突出作用的同时，也暴露出了我国通用航空发展严重不足的问题。本文分析了通用航空发展的有关问题，提出了灾后重建过程中发展通用航空的产业机会和突破建议。

一、我国通用航空的发展严重不足

1.我国通用航空所拥有的飞机数量十分少。截至2006年底，通用航空全行业飞机、直升机(含教学训练、机场校验飞机、直升机)数量为707架，其中直升机132架，截至2007年底，我国民航通用航空飞机数也才800多架。此次抗震救援，全民航才征调了32架的直升机。这与我国在世界上民航运输量排名第二的地位形成了鲜明的对比。

例如，截至2004年底，美国的通用航空飞机总数为219 426架。2004年通用航空产业为美国经济直接贡献410亿美元，间接创造价值1020亿美元，为社会提供了近60万个就业机会。除美国以外，如澳大利亚、加拿大、巴西等国家的通用航空整体实力和发展水平也要远高于我们。与之相比，我国通用航空发展尚仍处于较低的水平。

2.直升机普遍偏小，运载能力有限，且绝大多数不具备高山地区飞行能力。这次征调的32架民航直升机中，能担负大型机械吊运任务的只有1架米-26，还是从俄罗斯租赁的。另外，具备高山地区飞行能力的只有6架米-171飞机，民航直升机大多只能在低山地区参与救援工作，无法进入地面交通损坏严重的高山地区。

3.由于我国通用航空发展严重不足，很多地方缺乏相关的地面配套设施(如直升起降坪)。这次直升机参与地震重灾区的救援工作，只能临时选择降落地点，所选的起降点距离人口聚集区还有相当的一段距离，没能充分发挥出直升机在救援中的优势。

二、大力发展我国通用航空的重大意义

通用航空是民用航空的重要组成。民用航空是一种快捷的交通运输方式，具有重要的基础性作用。民用航空包括公共运输飞行和通用航空飞行。根据我国《民航法》，除了公共航空运输和军事飞行以外的航空活动都属于通用航空，其领域包括工业、农业、空中游览、科研、体育、城市管理和救护、训练以及公务飞行等。换句话说，除了运输航空不干的事，全是通用航空。大力发展通用航空对于我国具有重大意义，主要体现在：

1.快捷的交通运输方式

通用航空作为民用航空的重要组成，其首要的作用就是其作为交通运输工具的快捷性。

(1)速度快：现代喷气飞机速度一般在800km/h，一次加油航程达1000～10000km，而地面交通方式速度一般在200km/h以下。速度快还体现在航线划设受沿线地理条件限制小，可以拉直线，比地面交通方式里程短。

(2)机动性高：航空运输的机动性来源于其运输过程中只需要在起止点有合适的机场可以起降，就可以开辟航线进行运输，不受沿线地理条件的限制。对于通用航空飞机，对起降机场的要求很低，甚至可以在经过简单处理的土跑道上起降。

(3)建设周期短，难度小：航空运输中筹办开航所需的建筑物和设备较少，仅是两端的机场兴建和飞机的购置。航空运输基本建设中，航线无需占用土地，仅是机场建设占用少量土地，这一点是铁路和公路运输所无法比拟的。

2.直接参与工、农、林业的生产

飞播造林种草加快了荒山绿化、草原复壮和沙漠改造，既扩大了森林资源和牧草资源，又起到了保持水土、涵养水源、调节气候的作用，其经济效益和社会效益十分显著。我国飞播造林已有5000万亩郁闭成林，林木蓄积量约1亿立方米，价值近50亿元。飞播牧草，改造沙漠，在内蒙成效十分突出，投入产出比为1:4以上。在飞机灭蝗、灭虫、森林灭火等方面，都具有其他工具不可替代的作用，而我国尚有宜林荒山荒地6303万公顷，急需治理的就有1333万公顷。

农业上采用飞机播种、施肥、除草、喷撒农药，已得到比较广泛的应用，如飞机喷施肥料，每亩成本1元，增产收入为投资的5倍左右。

通用航空在工业上的应用，主要作业项目是陆海石油服务、航空摄影、航空测量、航空探矿、航空遥感等，随着经济的发展将稳步增长。

3.对旅游业有巨大的拉动效应

旅游业对于国民经济和整个社会的发展具有极其重要的作用。相对于实体性产品消费而言，作为非实体性产品消费的旅游

* 本文转载自《中国民用航空》2008年第12期

消费具有低饱和性、消费的高重复性和多层次性、拉动内需的直接性等，旅游业是货币回笼的重要渠道，旅游产业对拉动一个国家的内需具有重要作用。特别是对于像四川省这样的西部省份的旅游发展，乘坐飞机翱翔于蓝天本身就是一种旅游方式。

旅游产业也是落后地区发展经济的优势所在。落后地区要么地处偏僻，要么没有能力大规模进行现代意义上的建设。这些所谓的劣势对于旅游业而言则转变成为优势。因为正是由于偏僻落后，使得人类原始的居住和环境形态被较为完整的保存下来，成为人类的宝贵遗产。比如在四川省广阔的西部，由于地理条件的复杂，造就了绚丽奇特的自然景观和悠久独特的少数民族文化。这些风景名胜区发展旅游的主要瓶颈是旅游资源的可进入性差，即交通不便利，且很分散，通过支线航空与通用航空的结合，可以很好地解决这一问题。

目前，国际通用航空飞行小时中游乐比例达到58%，而我国的航空游览在通用航空飞行小时中所占比例极小，1997年这一比例仅为3.8%。虽然近几年我国通用航空较以前有了一些发展，根据我们的了解，航空旅游与1997年相比并没有多大的发展。但民间对航空游览的需求旺盛，可由于缺乏相应的政策支持，航空游览项目多是在无证情况下开展的。

4.通用航空对于国防具有重要意义

通用航空对于国防的重要意义主要体现在拥有大量的包括飞行员、飞机维修人员在内的航空专业技术人员，这是一个国家航空军事的巨大人才储备库。现在美国民航有飞机23万多架，其中通用航空飞机占96%；有飞行员70多万，其中通用航空飞行员占绝大多数。

通过通用航空为国家航空军事进行人才储备，在实现巨大人才储备的同时也大大减少了国家在这方面的国防开支。

航空专业技术人员的培养花费巨大，目前我国培养一名民航机飞行员费用接近300万元，其中4年飞行院校费用约60万元，从飞行院校毕业的学员要成为民航机机长，航空公司还需要投入200多万元。

军队飞行员的要求比民航机飞行员高得多，淘汰率相当高，光是院校淘汰率就达到了80%以上，具有关报道，目前我国培养一名歼-7战斗机的飞行员要花费上千万元，歼-10、苏-27、苏-30 战斗机飞行员要花费更多。

虽然通用航空飞行员要成为军用航空飞行员也存在着选拔淘汰和培训的问题，但其淘汰率要比从普通人群中选拔低，而且由于其本身已具有了一定的飞行相关知识和技能，也能减少培训费用。通用航空飞行员的培养费用是由个人或通用航空公司负担，而军队飞行员的培养是由国家财政负担，大力发展通用航空除促进了国家经济发展外也为军事航空实现了巨大的人才储备。

5.通用航空的发展将为我国航空制造业提供巨大的市场需求，对我国航空制造业的发展意义重大

目前我国民用飞机的制造严重落后，我国天空中飞行的飞机绝大多数是国外生产的。我国目前发展干线飞机面临着巨大的市场风险。国际干线飞机市场如今只剩下波音和空中客车了。据分析，目前全世界干线飞机市场每年需求量为600多架，只需2～3家厂商供应就够了。由于生产批量相对小(汽车厂产量以万计，大飞机厂产量以百计)，技术含量又如此高，所以，是经验而不是规模，成为决定成本—效益的关键因素。结果是厂越老经验越丰富，研制新机种越容易，信誉就越高，越容易拿到订单。民机市场是典型的全球开放市场。由于民机的可靠性至关重要，这个市场对后来的竞争者就十分苛刻，这就是所谓"22号陷阱"问题——新来者"要想在市场上占有份额，就必须提供高可靠性产品，而可靠性又只能由大量销售运行可靠的产品来证明"。

由于支线飞机、通用飞机的制造技术要求低，投资少，且市场风险相对于干线飞机低，只要我国出台相关政策支持，就能够吸引大量的民间资本，从而创造出一个欣欣向荣的产业。

但是，由于受到目前相关政策的制约，我国的通用航空没有能形成足够的市场有效需求来支持通用飞机的研究制造。全国首家私营飞机制造公司——北京科源轻型飞机实业有限公司，由于市场前景不佳缺乏定单，已经放弃生产飞机改造轮船了，而在当年，这项从南京航空航天大学买回的轻型飞机的专利耗费了几百万元。

三、空中管制政策制约通用航空的发展

我国通用航空发展严重不足的根本原因是目前的空中管制政策。

目前我国的空域管理采取的是"军管民用"方式，所有空域都是管制空域，民航只具有在规定的航线、航路上的具体指挥权。对于通用航空的飞行，实施的是"一事一议"的审批程序。

天空不开放，通用航空作业使用空域必须提前报批，采用"一事一议"的审批规定，即使获准，审批时间少则3～5天，多则7天，只有当遇到紧急事情时才能在1h之内得到批准，这对于游乐等不具备"紧急性"的飞行几乎没有被批准的可能。如此费时费力，极大地制约了通用航空灵活、快速、高效的特点，丧失了许多市场机会。私人飞行则很难获准，制约了飞行作业量增长。

在美国，通用航空发展的重要原因是通用航空飞机可以在全国大片空域自由飞行。美国为了与国际民用航空组织的规划保持一致，把美国空域划分为7个级别，从限制最严的A级到只根据可视度进行限制的完全开放和非管制的G级。每一级或每一段都有各自的飞行员资格、飞机设备及最低天气条件的要求，而对于最繁忙的路段，限制的条件自然最多。只要飞机及驾驶员符合该级别的限制条件，通用航空的飞机就可以在这个级别的空域或航段飞行。

四、空中管制政策的公共政策学分析

我国空域管理之所以实行"军管民用"、所有空域都是管制空域的政策，是出于国土防空及安全监管方面的考虑。

由于长期以来我国的国际安全环境使得我国军事斗争的任务很重，国土防空的压力很大，军队在空域管理上的主体地位在短时间内不会改变。另外，如果开放空域，大量的通用航空飞机的飞行自然会带来安全监管方面的工作，特别是在人口密集地区。自然相关的管理部门因此在松动目前过严的空中管制政策上缺乏主动性。由于我国通用航空发展严重不足，与通用航空相关的利益方没有成为一个"有势利益群体"，在政策突破上缺乏足够的推动力。

一项公共政策的产生，是由“政策利益相关者”和“政策环境”共同作用的结果。政策利益相关者是指由于影响公共决定也被决定影响而与政策有利益关系的个人或群体。政策环境是围绕一个政策议题的事件发生的具体背景，它影响政策利益相关者和公共政策，也被它们所影响。

我们就来看看为何我国的空中管制政策多年来一直没有实质的松动。

我国空中管制政策松动的利益相关者包括军队、民航主管部门、通用航空企业。

由于我国通用航空发展严重不足，在社会经济及老百姓的生活中的影响甚微，因此老百姓和其企业对此政策的关注甚少，不构成此项政策的利益相关者。

由于军队和民航主管部门既是政策的制定者，同时也是因政策改变所带来的国土防空和安全监管责任的承担者，自然在松动目前过严的空中管制政策上缺乏主动性。

而在空中管制政策松动上的直接受益者仅仅只有力量薄弱的通用航空企业。并且，由于长期以来，通用航空对于国家社会经济、人民生活等诸多方面并不存在迫切的需要的政策环境，所以对于我国的空中管制政策多年来一直没有实质的松动就不足为怪了。

5.12汶川大地震发生后直升机在救援工作中所起到的显著作用及从中也暴露出我国通用航空发展的严重不足问题，改变了我国空中交通管制政策的“政策利益相关者”和“政策环境”，对于推动我国空中管制政策的松动是难得的契机。

此次地震直升机在救援工作中所起到的显著作用让广大的老百姓深切地意识到了大力发展通用航空的重要性，社会上对于促进我国通用航空发展的呼声很高，因此普通老百姓在汶川地震后也成为了我国空中管制政策松动的利益相关者，这大大增加了此项政策调整的推动力量。地震也让广大人民认识到了通用航空对于国家社会经济、人民生活等诸多方面存在着迫切的需要，政策环境因此得到了改变。

如果再能降低主管部门对于因松动空中管制政策所带来的国土防空和安全监管方面的担忧，那松动空中管制政策就会水到渠成。

五、在四川西部划设空中管制特区

前面已经分析了，汶川地震改变了我国空中管制政策的“政策利益相关者”和“政策环境”，对于推动我国空中管制政策的松动是难得的契机。如果再能降低主管部门对于因松动空中管制政策所带来的国土防空和安全监管方面的担忧，那松动空中管制政策就会水到渠成。可怎样才能降低主管部门对于因松动空中管制政策所带来的国土防空和安全监管方面的担忧呢？

在我国改革开放的初期，很多政策的调整也面临着松动空中管制政策松类似的问题，即政策的制定部门对政策的调整缺乏主动性、而政策调整的推动力量薄弱，对政策的调整又缺乏公众迫切需要的政策环境。面对这个问题，国家领导人创造性地提出了“摸着石头过河”的理论，通过建立“经济特区”的办法推动了我们改革开放政策的深化。

在松动我国过严的空中管制政策，我们也可借鉴这一办法，即在某一国土防空和安全监管压力小的地区，划设空中管制特区，实施空域开放，逐渐推动通用航空的发展，同时也能在更大范围内松动空中管制政策所带来国土防空和安全监管问题上逐渐积累管理经验和办法。四川省西部是建立空中管制特区的理想地区。

1.川西地区不位于边境，重要的军事国防设施少，人口稀少，发展通用航空所带来的安全和国土防空问题的影响小。军事空域少，空域开放受军事的阻力小。

2.地域广袤(29万平方公里)，能给予通用航空充足的空间发展，有利于通用航空各种业务、特别是游乐业务的发展。

3.旅游资源丰富且独特，对游客有巨大的吸引力，通用航空发展的经济性好。

4.四川省是我国民用航空各类技术人员的培训基地(中国民用航空飞行学院就在四川广汉)，通用航空发展相关的配套企业众多，产业配套较完备，目前四川就有拥有多家通用航空企业。

5.卫星导航及自动相关监视技术的发展，很好地解决了在这一地区发展通用航空所存在的导航、通信、监视等难题。

通过在四川西部建立空中管制特区，实施空域开放，能够逐渐推动通用航空的发展，使通用航空在四川形成一个巨大的产业集群，逐步解决松动空中管制政策所带来的国土防空和安全监管方面的问题，积累管理经验，发展和完善相关的技术，从而推动我国更大范围的空域开放，大力促进我国通用航空的发展，使得通用航空在国家经济、国防、人民生活等方面发挥出更大的作用。同时，在灾后重建的产业规划中，可以考虑在四川建立通用航空发展基地，构建政策、空管、研发设计、生产制造、市场销售、维修服务、企业发展等完整的产业链，推动四川地区灾后的经济和社会发展。

曹坤：民航西藏区局

刘军：中国民航信息集团

航空公司合作的动因及态势*

司献民

纵观世界民航发展史，竞争与合作始终伴随着民航业发展的全过程。发展环境越恶劣、竞争越激烈，合作就越加广泛和深入。近年来，顺应经济全球化以及航空运输国际化、自由化、联盟化、超级化和多边化的发展趋势，航空公司的合作出现了新的变化。尤其是在当前全球金融危机、国际油价大幅上升、有效需求不足、市场竞争剧烈等不利条件下，探讨和加强航空公司之间的合作显得愈发重要。

一、航空公司合作的现状

航空公司之间的合作主要表现在业务合作和资本合作两个方面：

1.业务合作

目前，代码共享、地面服务、IT服务、里程积分等仍是航空公司普遍采用的业务合作形式。

2008年1月，南航与东航签署了业务合作协议，双方主要在航材支援、市场营销、地面服务和飞机采购四大方面开展合作，合作效果显著。8月，大韩航空、阿拉斯加航空以及地平线航空达成新的合作协议，三方将在代码共享、常旅客奖励等方面开展广泛合作。

上述业务合作有利于航空公司资源共享、优势互补、降低成本，同时也为消费者带来更多的便利和实惠。

随着合作的不断深入，航空联盟已成为航空公司之间重要的合作形式。联盟合作几乎包含了航空公司日常运营所涉及的全部业务领域，影响力在日益扩大。目前，全球已有40多家航空公司加入了航空联盟，“天合联盟”、“星空联盟”、“寰宇一家”三大航空联盟占有的国际市场份额超过了70%，并已渗透到了中国。去年年底，南航加入了“天合联盟”，国航与上航加入了“星空联盟”。

航空联盟在市场竞争中拥有独特优势，其资源获取力以及与政府谈判的资本高于非联盟航空公司。2008年4月，天合联盟成员法荷航、达美航和美西北航获得了美国运输部的反垄断豁免，获准在跨大西洋航线的合并运营。与此同时，星空联盟和寰宇一家相关成员也提交了类似的申请，以谋求建立跨大西洋航线联盟。

2.资本合作

资本合作是业务合作的基础，合并和收购是航空公司之间开展资本合作的主要形式。受全球金融危机、国际油价上涨和市场竞争加剧的影响，航空运输业将出现新一轮的兼并浪潮，相继组成新的“超级承运人”。

2008年10月28日，全球第三大航空公司美国达美航正式以26亿美元的代价收购了全球第五大航空公司美国西北航，合并后的“新达美”将成为全球规模最大的航空公司。据报道，美联航与大陆航，以及美国航空的母公司AMR和阿拉斯加航空的合并谈判也都在进行中。

在欧盟，汉莎航收购了布鲁塞尔航空，意大利航和奥地利航也正等待其他航空公司的橄榄枝。在巴西，戈尔航空（Gol）与巴西航空（Varig）合并。俄罗斯航空（Aeroflot）准备收购S7航空25.5%的股份。

在中国，海航收购了香港航空，国航与国泰、港龙进行了联合重组。通过这一系列的资本合作，将可能形成一些“超级承运人”主导世界民航市场的竞争格局。

2008年3月底，欧盟与美国“开放天空”协议正式生效，第二轮的谈判也随即开始。根据协议，美国同意欧盟公司在美国航空公司的持股比例超过50%(但在投票权上只有25%)，美国也要求在欧洲航空公司的跨国投资限制由目前的25%提高到49%，必然会引发欧美主要航空公司之间的兼并和重组。总之，业务合作、资产合作和“天空开放”协议的实施，将大大推动航空公司之间的合作进程。

二、航空公司合作的经济动因

1.航空公司合作的内部动因

美国普林斯顿大学教授克鲁格曼获得了2008年的诺贝尔经济学奖，获奖理由是由于他提出了“新贸易理论”。他认为，差异化、动态化的产品需求函数和厂商生产的规模经济性是国际贸易发生、发展的重要机制。一个国家的产品要在国际市场上有竞争力，必须以规模经济为前提(即平均成本随着产量的提高而降低)。面对差异化、动态化的产品需求函数，如果各国都生产具有规模优势的产品，并进行国际贸易，彼此都将获得满足市场需求、平均成本下降和生产效率提高带来的好处。这个理论成功地解释了为什么美国、日本和瑞士在大量生产汽车的同时，仍需要大量进口汽车。

航空公司提供的是运输产品，在国际航空市场上，运输服务不仅是实物贸易的基础条件，其本身也是国际贸易的产品形式之一。面对差异化、动态化的旅客运输需求，各国航空之间通过开展合作也能取得规模经济效益。

在业务合作层面，航空公司在规模不变情况下，可通过地面代理、代码共享等方式，扩大客源、降低运营成本；在资本合作方面，航空公司可以通过收购与兼并迅速扩大生产规模、整合资源、优化航线网络，增加市场需求、降低生产成本等。

航空运输业还具有明显的网络经济性。在一定的经济技术

*本文转载自《中国民用航空》2008年第12期

条件下，航空公司的航线网络越大，航班密度越高，潜在的市场需求也就越大，平均成本也就越低。

航空公司通过开展业务合作和资本合作，特别是通过联盟合作，能使自身的通航点迅速增加，航线网络迅速扩展到全球，市场需求大幅度提升。同时，品牌竞争力也会得到相应的提高。

2.航空公司合作的外部动因

国际航空运输不仅涉及到国家经济利益，还涉及到国家主权和军事安全。

尽管国际航空运输自由化进程在不断加深，但是双边航空运输协定仍然是制约航空自由化发展的最主要障碍，有关航权开放规则和多边化的航权安排一直不能被WTO所吸收，航权壁垒将在相当长时期内存在。

在这种情况下，发达国家的航空公司为了绕过航权壁垒，获得更多的国际市场份额，特别是为了占有其他国家内部的空运市场，必须通过参股、合资等资本合作与业务合作的方式来达到目的。通过这些合作，发达国家的航空公司可以成功地绕过航权壁垒，部分占有其他国家的市场，提高全球市场份额，快速扩张规模，提升盈利空间。

三、航空公司合作的未来展望

1.业务合作将更加普遍

由于美国的次债危机已经演变成全球性金融危机，未来几年，世界经济增长速度将大大放缓，航空公司面临的经营环境会非常困难。为了尽可能减少经营风险、降低运营成本，航空公司之间在激烈竞争的同时，将开展更加广泛的业务合作。

2.航空联盟将成为更重要的合作形式

近年来，国际航空联盟发展迅速，未来航空公司之间的竞争将可能演变成航空联盟之间的竞争。为了降低国际市场风险，有效拓展国际市场，更多的航空公司将主动要求加入到航空联盟，而各航空联盟为了壮大自身实力也将吸纳更多申请者，这将导致航空联盟的规模不断扩大、国际市场份额不断提高，最终形成少数几个巨型航空联盟彼此竞争的格局。同时，航空联盟除了在跨大西洋航线进行联合运营外，也可能在跨太平洋、跨印度洋航线，或者是在中欧、中美间出现更自由、更灵活的联合运营方式。

3.资产合作步伐将有所加快

在全球金融危机和国际经济放缓的不利形势下，航空公司的资产合作步伐将有所加快。

首先，“开放天空”协议的实施，使得欧美主要航空公司在相互持股和投资方面的限制进一步放松，推动其航空业的兼并与重组活动更加频繁。

其次，欧美航空公司目前占有全球航空市场60%以上的份额，欧美航权开放和欧美航空公司之间的资产合作，必然给亚洲等其他国家的航空公司施加巨大压力，推动包括中国在内的其他国家的航空公司之间开展密切合作，出现大小不一的重组与兼并。

第三，强大的欧美航空公司，为了绕过航权壁垒，寻找发展中国家的新兴市场，也必然通过参股、并购等形式向发展中国家渗透。

第四，在航权开放、竞争剧烈和外航重压之下的发展中国家，特别是在中国航空公司内部，有可能发生以市场化为主导的新一轮产业重组。

竞争是合作的孪生姐妹，危机是合作的催化剂。面对当前不断恶化的国际经济环境，中国航空公司之间有必要深入开展业务合作与资产合作。我相信，在航空公司的共同努力下，中国航空运输业一定能走出低谷，迎来新的繁荣！

司献民：中国南方航空股份有限公司

大型枢纽机场运营和管理的若干问题*

张克俭

近年来，随着国内机场业迅猛发展和规模急速扩大，多家机场相继进入世界繁忙机场行列，机场业建设发展发生了前所未有的变化，枢纽化运营成为大型机场发展的战略选择。结合国内机场业发展现状及趋势，探索建立符合枢纽化运营规律的机场管理体制和机制，成为大型机场枢纽建设发展面临的重大课题。

一、关于确立机场协调管理主体地位问题

机场协调管理主体地位是机场管理机构为了维护区域内正常运营秩序、保障顾客合法权益并基于对资源控制权而形成的在机场运营过程中统一协调、指挥的责任主体地位，它是机场管理机构在与驻场各单位关系中所处的一种主体位置。随着国内机场规模发展和运营复杂化，需要机场管理机构出面协调解决的问题与日俱增。这些问题如不及时予以解决，必将影响到机场整体运营效率和长远发展，同时也影响到航空公司及驻场单位的发展。因此，确立机场协调管理主体地位，是大型机场发展的必然规律，符合机场枢纽化运营客观要求，也有利于实现区域内各主体利益最大化。大型机场枢纽化运营必须首先解决机场协调主体地位确立问题，形成统一的运营管理核心，从而才能避免各自为政，实现一盘棋协调高效运营。

就目前而言，国内机场协调管理主体地位尚未完全确立，原因主要有两个方面。

第一，外部因素方面：一是机场在整个国民经济社会发展体系中的作用和地位尚未被充分认可。相对于国际上大型枢纽机场享有举足轻重的地位和极高的自主管理度，国内大型机场对城市、地区乃至国家经济社会发展实际贡献和所能得到的认可度还远不相匹配，国内大型机场对经济社会发展作用至今尚未建立相应的评估体系，所获得的区域内自主管理权限也比较有限。二是在民航体制改革过程中机场区域内土地、运营服务等资源分割严重，机场管理机构失去对区域内资源相当部分控制权，协调管理难度较大，主体地位客观上被弱化。

第二，内部因素方面：一是受传统政府主导民航业发展思维模式影响，机场过于强调作为航空运输保障环节的定位，市场意识较弱，市场主体责任意识不到位，因此，在航班正点管理等关乎机场运营效率的核心问题上，尚未形成自发向顾客负责的市场机制，对机场运营中发生的问题，倾向于和航空公司及驻场单位分清责任，承担协调管理主体主动性仍显不足。二是大型机场在体制和机制上还停留在传统经营型机场运营模式阶段，机场管理定位尚未确立，中立性不足，具有裁判员和运动员双重身份，在一些业务领域与航空公司存在竞争关系，难以承担起协调管理主体角色。

随着国内机场业市场化进程的加快和竞争加剧以及大型机场向管理转型和枢纽化发展，确立机场协调管理主体地位势在必行。在这方面，目前首都、深圳等机场已进行了有益尝试。广州机场面对今年初南方雪灾造成的严重航班延误及旅客滞留，主动承担协调管理主体责任，积极协调空管、航空公司等驻场单位共同做好应急管理工作，成功化解了雪灾造成的危机。

今年3月国务院法制办公室公布了《中华人民共和国民用机场管理条例》(征求意见稿)，首次明确赋予了机场管理机构统一协调管理运输机场生产经营活动的职责，要求机场管理机构组织航空运输企业及其他驻场单位制定服务规范并对外公布，接受社会监督；同时明确要求，航班延误时，机场管理机构应当主动协调航空运输企业及其他有关驻场单位共同做好旅客工作，并及时通告相关信息。因此，机场管理机构主动承担协调主体角色，既是权利，更是责任。国内大型机场应借此契机，全面确立机场协调管理主体地位。

第一，机场管理机构要转变观念，主动承担协调管理责任，充分发挥主体作用。要深刻认识到国内民航业发展已经由传统政府主导型向市场导向型转变，机场已经从仅仅作为航空运输的保障环节转变为参与市场竞争的主体，因此，主动承担协调管理主体责任已经成为机场在激烈竞争中谋发展的内在需求和迫切需要。要顺应大型机场战略转型，不断强化管理者角色定位，增强协调管理主体意识，探索发挥协调管理主体作用的各种有效途径和方式。

第二，遵循大型机场枢纽化运营的规律和特点，设立具有高度权威性和协调能力的运营指挥机构，实施对机场整体运营统一协调指挥。

第三，积极争取政府最大化支持。一是争取地方人大、政府立法、授权，从法律上明确机场管理机构对区域内土地、运营服务等资源的绝对控制权，确立机场协调管理主体的身份。二是争取地方政府立法授予机场管理机构城市化管理方面相关的行政管理职能，满足机场城市化发展需求。

二、关于机场流程管理问题

从根本上讲，机场管理的核心是流程管理，大型机场枢纽化运营必须以流程管理为中心，通过持续整合、优化流程，提高机场运营效率，达到以最少资源为顾客创造最高价值的目的。

众所周知，目前国内机场流程管理还比较粗线条，存在着许多方面不足。

第一，流程管理未能予以应有的重视。主要体现在：流程管理理念相对滞后，一些机场在设计建设上过于追求外观气派而

---

*本文转载自《中国民用航空》2008年第6期

忽略了内在功能的完善，流程整体布局往往存在先天不足，致使一些机场刚建成运营，就不得不投入巨额资金进行流程改造，造成了不必要的重复建设浪费。

第二，流程管理职能支持不足。国际上几乎所有大型枢纽机场无一不是把流程管理作为枢纽机场运营的核心，并设立了专业职能机构实施对旅客乘机流程等进行系统规划和管理，通过对流程的整合优化，不断提升枢纽机场的国际竞争力。反观国内许多机场，普遍缺少相应的流程管理职能部门，流程设计建设和使用存在脱节，流程管理较为滞后，往往是先建好机场后才考虑流程。由于缺少职能化、专业化和系统化的流程管理，致使机场流程不畅问题长期得不到解决，整体运行质量和效率始终上不去。

第三，未能根据机场枢纽化发展要求完善流程功能。主要体现在：过于偏重出港流程，弱化进港流程，忽略中转流程。随着国内大型机场枢纽化运营发展，航站楼流程增加了国内转国内、国内转国际、国际转国内、国际转国际等4种中转流程模式，但目前国内机场流程管理对此还没有予以足够的重视和支持，流程管理缺陷在很大程度上成了制约中枢机场发展的瓶颈。

因此，加强和改进机场流程管理已成当务之急，机场运营需要在流程管理上狠下功夫。对中枢机场而言，航班波的组织实施由航空公司操作完成，但航班之间衔接的实现则取决于机场流程管理。流程管理目的就是提高运行效率，以适应大型机场枢纽化运营的要求。从国内机场运营现状看，流程管理重点要解决好两大问题：第一，在硬件上通过实施流程再造，不断调整优化航站楼的流程布局，完善流程功能，消除流程瓶颈。第二，在软件上确立流程管理是大型机场运营管理核心的理念，强化流程管理职能，整合流程管理业务职责，重视旅客乘机流程及中转流程的研究和优化，做到无障碍、无缝隙服务，力求用最少的资源为旅客创造最高的价值。

国际主流枢纽机场成功经验表明，一个高效运行的中枢机场必须有职能化、专业化的流程管理机构作支持。流程管理机构的职责，主要是负责航站楼流程的设计、监控和优化。具体体现在4个方面：一是负责流程规划设计和再造工作，及早提出流程需求并跟进落实，确保流程规划设计和再造符合实际使用需求，从源头上克服流程布局不足。二是实施对流程的监控，通过在机场流程的每个细节上做足功夫，提炼出各个流程环节上量化的运营参数，比如各个流程环节时间等，建立流程参数监控模型，实施对流程实时监控。三是开展流程优化调整工作，根据对各个流程环节技术参数的跟踪分析研究结果，及时控制及调整有关环节，实现流程优化整合。四是开展流程评估工作，航站楼内所有广告、商铺、设备设施等设置都要根据流程评估决定取舍，以确保流程顺畅。

流程管理另一个重要方面便是信息流程管理。信息流程顺畅与否是决定机场整体运行质量和效率的另一关键要素，信息流程顺畅则可大大提升机场运行质量和效率，并可直接增加机场的空间容量；反之则降低机场运行质量靠和效率，造成运行秩序混乱。加强和改进信息流程管理，不能局限于航站楼内，而是从旅客出行就开始。要深入到整个市场中，以客户需求为导向并致力于满足客户需要。一是加强信息延伸服务，通过互联网、电视、旅行社、酒店等渠道，将机场流程的触角延伸到每位旅客，让旅客到机场之前即可熟悉机场流程，从而提升机场流程顺畅度。二是要实现航班信息的统一归口管理，所有计划和变动信息均统一收集、统一发布，为所有用户提供权威、全面的信息服务，确保机场内信息顺畅。三是确保机场标识标牌清晰明确，通过设置简单明了的指示牌、电子触摸屏、登机指南手册、咨询台等方式，确保航站楼内旅客乘机流程的高效顺畅。

三、关于机场危机管理问题

当前国际恐怖主义的威胁、气候环境的恶化等，使得机场危机事件以更加频繁、多样、突发的形式出现。必须从战略高度重视危机管理，把危机管理放在与常态管理同等重要的位置，提高大型机场驾御危机和抗击风险的能力。

与国外主流机场相比，国内机场危机管理尚处于“初级阶段”。第一，普遍将安全管理取代危机管理。由于民航安全的特殊性，安全危机在机场可能面临的危机中占据相当大的比例，特别是在恐怖主义威胁较严重的情况下，机场当局往往会把确保空防安全及航空地面安全作为重中之重，从而忽略了其他方面原因引发的危机，自觉不自觉地将安全管理取代危机管理。第二，没有建立形成系统的全面危机管理体系。与空防安全和航空地面安全相比，机场对其他方面引发的危机仅仅是进行一般性、随机性的关注，危机意识不强，危机处理机制不健全，危机处置预案不匹配，危机管理存在着诸多方面薄弱环节。

危机管理被称为“刀尖上的舞蹈”，世界各主流枢纽机场均十分重视危机管理，如日本的成田等机场就专门设立了危机管理官。随着国内机场快速发展以及机场所面临的外部环境日益复杂化，包括安全危机在内的全面危机管理必须摆上重要议事日程。

第一，强化危机意识，任何时候都要做到居安思危。危机意识是危机管理的基础，是危机预警的基点，危机意识的强弱直接关系到机场危机管理的效果。加强危机管理，不仅要注重强化企业管理者的危机意识，还要对广大员工进行经常性的危机意识教育，增强全员忧患意识。与此同时要把危机管理纳入常态化轨道，建立形成激励与约束相结合的考核机制，用制度来引导各级管理者及员工重视并积极应对危机管理。

第二，建立完善危机处置预案。引发机场危机的源头有很多，除了安全方面外，还有公共卫生、环境气候、服务质量等诸多方面。这就要求机场危机管理需要根据各种可能出现的情况，制订全面有针对性的危机处置预案，并根据事物发展变化的特点不断优化完善预案，形成科学有效的危机处置预案体系。要加强危机管理培训及危机处置预案的反复的演练，不断提高危机管理能力。

第三，建立应对危机的信息管理机制，确保信息发布的畅通。实践证明，信息发布的及时性、准确性是从源头上化解危机的基础。在危机管理中，内部信息流程的顺畅十分重要，而媒体积极介入也是应对危机的关键。

四、关于机场联动发展问题

大型机场要实现枢纽化运营，仅靠机场一家努力是远不够的，必须加强与航空公司及驻场单位的战略合作，形成整体联动发展格局。

目前，国内各大机场已经意识到加强与航空公司及驻场单位战略合作的重要性，并纷纷签署了枢纽建设发展合作协议，在多个方面尝试开展了初步的合作，但总体效果还有待改进，联动发展的空间还很大。

第一，联动发展各方定位不清。欧美枢纽机场的发展，主要是在天空开放改革后，航空公司出于竞争的需要逐步形成了中枢辐射式航线网络，并推动了机场枢纽化运营，在这过程中机场、航空公司及驻场单位形成了真正的战略合作伙伴关系。反观国内机场枢纽建设，无论是内涵还是外延上都存在局限性，航空公司及驻场单位在枢纽建设发展中定位不清，尚未完全形成共同建设发展枢纽的动力机制和工作机制。

第二，缺乏有效的外力推动。在目前传统运营市场仍有较大获利空间的情况下，国内航空公司对发展枢纽航线的内在需求并不十分强烈；而机场枢纽化运营对空管局、海关等驻场单位将意味着从工作机制到保障能力的改变，在缺乏外力有效推动下难以形成自发改变的积极性。

第三，尚未形成有效的沟通协调机制。由于机场、航空公司和空管局等有关单位都是“分家”而独立开来的，在沟通和协调机制建设方面相对滞后，不利于推动枢纽机场联动发展。

因此，在推动大型机场枢纽化运营的过程中，能否建立起高效顺畅的联动发展机制，在很大程度上决定着枢纽机场建设的成败。

第一，机场管理机构要积极主动，建立健全联动发展机制。在枢纽机场联动发展问题上，机场管理机构应更多体现主动性。要积极争取并推动建立机场地区常态化运营管理统一、协调机制，定期不定期牵头召开各方联席会议，加强沟通协调频率，及时解决机场地区运营管理和枢纽建设发展中存在问题，形成整体联动、互相支持、密切配合的氛围，提升整个机场地区运营效率和安全服务保障水平。

第二，从联动发展的高度牵头研究制订枢纽发展战略规划，明确各自定位，形成有效的枢纽建设合力。要争取政府的最大化支持，从中枢建设发展大局上尽快建立机场枢纽化运营战略机制，对与枢纽密切相关的因素进行全面、综合的考虑，准确定位各单位在枢纽机场建设中的职责，并实施配套的约束机制，坚持不懈推进联检单位工作模式改革创新，协助航空公司积极投入中枢运营，真正建立机场与航空公司、驻场单位战略合作关系。

第三，实现运营标准对接，全面提升战略合作。国际航空联盟很多运营流程、规则都将是民航运输发展的趋势，航空联盟在选择成员航空公司的同时实际上也是在选择机场。这就需要机场及时对软硬件设施进行调整和配置。当前国内各大航空公司纷纷加入国际航空联盟，这在客观上要求各大机场必须与航空公司站在一起，实现与航空公司特别是航空联盟运营标准的对接，尽量满足航空联盟的运输条件，以全面提升枢纽机场建设战略合作。

五、关于机场运营资源配置问题

实现枢纽化运营战略目标，必须改变传统运营模式下资源配置方式，以枢纽运营为核心，根据枢纽运营的规律来优化资源配置。

枢纽机场运营和传统机场运营有着本质的不同。随着国内大型机场枢纽化运营的开展，机场航班高峰、低谷的集群模式将越发成型，从而形成若干个航班波。在传统的资源运营模式下，必然会导致航班高峰时资源不足、而航班低谷时资源闲置的现象。要适应枢纽化运营的要求，研究掌握大型机场枢纽运营的规律和特点，并严格根据枢纽机场业务发展规律和特点，按照航班保障的高峰和低谷不同时段配置人力及其他运营资源，以实现资源效用最大化，满足枢纽化运营的需求。

机场枢纽运营意味着人员及设备配备将实行最高保障标准，但大型机场不应也不能一味地增加人力和设备，而应通过现有运营资源时间和空间上的合理调配，提升机场运营资源的利用效率，确保大型枢纽机场高峰时段保障到位。第一，成立专门的资源管理机构，实现对机场资源进行统一的调配和管理，并制定资源管理的相关运营标准和配套机制，从源头上确保资源的优化配置。第二，不断深化和挖掘机场运营资源价值，提升现有资源的使用效率，实现资源品牌增值。第三，加快系统设备升级扩容，提升专业化管理水平，确保系统设备的稳定运行，增强高峰时段生产保障能力。

张克俭：广州白云国际机场股份有限公司

“超售”问题中的法律关系分析和解决之道*

张子川

越来越关注自身权利的航空旅客对超售问题的微词由来已久，相关投诉、诉讼频见报端。要厘清超售问题中的是是非非，就要认真研究“超售”问题中的法律关系，研究航空运输的一般规律，得出正确的认识和解决的办法，才能实现民航的和谐。

一、“超售”是否为航空公司恶意欺诈

我国《民法通则》第四条规定“民事活动应当遵循自愿、公平、等价有偿、诚实信用的原则”；我国《合同法》第一百零七条规定“当事人一方不履行合同义务或者履行合同义务不符合约定的，应当承担继续履行、采取补救措施或者赔偿损失等违约责任”。

有消费者依据上述法条提出：航空公司在明知实际销售座位数大于航班实际可销售座位数的情况下仍然对外销售，是一种明显的欺诈行为，违背了诚实信用的原则，旅客作为受害方有权请求人民法院撤销原有的运输合同，并要求不履行合同义务的航空公司承担赔偿损失等违约责任。

这里我们要首先明确一个概念，那就是超售究竟是一种行为还是一种状态。

有人认为只要航空公司发生了销售超过实际可销售座位数的行为就是超售，另一种观点认为只有当航班起飞前出现了实际乘机旅客数大于航班座位数导致部分旅客无法成行的状态才是超售。

笔者持后一种看法，因为尽管出现了在实际销售中的座位数量大于航班可销售座位数的情况，但由于“no show”旅客的存在，可以不发生有旅客不能登机的结果。在这种情况下尽管有了超售的行为却没有出现超售的结果，没有人因此而损失，航班所有旅客的运输合同都得到了正常履行。

“超售”不同于房屋销售中的一房二卖，因为在房屋的一房二卖中必然出现利益受损方，销售方的不当得利和主观上的欺诈故意是无可逃避的。

而航空运输允许旅客较为自由地签转航班，航空公司所销售的产品严格地说并不仅是当次航班的座位，而是一段时间内多个同目的地航班可提供的座位数总和。即使在某个航班上出现了超售行为，但相对于一段时间内的多个航班座位数总和而言，仍然在可销售状态内。从这个意义上说，航空公司在实施超售行为时不应当被认定存在故意欺诈的主观过错。

有舆论仅仅将超售的益处定格在航空公司获取的额外利润上，这是不全面的。航空公司获取了额外的利润，弥补了“no show”旅客带来的损失，是不争的事实。但运力充分利用所带来的社会效益同样是显而易见的。

首先，那些急于出行的旅客获得了由于“no show”旅客缺席而产生的乘机机会，这不同于候补票旅客。候补票旅客是在没有定妥座位的情况下前往机场乘机的，这种不确定性所带来的忐忑不安是任何一位习惯按计划出行的旅客所不愿接受的。正是由于航空公司的精确计算，为那些习惯于定妥机位出行的旅客提供了运力紧张情况下的额外出行机会。

其次，允许超售将为全体旅客带来益处。和火车、汽车等其他交通出行方式相比，航空运输的签转自由无疑是最大的，这种权利的获得不能说和超售产生的收益无关。如果严格禁绝超售行为，由于航空产品的不可储存性，航空公司为了减少“no show”旅客造成的损失，必然会严格限制全体旅客的签转权利，相信这种权利的减少不是广大旅客所乐见的。

综上所述，需要通过法律规范来解决的超售问题是当航班起飞前出现了实际乘机旅客数大于航班座位数导致部分旅客无法成行的一种状态，而航空公司在销售系统中的超售行为不仅是一种自益行为，同时也具有公益性质，不应当被视作故意欺诈。

二、“超售”在目前国内法律体系中的存在空间

面对旅客的责难和媒体的质疑，国内航空公司只能用“国际惯例”来解释超售的合理性。但我国《民法通则》规定适用国际惯例只能是在处理涉外民事法律关系中，处理国内航空公司和国内旅客因超售而产生的纠纷只能适用中国法律。遗憾的是《民法通则》、《合同法》、《民航法》都未具体涉及超售问题，超售现象在我国现行法律体系中的合法性只能从法理上进行推导。

法律不能包纳社会万象，更不可能对新生事物提前划出规矩，法律没有具体规定的事情也并不意味着就是被禁止的事情，民法思想的精髓就是在不损害第三方合法利益的情况下尊重当事人双方的意思自治。

航空公司和旅客的关系是基于客票、航空公司运输条件等法律文件之上的运输合同关系，《合同法》第五十二条列举了五种合同无效的情形：(1)一方以欺诈、胁迫的手段订立合同，损害国家利益；(2)恶意串通，损害国家、集体或者第三人利益；(3)以合法形式掩盖非法目的；(4)损害社会公共利益；(5)违反法律、行政法规的强制性规定，看了前文对超售问题实质的分析，就应该公允的承认，将超售问题的处置条款写入运输合同并不构成无效合同。

我国《合同法》规定，客运合同成立后，承运人应当在约定期间或者合理期间内将旅客、货物安全运输到约定地点。如果由于航班超售的原因，导致持有机票的旅客不能搭乘合同约定的时

*本文转载自《中国民用航空》2008年第12期

间和班次的航班,是对合同义务的违反,即违反了合同规定的履行时间。由于没有承运人会拒绝继续履行合同,因此超售问题实质是运输合同的延迟履行问题,只要将超售问题的处置解决办法即合同延迟履行时的处置条款写入运输合同中,超售问题就能够在现有法律体系内找到合理的存在空间。

航空运输合同属于典型的格式合同,作为格式合同的提供方,航空公司应当十分谨慎地拟定有关超售问题的处置条款,避免出现导致《合同法》规定的无效合同或无效免责条款的出现。

根据统计,在每1000名旅客中有1名旅客因超售而不能登上飞机。和超售获得的利益相比,向被拒载旅客赔付的概率和成本是微不足道的,因此航空公司应该大度地向被拒载旅客提供慷慨的补偿,这样的合同条款不仅会被旅客及社会舆论所认同,即使发生诉讼也会得到主审法官的支持。

目前,大多数国内航空公司都还在观望,等待民航总局在客规修改过程中加入有关超售的条款,但这种等待是无意义的。

因为根据我国法律体系的位阶关系,民航总局制定的客规属于部门规章,在法院适用时仅具有参考的价值,如果《合同法》、《民航法》等上位法中没有对超售问题作出相关规定,《客规》作为规章能否有权规定合同双方的权责利关系还很值得怀疑。

相反,航空公司在运输条件中加入有关超售处置的条款,只要合理,并经过公示,就可以被认定为是合同双方合意的结果,作为“依法成立的合同,对当事人具有法律约束力。当事人应当按照约定履行自己的义务,不得擅自变更或者解除合同。依法成立的合同,受法律保护”(《合同法》第八条)。综上所述,在法律法规没有对超售问题做出明确规定之前,航空公司只要在运输条件中拟订了合理的超售处置条款,并且通过有效途径进行公示,就可以合理利用超售来提高经济效益,同时为社会公众提供更多出行机会。

三、航空公司所应当承担的法律责任

超售问题实际是个概率问题,如果超售座位数小于等于“no show”旅客数,那么就好像什么也没有发生一样,航空公司和旅客皆大欢喜。但哪怕是再小的概率也会有实际发生的可能,一旦发生,对被拒载旅客而言,航空公司延迟履行合同的违约责任是无可回避的。

《合同法》第一百零七条规定“当事人一方不履行合同义务或者履行合同义务不符合约定的,应当承担继续履行、采取补救措施或者赔偿损失等违约责任”。《合同法》第十七章“运输合同”第二百九十九条规定“承运人应当按照客票载明的时间和班次运输旅客。承运人迟延运输的,应当根据旅客的要求安排改乘其他班次或者退票”。

从这些法律条文中可以看出,航空公司延迟履行合同的违约责任就是继续履行合同或者解除合同,全额退还旅客票款。

但因超售问题导致的延迟履行合同不同于因天气原因、空中管制原因、机务、商务等原因导致的合同延迟履行,其中最大的区别就是航空公司从超售导致的合同延迟履行中获得了利益。

法律不会允许合同一方通过违反合同义务的方式获取利益,除非在不损害第三方合法利益的情况下取得了合同对方的谅解。显然仅仅继续履行合同,即安排后续航班或者解除合同,同意全额退还旅客票款是无法获得合同对方—旅客谅解的,航空公司必须支付额外的对价。

法律对航空公司违约责任的规定只是最低限度的违约责任,并不妨碍航空公司主动自愿地向旅客提供高于法律规定的补偿标准。而超售这一国际通行做法能否在国内获得大众的理解和支持的关键也在于航空公司所支付的对价。

四、拟定合理的超售处置条款

1.在运输条件中加入有关超售的处置条款

在有法律规范的情况下,依照法律规范;没有法律规范的情况下,依照国家有关政策;没有政策指引的情况下,依据合同双方合意,只要不违背国家法律的强制规定和不损害第三方的合法利益,这是《合同法》的一般原则。

超售问题在没有法律规范和政策指引的情况下只有通过合同双方合意来取得合法的存在空间。

《民航法》第一百一十一条规定“客票是运输合同条件的初步证据”,即客票仅是航空旅客运输合同的一个组成部分,客票上载明的主要内容是合同的标的(即运输目的地)、合同履行的时间(即航班日期、时刻)、合同所应支付的对价(即票款),而一份完整合同中十分重要的双方权利义务关系、违约处置等内容则保留在航空公司的运输条件里。由于航空公司的运输条件是一份庞大的文件,不可能附在每一张机票背后,所以通过《旅客须知》的方式将旅客最关切的权利义务内容摘要出来。

国内航空公司过去制定的运输条件,限于当时的客观情况,都没有涉及超售的处置办法。虽然在超售引发的争议越来多的情况下,部分公司通过公告等方式出台了临时的超售处置办法,但这并不是严格意义上的合同条款,不具有对合同对方的约束力。因此各公司应当在本公司的运输条件中加入有关超售问题的处置条款,使其成为航空旅客运输合同的内容之一,为依照合同解决航空公司和旅客对超售问题的争议奠定法律基础。

2.在制订格式条款时防止出现导致合同无效的条款或者无效免责条款

航空旅客运输合同是典型的格式合同,其制订和修改必须严格遵循国家法律的有关规定。格式合同、格式条款能够显著降低重复交易的复杂程度、减少交易成本,提高交易效率。但少数商家利用格式合同强化自身权利,加重消费者义务的倾向则是法律所力图防止的。

《合同法》第四十条规定“格式条款具有本法第五十二条和第五十三条规定情形的,或者提供格式条款一方免除其责任、加重对方责任、排除对方主要权利的,该条款无效”;第四十一条规定“对格式条款的理解发生争议的,应当按照通常理解予以解释。对格式条款有两种以上解释的,应当作出不利于提供格式条款一方的解释。格式条款和非格式条款不一致的,应当采用非格式条款”。

《消费者权益保护法》第二十四条规定“经营者不得以格式合同、通知、声明、店堂告示等方式作出对消费者不公平、不合理的规定,或者减轻、免除其损害消费者合法权益应当承担的民事责任。格式合同、通知、声明、店堂告示等含有前款所列内容的，其内容无效”。

因此要拟制合理的关于超售的格式条款，就必须明确发生超售后航空公司所应当承担的责任，应该通过加重而不是减轻这种责任来取得消费者的谅解，对旅客因为超售而产生的不便和损失，要真诚地表示歉意，及时地解决并给出慷慨的经济补偿方案。千万不要试图减轻航空公司所应当承担的责任和漠视消费者因超售而带来的困难，任何自作聪明，试图即从超售中获得利益，又不承担超售所带来的责任做法都是在轻忽消费者的权利意识和低估法官的公正与智慧。

3.充分尊重和保护旅客的知情权

作为一种尚不为国内旅客所熟知和理解的新规则，在制订超售处置条款时要充分尊重和保护旅客作为消费者的知情权，这是超售能否在国内得到认可的关键之一。

根据《消费者权益保护法》第八条的规定，消费者享有知悉其购买、使用的商品或者接受的服务的真实情况的权利。

在超售问题上保障消费者知情权，要做到两部分的内容。

首先，格式合同中关于超售的处置条款应通过各种方式让旅客广泛知晓。可以通过报纸、电台、网络等新闻传媒宣传公司新制定的超售处置条款；将本公司的航空旅客运输合同条件置于公司网站首页的显著位置，特别将超售的处置条款用黑体字等方式提醒浏览者注意；要在公司的直销营业网点和代理点放置关于超售条款的宣传小册子；对于纸质客票，要在《旅客须知》中加入超售处置条款的规定，最好用黑体字引起旅客注意；对于电子客票，在销售流程中应加入确认旅客已经阅读了有关超售处置条款的程序。通过以上这些方式让超售处置条款尽快为广大旅客所熟悉。

其次，要在值机现场让旅客知晓航班超售的情况和旅客应享有的权利。值机现场应当明确告知本次航班所需放弃乘机机会自愿者的数量、自愿者所享受的权利以及因为实在招募不到自愿者而被拒载旅客的权利。通过这些做法，可以有效地保障旅客得知情权，从而争取到国内广大旅客对航空公司超售做法的理解。

4.航空公司对自愿放弃乘机机会旅客的义务

通过奖励招募到足够数量自愿放弃乘机机会的自愿者是成功处置超售问题的关键。

航空公司应当实事求是地告知自愿者后续航班的客座率情况，让旅客在信息充分的情况下自主判断是否充当自愿者。

奖励的方式可以是机票兑换券、可以是里程积累、可以是升舱，也可以是现金，但航空公司不能以奖励为由免除所承担的为自愿者安排后续航班的义务，除非是自愿者自动终止旅行，这时航空公司应当全额退还票款。

航空公司应当在现场准备好书面文件供自愿者签署，文件中应列明双方的权利义务关系和奖励的方式、价值以及兑现的途径，既可以避免双方将来发生不愉快的争执，也可以作为航空公司奖励发放的凭证。

必须再次明确自愿者是自愿放弃当次航班的出行机会，航空公司并不存在违约行为，航空公司支付奖励的行为应视作促使旅客放弃乘机机会的新要约，自愿者一经承诺，双方签署的书面文件构成了原机票之外的新合同，航空公司还应当继续履行原合同的义务就是安排自愿者乘坐后续航班。

5.航空公司对因超售被拒载旅客的义务

航空公司对于因超售被拒载的旅客是无可争议的违约，必须承担起运输合同所规定的违约责任。航空公司应当将所承担的违约责任明白无误地写在运输合同条件中，而不是临时在值机现场和被拒载旅客议价。

如前文所述，航空公司因超售拒载旅客的行为属于延迟合同履行，除了担负继续履行合同的义务外还要承担赔偿旅客损失的违约责任。

《民法通则》第一百一十二条第一款规定“当事人一方违反合同的赔偿责任，应当相当于另一方因此所受到的损失”，民法学界和我国司法实践中理解的“因此所受到的损失”，包括财产的直接减少和可得利益，财产的直接减少，是指因违约造成现有财产的减损灭失和费用的支出，它是一种现实的财产损失；而可得利益的损失是指合同在适当履行以后可以实现和取得的财产利益。可得利益的损失必须是因违约造成的损失，和违约行为之间应具有直接的因果关系。

通过上述分析，我们知道航空公司对因超售被拒载旅客所承担的违约责任包括三个方面：

首先是赔偿，借鉴国外的经验，赔偿的金额可以根据航程来计算，一般最高不高于航线的全票价。赔偿的标准应当在航空旅客运输合同中列明。赔付支付的方式可以有不同的选择，比如增加里程积累、赠送机票兑换券或者是直接的现金给付。

目前国内大多数航空公司都喜欢使用增加里程积累、赠送机票兑换券的方式，而对现金给付较为吝惜。这种做法是不妥的，也容易诱发旅客的不满，因为国内加入常旅客计划的旅客数还是有限的，一年中多次乘坐飞机的旅客也是少数，大多数旅客还是青睐现金给付，应当尊重旅客的选择权。

如果旅客认为航空公司的赔偿不足以弥补自己的损失，比如由于航班延误所导致的预付宾馆定金损失，则应当由旅客举证，如果航空公司认可了旅客的说法，足额支付了赔偿，这是合同双方的合意行为，并不需要外界干涉。如果航空公司不认可旅客的说法，并不影响旅客先领取这一部分的赔偿，事后向法院起诉，如果旅客的说法得到法院支持，那么这一部分赔偿将从最终判决的赔偿数额中扣减；如果法院不支持旅客的说法，那么航空公司就算完成了赔付义务。

有不少公司要求旅客在领取了赔付时签署“非自愿弃乘赔偿及免责书”，要求旅客放弃投诉、诉讼等权利，这既不合法也不明智。首先这样的免责协议完全没有法律效力，其次在旅客情绪激动的情况下容易激化矛盾。

航空公司可以要求旅客签收有关经济赔偿的文件，但仅能作为证明航空公司向旅客支付了赔偿的证明，并不能因此而剥夺旅客投诉、诉讼等民事权利。只要航空公司关于超售处置的条款经过了公告，并且合理地赔偿了拒载旅客的损失，不必担心在法庭上得不到法官的支持。

旅客也不应当通过吵闹甚至冲击航空公司柜台等极端方式来维护自身权利，因为这违背了《民法通则》中关于利益受损方不得故意扩大损失的规定，而是应平静地接受航空公司支付的赔偿,如果觉得不能弥补自身损失,事后再向有关部门投诉或向法院起诉,航空公司支付赔偿的书面文件也是证据之一。

其次,航空公司应当承担继续履约的责任,就是尽快安排后续航班将被拒载旅客送抵目的地。履行了赔偿责任并不意味着航空公司继续履约责任的免除,除非旅客自愿终止旅行,那么航空公司应当全额退还票款。

第三,航空公司应当承担旅客在延误期间的交通、食宿和通讯费用,这既表达了航空公司对旅客因超售而被拒载的真诚歉意,又能缓解旅客的对立情绪,体现了航空公司的人文关怀。

五、行业监管部门在超售问题上的作为

虽然笔者对民航主管部门在规章中规定超售处置原则是否符合立法权限持保留态度,但这并不妨碍民航主管部门从保护消费者利益的角度出发,出台对超售处置的指导性意见。指导性意见应明确超售处置的一般原则,而对航空公司与被拒载旅客间的对价支付方式和标准则应留给运输合同的双方去议价。这种一般原则应当包括:

1.在某些航线上限制超售行为

考虑到国内部分航线的航班密度较低,一旦旅客因超售被拒载而需安排后续航班时,将会面临较长的时间间隔,很可能超出旅客所能承受的范围。因此对那些航班密度低于一定标准的航线应限制乃至禁止航空公司的超售行为。

2.在某些特殊节日限制超售行为

在旅游黄金周、传统节日里国内旅客出行的密度会急剧上升,导致短期的供需失衡,在这些特殊的日子里,即使航空公司出再高的对价,也很难吸引到自愿放弃乘机机会的自愿者,被拒载旅客也很难在较短的时间内被安排上后续航班。此时的超售行为应被视为非理性的,它容易导致承运人和旅客间的矛盾产生和激化。所以民航主管部门应根据国内航空运输的一般统计规律规定在某些特殊的节日里应限制超售。

3.严惩因超售引发的航班延误或者乘机秩序混乱事件

国内航空公司有一种不好的倾向,就是在获得超售利益的同时,对处置超售后果必须发生的成本非常吝惜,由此导致乘机现场与旅客矛盾激化从而引发航班延误。民航主管部门应制定规则明确规定在一定期限内,如果航空公司因超售导致航班延误或乘机秩序混乱的次数达到一定标准,应当实施惩罚性措施,通过这种外在压力,促使航空公司优化超售对价方案,最大限度保护消费者权益。

4.规范地面代理公司和承运人在超售处置问题上的权利义务关系

国内大部分的航班地面代理工作由代理承运人或者机场的地面代理服务公司完成,应当要求承运人和地面代理单位之间在地面代理协议之外,像签署专门的航班延误处置协议那样签署航班超售处置协议,明确对地面代理单位的授权,改变目前航班超售时,承运人躲躲闪闪,地面服务代理单位等待观望,旅客无人负责的局面。有关航班超售处置协议,承运人应报民航监管部门备案。

5.加强对外国航空公司的监管与国内航空公司一视同仁

外国航空公司在超售处置问题上的很多做法值得国内航空公司学习和借鉴,但这不意味着外国航空公司可以在超售问题上超脱于监管之外。由于文化理解的差异、语言沟通上的障碍,国内旅客乘坐外航时和外航发生的冲突并不鲜见。民航主管部门应当要求外国航空公司在开辟飞中国航线时应将其运输合同条件报中国政府备案,要求外国航空公司接受诉讼管辖应尊重旅客选择的原则,方便国内旅客在发生争议时,可以低成本地在国内法院解决。

以上谈了对超售问题的一些看法,我们应当肯定超售的积极社会意义,但也不能忽视超售带来的不和谐因素。一棒子打死和放任不管都不是理性的态度,应当仔细研究超售背后的法律关系实质和航空运输的一般规律,努力把超售带来的消极因素减少到最低,化解旅客和社会舆论对超售的误解与不满,从而使超售这一舶来品在国内找到自己的生存土壤,既为航空公司增加效益,又提高航空运输系统的整体效率,为旅客带来更多的实惠。

张子川:民航华东地区管理局

我国航班时刻管理机制及其改革方案研究*

金永利　刘光才　庄文武

摘　要：航班时刻作为一种稀有资源，其管理与协调正在被越来越多的国家所重视。本文分析了我国航班时刻管理的现状，借鉴了欧美国家的经验，指明了现阶段我国航班时刻管理改革的路径，并对航班时刻的协调机场确定标准、管理机关的设置、监督管理提出了建议和设想，最后对航班时刻管理的未来发展进行了展望。

关键词：航班时刻；航班时刻管理；改革方案；协调机场

航班时刻(SLOT)作为一种稀有资源，其管理与协调正在被越来越多的国家所重视。根据国际航协(IATA)的规则，对于历史上占有时刻的所有权是予以承认的，即所谓"祖父权利原则"，而且时刻的分配是遵循"先到先得"的原则。从世界各国航班时刻分配与管理的实践看，目前世界上有两种航班时刻管理模式：一是以IATA航班时刻分配程序指南为基础，主要在欧盟、中国等实行的行政分配机制。尽管欧盟近年来在讨论航班时刻二次交易的可能性，但是无论在93/95规章还是793/2004规章中航班时刻仍以行政配给为主。二是以美国、韩国等为代表的混合管理机制。1985年FAA在行政分配时刻的基础上，允许对航班时刻进行二级市场上的出租、出售以及向金融机构抵押等交易活动，形成了市场配置与行政分配相结合的管理机制。

随着我国航空业的快速发展，越来越多的机场存在着拥挤状况，拥挤机场时刻资源的管理成为了大家关注的焦点。本文借鉴欧美国家的经验，结合中国国情，指明了航班时刻分配管理改革的路径，并对航班时刻从协调机场确定标准、管理机关的设置、监督管理以及未来发展目标——市场化等四个方面提出了建议和设想。

一、我国航班时刻管理现状

目前，协调我国机场航班时刻分配的主体是空中交通管理局，地区管理局在时刻分配过程中承担领导、管理的职责。从实践来看，空中交通管理局对航班时刻的管理采取的是"祖父权利"和"有效使用"原则。

我国航班时刻的协调和申请，分夏秋和冬春两季，夏秋航季从3月份最后一个星期日到10月份的最后一个星期六，冬春航季从10月份最后一个星期日到次年3月份最后一个星期六。对于各航空公司的时刻申请，空管局一般是根据它们在各机场历史时刻的比例进行分配。各航空公司如果冬春和夏秋两季都申请同一时刻并获得批准，则今后可以变成固定航班，继续使用。但是，如果有一个航季不使用或使用率没有达到80%，空管局将会收回航班时刻重新分配；航空公司申请航班时刻获得批准后，如果在计划执行日之后一个月没有执行航班，所获得的时刻自动取消，如要执行航班，必须重新申请。

由于航班时刻分配和管理的复杂性和系统性，我国在实施航班时刻管理过程中存在着不少问题，需要对其进行改革，以建立起一套符合我国国情、切实可行的航班时刻管理办法。

二、我国航班时刻管理机制改革的路径选择

研究表明，无论美国还是欧盟，都对一级市场交易持谨慎态度。美国甚至在2000年尝试过放开航班时刻的政府管制，结果很快出现大面积的延误与堵塞，包括航空公司在内对全面市场化提案都表现很冷淡。所以，在2005年、2006年，美国在奥黑尔机场、拉瓜迪亚机场分别重新实施政府管制，搁置了全面市场化提案。这是因为如果贸然实施提案，将会导致一系列问题：首先，大面积的历史时刻难以处置，有可能会出现混乱；其次，没有稳定的起降时刻，不利于航空公司的长期规划和枢纽建设；再次，高峰时刻收费和拍卖，可能导致市场垄断，并最终损害消费者福利；最后，出现航班时刻的权利归属等法律、经济方面的纠纷等种种问题。美国在1985年实施了航班时刻的二次交易，有效地弥补了行政配置的不足，但美国近20年的航班时刻二次交易也出现了与政策预期不一致的现象，需要约束和管理。因此，从欧盟对时刻二次交易的限制、美国对全面市场化的搁置来看，即使市场经济成熟的国家仍对时刻市场化持保留态度。

我国此前对于航班时刻一直采用的是政府主导的行政配给方式。从理论上讲，行政分配机制具有效率低下的天然缺点，对于航班时刻这种资源，理想的模式是通过市场方法配置，这将会促进航空运输市场的竞争，提高对时刻稀缺资源的利用效率。在我国时刻管理实践中，有一部分人据此提出时刻分配的市场化、高峰时段拍卖等观点。而实际上欧美的经验表明，我国还不适宜推行市场化。

航班时刻的市场化需要三个基础性条件：一是存在多元化的市场主体；二是存在竞争性的市场环境；三是有一个可交易的市场平台。而我国的民航产业刚刚进入成长期，市场机制尚未成熟，航空公司产权、市场准入制度、价格、体制等改革还未真正到位，具体表现在：(1)在我国，航空公司还不是一个真正独立的市场竞争主体，行为的"非理性"决定它还不能真正按照市场规律办事，如果实行市场化不可避免会出现航班时刻价格的"扭曲"

*本文转载自《中国民用航空》2008年第10期
基金项目：国家软科学：2006GXQ3B202(阶段性成果之一)

现象；(2)我国航空运输市场并不是一个可竞争市场，三大航空集团各踞一方，新进入航空公司普遍规模较小，缺乏竞争实力，很难甚至根本不能够进军三大枢纽机场并与在位(基地)公司竞争，没有竞争者，航班时刻实行市场定价就毫无意义；(3)我国航空运输市场还不是一个完善的生产要素市场，资金、劳动力等市场要素尚不能充分、自由地流动；(4)航空运输市场运行的法律、规则系统尚未健全。

所以，现阶段我国实行航班时刻的市场化条件还不具备，尚不适合立即推行航班时刻的市场化，只有将来民航改革发展到一定程度，航空公司的产权结构多元化、拥有定价自由和竞争日趋激烈时，才能从航班时刻的行政分配过渡到市场化配给，建立新型的政府调控与市场配置相结合的混合机制。目前，我国航班时刻管理的主要任务及改革路径应该是：坚持并完善现行的行政分配机制；对现行时刻管理机制予以改革和完善；加强对航班时刻市场分配的政策研究。并且始终遵守四大原则：坚持航班时刻资源公共性的原则；航班时刻使用经济效益与社会效益最大化原则；公开、公平、公正的原则以及市场化原则。

三、对我国航班时刻管理机制改革的建议

根据航班时刻管理的路径选择和航班时刻分配的基本原则，我们在三个方面提出建议。

1.对我国协调机场确定标准的建议

(1)我国的情况

目前，我国确定了北京、上海、广州等7个协调机场，确定的标准主要是流量，即基本上以流量统计为依据，排前几位就列为协调机场，可见，我国确定航班时刻的机场协调级别的标准偏于简单。

近年来，随着航班拥挤现象呈现从点到面的转变，其他一些机场包括一些中小机场已开始相继提出时刻协调的申请，2006年仅华北局就有天津、石家庄、包头、张家口等多个中小机场申请时刻协调。所以，如何确定协调机场成为一个需要研究的问题。

(2)欧美的情况

从欧盟和美国的情况分析，机场的“繁忙”程度并非构成协调机场的惟一确定标准，还要考虑机场的“拥挤”程度和地理位置、政治、经济重要性等。

美国的4个协调机场(高密度机场)，多年来运输量的排名远远不如并非协调机场的亚特兰大机场，例如2004年亚特兰大机场客运量为8300万人次，奥黑尔机场为7500万人次，分别排名世界第一、二名，而拉瓜迪亚等协调机场甚至没有排入前十名。4个机场之所以被列为协调机场，是因为纽约的几个机场一直是美国空域最拥挤的地区，跑道拓展能力有限。因此，一个机场的容量影响因素很多，有跑道数量、布局，机位、地理位置、空域结构、政治经济环境等等，确定容量的时候应该予以综合考虑。从欧盟国家的协调机场分布也可以看出，拥有协调机场最多的国家，并不是拥有大型机场较多的国家，如希腊的著名大型机场不多，但是旅游人流较多，协调机场就比较多。

(3)借鉴——建立协调机场指标评价体系

在确定协调机场时，应该综合考虑机场的流量、空域、地面保障能力以及机场在政治、经济等方面的重要性等多种要素，形成完整的指标评价体系。其中，主要的指标有：机场的客货运输总量；机场的空域容量；机场的地面设施容量，如跑道能力、机位情况、候机设施等；机场(高峰时段)的延误程度等等。这个指标体系是今后需要进一步研究的重要技术内容。

2.对航班时刻管理机关设置的建议

一个设置合理、运行良好的航班时刻管理机构是顺利进行航班时刻管理的组织保证。

(1)存在的问题

目前，在实际运行过程中，由于两个传统的主管部门——空管部门和管理局的时刻管理工作存在一定的重叠之处，同时两者之间沟通比较少，这造成航班时刻管理工作缺乏系统性；主管部门的职责设置不合理，影响了管理的效果。

(2)解决的途径——强化航班时刻管理委员会的职能

从法国、芬兰等欧盟国家以及澳大利亚、韩国的经验看，航班时刻管理委员会是一个非常重要的组织。各国规定虽然各不相同，但协调人负责具体分配或协调时刻，管理委员会负责解决时刻争议、发布各种信息和时刻监督管理，职能明确，分工合理。委员会在时刻管理工作中发挥了关键性作用。

为此，以航班时刻管理机制课题组研究报告为基础制订、自2007年9月1日开始施行的《航班时刻管理暂行办法》提出应强化委员会方面的内容，起到“动一点而制全身”的作用。主要方面包括：

①补充航班时刻协调委员会的产生程序

航班时刻协调委员会的成员应当由各个单位公开推选代表而产生，并在各个机场的实施细则中明确各个单位代表的人数比例；同时，明确委员会成员的选举权，使得有关各方充分认识到委员会的重要性，改变目前委员会成立时悄无声息，成立后各方均不重视的状况；在委员会成员的组成方面，补充非基地航空公司、新进入航空公司和中小航空公司的代表，以体现时刻分配的公平、公正性。

②规定航班时刻协调委员会的决策与议事机制

授予时刻协调委员会实质性职权，如对容量、分配等提出建议；解决航班时刻争议；发布各种信息和对时刻的监督管理等等。并建立三个机制：一是常规会议机制。空管局是时刻领导小组的办事机构，地区空管局是地区航班时刻协调委员会的办事机构。应当在规章中明确航班时刻协调委员会是一个非日常办事机构，各成员之间的协商机制是会议，每年可定期(每半年一期或者每季度一期)召集会议。二是紧急启动机制。赫尔辛基机场程序规则规定只要一名成员提议就可启动会议，我国机场时刻的供需比较紧张，矛盾比较突出，可考虑3人以上联署才能启动会议。三是投票表决机制。对于存在争议的方案，可采取投票表决。投票表决体现了民主与集中的统一，又可避免行政指派带来的负面影响。投票可采用简单多数方式进行，以提高工作效率。美国早期的时刻协调委员会全票通过模式被取代，说明该种模式在竞争条件下会影响工作效率，甚至陷于僵局，考虑我国国情，不宜照搬。

从《暂行办法》实施一年来的实际情况看，各地区管理局对绝大多数协调机场的时刻协调都采取了召开航班时刻协调委员

会会议的形式，与会各方均对时刻协调会的公开、透明表示赞赏。在民航西南管理局最近召开的航班时刻协调会议上，机场、航空公司、空管局等按照严格的会议程序，展开了热烈、广泛的讨论，各方对新规定下的磋商过程和最终协调结果都表示满意。

3.对航班时刻监督管理的建议

(1)航班时刻监督管理中存在的问题

航班时刻管理工作的监督分为两个层面：一是对航空公司使用、执行情况的监督；二是对时刻管理机构及其工作人员的监督。

航空公司执行时刻过程中存在的问题主要有：航空公司大量虚占时刻、不严格执行八/二规则的问题、篡改时刻等，其中最突出的是篡改时刻现象。几乎每个航空公司都存在相当数量的篡改时刻现象，在首都机场每天篡改时刻的航班总数达到50架以上。大面积篡改航班时刻现象，严重干扰了空中交通秩序，加剧了繁忙机场拥挤状况，增加了飞行安全隐患；同时也损害了航班时刻管理的权威性、严肃性。

时刻管理机构在审批中存在的问题：《暂行办法》实施前，时刻管理机关在审批过程中存在标准不明确、过程不透明、结果不合理，监督不严格等问题，尤其是时刻分布不均衡、高峰时刻航班过于集中等。

从《暂行办法》颁布一年来的效果看，机场和航空公司，尤其是中小航空公司对新办法规定的分配程序的公开、透明表示了极大的欢迎，但对个别地区未能执行《暂行办法》或者“变通”执行的做法表示无可奈何。

(2)航班时刻监督管理方面的建议

一方面要加强各种宣传，促使人们在思想上充分重视时刻管理工作，认识到时刻管理工作的重要性和严肃性；另一方面要完善制度建设，提供组织保证。

首先，进一步落实航班时刻领导小组和航班时刻协调委员会的实质职权，进一步明确航班时刻协调委员会为地区层面的监督机构，领导小组为民航局层面的监管与争议解决机构。授予两级监管机构的调查权、处罚权等。

其次，建立争议问题的投诉机制。可以规定正常的投诉渠道和受理机制。

最后，针对目前存在的虚占、篡改时刻、分配程序不透明、分配结构不合理等各种违法违规现象出台相应的处罚措施。

四、我国航班时刻管理的未来展望——市场化

美国航班时刻二级市场交易的实践和对一级市场交易的探索试验，为我国未来航班时刻市场化提供了丰富的参考。

1.我国航班时刻市场化的主要内容

笔者认为，我国航班时刻的未来市场化应包括两个层次：(1)先建立一个统一的二级市场，航空公司的存量时刻可以在市场上出租、转让、抵押和买卖；(2)然后组建一级市场，由政府主管部门出面组织航班时刻初始分配的拍卖、对高峰时刻和非高峰时刻的评估收费等；对于历史时刻，或者规定有限时效期，到期后重新赋予固定期限寿命予以再次分配，或者逐步拿出，推向市场。当然，政府出于公共利益的需要，比如国际航空运输和边远地区基本航空服务的需求，比如航空公司对时刻的滥用影响市场公平竞争和消费者利益等等，拥有随时行使对时刻收回、撤销、再分配等权力。

2.我国航班时刻市场化的基本步骤

市场化改革需要成熟的市场条件，但不能被动等待市场条件的慢慢成熟。一方面要创造条件，另一方面要主动出击，探索时刻管理的市场化。为此，初步设想了几个步骤：

(1)试点阶段

当现有行政化分配体制已经有了一定时期(如5年)的实践，取得了比较丰富的时刻管理经验，行政分配机制存在的问题也有了比较充分的暴露时，可选择一、两个协调机场进行市场化改革试点。此时，试点内容应该以航空公司的存量时刻可以在市场上出租、转让、抵押和买卖为主。在试点期，可委托或成立专业机构对时刻交易对机场、航空公司、民航市场和消费者的影响作一个客观评估。

(2)深入阶段

当按照民航局部署，我国从民航大国逐步走向民航强国的时候，应该大力推进时刻市场化改革，可以把航空公司的存量时刻交易逐步铺开，并在部分协调机场实验高峰时刻定价拍卖。

(3)全面铺开阶段

按照民航局的规划，到我国市场化改革发展到新的阶段，初步实现民航强国目标的时候，这个阶段时刻市场化改革的时机已经成熟，可以全面开始民航一级市场、二级市场的时刻交易。

展望未来，我国将首先建立一个统一的二级市场，航空公司的存量时刻可在市场上出租、转让、抵押和买卖，然后由政府主管部门出面组建一级市场，建立时刻初始分配拍卖市场，对高峰时刻和非高峰时刻分别评估定价，并进行拍卖等等。

金永利　刘光才：中国民航大学
庄文武：中国民航局政策法规司

我国民用机场存在的问题及对策分析*

都业富　陆筑平　陈燕云

我国的民用航空运输系统是一个统一的整体，需要国家相关监督部门、航空公司、机场、空管以及航空保障部门相互配合共同完成旅客和货物的运输。机场作为其中的一个产业方向起着基础性的作用，全国机场的布局情况决定了国家航线网络的完善程度、影响了航空公司的发展战略、也关系着空管部门人员的配备。本文对我国民用机场业的发展现状作了总结，结合实际情况对我国民用机场当前存在的问题进行了分析，并且结合民航运输发达国家规划建设、管理经验提出相应的对策。

一、我国民用机场业的发展现状

经过几十年的建设和发展，国家几十年来人力、物力、财力的大力投资，到目前为止我国的机场行业已经比建国初期有了明显的进步。主要表现在以下几个方面。

1.机场总量明显增多，密度逐渐加大

我国的机场建设经过几十年的发展，到20世纪90年代已经初具规模，1993年民用航班使用的机场一共是104个，经过十几年的发展建设，截至2007年底，中国内地航班运输颁证机场达152个，通用航空颁证机场50个。十几年的时间，运输航空机场增加了近1/3。截至2007年底，我国运输机场密度达到了每万平方公里1～5个。目前，中国内地52.1%县级行政单元能够在地面交通100km或1.5h车程内享受到航空服务，所服务区域内的人口数量占内地总人口的61.4%，经济活动量占内地经济总量的82%。

2.机场等级不断升级，服务能力逐渐提高

通过表1我们可以看出，我国的机场建设等级3C以上的机场在十几年的时间里增加了1倍以上。到2007年底，我国拥有可供B747起降的大型机场更增至29个。

1993年和2006年机场数量对比　　表1

机场等级＼年份	1993	2006
4E	11	26
4D	22	38
4C	25	57
3C	46	26

随着机场的等级逐渐增强，机场的服务能力也在不断提高。1997～2006年间机场旅客吞吐量年均增长率11.2%，货邮吞吐量年均增长率达11.8%。2007年，我国运输机场为1.85亿旅客提供了服务，处理了360多万吨货物，完成航空运输总量361亿吨公里。

表2整理了近十年来机场的旅客吞吐一量、货邮吞吐量和起降架次情况。

3.民用运输机场体系初步建立，初步形成了以地域集中为特点的区域机场群

1995～2006年我国机场业务量统计情况　　表2

年份	旅客吞吐量（万人）	旅客吞吐量年增长率（%）	货邮吞吐量（吨）	货邮吞吐量年增长率（%）	起降架次（次）	起降架次年增长率（%）
1995	9997.91	27.22	1965955	31.09		
1996	10902.32	9.05	2288502	16.41		
1997	11102.41	1.84	2571312	12.36	1403395	
1998	11371.06	2.42	2883601	12.15	1565261	11.53
1999	12001.65	5.55	3467351	20.24	1652705	5.59
2000	13370.15	11.4	4001776	15.41	1757117	6.32
2001	14873.68	11.25	3392759	-15.22	1940722	10.45
2002	17137.35	15.22	4018341	18.44	2117009	9.08
2003	17433	1.73	4520000	12.48	2119000	0.09
2004	24193.5	38.78	5526000	22.26	2474000	16.75
2005	28435.1	17.53	6330842	14.56	3056521	23.55
2006	33197.3	16.75	7531935	18.97	3486397	14.06

* 本文转载自《中国民用航空》2008年第11期

经过几十年的发展，初步形成了以北京、上海、广州等枢纽机场为中心，以成都、昆明、重庆、西安、乌鲁木齐、深圳、杭州、武汉、沈阳、大连等省会或重点城市机场为骨干以及其他城市支线机场相配合的基本格局，我国民用运输机场体系已初步建立。另外，随着区域经济的飞速发展，我国初步形成了以北京为主的北方华北、东北机场群、以上海为主的华东机场群、以广州为主的中南机场群三大区域机场群体，而以成都、重庆和昆明为主的西南机场群和以西安、乌鲁木齐为主的西北机场群两大区域机场群体雏形正在形成，机场集群效应得以逐步体现。

4.机场属地化改革后国内机场管理能力不断增强，枢纽机场服务能力提高很快

2003年民航机场属地化改革以来，我国民航机场企业通过属地化改革和资产重组优化等工作，提高了机场的运营管理水平和机场企业核心竞争力；目前我国机场管理的特点是结合机场的具体情况，采取不同的管理模式。当前的机场管理模式符合我国机场当前的实际情况，经过5年的努力，我国枢纽机场的服务能力提高很快。表3列出了我国年排名前十的机场的业务能力增长情况。

5.民航局出台了相关政策，保证促进中小机场的发展

2005年为了改善机场属地化之后支线机场和支线航空的发展困境，民航总局以行政和财政手段弥补民航市场化之后可能出现的"市场失灵"，先后出台了《关于促进支线航空运输发展的若干意见》(2005年12月)、《民航总局关于进一步促进小型机场发展的若干意见》(2007年3月)、《民航中小机场补贴管理暂行办法》(2007年7月)。这些扶持支线航空的政策措施将大力推动我国中小机场的建设和发展。

二、我国民用机场存在问题分析

改革开放后30年，伴随着经济的发展，我国的机场建设取得了很大的成绩。特别是经历了20世纪80年代末90年代初的民航脱离军队建制及其后的民航地区管理局以及机场、航空公司机构分设等民航体制改革后，我国民用机场的体制和功能发生了重大改变，布局更加完善，建设标准更加满足市场需求，管理也更加先进。但是在进步的同时我国机场发展建设过程中还存在很多的问题。

1.机场的总量相对于发达国家来说比较少，不利于构建完善的航线网络

经过几十年的发展建设，虽然我国的机场总量有了很大的增长，基本上覆盖了全国的比较发达的大中城市，但跟民航业发达的西方国家相比，还有很大的差距，美国的国土面积同我国相差不大，但是其民用机场数量却要远远地超过我国。2005年美国有商业服务机场(即每一个日历年度旅客登机量在2500人次以上的接受定期航班的公共机场)514个，向公众开放的机场(含商业服务机场)5280个，此外美国还有不公开开放的机场14296个，以上共有19576个机场。同为发展中国家的巴西，国土面积比我国少100多万平方公里，而目前有运输机场131个，加上通用机场，有2500多个机场。图1是我国同美国以及巴西3个国家机场数量的对比图，显示了我国机场数量同民航运输发达国家之间的差距。

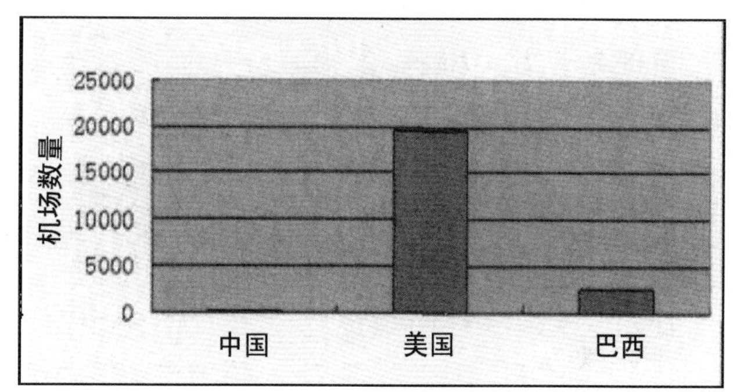

图1　我国同美国以及巴西机场数量对比图

对于一个国家来说，机场数量充足，遍布全国各个城市，有助于航空公司构筑航线网络，有助于低成本航空公司的发展，

2006年我国枢纽机场业务增长情况　　表3

机场	旅客吞吐量（人）				货邮吞吐量（t）			
	排名	2006年	2005年	增减（%）	排名	2006年	2005年	增减（%）
合计		197 513 836	170 692 391	15.7		5 865 798.8	4 863 492.6	20.6
北京	1	48 748 298	41 004 008	18.9	2	1 201 815.0	782 066.0	53.7
上海浦东	2	26 788 586	23 664 967	13.2	1	2 168 071.8	1 857 119.8	16.7
广州	3	26 222 037	23 558 274	11.3	3	653 261.3	600 603.9	8.8
上海虹桥	4	19 336 517	17 797 365	8.6	5	363 581.4	359 594.5	1.1
深圳	5	18 356 069	16 283 071	12.7	4	559 243.7	466 476.4	19.9
成都	6	16 280 225	13 899 929	17.1	6	295 497.9	251 017.9	17.7
昆明	7	14 443 607	11 818 682	22.2	7	219 197.6	196 530.2	11.5
杭州	8	9 919 532	8 092 641	22.6	8	185 518.1	165 917.9	11.8
西安	9	9 368 958	7 942 034	18.0	14	99 433.7	86 256.1	19.4
重庆	10	8 050 007	6 631 420	21.4	11	120 178.3	100 909.9	19.1

正是因为有了发达的机场布局，才有了美西南航空公司低成本运营成功的典范。为了我国民航长足的发展，规划建设数量更多，布局更加完善的机场是十分必要的。

2.干支线机场发展极不平衡

业务量过多地集中在大型枢纽机场，一些干线大中型机场超负荷运转。表4列出了2006年旅客吞吐量排名前20位的机场的旅客吞吐量情况。

从表4我们可以看到2006年吞吐量排名在全国前20位的机场，其累计吞吐量接近全国旅客吞吐量的80%。北京首都机场、上海虹桥机场、成都双流机场、深圳宝安机场、大连周水子机场、乌鲁木齐地窝铺机场等18个机场，由于其空域资源紧张，以及有限的航站楼和机场设备资源，它们现在已经处于饱和或超负荷状态。国家已经逐步对这些拥挤的机场进行了改扩建设，目前紧张的状态得到了一定程度的解决。

2006年旅客吞吐量排名前20位的机场 表4

机场	旅客吞吐量（人）	占全国总量比例（%）
北京	48 748 298	18.88
上海浦东	26 788 586	10.37
广州	26 222 037	10.15
上海虹桥	19 336 517	7.49
深圳	18 356 069	7.11
成都	16 280 225	6.30
昆明	14 443 607	5.59
杭州	9 919 532	3.84
西安	9 368 958	3.63
重庆	8 050 007	3.12
厦门	7 501 004	2.90
青岛	6 791 240	2.63
海口	6 668 795	2.58
长沙	6 592 602	2.55
大连	6 351 089	2.46
南京	6 269 103	2.46
武汉	6 100 582	2.36
沈阳	5 343 566	2.07
乌鲁木齐	5 136 028	1.99
桂林	3 998 958	1.55
合计	258 266 803	77.80

而另一方面，全国还有50多个机场年旅客吞吐量不足10万人，这其中有30多个机场年旅客吞吐量还不足5万人。一些支线机场的旅客年吞吐量甚至不足1万人，如表5所示。

支线机场的业务量过小，导致机场的资源浪费，一方面不利于机场的发展，也不利于当地经济的发展，甚至会成为当地经济的负担，更不利于国家民用航空运输整体的发展。

2006年部分支线机场的旅客周转量 表5

机场	排名	旅客周转量（人）
林芝	133	7620
那拉提	134	4654
且末	135	3692
塔城	136	3386
黎平	137	3240
永州	138	3168
连城	139	2160
安康	140	1603
九江	141	1558
安庆	142	971
安顺	143	960
百色	144	337

3.机场管理集团对非航空运营业务缺乏足够重视和管理经验

我国的机场比较重视航空运营收入，对于非航空运营方面没有足够的重视。机场管理集团普遍比较重视保证航班的安全、正点、正常运营，而忽视了非航空运营方面的收入。民航运输发达的美国的机场特点是管理型机场，机场不直接参与客货运输的经营活动，机场经营性业务的社会化程度相当高，将绝大部分的商业资源交由专业化企业经营，非航空主业收入达到总收入的70%～80%甚至90%。非航业务方面，我国各机场近几年虽有不断的提升措施出台，但整体来看尚未进入高速发展期。2002～2006年，机场旅客吞吐量年均增长率达到18%，而同期机场服务收入年均增长率只有4.4%，远低于旅客吞吐量年均增速。2006年，中国所有机场服务收入总和为228.5亿元，其中非航空业务收入所占比例不到40%，这与国际先进机场比较相形见绌，机场当局管理理念和改革力度有待进一步提升。

4.中小机场与航空公司缺乏沟通和合作

我国的航线经营基本上还处于航空公司向民航局提出申请，得到批复后航空公司再运营，机场被动接受这样一个程序，实际上很多客源不多的中小机场航空公司都不愿意去飞，因此造成机场的客源就始终不足，机场资源浪费，中小机场运营亏损，依靠国家财政补贴这样一个恶性循环。在航线的经营和开发上我国的民用机场处于比较被动的地位，没有主动参与到航空公司航线的开发中去，因为航空公司从中小机场得不到比较优惠的政策，而中小机场的客源相对较少，航空公司运营航线获得的经济利益比较少，因而对于这样的机场航空公司不愿意去经营。因此造成了全国还有50多个机场年旅客吞吐量不足10万人，其中有30多个机场年旅客吞吐量还不足5万人。一些支线机场的旅客年吞吐量甚至不足1万人。

5.国家的补贴政策需要进一步完善

由于地区经济发展不平衡，经济比较落后的地区客源不足，造成部分中小机场亏损比较严重，而为了满足有需求旅客的出行要求以及构筑完善的航线网络，需要国家给予一定的补贴来保障这些机场的发展。尽管我国民航局出台了针对中小机场补贴的方案以及一些法律法规，但是补贴方案仍不是很完善，现有的规定不能保证补贴用于机场设施的改进，软硬件的更新，即不能保证国家的补贴发挥真正有用的作用。

三、我国民用机场发展存在问题的对策分析

下面针对当前我国民用机场发展过程中存在的问题并结合国外先进机场的经验提出相应的对策建议，达到促进民用机场整体良性、完善发展的目的。

1．从国家的角度分析

机场的建设需要相当大的投资，而且机场的建设是一个长期的过程，需要国家进行长远的规划，因此国家在进行布局规划的时候就要考虑到整个航线网络的布局情况，结合当地经济的发展情况，结合当地其他交通运输方式以及周边地区交通运输状况、航空运输业发展状况等情况来规划机场的建设，合理布局，合理规划新建机场的发展等级。

经过调查研究，总结国外航空运输发达国家的经验，为解决目前我国机场发展过程中存在的问题，提出以下几点建议：

(1)针对我国大型枢纽机场业务量饱和，空域紧张的情况，建议发展大都市机场系统

大都市机场系统是指在一个大都市地区修建2个以上民用机场。当一个大城市的经济社会水平发展到一定阶段的时候，对航空运输的需求会越来越大，而且航空需求会呈现多样化趋势，一个机场很难满足不同用户的需求，应该修建第二、三……N个机场。一个大都市的机场系统包括简易机场、通用航空机场、各种等级机场。这些机场基本有明确的业务分工，能够满足各类航空旅客、货物与航空公司的需求，也可以解决大都市机场的拥挤问题。从国外民航业发展经验来看，世界上许多大都市都建立了机场系统。针对我国大型枢纽机场业务量饱和，在原有机场扩建存在诸多问题的现状，建议发展适合我国国情的大都市机场系统，以缓解部分枢纽机场的压力，实现大都市机场资源的整合和分工。大都市机场系统在国外航空运输发达国家发展得已经比较成熟，值得我们借鉴。表6列出了世界上大都市机场系统发展比较成熟的机场的旅客吞吐量情况。其中旅客吞吐量一栏，表示同一个城市的机场系统中，旅客吞吐量最多的机场为100%，其他的数字表示该机场旅客吞吐量占最多的机场的比例。

(2)针对我国机场总量相对较少，西部地区地形复杂的情况，简易多建设简易机场，发扎通用航空运输

中国国土面积960万平方公里，地大物博，地形相对来说比较复杂，高原、山区、盆地、沙漠、岛屿各种地形一应俱全，其中有1/3的国土为山区，450多个岛屿有人居住。西部地区地形尤其复杂，人烟稀少，其中西藏、新疆两个自治区处在我国的边境线上，

世界部分大都市机场系统　　表6

城　　市	机　　场	分　　工	旅客吞吐量（%）
纽约	纽约（EWR）	国际航线 国内干线	100
	肯尼迪（JFK）	国际航线 国内干线	96
	拉瓜迪亚（LGA）	国内支线	74
	泰特波卢（TED）	通用航空	6
华盛顿	杜勒斯（IAD）	国际航线 国内干线	100
	巴尔的摩（BWI）	国内支线 低票价	98
	华盛顿里根（DCA）	国内短途	79
芝加哥	奥黑尔（ORD）	国际航线 国内干线	100
	中途（MDW）	国内支线	22
洛杉矶	洛杉矶（LAX）	国际航线 国内干线	100
	安大略（ONT）	国际航线 货运	10
	VanNuys（VNY）	通用航空	0.05
	Palmdale（PMD）	国内支线	0.02
伦敦	希思罗（LHR）	国际、国内干线	100
	盖特维克（LGW）	南向运输	50
	斯特斯坦德（STN）	国内运输	18
	伦敦城市（LCY）	短途运输	2
巴黎	戴高乐（CDG）	北向及东西向运输	100
	奥利（ORY）	南向运输 低票价	53
东京	羽田（HND）	国内运输	100
	成田（NRT）	国际运输	49

与邻国接壤，具有非常重要的战略地位。但由于西部或者山区复杂的地理因素，造成了那些地区交通极不发达，给人们的出行带来了极大的不便，同时也严重制约了当地经济和社会的发展。因此，建议在经济比较落后，交通不太便利的地区修建简易机场，开展不定期航班运营，发展通用航空运输。

在地形比较复杂的地区修建高速公路的成本比较高，修建简易机场的成本相对来说比较低。这样一方面不仅节省了成本，方便了人们的出行，也给干线航空运输输送了客源，完善了航线网络的发展；另一方面，也可以在自然灾害来临的时候发挥通用航空运输的作用。

(3)完善机场周边地面交通

良好的地面交通对于机场来说是非常重要的，关系着机场对顾客所具有的吸引力，并维系着机场运营者的价值所在。为缓解繁忙机场周边的交通紧张状况，世界上一些大型机场周围都建立了四通八达的交通运输网络。在英国伦敦，英国机场管理公司已经建成希思罗机场快线，连接伦敦希思罗机场和伦敦中央铁路车站及公共交通网络；香港赤腊角机场和大阪关西机场等主要的岛屿型机场有了轨道交通线与大陆衔接。在中国，一些大型枢纽机场的交通相对来说不是很发达，为缓解交通压力，建议国家规划完善机场周边的地面交通，对于中小型机场来说，完善机场周边的地面交通有利于吸引旅客，另外一方面也有助于货运运输市场的发展。

(4)建议国家制定更加明确的机场补贴法规政策

针对国家补贴对象应给予明确的规定，这首先就要求国家根据各方面的数据，如机场所在地经济情况、机场运营设施质量、机场吞吐量等数据对机场进行分类，进一步明确什么样的机场给予多少补贴；另外，更重要的是国家应规定每年对于经营亏损的机场的补贴应用于改善机场基础设施建设，用于改善机场运营状况上，而不是补贴到机场的建设上面，致使机场的建设、经营得不到改善。

2.从机场管理当局的角度分析

机场管理部门对机场进行直接的运营，政策、战略影响着机场的发展和经营。因此管理部门加强机场的管理，提高劳动生产率，提高服务质量，对机场的发展起着至关重要的作用。针对机场管理存在的问题，结合实际情况，提出以下建议：

(1)建议机场当局加强与航空公司合作的力度

大中城市客源充足，部分城市机场甚至出现拥挤现象，而为数不少的中小机场客源有限，因此机场经营出现亏损现象，靠着国家的补贴维持着机场的经营。对于这样的机场，我们建议中小机场主动寻求和航空公司合作的机会。如果机场能够跟航空公司多沟通，达成合作协议，对于客源不充分的地区，机场对航空公司航班少收费，吸引更多的航班，促进低成本航空的发展。这样一方面可以降低成本，吸引更多的人乘飞机出行，另一方面也可以提高机场的使用效率，促进机场的发展建设，增加机场的收益，第三还可以促进我国低成本航空市场的发展。

(2)建议机场加强非航空业务的发展

大都市机场每天的旅客流是很可观的，应充分利用旅客候机时在候机楼里的时间刺激旅客消费，增加非航空业务收入。2000年世界最繁忙的机场中总的非航空性收入已经与航空性收入大致持平。在这个方面我们国家的枢纽机场做得还相当不够，需要加大力度。建议我国的机场管理机构组织员工去国外先进的机场学习交流，学习先进的管理经验，来提高我国机场管理的效益，增加非航空业务收入。

(3)发展通用航空需要空管部门的配合，建议改革空域

在我国西部地形比较复杂地区、经济发展比较落后地区发展通用航空，需要匹配的机型完成航空运输，同时也需要空管部门的配合，改革空域，用来支持我国的通用航空运输发展。

(4)发展支线航空促进中小机场发展，建议航空公司加强与中小机场的合作

促进中小机场的发展，需要有航空公司和中小机场合作，提高中小机场的航班密度，增加中小机场的通航城市，吸引更多的旅客乘飞机旅行，提高机场的利用率，使中小机场朝着良性循环的方向发展，能够带动当地经济的发展而不是成为国家补贴的救济对象。

四、结论

机场在我国的民航运输发展中起着基础性的作用，因此在努力实现我国从民航大国向民航强国转变的过程中，强调机场的建设和经营管理是非常必要的。完善机场的建设和经营管理需要各相关部门和政府的共同努力，协调发展。

都业富 陆筑平 陈燕云：中国民用航空大学

我国机场建设的融资方式*

熊洪亮

一、概述

经过几十年的发展，我国民用机场建设实现许多历史性的飞跃。截至2006年底，全国共有航班运营机场147个（不含港、澳机场），其中旅客吞吐量达到1000万人次以上的机场7个，500～1000万人次的9个，100～500万人次的26个。但是我国机场建设面临诸多新的挑战，一方面，大机场的基础设施建设跟不上航空运输快速发展的步伐，另一方面，中小机场经营不景气，尤其是一些北部、中西部机场经营困难，年旅客吞吐量50万以下的85个机场大部分处于亏损状态。2007年9月，国家民航总局适时出台4项民航财经新政策，它们将有助于扩大机场建设的投资规模，加强大型机场的融资能力，解决我国小机场的困难局面。而且机场建设的投融资将进一步开放，机场建设的投融资渠道将呈现多元化。

本文从现阶段我国机场的融资方式与国际通行的机场融资方式做参考，结合国家有关政策，对我国机场建设的融资方式进行探讨。

二、我国机场建设现状

目前，我国民航机场在发展过程中已经初步形成“三大”（北京、上海、广州三大国际枢纽机场）、“六中”（沈阳、西安、武汉、成都、乌鲁木齐、昆明6个区域枢纽机场）的格局。按照发改委的要求，“十一五”期间，机场建设的重点是培育中心机场，扩大枢纽机场和干线机场的吞吐能力，完善枢纽功能，改造现有支线机场，增加支线机场布点。2006年3月民航总局宣布，在“十一五”末，国内民用通航机场将增至186个。2006～2010 年，中国将兴建40个机场，同时还将对现有的容量接近饱和的枢纽机场和中型机场进行扩建，预计此次机场扩容需要投入资金约1400亿元。

2003年中国机场实行属地化管理，除北京首都国际机场、西藏的机场以外，其余民用机场均由地方政府管理。除了完全由国家投入支持建设的公益性质的机场外，地方机场的建设资金不可能像过去一样完全依赖财政支持。股权多元化、多渠道融资将成为未来机场建设的必然趋势，各地机场都面临如何有效利用融资方案，解决未来发展的问题。

三、我国机场建设融资存在的问题

我国许多中小机场尤其是西部欠发达地区的机场，由于建设时国家投入不足，负债较大，加上经济不发达，常年运营不饱和，效益较低。因此在机场建设融资方面存在较多问题，主要有：

1．资本金投入比重不足

立项时，政府出资未达到国家规定的交通行业大型建设项目中建设单位资本金占工程投资总额的35%最低比例，贷款比例过大，资产负债率过高，债务负担较重。

2．融资能力分布不均

机场行业虽然实现整体盈利，但盈利主要集中在北京、上海、广州、深圳等几家管理规范、效益好的上市企业，大部分机场普遍盈利能力低，融资渠道有限。

四、我国机场建设的融资方式

一般而言机场建设融资的主要渠道包括：各级政府投资（财政拨款）、国内外机构投资、资本市场融资、金融机构贷款和外国政府贷款等，具体来说，机场的融资方式有：

1．企业上市融资

效益较好的机场通过股份制改造实现上市，已经进入资本市场，可以通过资本市场进行融资发展，如首都机场、上海机场、白云机场、深圳机场、厦门机场等。

2．银行贷款

机场可以对原有融资网络进行优化，以一家或几家主要银行为依托，形成融资主渠道，进行银团或银行授信贷款额度管理，也可进行项目融资，同时开拓辅助的融资渠道比如短期融资券等。

3．引入战略投资者

虽然我国中小机场的盈利不佳，但是有相当部分中小机场随着运输量的增长，离盈亏平衡越来越近。但是，由于中小机场的负债水平过高，财务费用很高，因此很大程度上影响了中小机场的赢利水平。如果中小机场能够引入合适的战略投资者，获得相应的资本投入，则资产负债比例会大大降低，从而中小机场的财务状况将会大大改善，同时也为机场的改扩建筹集了资金。因此，中小机场改革的核心问题是吸引战略投资者，实现股权多元化，并积极上市融资。

2007年4月15日，杭州萧山国际机场有限公司与香港机场管理局合资协议签署，杭州萧山国际机场成为中国内地首个整体合资的民用机场。西部机场集团的西安咸阳国际机场通过引入德国法兰克福机场集团与香港中国航空（集团）有限公司作为战略投资者，进行了股份制改造。

4．资产证券化

资产证券化将会成为未来机场建设融资的重要方式之一，它也是目前国际市场普遍采用的大型设施融资方式。资产证券化是指将具有未来现金流的资产以证券化的方式销售出去，使这些资产的所有者由此获得现金，使购买证券的人获取了这些

＊本文转载自《中国民用航空》2008年第1期

资产产生现金的权力。2005年开元资产支持证券与建元资产支持证券的成功发行，也标志着资产证券化——国际通行的融资方式开始正式进入中国。

机场是大型基础设施项目，其建设特点是投资巨大、回收期长但是收益稳定。长期以来我国的机场建设依靠国家投资的局面逐步被打破，因此过去几年机场融资方式较为单一，除了财政投入外，基本依靠银行贷款进行建设，利息负担较重，部分机场的财务费用甚至超过营业收入，形成恶性循环。"十一五"期间，我国航空运输市场将继续保持持续快速的增长，2020年吞吐量超过1000万人次的机场预计将达31个。民用航空运输事业的高速发展保证了机场将会获得稳定的现金流，将机场建设项目资产证券化，可以让机场获得建设资金，拓宽机场融资的渠道，增强机场资产的流动性。未来资产证券化预计也将会成为我国机场建设融资的重要方式之一。

5.BOT 融资

中小机场应积极采用其他市场化的融资手段，如BOT等，BOT 指以出资建设项目作为条件换取项目建成后的经营权和出让专营权的融资方法。中小机场中一些主营和副营项目的建设若能在建造前就拟定一套专营权的出让方案，像香港赤腊角新机场那样，将免税店、餐饮店、停车场、巴士专线等的专营权预先出让，就能以这部分出让所得来补充建设资金。当然，专营权的出让、BOT方式的采用，都要有相应的政策配套，保证项目的执行和实施。

6.金融机构投资入股

从国内外企业发展特别是大型企业发展的经验来看，产业资本和金融资本结合是必然趋势。随着我国投融资体制的改革和金融法规的逐步健全，金融企业也逐渐开始通过股权投资的方式渗入机场建设。机场在建立股份制时，会积极吸纳金融机构投资入股，或者将现有债权转为股权，建立与金融机构的产权关系，以享有金融机构对机场的优先优惠支持。

根据现行商业银行法，商业银行不能对企业投资参股。非银行性的金融机构，诸如保险公司，信托公司，证券公司，基金管理公司、财务公司等，可对企业投资参股。因此我国的商业银行可通过下属公司对建设项目进行投资入股，目前我国京沪高铁项目就吸收了工商银行、建设银行等多家银行下属金融机构投资入股。

7.PPP融资模式

PPP(Public-Private Partnership)模式，也称为3P模式，即公私合作模式。在这种模式中，政府部门、民营资本基于某个公用事业项目结成一种伙伴关系，双方首先通过协议的方式明确共同承担的责任和风险，其次明确各方在项目各个流程环节的权利和义务，最大限度发挥各方优势，使项目建设既摆脱了政府行政的诸多干预和限制，又充分发挥民营资本在资源整合与经营上的优势，达到比预期单独行动更有利的结果。

以机场项目为主体的融资活动是机场项目融资的一种实现形式，主要根据机场项目的预期收益、资产及政府扶持措施的力度，而不是机场项目投资人或发起人的资信安排融资。机场项目经营的直接收益和通过政府扶持所转化的效益，是偿还贷款的资金来源，机场项目公司的资产和政府给予的有限承诺是贷款的安全保障。使民营资本更多的参与到机场项目中，提

高了效率，降低了风险，这正是现行机场项目融资模式所缺少的。采取PPP模式，政府可以给予民营企业相应的政策扶持作为补偿，如税收优惠、贷款担保、给予民营企业沿线土地优先开发权等，通过实施这些政策可提高民营企业投资机场项目的积极性。

五、我国机场的融资前景

我国机场经营发展水平很不平衡，东部经济发达地区的机场盈利水平占有绝对份额，中小机场尤其是西部经济欠发达地区的机场经营效益不佳，甚至亏损严重。机场作为准公益企业，国家对于机场建设投入不完全以企业盈利为目标，新近出台的4个民航补贴的新办法也是国家支持机场建设，尤其是保证北部、西部经济欠发达地区机场建设的有力举措。目前国家宏观经济形势继续保持良性高速发展、又有国家政策长期支持，机场完全可以凭借资源“垄断”优势以及自身经营管理的不断改善，逐步提高经营效益。

1.主要大型机场与上市公司盈利良好

“三大”、“六中”机场与上市企业经营效益良好，只依靠单纯的“经营”就可以实现盈利增长，不需要很高的管理水平。但随着机场规模的扩大和吞吐能力逐渐饱和，公司管理水平对于机场盈利增加的重要性将大大增加，比如成本的控制、非航空业务的开拓。我国几大枢纽机场目前就正好处于由单纯“经营”向“管理”转变的重要时期，发展空间很大。

2.民航总局给予直接补贴、贴息贷款

目前，国务院已批准延续机场建设费征收政策至2010年，同时调整机场建设费使用范围。近期出台的4个民航新办法，就是针对这一重大调整制定的配套政策。这次施政受益最大的是中小机场和支线航空。《民航中小机场补贴管理办法》是民航体改前机场亏损补贴政策的延续，但指导思想和补贴方法有实质区别，体现了鼓励生产、经济调节思路，国内80%以上的机场都能获得补贴。新办法将机场按所在地区和规模划分，分别确定不同补贴标准。按所在省份经济发展水平将机场分为东部地区、中部地区和西部地区机场三类，在确定补贴标准时向中、西部地区适当倾斜；将符合补贴条件的机场按吞吐量分为4档，规模越小的机场补贴标准越高。《支线航空补贴管理办法》的政策也是尽可能放宽，目的在于“以飞促场”。

根据民航总局《民航基础设施建设贷款财政贴息资金管理办法》，基建贷款贴息政策对东部发达地区尤其具有吸引力。其目的在于创新融资方式，改政府直接投入为间接引导，充分调动各方力量投资民航建设，充分利用银行信贷手段筹集资金，放大财政资金效应，起到“四两拨千斤”的效应。该政策规定符合贴息条件的贷款必须是由项目建设单位(项目法人)直接从商业银行借入的贷款。贴息期限从建设开始到资产投入使用后3年，特殊情况经总局批准后可适当延长。贴息审批实行分级管理，项目建设单位(项目法人)按其注册地向管理局提出贴息申请，管理局初审后，由总局最终核定。

3.非航空业务将成为我国机场盈利的重要来源

机场运营的收入是由航空业务收入与非航空业务收入组成。航空业务收入是指和飞机起降有关的向航空公司收取的费用，包括起降费、飞机旅客服务费、地面服务费、安检服务费等；非航空业务收入一般是指向其他行业企业收取和飞机直接运输无关的费用，包括候机楼租赁收入、地面运输费用、停车场费用、广告收入、机场酒店收入等。国外机场航空业务贡献收入的比重在40%，而非航空业务贡献收入比重60%以上，更高的甚至在70%以上。而我国机场收入构成比重则正好倒过来，航空收入占据60%～70% 的比重，因此我国机场在非航空业务收入上还存在巨大的上升空间。未来国内机场最好的经营模式是“跑道”+“商铺”共同驱动盈利的增长，盈利有望获得持续改善。

六、结论

民用机场是我国交通运输的重要组成部分，是国民经济的基础产业。国家将机场定义为准公用事业，机场建设将获得国家财政政策的重点支持。机场的建设需要大量资金，除了现有优质企业实现上市融资、从银行贷款、引入战略投资者等方式之外，资产证券化、BOT模式、与金融资本结合以及PPP模式都在国外的机场建设中成功地运用，它们也有可能成为我国机场建设融资的重要方式。未来几年我国机场建设将迎来新一轮的建设高峰，机场融资方式也将呈现出多元化的态势。

熊洪亮：招商银行

多机场系统运营特征及发展策略分析*

陈团生

随着社会和经济的发展，机场作为航空运输和城市的重要基础设施，发挥着越来越重要的作用。随着人口的增长以及城市化进程的加快，目前世界主要都市区机场资源日趋紧张。为了缓解航空运输需求与机场资源受限之间的矛盾，越来越多的都市区开始发展多机场系统，"一市两场"、"一市多场"已广泛存在于世界各大都市。然而，由于缺乏对航空旅客需求的认识，在多机场系统的规划和建设中，没有充分考虑到旅客和航空公司的实际需求，缺乏对区域内各机场功能定位的科学划分，造成了区域内个别机场资源使用紧张，而其他机场却设施闲置甚至面临关闭，严重影响整个区域机场的协调发展。

根据我国民用机场布局规划，"十一五"期间，我国机场投资总额预计将达1400亿元左右，超过了1990～2005年15年的投资总额。到2020年我国将新增97个机场，届时布局规划的民用机场总数将达244个。随着机场的建设步伐以及我国城市化进程的加快，未来我国许多都市区将出现"一市两场"甚至"一市多场"的局面。在我国，对于单个机场规划、设计、运营管理已经积累了丰富的经验，但对于"一市多场"的规划和管理还处于探讨阶段，加强对多机场系统运营管理和规划设计的研究，日益引起业内人士的广泛重视。本文通过对国外多机场系统规划及运营管理经验进行分析，结合我国的实际情况，对如何发展多机场系统，提出了一些措施和建议。

一、多机场系统的概念

多机场系统(Multi-airport)是指某一城市或者某一地区拥有多个用于商业运营的机场。根据该定义，多机场系统主要包含以下几层含义：

(1)多机场系统的各个机场一般是指商业运营的机场，军事机场、私人机场等不用于商业性的公共民用航空运输，不属于多机场系统的范畴；

(2)多机场系统的区域范围，不仅仅是指一个城市，也可以是由几个城市构成的都市群。

据统计，始发客流量超过1000万的都市区内，基本上有2个以上的机场在运营，另外，全球还有约30多个城市也正在规划建设第二机场。在我国，上海市正构建以浦东国际机场为主、以虹桥机场为辅的亚太地区国际航空枢纽，这就是最为典型的多机场系统。另外，重庆市也正构筑多机场系统的运营模式，即形成以重庆江北机场为主体、万州五桥机场和黔江舟北机场为补充的"一大二小"的多机场系统规划格局。近年来，随着城市结构的改变，特别是联系各个人口密集城市之间高速铁路的开通，城市和机场辐射范围不断得到扩大，各个城市之间联系也更加紧密，甚至融合在一个大都市区里面，这也促进了多机场系统的发展。

二、多机场系统客流分布特征

多机场系统客流分布特征，对多机场系统的规划、设计及运营管理、功能定位具有重要意义。通过对全球一些多机场系统客流分布情况进行研究的结果表明，多机场系统客流分布主要体现以下几个特征：

1.区域内客流量呈现聚集效应

区域内客流量主要集中在某个机场，是多机场系统最为明显的特征。除了技术和政治原因，通常情况下，第二机场吞吐量不到主要机场的50%。当然，国外一些发达的大都市区，航空运输非常发达以至于多机场系统的主要机场过分饱和，不得不将部分旅客分流到区域内其他机场，这时第二机场也有比较大的客流。例如纽约和伦敦，第二机场的客流量也比较多。但是，这些都市区的航空客流量仍呈现聚集特征，区域内第三机场或者第四机场的客流量依然比较少(表1)。

多机场系统客流量的聚集效应　　表1

都市群	主机场	第二机场	第三机场	第四机场	第五机场	合计
纽约	36%	35%	27%	1%	1%	100%
伦敦	65%	27%	4%	3%	1%	100%
洛杉矶	74%	10%	9%	7%	-	100%
波士顿	90%	7%	3%	-	1%	100%
旧金山	70%	15%	14%	-	-	100%
巴黎	51%	49%	0%	-		100%
迈阿密	70%	19%	11%	-	-	100%
华盛顿	41%	31%	27%	-	-	100%
平均值	655	25%	16%	-	-	100%

当然，由于地区政治原因或者主要机场存在技术限制等原因，部分多机场系统内第二机场也具有较大客流量。例如，东京、华盛顿、大阪等地区，政府利用行政命令迫使国际航班使用距离市区较远的机场；法国政府也曾命令法国航空公司使用法国巴黎戴高乐机场；台北、休斯顿机场，由于跑道长度限制等技术原因，也被迫使用第二机场。

2.区域内非主要机场客流存在较大波动性

由于多机场系统中的非主要机场客流量比较小，又受到系统内各个机场激烈竞争的影响，多机场系统内非主要机场的客

*本文转载自《中国民用航空》2008年第7期

流量存在明显波动性。在实际运营中，非主要机场运营的基地航空公司数量一般比较少，经常只有1个基地航空公司，并占据非主要机场的大部分市场份额。特别是当该航空公司的发展战略或者运营计划调整时，非主要机场客流将受到巨大影响。例如，芝加哥中途机场是中途航空公司(Midway)运营基地，该航空公司在中途机场占大约2/3市场份额。1991年，中途航空公司曾经停止该机场的某些运营航班，致使该机场减少了大约1/3的客流。

3.机场目标市场定位差异分析

多机场系统各机场一般都有自己的市场定位，区域内各机场不仅在客流量上有所差异，而且客流特征也明显不同。

多机场系统的主要机场侧重服务于大型网络航空公司，为其提供高品质服务，其客流一般是高端的商务旅客。而非主要机场一般是服务于那些在主要机场比较难以得到服务的市场，在主要机场的市场空隙中生存。近年来，特别是随着低成本航空的发展，多机场系统的非主要机场则倾向服务于低成本航空公司或者些小型的航空公司(表2)。

第二机场目标市场定位的差异 表2

都市区	第二机场	作　用
纽约	纽瓦克机场	枢纽机场
	拉瓜迪亚机场	支线或短程航线
伦敦	劳顿机场	旅游机场
洛杉矶	安大略机场	美国联合包裹快递公司枢纽
	橙县机场	支线机场
东京	成田机场	国际机场
巴黎	戴高乐机场	国际机场
	欧里机场	国内及非洲地区机场
华盛顿	拉斯机场	国际机场
	巴尔机场	国内机场
大阪	关西机场	国际机场
奥斯陆	加勒穆恩机场	旅游机场

三、影响多机场系统发展的因素分析

大都市区发展多机场系统，主要考虑区域内航空客流量的发展水平。多机场系统的建设需要区域内部有较大客流量进行支撑，也只有当区域客流量发展到一定水平，各机场的设施才能被充分利用，也才有利于多机场系统内各个机场的协调发展。

当然，大都市区在决定是否发展多机场系统时，较大客流量只是发展多机场的一个必要条件，而不是充分条件。从国外一些大型机场来看，也并不是所有航空客流量发达的地区都发展多机场系统。例如，亚特兰大机场(ATL)和法兰克福(FRA)都是全球最繁忙机场之一，但这两个机场都不属于多机场系统范畴。

是否发展多机场系统，关键在于考虑新建机场相对于主要机场具备哪些吸引力及优势，是否可以更有效地吸引某一部分旅客，是否有某一部分旅客能在新建机场得到更好的服务。以下将从机场服务的对象，即旅客、航空公司的角度出发，分析大都市区发展多机场系统需考虑的一些因素：

1.旅客方面

从旅客的角度出发，非主要机场的吸引力在于是否可以为其出行提供更为便利服务。我们将旅客从出发地出发至飞机起飞的出行时间分为两段，一段是旅客从出发地出发至到达机场这部分时间，另一段是旅客到达机场至飞机起飞这段时间。新建机场为了能够吸引旅客，就必须考虑旅客到达机场的便利性和快速性，另一方面应尽量提高机场地勤保障效率，减少旅客在机场排队等待时间。

2.航空公司方面

航空公司选择机场，主要是从公司的商业利益出发，考虑在该机场开辟航线是否具有良好的市场发展前景。有时候由于技术原因，例如，需要更长的跑道满足大型飞机起降，航空公司也会考虑使用第二机场以满足其技术停降要求。

通过对航空公司在某一航线的市场占有率与其航班占有率的关系分析表明，随着航空公司增加某一航线的航班密度，其市场占有率的增加比例大于航班密度增加的比例。因此，航空公司考虑航班计划，不只是单纯考虑本航班的客座率，而且还需要考虑该航班对其他航班客座率的影响。在运力一定的情况下，如果开辟非主要机场的航线，航空公司势必要减少在主要机场的航班密度，因此，开辟非主要机场航线新增加的客流量，需要能够弥补在主要机场客流量的损失。这就经常会导致航空公司宁愿在主要机场增加航班密度，也不愿意在非主要机场开辟新的航线，这也使得非主要机场经营压力远远大于主要机场。

四、发展多机场系统的策略

在全球各大都市区热衷于多机场系统的建设同时，由于缺乏经营和管理多机场系统的经验，使得许多地区的多机场系统发展面临着一些严峻的考验。例如，加拿大埃德蒙顿机场(Edmonton)，由于客流都涌向廉价且便利的市内机场，使得该机场一度处于停航的状态。在美国，尽管华盛顿市政府制定了许多措施，迫使航空公司使用拉斯国际机场(Dull)，但该机场客流发展缓慢，其设施近20年没有被充分利用。大都市区在确定是否发展多机场系统以及在规划发展多机场系统时，需要考虑以下的一些发展策略：

1.始发旅客需要达到一定的阀值

发展多机场系统，不仅需要考虑区域航空客流量，还需要考虑区域客流结构组成。高的航空客流量不一定需要建设第二机场，特别是在中转旅客占较大比例的情况下。中转旅客为了方便出行，都希望能在同一机场之间进行换乘，因此，第二机场对中转旅客并没有多大的吸引力。

全球主要多机场区域的客流调查表明，多机场系统发展要获得成功，其主要的一个因素是始发客流量要达到一定阀值。在20世纪80年代，发展比较良好的多机场系统，年始发客流量的阀值一般超过800万人次；到了90年代，这个阀值上升到1000万人次；近年来，随着客机和机场大型化以及机场运营管理水平的提高，多机场系统始发客流量阀值上升到了1200万人次。表3是全球运行比较好的多机场系统，其总客流量和始发客流量的发展情况。

多机场系统始发客流量占总客流量的比例 表3

都市区	始发客流量占总客流量的比例
纽约	27.0%
洛杉矶	26.7%
东京	25.3%
巴黎	28.6%
芝加哥	19.8%
旧金山	24.2%
华盛顿	25.9%
迈阿密	24.0%

另外，通过对全球的一些多机场系统的调查表明，也有一些地区在始发客流量少于1000万人次时就开始发展多机场系统，但其建设多机场系统的是由于技术原因或者政治原因，特别是当处理洲际航线的大飞机时，往往需要建设更长的跑道和机场，以满足大飞机起降的需要。

2.机场规划和建设应考虑功能的兼容性

由于非主要机场的客流量一般比较小，且目标市场也不同于区域内的主要机场。因此，建设和规划非主要机场，应该根据未来客流的需求特征，配套与其相适应的设施和设备。另外，考虑到非主要机场的客流量波动性比较大，在设施和设备的设计上，应该注意其兼容性，使非主要机场可以适用国内、国际不同类型的客流，甚至如果需要，可以将机场转变为货运机场。

3.大力发展低成本航空公司

长期以来，大型机场为了满足网络型航空公司高质量服务的需求，修建了豪华候机楼，并配备了各种先进设施。但由于低成本航空公司倾向于采用一些简易和廉价设施，这些先进设施对于低成本航空公司而言过于奢侈。低成本航空公司的出现，为非主要机场发展提供了良好机遇，大力发展低成本航空公司是多机场系统非主要机场未来的一个发展方向。因此，非主要机场可以采用简约设计，只提供一些基本服务项目，通过高效率的地勤保障及廉价收费来吸引低成本航空，

多机场系统的非主要机场可以定位为枢纽机场的互补机场，为其顾客提供更为方便、廉价的服务。早在20世纪70年代，美国西南航空公司开始在都市区非主要机场设立低成本航空公司的基地，并运营达拉斯爱田机场（Love）与休斯敦霍比机场（Hobby）之间的航线。在欧洲，瑞安和易捷等低成本航空公司，在90年代也开始在都市区非主要机场设立运营基地，并取得非凡的业绩。从表4数据可以看出低成本航空公司进入非主要机场对主机场市场份额的影响。

低成本航空对多机场系统发展的影响 表4

区域	主机场	主机场市场份额的变化	
		1994年	2004年
波士顿	洛根	90%	72%
伦敦	希思罗	65%	53%
迈阿密	迈阿密国际机场	69%	56%
罗马	费米奇诺	99%	91%
旧金山	旧金山国际机场	68%	58%

4.多机场系统的分工协作

多机场系统为了避免恶性竞争，可以通过分工协作，实行功能划分，错位经营，专注于各自的服务对象和服务内容，从而充分发挥系统内每个机场的优势和能力。例如，德国的法兰克福机场在保持其以中枢辐射航线结构为主的枢纽机场地位的同时，大力发展其所属的哈恩机场的低成本航空业务，使得两个机场都得到了充分的发展。英国机场管理集团（BAA）也将其所属的斯坦斯特德机场作为发展低成本航空的主要机场，该机场已成为欧洲近几年来发展最快的机场之一。在我国，浦东机场和虹桥机场在功能也有清晰定位，两场的基本功能布局以浦东机场为主，构建枢纽航线网络和航班波，而虹桥机场则以点对点运营为主，在枢纽结构中发挥辅助作用。

陈团生：厦门国际航空港集团有限公司

机场与航空公司的战略关系及其内涵分析*

张建森　谢　敏

机场与航空公司之间同时存在战略伙伴关系、客户关系和竞争关系。

机场与航空公司同是航空运输的供给方，双方是战略伙伴关系。机场与航空公司各司其职，共同协作来满足航空市场需求，机场主要负责对基础设施的投资，而其总体规划和建设需要航空公司的参与；航空公司则主要提供航空器及相关服务，但其发展规划以及航线和航班的安排也需要机场的参与。

航空公司是机场的重要客户，双方存在客户关系。从机场收入构成来看，航空业务的收费全部来自航空公司。

机场与航空公司之间还存在着一定程度的竞争关系，特别是基地航空公司与机场管理机构之间存在着对市场控制力的竞争，主要体现在对设施资源的控制和对业务资源的利用上。

本文将就机场与航空公司的战略关系及其内涵进行分析。分析基地航空公司与非基地航空公司给机场带来的不同意义；探讨机场对航空公司运营的影响；研究机场与航空公司之间对市场控制力争夺，以及具体在机场航班时刻配置及地面服务业务安排上的冲突关系。

只有充分理解机场与航空公司之间各种关系的内涵，才能最大可能地避免相互之间的摩擦，形成良好的战略合作伙伴关系，共同为旅客和货主提供优质的航空运输服务。

一、基地航空公司与非基地航空公司

机场面对的众多航空公司可以分为基地航空公司和非基地航空公司。

基地航空公司通常指在一个特定机场以基地进行运作的航空公司。基地航空公司往往会在机场当地注册成立总部或分公司，其飞机将在这个机场过夜，机场的多数始发航班都由基地航空公司经营，我国民航总局规定在北京、上海、广州等部分机场，非基地航空公司不能经营机场的始发航班。

一个机场可以有多家基地航空公司，如深圳机场的基地航空公司有深圳航空、南方航空、翡翠航空和东海航空等；同样一个较大型的航空公司也会设立多个基地，如南方航空总部在广州，而在深圳、北京、大连等多个机场设立基地。

基地航空公司对一个机场的业务量有着重要的影响。纵观世界大型机场，其基地航空公司的业务量一般要占到该机场业务量的50%以上。如美利坚航空公司的航班数占亚特兰大枢纽机场航班数的73.5%，美国西北航空公司占底特律枢纽机场航班数的79.8%，德国汉莎航空公司占法兰克福枢纽机场航班数的60.8%，法国航空公司客货运量占巴黎枢纽机场的52%以上。

一个成功的机场背后都有一个优秀的基地航空公司，如亚特兰大机场的达美航空、法兰克福机场的汉莎航空、新加坡机场的新加坡航空、香港机场的国泰航空等等。

非基地航空公司对机场的成功运营同样十分重要。受规模和航空公司商业模式的约束，基地航空公司的通航点是有限的，非基地航空公司的运营可以有效地弥补这一缺陷，大大地增加机场的通航点，满足航空市场需求，提高机场在航空网络中的地位。另一方面，非基地航空公司可以在一些基地航空公司开通的航线上增加航空公司之间的竞争度，提高航班频度，为旅客和货主带来更多的选择。

二、机场业务对航空公司运营和竞争的影响

机场业务对航空公司的运营和竞争有着重要的影响。

1.机场收费是航空公司运营成本的重要构成部分

2001年，美国主要航空公司成本构成中，起降费和专业服务合计占总成本的9.9%，航油消耗占总成本的12.4%。中国的情况也类似，2001年中国航空公司成本构成中，起降服务费用占总成本的11.7%，航油消耗占总成本的21.6%。

虽然机场的航空业务收费各国通常都进行一定的管制，但管制的是价格的上限，机场当局有降低费用的主动性。

欧洲的许多机场，如BAA管理的机场通过大力发展非航空业务，提高了机场盈利水平，从而可降低对航空公司的收费标准。此举可以有效地降低航空公司的运营成本，由此可以吸引更多的航空公司到这个机场来运营。

另外，航空公司运营成本的降低也会传导到旅客的票价上以及航空货运的价格上，从而扩大了航空市场需求，最终反映为机场业务量的发展壮大。

机场业务量的发展壮大反过来又促进了非航空业务的发展。另外，对一些新开通的航线，机场当局更是可以多种的优惠和补贴，如减免起降费，甚至提供现金补贴等。

评价机场经营效率的一个重要指标就是对航空公司的收费水平，作为机场当局，在自身财务盈利能力与对航空公司收费之间必须做出合理的平衡。

2.机场设施对航空公司的正常运营以及相互间的竞争有着重要的影响

对一些大型较为繁忙的机场来说，机场设施通常处于紧张的状态，机场当局如何分配这些紧张的资源将对公司的盈利能力产生重大的影响。

FAA（1999）对美国机场设施如何影响航空公司的竞争做了较为详细的分析。航空公司对机场设施资源的利用通常根据机场与航空公司之间签订的契约来执行，正是由于机场基地航空

* 本文转载自《中国民用航空》2008年第9期

公司对机场业务的重要性，所以基地航空公司特别是较大规模的基地航空公司在签订这些契约时会得到特别“照顾”。一些较好的航班时刻、登机口和停机坪位置会被这些受到“照顾”的基地航空公司所占据。

另外，机场与航空公司签订的契约期限也是一个重要因素，如果契约期限较长，由于机场业务的发展，就可能导致新进入的航空公司不能正常利用必需的机场设施资源。

以上这些因素将会带来航空公司之间的不平等竞争，从而阻碍了航空市场需求以及机场业务的正常发展。因此机场当局在服务航空公司的同时，必须非常重视机场规划建设的合理性，用发展的眼光周全地考虑航空市场需求的发展，保障对所有航空公司的非歧视性服务，尽可能地使机场业务做到公平、透明，促进航空公司之间合理的竞争。

3. 机场业务也会影响航空公司的服务质量和品牌建设

航空公司对旅客和货主的服务不仅停留在空中，有很大一部分服务，如旅客值机、安检、登机、离机、海关手续等等都与机场业务相关。

旅客出行注重的是整体感受，而货主注重的是货物安全性和到达的时间，他们并不能完全区分航空运输中哪些业务环节是航空公司负责的，哪些业务环节是机场或其他部分负责的(事实上许多业务环节是多个部门共同负责的)，特别是对诸如航班延误和其他突发事件的处理，机场服务的好坏将直接影响航空公司整体服务质量，从而也影响航空公司的品牌建设。更为重要的是航空公司的安全运行在很大程度上也与机场业务直接相关。

4. 对枢纽型航空公司来说，其中转枢纽功能不仅依赖于机场的中转设施，而且其航班波的安排有赖于机场的共同合作

枢纽型航空公司为了实现旅客的中转功能，其到达航班和出发航班需要集中在一个时间段内，即所谓的航班集群，形成达到航班波和出发航班波，达到航班波在出发航班波之前。为了实现航班波的安排，机场必须在航班波期间放弃对其他航空公司的航班时刻配置，同时在相关其他设施有服务方面给予配合。

三、机场与航空公司的市场控制力之争

世界上多数机场所共同面临的问题是机场的运营过多地依赖于一个基地航空公司，这使得这些基地航空公司具备了一定的市场控制力，主要反映在机场与航空公司签订相关契约时，航空公司对机场收费、设施资源利用以及业务资源分配具有一定的操纵力。

世界上绝大多数的航空公司通常都是企业，他们经营的终极目的是自身企业利润的最大化。当基地航空公司掌握市场控制力后，他们就会尽可能地利用这种控制力要求机场降低机场收费，并在机场内取得设施和业务资源的垄断地位，以排挤其他航空公司的竞争，从而实现获取超额利润，实现企业利润最大化的目标。

而机场一方面有着追求利润最大化的目标，另一方面相关航空法规的规定以及政府赋予的职能都要求机场当局维护机场范围内航空公司的合理竞争，保障所有愿意进入的航空公司都能合理利用机场设备设施资源，并提供非歧视性服务，以最大限度地满足航空市场需求，带动当地社会经济发展。

正是由于机场与基地航空公司所追求的经营目标不同，因此经常存在着对市场控制力的争夺。

在竞争中，机场有着自然垄断特性的优势，而航空公司有着可移动资产的优势。在一定区域内，机场通常是不可替代的，而航空公司却很多，因此机场可以通过多引进航空公司来应对基地航空公司对市场控制的争夺。

但机场的投资和资产是固定或沉淀的，而航空公司的主要资产却是可流动的。在全球航空发展史上，基地航空公司整体搬迁的情况时有发生，一个基地航空公司的流失将会给机场的发展带来严重的影响，因此航空公司可以用“搬迁”给机场以可置信的威胁。

如果让基地航空公司掌握过多的市场控制力，同样也会给机场的发展带来重大的障碍。航空公司会利用市场控制力“霸占”机场资源，造成以下几个方面的后果：一是机场资源运行效率降低；二是阻碍了航空公司间的有效竞争，致使机场难以引进其他航空公司；三是阻碍了运输价格的下降，抑制了航空市场需求的发展。最终，这些因素会制约机场业务量的发展。

虽然理论上说，机场可以通过扩大基础设施建设来抵抗基地航空公司的垄断，但这样的投资是没有效率的，因为除了高峰需求外，会造成资源的闲置。为了维护机场范围内航空公司的合理竞争，提高资源利用效率，机场当局应该对基础设施资源保持充分的控制力。

在保障机场当局一定市场控制力的基础上，机场当局应该加强与航空公司的合作关系，通过合作带来的利益弥补基地航空公司在丧失市场控制力方面带来的损失。机场当地政府和行业主管部门也应该从管制和立法的角度来维护机场的市场地位，同时加强对机场当局的规制，通过规制来维护航空公司的正常利益。

四、航班时刻资源配置

机场航班时刻通常可以定义为一个航班到达或离开所需要的时间和时段，这与交通管制中飞机起飞和着陆时刻还有所不同。飞机起飞和着陆只占用的机场跑道资源，而航班到达或离开的过程中还需占用机场登机口和航站楼设施等其他资源。在目前世界上很多机场容量趋于饱和，机场基础资源利用受到限制的情况下，航班时刻成为航空公司的生存之源，是航空公司在与机场市场控制力之争的主要对象。在国家的航空运输格局中，由谁来分配航班时刻资源，按照一种什么样的机制来分配这种稀缺性日显突出的资源，一直是业界所关注的一个问题。

1. 国际航协IATA时刻协调会议

目前除美国外的世界上大多数国家对航班时刻分配的机制都参照IATA时刻协调会议(Schedule Co-ordination Conferences) 进行产业自我调节(Industry Self-regulation)。由IATA成员以及非成员航空公司自愿每年在夏、冬两季举行两次会议对指定容量受限制的机场如何进行时刻协调达成一致。

在最近的IATA航班时刻指引中，全球的机场被分成三类：

第一类称为“完全需协调”机场(Full Coordinated)，指市场需求超过机场容量，需要正式的规则来解决航班时刻配置。

第二类称为“需时刻协调”机场(Schedule Facilitated),指市场需求接近机场容量,但航班时刻配置还可以通过自愿合作来解决。

第三类称为“无需协调”机场(Non-Coordinated)。每个“完全需协调”机场都需要一个时刻协调人,传统上协调人由挂旗基地航空公司来担任,现在由第三方独立担任协调人成为发展趋势。

在“完全需协调”机场的时刻配置规则中,最为重要的是“祖父权力(Grandfather Right)”。那些在上一季度已经取得时刻资源的航空公司有权利断续使用这些时刻资源,条件是航空公司对这些资源的利用率超过80%,即所谓的时刻保留要求或“要么使用、要么失去”法则。

如果航空公司在上一季度对所取得的航班时刻利用率不能达到80%,则需要将其归还到时刻协调人的“时刻池(Slot Pool)”中。另外,优先原则规定那些对时刻资源利用更为频密,有利于机场容量更为有效利用的航空公司给予航班时刻资源优先使用的权力。

时刻协调人在进行时刻协调时,必须奉行透明、中立和非歧视的原则。在每一轮时刻分配开始时,机场、空管和航空公司需要分别就时刻协调员所设计的调查表提交自己的相关资料。其中机场需提交机场的地面设施可用程度;空管需提交航路可使用情况;航空公司需提交上一个航季的时刻使用情况;之后时刻协调员会将航空公司上一季未完全使用的时刻资源和本航季新产生的时刻资源汇集在一起,形成本航季的“时刻池”并予以公布。航空公司将根据“时刻池”所提供的时刻提出本公司需要申请的时刻。接下来时刻由协调人相关的法则对时刻进行分配。

从1990 年到1999 年,全球第一类或“完全需协调”机场的数量增加了18%,达到120个(不包括美国机场),其中60个在欧洲,30个在亚太地区,10个在非洲。许多美国机场也受到机场容量的限制,但不归入IATA时刻管理委员会的统计内。

2.欧盟起降时刻规章

在欧洲,航班时刻分配的基础性法规是欧盟1993年颁布的《欧盟起降时刻规章》(EU95/93)。规章基本采用了IATA的框架,许多IATA时刻管理的特征都融入到这个规章内,如欧盟也将机场分为三类,“无需协调”,“需协调”(Coordinated,IATA体系相对等的称为Schedule Facilitated),和“完全需协调”机场,到2000年,欧盟第二类机场有13个,第一类机场有57个。

3.IATA和欧盟两个管理体系的比较

(1)IATA管理体系是自愿的,而欧盟的管理体系是法律规定。

(2)所追求的目标也有所不同,IATA的管理体系主要目的在于协调时刻并避免不必要的机场拥挤,而欧盟的管理体系还追求机场容量的最有效利用,并促进航空公司竞争。

(3)欧盟管理体系规定,协调人必须是独立于机场内的所有航空公司。目前许多国家,如丹麦、法国、意大利、荷兰、瑞典和英国等,都成立了独立的法人单位作为机场的协调人。但也有一些国家,如葡萄牙和希腊等,仍由主要的基地航空公司充当协调人,欧盟委员会正对这些国家施加压力促使其向更加独立的协调人体系转变。

(4)欧盟体系更为鼓励新进入的航空公司(新进入的航空公司指那些在一个机场中所占航班资源不到4%,或在一个城市机场体系内所占航班资源不到3%的航空公司,或新进入到一条已经有两家以上航空公司运行的航线上的航空公司)。“时刻池”中的一半分配给新加入的公司或新进入某条航线的公司,除非这些公司所申请的时刻数量还不到“时刻池”的一半,以给这些新进入航空业或新进入某条航线的公司更多的机会。

(5)对特定一些具有特别社会和经济效应的时刻可以被“圈定(Ring Fenced)”。

欧盟的95/93规章也存在着一些明显的缺陷,如“祖父权力”导致进入和扩展的壁垒、时刻资源虚耗、高峰时间拥挤和航空公司对协调的积极性不足等。

为此,2004年欧盟在EC95/93的基础上,对现行的起降资源的分配机制进行了修改,形成了793/2004规章。新的规章更强调时刻协调人在职能和财政上的独立性,并规定了对时刻资源浪费的惩罚措施。几乎是在793/2004规章刚刚开始执行后不久,欧盟又在全行业范围内就引入新的市场机制管理起降时刻的问题开展了一场广泛的调查咨询活动。

市场机制将通过使航空公司直接承担占有“时刻”这种稀缺资源的成本,来解决目前时刻资源行政分配机制的局限性,采用交易的方式来提高起降时刻资源管理的灵活性。交易方式分为一级和二级交易,所谓一级交易即是通过拍卖或其他方式使航空公司为他们所使用的时刻付费,而二级交易指航空公司之间可以买卖时刻资源。

4.美国的航班时刻管理机制

在美国,由于诸如IATA的航班时刻管理机制会与美国的反垄断法发生冲突,所以美国的多数机场并没有正式的航班时刻配置机制(与此例外的是纽约肯尼迪机场和拉瓜迪亚机场、芝加哥奥黑尔机场及华盛顿里根机场,这4个机场自1969年以来,航班时刻有着一定的分配机制。1969年FAA针对这4个机场出台了所谓的“高密度机场法规”,1978年后又引进了航班时刻买卖条例,而2000年出台的航空投资和改革法案(AIR21)要求废止这些条件,到2007 年这4个机场的所有航班限制将被取消)。

这意味着美国机场除约束外,对航班时刻保持着开放的状态,航空公司在考虑可能存在的延误后独立决定航班时刻。

这导致的后果是，一天在在某些时刻机场业务变得非常拥挤，根据旅客出行的偏好，许多航空公司会将航班时刻安排在同一个时间。随着越来越多的机场出现拥挤问题，FAA自2001年以来，正在酝酿对现有开放和由航空公司自主决定的航班时刻资源配置状况进行改革。2001年，美国运输部发布了"关于采用市场化行为来减少机场拥挤和延误的通知"（FAA，2001），通知很清楚地指出今后美国将来对航班时刻资源配置的改革方向将是采用市场化机制，如拥挤定价和时刻拍卖等。

纵观全球机场航班时刻管理政策的演变，通过市场化机制进行需求管理将会是今后的发展方向。目前在我国机场航班时刻的配置中，机场和航空公司都没有控制权，航班时刻分配主要由空中交通管理局决定。由于空中交通管理局目前还是一个政府机构，所以在航班时刻安排上，更多采用的还是行政手段，离市场化运作还有一定的距离。随着我国航空运输量的增长，更多的机场将会出现拥挤的状况，如何提高机场容量的利用率将会是我国民航业面临的一个重大课题。

五、机场地面服务

机场地面服务对航空公司运营来说至关重要，不仅影响航空公司的运营成本，而且还关系到航空公司对旅客所提供的服务质量。地面服务的质量很大程度上决定了航空公司运营是否顺畅，以及航空运输整体流程的安全性。

地面服务的内容通常包括旅客作业（Passenger Handling）、行李作业（Baggage Handling）、货邮作业（Freightand Mail Handling）、机坪作业（Ramp Handling）、航油作业（Fuel and Oil Handling）、飞机服务和飞机维护（Aircraft Services and Maintenance）等。这些活动通常可以分为陆侧作业（包括旅客、行李和货邮作业等）和空侧作业（包括机坪作业、航油作业、飞机服务和飞机维护等）两类。

机场地面服务是机场与航空公司业务资源之争的主要阵地，目前全球各个机场为航空公司提供地面服务的主体有：

（1）机场管理机构。如欧洲的米兰机场、罗马机场、维也纳机场和法兰克福机场等。这些机场地面服务业务的收入在机场总业务收入构成中占很大的比重，有时甚至超过50%。

机场管理机构本身是否直接参与地面服务的经营是衡量机场管理模式是经营型还是管理型的重要标志。机场在不直接参与地面服务业务的情况下，对提供地面服务的或独立运营商通常收取设施租赁费和特许经营权费。这种机制还可以应用于除飞机起降外的所有业务，如机场的保安、安检、通信等业务都可以由独立的第三方来提供。香港机场是典型的管理型机场。

（2）航空公司自己提供或由"第三方"其他航空公司提供。在北美机场中，这是一种最为常见的模式，目前被世界上绝大多数的机场所采用。

（3）独立的专业地面服务运营商。独立运营商需要满足相关的要求，如技术水平、确保人员达到相关安全标准和有特种车辆运营资质等等，获得相关的许可才能在机场提供服务。

一般机场管理机构还会设定一系列地面服务的质量标准。随着全球经济一体化，一些专业地面服务运营商通过国际间的收购兼并成为了专业化、规模化的跨国公司。例如，Globe Ground和Servisair在2001年合并后，年收入达到8.9亿美元，业务遍布全球200个机场。

随着航空运输业竞争的加剧，航空公司需要不断地降低运营成本，因此需要机场地面服务的成本也能够不断下降，同时还必须满足其服务质量标准。机场管理机构为了机场的整体运作效率也希望不断提高地面服务质量和降低经营成本。自20世纪90年代以来，地面服务自由化成为了全球航空运输业的发展趋势，是满足航空公司和机场提高运行水平、降低经营成本的重要手段。

在美国航空业的发展过程中，早期往往是航空公司自己提供地面服务，随着业务的不断增长，地面服务部门逐步发展成为相对独立乃至提供第三方地面服务业务的实体，美国航空业不断增强的竞争压力成为美国航空业地面服务自由化的主要动力。在激烈的市场竞争环境和外部冲击（如9·11事件）的共同作用下，航空公司纷纷选择地面服务外包或整合自身地面服务业务来降低服务成本和确保服务质量。

在欧洲，各国政府对地面服务的管制相对较为严格，导致欧洲机场的地面服务市场垄断程度较高，经常出现一个机场中仅有一个地服运营商（往往为机场管理机构自身）的局面。与美国相比，欧盟的地面服务费用要高出30%，在服务质量上与也存在一定差距。对此，欧盟国家给予了高度的重视，1996年欧盟出台了关于地面服务的指引（表1）。在这个指引出台后，越来越多的欧洲机场也采用了地面服务自由化的政策。

1996 年欧盟关于地面服务指引的主要内容 表 1

从 1998 年 1 月 1 日起	航空公司在机场航站楼有为自己提供地面服务的权力。在旅客吞吐量超过 100 万人或货物吞吐量超过 2.5 万吨的机场，航空公司有权力为自己提供行李、机坪、航油和货物作业的地面服务
从 1999 年 1 月 1 日起	在旅客吞吐量超过 300 万人或货物吞吐量超过 7.5 万吨的机场，允许第三方地面服务运营商存在
从 2001 年 1 月 1 日起	在旅客吞吐量超过 200 万人或货物吞吐量超过 5 万吨的机场，允许第三方地面服务运营商存在。必须有一家地面服务运营商是独立于机场管理机构和在这个机场市场份额超过 25%的航空公司。来源：European Commission（1996）

在我国,地面服务传统上完全由机场管理机构提供,目前虽然有部分机场的部分业务得到开放,如北京、上海、广州和深圳机场部分航空公司的旅客值机业务由航空公司自己负责,一些机场也成立了独立的地面代理公司。

20世纪90年代初,北京首都机场出现了由首都机场地服公司和新加坡樟宜机场航站公司(STAS)合资经营的提供全方位服务的BGS地服公司,以及AMECO和GAMECO两家以机务维修为主要业务的地面服务公司;1993年上海虹桥机场股份有限公司成立了专业从事地面代理服务工作的航空服务分公司;90年代末,广州白云机场开始将其地面保障部分的功能剥离,形成独立的地面服务企业。

但是大部分机场的地面服务仍然还是由机场管理机场直接经营。或者说,中国目前的机场还大多属于经营型机场,机场管理机构直接经营各种业务,由于业务的垄断以及非专业化经营,导致机场地面服务业务运作效率不高,这也是造成多数中小机场长期亏损的重要原因。

民航业的自由化要从地面服务业务的自由化开始,中国机场如何加快地面服务自由化进程,实现从经营型机场向管理型机场的转型,从而有效地提高机场运营效率,仍然有很长的路要走。

六、总结

机场与航空公司之间首先是战略伙伴关系,同时作为航空运输服务供给方面;但机场的航空业务收入全部来自航空公司,因此双方也是客户关系;在对设施资源控制和业务资源利用方面,双方还存在着一定程度的竞争关系。

机场面对的众多航空公司可以分为基地航空公司和非基地航空公司。基地航空公司对一个机场的业务量有着重要影响,一般占该机场业务量的50%以上。非基地航空公司对机场的成功运营同样十分重要,可以增加机场的通航点,提高机场在航空网络中的地位,为旅客和货主带来更多的选择。

机场业务对航空公司运营有着重要影响。机场收费是航空公司运营成本的重要构成部分;机场设施利用对航空公司正常运营以及相互间的竞争会产生重要影响;机场业务也会影响航空公司的服务质量和品牌建设;对枢纽型航空公司来说,其中转枢纽功能不仅依赖于机场的中转设施,而且其航班波的安排有赖于机场的共同合作。

由于多数机场的运营过多地依赖于一个基地航空公司,从而使得这些基地航空公司在与机场签订相关契约时,对机场收费、设施资源利用以及业务资源分配具有一定的操纵力,因此具备了一定的市场控制力。如果一个基地航空公司掌握了机场内的市场控制力,则会削弱航空公司间的相互竞争度,降低机场资源的利用效率,因此机场当局应该避免基地航空公司对市场控制力的掌握。

从国际航空业发展趋势看,机场航班资源的配置将更加市场化,航班时刻协调人更加独立化。中国机场的航班时刻配置目前还在行政管理之中,如何提高机场容量利用率,减少航班拥挤和延误,将是我国民航业发展的重大课题。在机场地面服务方面,国际上自由化是发展趋势。中国机场的地面服务大多数还是由机场管理机构提供,服务效率不高。中国机场应该加快地面服务的自由化,让更多更加专业化的独立地面服务运营商从事地面服务作业,实现机场由经营型机场向管理型机场转型。

张建森 谢敏:综合开发研究院

浅析中国航空货运的运营现状及经营方向*

王晴雁

根据权威机构统计，2002~2007年，亚太地区是世界航空货运年增长率最高的地区，平均增长率达到9.2%，而全球航空货运的平均增长率为6.7%。到2015年，亚太地区航空货运量将占到全球货运量的一半以上，而亚洲最具发展潜力的市场是中国大陆。

以前，亚太地区的航空货运不管是东向还是西向，绝大部分航空货运都是通过日本东京这个小漏斗中转。波音公司预测，在接下来的20年时间里，日本在亚洲经济中所占的份额将大幅下降，从1970年的73%和目前的59%，下滑至2017年前的42%。而中国在亚洲经济中的份额将从当前的13%上升至2017年的26%，但是如果日本的经济问题持续存在，则中国的市场份额会有更大的上升空间。按大韩航空货运公司销售和运输部副总裁Chul-Soo Yang的话说，中国是“世界上仅剩的一个庞大市场”。

一、存在的问题以及解决办法

面对这样大的市场和如此好的前景，如何解决当前我国航空货运发展中面临的问题成为当务之急。我国的航空货运存在的问题主要表现为：一方面有大量的进出口货物因为中国缺乏直接运输能力，而不得不通过第三国中转；另一方面，在我国航空公司有航权的国际航线上，仍有一半以上的出口货物周转量被外航拿去了。国内航空公司从本部出发的航班有时能做到满载，但回程货物却少之又少，浪费资源，较低的航班载运率意味着运力的虚耗，影响了效益，使航班频率提升不上去，造成恶性循环。所以，当前我们应当着重解决如何提高空货的载运率，改善经济效益。首先，分析一下哪些因素是制约空运货物发展的瓶颈。

1.航线网络结构问题

首先，应当改变目前不合理的航线网络结构。

就国内航线而言，应当改变中国民航现有的点到点的运营方式，我国目前的航空货运网络主要连接了东部沿海大中城市和中西部的省会、自治区首府和直辖市，许多地区还存在着航线网络空白。所以，应当努力形成覆盖能力较发达的航线网络，大力发展支线航空，为干线运输汇集和疏散旅客和货物。国外的实践证明，根据货源分布和商品物流趋向建立的Hub & Spoke结构是发展航空货运的最优结构。

但货运集散中心(Hub)的选择至关重要，航空货运集散中心一般应具备以下条件：一是机场的地理位置，或处在某个经济区域的中心，辐射半径较大；或是处于两个较大经济区域之间的转运地带，易于货物转运。二是所在地区经济水平较高，工商业发达，与其他地区特别是全球的贸易来往密切，产业结构中高附加值智力型知识型产业，如高科技产业等所占比重较大，有较大的货运需求。三是当地政府的大力支持和较多的优惠政策。四是机场地面设施有一定的规模，设备先进，信息畅通，具有较大的各种货物仓储、分拣能力。五是当地的地面交通运输状况良好，具有各种运输方式的联运和转运能力。六是国际航线航班较多，通达能力强。

其次，在国际航线网络方面，从整体上看，目前，中国民航对欧洲、北美等航权的使用过于分散，难以形成规模优势，使得本来就较小的运营规模力量更加分散，对航班的安排、运力的调配均不利，由此导致了载运率的下降。因此，从战略上讲，我们应当充分发挥社会主义市场经济优势，在机型配置、航线开辟、网络形成、航班安排、地面设施以及集散中心的选择和建设等方面搞好整体规划，充分利用现有生产要素，整合国际航权，尽早实现经济规模优势。

2.外埠销售问题

在提高回程货物载运率、促进外站销售方面，我们可以借鉴一下大韩航空公司的做法。大韩航空货运公司是世界第三大航空货运公司，也是继汉莎航空货运公司之后世界第二大客货联合经营的航空公司。大韩航空公司在外埠销售方面，努力开发支线和次要市场，以辅助其主航线。用其货运销售及市场拓展部副总裁Ji Young Lee的话说就是拓展特殊市场——即以最小的成本投资，充分发挥其潜能。大韩航空的一个重点发展领域是增加在欧洲和美国的陆路支线服务，利用卡车增加偏离目的地的业务量，以最小的成本投资提高装载系数。再看看欧洲的一些著名航空公司的做法。英航向穿越英吉利海峡的“欧洲之星”列车投资，并计划将铁路与其伦敦的空运枢纽相连接，星空联盟也正在寻求与德法铁路结盟。据分析在未来几年里，空铁联运将成为欧洲区内中短程运输的主要特色。

由此可见，要提高我国航空公司回程货物的载运率，在努力做好营销的同时，还必须要建立外埠货物的支线服务系统，在我国航空公司经济实力较弱的现实面前，要建立这样一支支线运输队伍还不现实，但可以考虑一下与外国支线航空公司和陆路运输公司寻求合作，为我们的干线国际航线运输汇集和疏散旅客和货物——只要我们肯做还是有机会的。

3.机队结构问题

我国航空公司的国际航线的覆盖面不够理想，现有国际航线上载运率不高。总的来说，市场占有率低，据有关资料统计，中国航空货运业在世界上的市场占有率为2.5%，而大韩、日本和新加坡三家航空公司分别为4.5%、4%和3.9%。面对这样的现状，

*本文转载自《空运商务》2008年第15期

我们要承认一个事实，即中国民航所谓的运力过剩只是相对过剩，在相当程度上可以说是运力的结构性过剩。一方面，宽窄体飞机比例失调。另一方面，全货机数量不足。

(1)宽体飞机比例过高

航空企业非理性的扩大自身的资产规模，盲目追求机型“大”和“新”，从而引发了机队的结构性问题。据统计，国内三大集团公司宽体机平均水平为36.55%，而世界上航空公司宽体机比例仅为23%。

对于一个特定的航线市场，需求量是有限的，较大的飞机只能采用较低的航班频率，而在同一市场用较小的飞机运营可以增加航班的频率，使货物可以及时地运达目的地。现代物流服务非常强调“及时性”(just in time)，强调运输及配送过程中时间的节约性和及时灵活性，及时性物流服务(just in time service)在信息化和全球化的新经济时代，成为供应链管理和控制中的核心问题。只有进行不早不晚的及时性服务，才能最大限度地做到“零库存”，降低由于压舱、过期、缺货、盗窃等造成的成本开支。特别是在信息革命到来之后，社会对及时性的要求与日俱增。

我们如果将现有的宽体机队用高频率运作，由于较大的飞机不及相对较小的飞机易达到较高的载运率，这样其单位成本必将提高，无法实现价格优势。货物运输对于机型的偏好远不及对于价格及其频率的敏感程度。如果“小飞机”运营既有成本、价格的优势，又有航班频率的优势，那么，“小飞机”运营公司便极易使“大飞机”运营公司陷入“低频率—低份额—低载运率—高成本”的恶性循环。英航以B777远程客机取代现有的B747客机，减少运力，正是为了适应市场的变化，以提高航班频率为目标的战略。

(2)全货机数量不足

我国民航的机队结构性问题还表现在客货两用机的货运能力不完全适合现代化航空运输的需要，需要有一定数量的全货机。目前，我国航空货运仍以客机腹舱载货为主，占货运量的90%，全货机的货运量还不到10%。一方面，这种客主货辅的经营方针导致了货物运输经常处于被动地位。如果客机乘客坐满或到客运高峰期，几乎就没有什么可利用的吨位提供给货运。面对开放后进入中国市场的外国航空公司只能坐看人家获利，所以各航空公司有计划地投入运力是走客货并举之路的关键所在。另一方面，货机是机动灵活的，而客机带货的时间和航路在许多情况下与货物托运人的需求是不相一致的。除此之外，多数货机可以引进专业化设备成组装载大批量、大件货物，而一般客机腹舱只能装载小件货物；货机运输相比客机带货能减少货物的过境(国际货运)时间；危险品空运一般也只能由货机来完成等等优点。也就是说，为了争取更多的潜在货源，在与外航或其他运输方式的竞争中取得主动，必须要有一定数量的全货机机队。

4.地面设施和流程方面的问题

据IATA的一项调查表明，假设将全部运输时间定为100%，从货物出库到航班起飞耗时34%，空中占8%，从航班到达到交付到货主手中占58%。这是世界平均水平。而与西方国家相比，我国由于长期以客运为中心，空运货物的运输生产、服务的设施建设相当落后，进出口货物的操作流程繁杂。因此，空运货物的地面处理时间占更大的比重，在开拓速递业务后，地面设施将成为一个瓶颈。所以，有必要充分利用和加快改善我国现有航空陆运地面设施。

(1)改善航空货运基础设施

首先，要改善航空货运基础设施。航空货运基础设施的建设具有投资量大、投入资金回报期长、回报率低的特点。所以，不能光靠政府或航空公司进行投资建设，要采取多种方式，多渠道筹措机场货运设施的建设资金，如航空公司、机场投资外，要鼓励地方投资和大型企业的租赁投资，并积极利用国外资金，也可考虑机场设施的租赁经营。以求扩大仓库容量，完善地面货运设施的功能，增加牵引车，集装设备等，提高装卸、搬运机械化和自动化程度。

其次，应当充分利用现有的地面设施。发挥现有设施的潜力，避免货运设施的重复建设和闲置。目前我国机场的利用率普遍很低，特别是在后半夜，几乎处于关闭状态。所以，应当做好货运航班的排班工作，适当发展夜航货运航班。

(2)简化货物通关流程，建设空港保税自由贸易区

制约我国国际航空货运发展的另一个瓶颈是货物的通关流程繁杂，联检效率低下。经济贸易往来是航空货运发展的基础，国际间的货物流通更需要有便利、高效的通关程序。因此，为了提高货运处理效率，吸引更多的航空货运公司和物流企业，机场方面应当与口岸各方建立快捷有效的协调机制，减少审批程序和办事环节，通过科学、高效的监督，以达到口岸通关效率的大幅提高。

韩国仁川机场2006年的货邮吞吐量为231万吨，成为世界排名第二的国际货运机场，其货源的大部分都来自中国。仁川机场的货运之所以在近几年飞速发展，其中一个重要原因是仁川机场建立了超大规模的航空货运站和具有保税功能的空港保税自由贸易区。自由贸易区的建立，不仅为入驻企业创造了物流和加工的区位优势，还为企业提供政策、操作流程和服务的便利，有效提高了企业的运作效率。

2007 年底，北京空港保税物流中心正式投入运营。该中心是首都机场航空货运大通关基地的核心项目，多项优惠政策已吸引20 多家国内外知名物流公司的目光。保税区中的这些货物可以储存、制造、加工、组装或用于商用展览，不用交纳关税和其他税收，还可用于货物的免税转港，方便了加工贸易、深加工结转企业间的货物流转，真正实现了生产企业的零库存和物流企

业的供应链管理服务。

二、航空货运的经营方向

1.提供高附加值服务，提高航空货运利润率

从统计来看，在航空货运增长趋势的背后并没有看到利润的同步增长，而让人吃惊的是，长期以来货运收益（每磅货物的收入）却在下降。现在航空货运收入在一些大型综合性航空公司中，只占到总收入的百分之十几，在美国的几家航空公司中，甚至更低，只有5%。

而与此形成鲜明对比的是同样经营空货运输业务的联邦快递公司的年收益竟高达320亿美元之多。同为从事空货运输的航空公司，何以收益相差如此之大？比较一下两者经营范围的差别，我们发现，大多数综合性航空公司提供的主要货运服务是机场到机场（ATA）形式的，而联邦快递的ATA项目只占运输总值的3.3%，其经营重点放在了IP（国际优先权）服务和IXF（国际快递货运）服务上。IP是一种高价值，确定时间的快递服务。IP和IXF这两种服务具有快速、准时、门到门的特点，由于是门到门的，因而具有较高的安全性，假如投递未抵达收件者处，也具有较好的追踪性和退款担保。实践证明，货主们宁愿支付高价，也愿意获得其寄送物品的及时性和安全性，因此IP和IXF不但发展迅速，而且收入也颇为丰厚。

随着现代文明对时间性和安全性要求的逐步提高，非快递航空公司要想扭转航空货运收益不佳的被动局面，唯一的方法就是逐步提高附加值服务的比例。俗话说得好，要是无法战胜对手，最好的办法就是与之为伍。就目前来看，航空快递运输正在以近20%的高速增长，这是整个航空货运市场增长率的3倍。另外，客观事实也表明了快递市场的巨大潜力，随着信息革命的到来，以互联网技术为基础发展起来的电子商务将逐渐渗透到社会服务的每一个领域，形成了巨大的B2B、B2C的电子商务市场，电子商务的发展势必提高人们对于物品配送的要求。而一般来说，走航空运输这条路的网上订购商品必然是对安全、速度、方便性要求非常高的，这正是快递业的服务对象。所以，航空快递运输的前景是非常广阔的。

然而，任何一个航空货运企业要想单枪匹马仅凭借现有的技术资源在这一领域闯出一番天地来并不是那么容易的。就拿联邦快递为例，它为全世界210多个国家和地区服务，这些国家和地区占世界综合国内生产总值（GDP）的99%，它还为占世界

90%GDP的城市间与国家和地区间提供第二个工作日和2个工作日送到的快递服务。面对联邦快递在国际快件运输中的垄断性优势和它巨大的覆盖网络，其他航空货运企业只有一条路可以走，那就是在大力应用信息技术的基础上，走类似于航空客运的结盟之路。

2.航空货运企业的结盟之路

航空货运企业间的结盟是在实行各公司独立经营的基础上，在业务上通过共享市场、技术、资源和人力资源，提高效率，降低成本，来增强空货运输的覆盖网络，保证货物运输的质量要求，一票到底、一次托运、一次结算、全程服务。航空客运企业的联盟已经为理顺各公司之间的合作关系打下了基础，这就为货运企业间的结盟提供了极好的机会，货运企业间的联盟可以按照现有的结盟格局继续往下走。

虽然货运企业间的结盟有这样大的好处，然而一个成功的全球性空货联盟的组建是不可能一蹴而就的。许多专家认为，在现在的经营条件下，各公司间的结盟不但达不到上述效果，反而会影响到货物的按时运达。因为要建立一个成功的空货运输联盟，必须要做到的就是为客户提供统一性的业务服务和实现各公司间的无缝衔接。但是，实际情况却是，现在大多数空货运输企业在业务流程、电脑平台、产品成本等各方面都是采用不同的标准。除此之外，要建立一个成功的空货运输联盟，还必须要建立一个广泛的、有着很好协调能力的中间传输调控系统。为了在信息传递，应变能力和处理手段上达到联合运营的要求，就需要有相当大的投资来建立这个系统所需要的设施，如信息科技、货运业务等方面的一系列相关基础设施以及设施间的协调运作。

3.与生产性企业建立起长期稳定的合作伙伴关系

在航空货运企业结盟，顺利实现了航空货物的无障碍转运，形成了覆盖面巨大的运输网络之后，就应该考虑一下如何完善自己的物流服务了。进军物流链的第一步就是应当与生产性企业建立起长期、稳定的协作伙伴关系。联邦快递称之为后勤管理计划，也就是将自己与一些大公司和制造商联系在一起，建立全球性的后勤管理中心，这些中心为国际性公司提供库存管理和分配，使这些公司能合并库存、减少库存和仓储设施费用，加快交货周期，取得商业竞争的成功。

对联邦快递来说，后勤管理计划的主要优点是增加了联邦快递运输能力的价值。客户认识到，联邦快递不仅是一个运输的提供者，更视它为运输和分配整体关系中的一个伙伴。后勤管理计划一方面拓展了业务领域，另一方面又对空运提供了有力的支持，为联邦快递确立了一批诸如Dell电脑公司和劳拉·爱时里之类业务量巨大的固定伙伴。后勤管理中心的收入不到总收入的5%，但对联邦快递收入的影响却接近25%。后勤管理计划之所以进展顺利，一个很重要的原因就是因为生产性企业从中也获利巨大。Dell公司的产品从客户订货并根据客户要求制造，到交到客户手中的时间仅为6天，Dell计算机产品成本由此降低了10%，市场竞争能力大大增强。

建立自己的后勤管理中心的第一步，可以像联邦快递的做法一样，争取通过为企业进行库存控制和仓储服务，进而进一步拓展到为公司进行包装加工、销售等工作，最后可以考虑涉足最复杂，投资较大的配送环节。但在一开始可以考虑通过协作合同

关系把配送业务承包给一些当地信誉好、实力强的陆路配送企业,因为一旦涉及配送这一物流关键环节,就需要强大的地面运输力量支持,否则就会影响整个物流链的质量。

4.必须具有强大的信息系统支持

一方面,对物流链本身,一个强大的信息系统是推动和支持商品流动的决定性因素。有人把物流链中实物的流动称作"地网",而把一个完善的物流信息系统比作"天网"。这个比喻十分恰当,地网在天网的覆盖和支持下运作。一个强大的信息系统还可以为航空公司和航空货运代理提供市场调研和预测、随机运力安排、经营效益统计等现代化管理所必需的技术手段,同时也为缩短通关时间、简化通关手续创造了条件,并且使电子讯息交换系统(EDI)、电子托运单和结算系统成为可能。

因此,大力开发物流信息服务网络系统是实现现代物流服务的前提。不仅如此,一个好的信息服务系统可以为客户带来很多的方便,可以保持和吸引客户,正如联邦快递的电脑包裹追踪系统(COSMOS),客户可以通过其了解有关货物的信息;以及POWERSHIP系统,通过它货运量大的客户可以把自己的电脑变成遥控寄运站,处理航运,安排取件,追踪货物状况,打印寄送标签。联邦快递还能为客户提供网上速递处理服务(FedEx internet ship),客户通过上网及打印可自行准备空运单,将货件付运到全球超过160个国家和地区。有如此方便的信息服务系统,必然吸引众多不愿出门的客户。目前联邦快递有66%的交易是通过电子商务网进行的,其交易额达到6500万美元,是全球最大的网上交易公司。当然,联邦快递每年用于信息技术的投资达10亿美元。

而我国目前的现状是,航空公司或机场的货运计算机系统主要是为货运各个业务部门提供简单日常工作的计算机处理手段,如吨位控制、运单管理、仓库管理、航班配载、货物出港、货物进港、货物查询等,没有像客运计算机订座系统一样实现联网,特别是没有与航空货运有关的单位诸如主要托运人、货运代理、海关及其他政府职能部门实现联网,这大大降低了市场竞争力。而在国外,几乎所有的大型航空公司、大型机场和大型货运代理公司都已开发或加入了货运计算机网络,有的公司已能通过电子联网系统来实现为客户订舱、报关、运送、存舱、理货、保险和转运等"整体货运服务(Total Logistic services)"。

总之,我们要积极开展对外合作,促进我国航空货运的发展。我们可以同国外先进的航空货运企业以及货运代理企业进行合作;也可以利用外资和先进的管理经验;还可以通过合作,培养我们的货运队伍,建立和完善适合我国航空货运发展需要的计算机网络,学习和联检机构合作方面的技术和经验。目前我国航空货运水平较低,仍处于成长阶段。"他山之石,可以攻玉",通过借鉴并与发达国家开展有关航空货运的合作,可以使我国航空货运的发展不走或少走弯路,沿着健康的轨道发展。

王晴雁:南京航空航天大学

飞翔在交叉点上*

——未来中国民航企业发展趋势漫谈

吴双桐

今天,中国民航业正在从后工业时代向信息时代过渡。在这个交替时期,我们感受着压力,也将享受着变革带来的欢娱。

一、从大工业化民航向信息网络化民航时代的过渡

传统上,航空公司最关注的是飞行员、机务工程师与空中乘务员的素质与能力,因为他们是中坚的生产力量。而在未来,航空公司将会付出更多的资源成本用于吸引、培养与训练那些与信息处理分析、市场营销和机构管理有关的人才。在信息与网络日益普及的今天,企业的效益将会与其对信息处理的能力息息相关。事实上,网络化和信息化至少将为航空公司带来如下的好处与效益:

(1)信息资源帮助企业制定决策和推出产品。网络化的信息资源为航空公司提供了一个能够迅速了解、汇总与分析市场结构与旅客信息资料的机会,公司可以根据分析对运行控制、机型选用、航线开辟和航班增减做出更合理且更具有效益和效率的安排。

(2)网络和电子支付系统为扩大销售额、降低销售成本提供了条件。电子客票、信用卡与网上支付系统的普及将使航空公司因此而扩大其销售量和销售范围,并减少因机票代理商所产生的成本支出。

(3)依托信息与网络技术的新型服务将提供新的利润增长点。随着技术的成熟,航空公司完全可以利用信息与网络技术设计出更多的于顾客有益,于公司本身发展有利的电子化、信息化产品与服务。而这些依靠高新技术所诞生的服务将为传统的航空公司提供新的利润增长点。

显然,在新的时代里,信息的获取、分析与处理能力将会为航空公司效益的提升提供巨大的帮助。信息与时间并行,谁比别人更早一步得到信息并做出反应,谁就能有效地规避风险而获取利益。可以想象,航空公司在这一过渡过程中,将发生令人激动的改变。当然,在这一过程中也将存在一些必须面对的问题:

1.信息观念的转变

信息意味着金钱和利润,如果决策者不改变对信息特别是即时信息的态度与观念的转变,不对信息的作用加以重视,在严酷的市场竞争中,将会使企业遭受毁灭性的打击,而企业利用信息获得利润的设想也将成为空谈。

2.信息的处理能力

在信息的传播速度、范围、能力都呈几何级数增长的今天,航空公司信息处理能力的强弱,将直接决定其在未来的市场反应速度、危机公关能力、企业公众形象、企业品牌影响力和最终的市场占有率与利润率。例如,当某航空公司在接收到大量的数据信息反映一城市至另一城市具有大量的往返客源,且一切数据信息显示开通该航线将会获得大量的利润时,如该公司能迅速决策,在别的公司未做出反应之前开通该航线,很自然地就会获得显著的经济效益。而如果对所获得的信息不进行甄别与分析,任其过耳如风,则将很容易丧失先机,被其他竞争对手所抢先。等到反应过来再去与之竞争,那么无论是航线开辟还是客票价格折扣以及最终的利润比率都将不在是当初的样子了。

3.信息技术应用能力

信息处理不但在宏观上为决策者提供支持,更能在执行细节上为执行者提供帮助。而要达到这一目的,企业的信息技术应用能力就必须达到一个新的高度。事实上,在信息时代,新的信息技术将轻而易举地解决以前靠人力难以完成的任务,并能逐渐产生因新技术而诞生的新技术、新方法、新产品和新的服务与营销模式。

例如,FOC系统将能够根据市场的变化与预期分析在极短的时间内给出最合理的中长短期航班调配方案与飞机配载方案,并能在发生紧急情况时,迅速调出管理预案进行风险规避。因为对于航空公司的FOC系统管理者来说,未来他们管理的将是飞翔在几百条国内国际航线上的几百架不同机型、不同机况的飞机,以及为其提供支援保障的无数的机组、维护人员及设备,而要对如此巨大的系统进行管理并预防风险出现,建立配套的SMS安全管理体系,则只有设计合理、功能强大的计算机系统才能完成。

而对于飞行员、维修工程师以及空中乘务员、地面服务人员来说,新的软件模拟系统,则可以让他们在公司培训教室的电脑上,甚至自己家用电脑上像玩游戏一般完成以前必须在专业的模拟机环境下才能完成的飞行操纵与维修训练及服务培训,但航空公司及其个人所承担的费用却将因之而大为缩减。

对于市场营销系统来说,电子商务的普及将给他们提供更大的销售平台,同时也为公司根据市场推出新产品提供了机会,在电子商务平台上,航空公司不仅可以向顾客销售飞机票,向经常购买本公司机票的会员顾客提供属于其个人的专享服务,还可向零担货主与物流公司提供航空快递与货运服务,而对于具有外延和周遍服务企业的航空公司来说,他们还可以通过电子商务平台向顾客销售自己的饭店客房、头等舱服务、空中娱乐、空中商务办公服务、航空食品、旅游线路甚至是自己旗下的广告

*本文转载自《中国民用航空》2008年第8期

公司的广告牌和房产公司的商品房。

4.信息与原有民航业务的接驳转化能力

事实上，计算机与信息的应用和管理最终仍需具有人文精神的管理者来统筹与应用。这一现象将会市场营销、客舱服务、企业管理、机队维护、人力资源培训等各个方面得以显现。

市场营销方面，计算机能够详细记录每位旅客的资料，但要想维护这些客户，并提高他们对航空公司的忠诚度，则需建立以信息技术为基础的用户甄别和回访服务系统，向用户提供附加服务和售后服务，以达到销售额扩张的目的。事实上，关注客户信息并能学会利用客户信息的公司将会为其带来无限的商机和意想不到的惊喜，学会利用所掌握的客户信息来定向地为客户提供其所需要和意想不到的服务，将使公司的利润点得到挖掘，而客户对公司的忠诚度与美誉度则将大幅度提升。

在客舱与地面服务方面，手中持有装载旅客信息和其所需服务信息PDA的空中与地面服务人员，将能够迅速了解每一位旅客的特点和所需要的服务，从而能根据旅客的特别为其提供意想不到的惊喜。

而在企业管理和行政管理方面，依托互联网形成的强大企业网络行政平台，将有效提高办公效率。远程可视会议系统、远程办公信函传输系统、即时通讯系统，将在使航空公司办公费和差旅费用显著降低的同时，大大提升办公速度与效率。同时，利用网络架设企业内部论坛和信息发布平台，则可有效加强企业管理者与员工之间的沟通，让员工了解企业发展目标与目的，让管理者了解实际工作中的问题与困难，从而更为迅速地纠正企业管理中的偏差，增强企业核心凝聚力。

同样，在机队维护、航材管理以及人力资源培训、财务管理等方面，信息技术的合理应用，也将会在航空公司的SMS 安全管理体系构建、人力资源管理、防止固定资产流失起到积极的作用。

二、从强迫性技术向高技术与高情感相平衡的转变

民航企业首先应将自己定位于服务业，其所提供的产品并不是仅仅为旅客提供交通工具，事实上，不同的旅客更多时候需要的是差异化、定位明确的多元化服务。除了让乘客安全快捷地抵达目的地之外，航空公司还需要依靠多方面的软硬件来向旅客提供他们所需要的服务。这并非仅仅是舒适宽敞的头等舱座位、贵宾休息厅、美味的航食、免费的空中无线网络服务和卫星电话就足够的，事实上，服务人员的一个真心的微笑、一个微小的手势、一个温暖的眼神、一句关心的话语、客舱中为有颈椎和腰椎病的乘客准备的颈枕和腰枕、专门为老人准备的轮椅与拐杖，都是让旅客感受到差异化服务的重要元素。在竞争激烈的民航企业中，要想从众多的竞争对手中脱颖而出，并在旅客心中留下深刻的印象，很多时候靠的就是如何做好细节。而要想处理好细节化的服务，则要求航空公司的服务者们必须具有足够的情商，及从乘客角度考虑问题的能力。

另一方面，高情商、富有创造力和敬业精神的员工才是航空公司所真正需要的人才。在服务领域，如果一个空乘或地服人员仅仅将自己的工作作为一份谋生的手段来对待，那么无论如何他都是无法用心去为旅客服务的，这时候即使公司提出再严格再细致的服务规范和标准化程序其效果也是有限的。同样的，一名飞行员或一名维修工程师如果不能从自己所从事的工作中感觉到尊重与自我价值的体现，也会因为各种原因的不满而在工作中敷衍了事。而这样所带来的后果令人惧怕。

因此，在新时代的航空企业中，标准化的工作流程固然重要，但如何让员工在自己的工作中体验到自我价值的完成与实现更是企业管理者必须考虑的一个问题。因为只有员工在自己的工作中得到尊重与荣誉并体验到自我价值的实现与完成的时候，才会发挥出自己的全部潜力和智慧，而这正是高技术与高情感相平衡的一种体现。

三、从国内干线航空向多种航空并举的变化

传统的国内民航业，更多的是发展大中城市之间的干线枢纽航线，但随着国内外经济的发展和国际关系的变化，支线航空与国际航线的发展速度也越来越快。调查显示，随着国内国民经济的发展，西部地区、东北老工业区的开发与振兴，东部二线城市的工商业崛起以及各种新兴旅游点的兴起，加之中国国际关系的变化，国际贸易、旅游签证的开放，未来航空运输业的利润增长点正在向支线航空与国际航线两个方向严重偏移。因此，在未来，支线航空与国际干线航空将成为国内民航业新的业务增长点。其中，特别是旅游线路、商贸线路将是这两类航线中增长速度最快的两类线路。

在支线航空中，联程支线航线和支线城市之间的直达航线建立在未来也将随着旅游商贸的发展成为可能。届时，从一个旅游城市到另一个旅游城市，从一个商贸城市到另一个商贸城市的航线开发也将成为可能(这些城市本身都并非传统意义上的航空港枢纽城市而仅仅是新兴的旅游或工商业集散地)。

而在国际航线中，未来的航线发展则将更多的是两个国家商贸城市之间、商贸与旅游城市之间或旅游城市之间的直达航线，而这些航线的出现，无疑都源于国内经济的发展和旅游业的兴起，而国际贸易关系的变化则在其中起到了很关键的作用。

四、从短期向长期的变化

随着新经济时代的来临，在市场化的大潮下，航空公司决策者们已经到了必须考虑企业长期规划与发展的时候了。在传统的航空公司管理理念中，一些管理者宁肯牺牲未来以换取本季度的好生意，因为放弃未来的利益而获得今天的成果自然要更吸引人一些。但短期行为所带来的后果在新的经济时代里很可能造成的恐怖的结果，航空公司本身很可能因此而一蹶不振。

同时，需要注意的是，与航空业紧密关联的还有石油这一不可再生资源。当忽略掉石油价格对航空公司运营成本的影响而做出各种短期决策的时候，很可能会让企业的资本风险成倍地增加。不过，这一现象现在正得到改变。事实上，有些航空公司的决策者们已经注意到了包括油料、航材以及维修和人力资源成本等对公司运营成本的影响，而通过金融调控、技术合作和先期培训等手段来规避与消化这些因素所带来的短期但却可能是致命的影响，并为公司的长期发展确定了发展基础。

在企业战略发展方向确定的时候，企业的决策者与其智囊

们必须学会去预测和分析未来中国的经济、政策、金融、运输和商贸、旅游发展状况，并据此而制定出正确的发展框架，以保证企业将拥有一个健康的未来。而没有经过大量数据汇总、分析、比较所得出的长期发展战略和细则，仅仅是依靠短期的甚至是拍脑袋的行政决策，对于航空公司来说将是危险的。

五、从竞争到合作的可能

在传统意义上，航空公司之间、航空公司与铁路、公路和航运公司、邮政、物流和快递公司之间都是一种竞争关系，但在新的时代里，航空公司完全可以与这些昔日的竞争对手通过一定的形式与手段形成有效的合作，而获得双赢的结果。例如，在航空公司之间，除了传统的代码共享与相互开展地服与航线维护服务之外，大型航空公司还可与支线航空公司进行联程客人经营与同航线客源超售转让，而两个航空公司之间不同城市不同地区的对等销售机构也可以进行互利性的客源与货源交流；在深化合作的时候，不同的航空公司甚至可以向对方提供自己的内场飞机维修及大修服务，以降低飞机海外送修的成本，并使维修服务提供方获得额外的维修收入。同样地，对于具有人力资源培养能力的航空公司来说，向小型航空公司租借飞行、乘务及维护人员也不失为一种互惠互利的方法。而对于其他形式的交通运输单位来说，航空公司与之共同开展一站到底的客货运无缝衔接业务，不但可以为航空公司本身带来更大的客源与货源，也会有效提高其他运输单位的业务量。例如，某客户需要将计算机等货品迅速从深圳运往新疆南疆某县，而这时候，航空公司如与当地的铁路或公路及物流公司具有联营业务往来，就可以直接为客户办理这样的一站式物流运输服务业务，在深圳接到货品后直接用飞机空运至乌鲁木齐，再空运转运至南疆某地区机场，或使用火车进行转运，最后再通过汽车送达目的地。这样，不但货主满意，也同时增加了航运的附加值、开拓了市场，并为提供火车和汽车运输服务的其他运输单位带来了效益，达到了双赢，甚至三赢、四赢的效果。

同样地，随着旅游和商务活动的增多，航空公司还可以与旅行社甚至直接是旅游景区、宾馆、餐饮娱乐场所进行合作，两者相互为对方输出客源并为旅客提供更多附加服务，从而使各方都满意。

六、从行政管理到共同参与管理的转变

在未来的航空企业中，企业的发展战略将由管理层制订，但战略制订之始，必须依靠管理层所掌握的详细信息资源作为基础。而这些信息资源的来源，除了依靠市场调查本身之外，还依靠企业中下层员工在执行过程中所发现的问题和意见。事实上，好的战略思路必须依靠优秀的执行，而不顾及执行者实际情况和困难的战略思路是根本无法实施的。因此，让执行者参与到决策的制订过程之中，将有效降低决策的执行阻力并最终有效地提高决策执行力。同时，这种依靠增加上下沟通而获得的决策，在执行起来的时候也更容易让执行者理解与认可，并减少了执行中出现偏差的可能。

今天，中国民航企业正处于一个发展的时代，其中充满了各种机遇与挑战。如果我们能够解放思想，并学会利用这个时代所给我们带来的机遇并有效规避风险，中国民航也在这个时代将取得前所未有的大发展。在这个时代，我们发展的前景是无穷的，对于每一个民航人来说，其个人的前途、专业上也是如是。问题在于，我们要对未来要有一个清楚的感觉、一个清楚的概念，并学会抓住机遇以获得发展。

吴双桐：东航西安维修基地

庞巴迪：助力中国民航又快又好地发展

庞巴迪公司

一、庞巴迪公司简介

庞巴迪公司是世界领先的创新性交通运输解决方案供应商，下辖宇航和运输两大事业集团。截至2008年1月31日的财政年底，庞巴迪公司收入为175亿美元，拥有健康的财务状况；储备订单雄厚，总价值达到572亿美元；管理团队来自各专业领域，经验丰富。庞巴迪已向全球各国用户交付了超过2300架商用飞机、超过3500架公务飞机以及超过10万台轨道车辆。

作为全球领先的航空产品设计与制造商，庞巴迪宇航在公务飞机、支线飞机、两栖飞机市场均有出色表现，自1989年起成功地推出了25款新飞机。截至2008年10月31日，庞巴迪CRJ系列飞机目前订单总数为1673架，已交付1508架，全球拥有超过60家用户，为历史上第四大成功的商用飞机家族；Q系列飞机订单总数为993架，已交付880架，全球拥有超过100家用户，特别是自2007年国际原油价格持续上涨以来，油耗低的Q系列涡桨飞机获得了更多航空公司的青睐。庞巴迪C系列飞机于2008年7月13日启动，并计划于2013年交付运营。该飞机家族拥有无与伦比的运营经济性、可靠性、灵活性以及全寿命循环支持，显著降低环境影响、提高乘客舒适度，专门为持续增长的100～149座级干线航空市场而设计。

庞巴迪与中国的友好来往可追溯至50年前的Deutsche Waggonbau AG公司，1997年庞巴迪收购该公司后，与中国的关系得以持续巩固。庞巴迪运输是中国铁路设备、系统和服务的主导提供者，并积极支持中国开发城际和城市轨道交通运输系统。在中国的设施包括3家制造合资企业和3家独资企业，并在北京、上海、广州和香港设有办事处。庞巴迪及其合资企业合作伙伴在中国雇员达2600多名，拥有3000台车辆以及500台机车订单。

庞巴迪与中国航空工业的合作非常紧密且日渐深入，西安飞机工业（集团）有限公司自1980年代起为CL－215和Bombardier 415水陆两栖飞机生产部件至今，沈阳飞机工业（集团）有限公司自2006年起为Q系列涡桨飞机提供部件。2007年4月，中国航空工业第一集团公司（AVIC I）和庞巴迪达成协议，在一排五座的100～149座商用飞机市场中开展新的长期战略合作。2008年7月，沈阳飞机工业（集团）有限公司成为C系列飞机风险共担供应商，负责中段机身、中央翼盒、舱门等部件的研制生产。

截至2008年7月，共有38架庞巴迪CRJ系列飞机在中国大陆翱翔，分别隶属于山东航空、中国东航云南公司、华夏航空、鲲鹏航空、上海航空、中国联合航空。为支持中国客户，庞巴迪在北京设有航材备件库，在上海驻有一个客户支援小组。除此之外，庞巴迪授权位于济南的山东太古飞机工程有限公司（STAECO）成为亚太地区的第一家拥有庞巴迪授权证书的重型维修站。随着C系列飞机项目的启动，庞巴迪将为中国航空公司带来更加优化的解决方案和更加完善的服务，从而助力中国民用航空运输业又快又好地发展。

二、庞巴迪对中国民用航空市场的展望

中国民用航空市场在世界占有重要地位。得益于国家经济的高速发展，商贸旅游事业的持续增长，体制改革的不断深化以及国民生活水平的稳步提升，民航旅客运输量近7年来保持着16%的年复合增长率，至2007年底达到1.86亿人次，连续第二年位居世界第2位，为全球各国所瞩目。中国民航保持着与欧美等航空发达地区相当的安全水平，已连续安全飞行370万小时，176万架次；空管系统在不断完善，空域优化、导航新技术应用等措施持续推进；2020年之前，全国将新建近100个机场，航空服务区域覆盖国家82%人口、96%经济总量。以上各项因素均说明，中国民用航空市场仍然拥有不可限量的潜力。尽管受到自然灾害、全球金融危机等短期不利因素影响，但基础依然坚实。中国市场在过去已经证明可以创纪录的速度反弹发展，因此其前景之广阔毋庸置疑。

中国各航空公司在近几年取得了长足的发展，总机队规模（图1）从2000年的527架增长到2008年底超过1200架。为了应对未来的高速增长，各公司订购的飞机达到785架，其中包括113架宽体飞机以及672架单通道飞机。

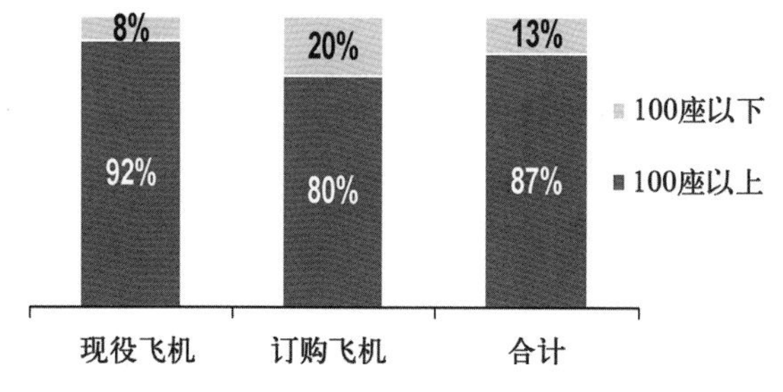

图1　中国民航机队构成

然而，由于空域繁忙、主要机场时刻资源紧张、机型级别构成不完整等因素限制，中国民航仍然面临着发展不平衡的挑战，21个年旅客吞吐量在500万人次以上的机场占了全部运输量的78%，而部分小型机场则缺乏方便的航空服务（图2）。

为了实现民航强国的发展目标，中国需要进一步完善航空系统，包括实现更加开放的空域、采取更加灵活的机场资源配置以及建设干支线结合的网络。以欧美等航空发达地区为例，由于中小型飞机、中小型机场的广泛应用，其航空服务

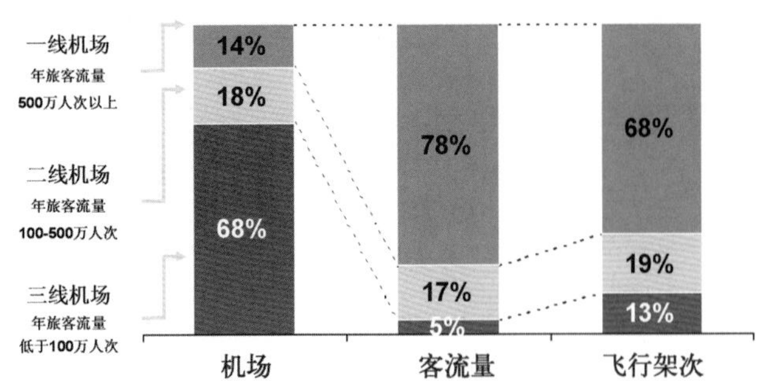

图2　中国不同级别机场旅客流量与飞行架次

范围得到了极大的拓展。在欧洲，100座以下飞机数量占其总体机队的32%，而在美国100座以下飞机数量占其总体机队的40%。因此，为了保持中国民航又快又好地发展，优化机队势在必行。中国民航机队、旅客运输量与美国和欧洲的比较如图3所示。

x 3.6
x 4.9
中国
机队规模 1,256 架
欧洲
机队规模 4,488 架
美国
机队规模 6,129 架
8%
92%
32%
68%
40%
60%
2007 年旅客运输量 1.86亿人次
2007 年旅客运输量 3.61亿人次
2007 年旅客运输量 7.69亿人次
x 1.9
x 4.1

图3　中国民航机队、旅客运输量与美国和欧洲的比较

引进60～149座级飞机，可以进一步完善国家航线网络，带来运营灵活性，提高中小机场、新机场的利用率，刺激客流增长，带动中转旅客以加强国际航线竞争力，从而实现国家、航空公司、旅客的多赢局面，对于中国基础交通体系的建设具有非常重要的意义。

庞巴迪公司预测，未来20年中国对20～149座级飞机的需求将有2064架，其中绝大多数为60～149座级(图4)。而庞巴迪则可以提供完整的机型系列，来填补这一亟待发展的市场。作为中国民航长期而坚定的合作伙伴，庞巴迪愿意与中国的航空公司、政府主管部门、航空制造企业以及越来越多的民航旅客一道，携手前进、共襄盛举。

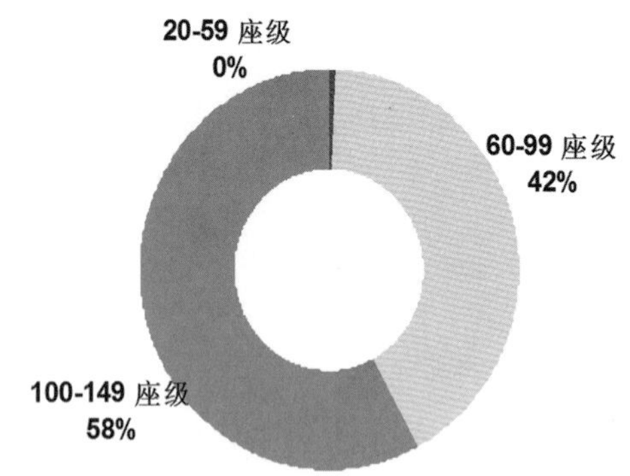

图4　庞巴迪商用飞机市场预测2008～2027年中国20～149座级飞机需求

三、庞巴迪C系列飞机
——重塑游戏规则的新一代单通道客机

庞巴迪C 系列飞机项目已于2008年7月在英国范堡罗航展上正式启动，启动用户为德国汉莎航空公司(Lufthansa)。庞巴迪C系列飞机家族为持续增长的100～149座级干线航空市场而设计，拥有无与伦比的运营经济性、可靠性、灵活性以及全寿命循环支持，显著降低环境影响、提高乘客舒适度。

110–130座的C系列飞机受益于一下最新科技成果：在结构中应用更多复合材料与铝锂合金材料；新一代技术的普拉特·惠特尼公司静洁动力(PurePower™)发动机；以及最新的系统技术，包括电传操纵、电刹车和第四代空气动力学。

CSeries110和CSeries130装配相同的翼吊式发动机，具有相同的型别等级、相同的运行、维修流程。每款机型均具有高度的运营灵活性，可适用于短途到洲际的各类航线。

在交付运营时，C系列飞机家族将成为最“绿色”的单通道飞机。这款具有重塑游戏规则的意义的飞机与同级别现产飞机相比，二氧化碳排放量将降低20%*，氮氧化物降低50%*，燃油消耗将降低20%*，现金运营总成本降低15%*，且安静4倍*。C系列飞机将成为飞机制造行业的新

* The CSeries aircraft is in the design phase. All data and specifications are estimates, subject to change in family strategy, branding, capacity, performance during the course of the design, manufacture and certification process. Performance has been estimated based on a 500-nm North American operating environment. Bombardier, CSeries are registered trademarks of Bombardier Inc. or its subsidiaries. Geared TurbofanTM and PurePower TM are registered trademarks of United Technologies Corp. – Pratt & Whitney

标杆，在高密度客舱布局条件下，每位乘客的百公里油耗将低于2升*。

除了采用庞巴迪第四代亚音速复合材料机翼设计，公司还利用第二代可重置工程飞行模拟机（REFS II）来发展C系列飞机的“电传操纵（fly-by-wire）”系统。该模拟机也是一系列深度整合测试中首个设备，其目的就是保证C系列飞机交付使用时持久的可靠性。C系列飞机主要性能指标如表1所示。

庞巴迪 C 系列飞机主要性能指标 表 1

	CSeries 110		CSeries 130	
座位数量	双舱 标准单舱 高密度	100 110 125	双舱 标准单舱 高密度	120 130 145
航程 225 磅每名乘客加行李 最大起飞重量 正常巡航	2950 海里（5463km）		2950 海里（5463km）	
最大起飞重量	120700 磅（54749kg） 至 127800 磅（57969kg）		131300 磅（59557kg） 至 139100 磅（63095kg）	
全长	114 英 4 英寸（34.8m）		124 英尺 10 英寸（38.0m）	
客舱高度	84 英寸（2.134 m）			
标准客舱配置	一排五座，2～3 座位布局，32 英寸座位间距 20 英寸客舱通道 模块化前舱/后舱空间 双舱布局可选装，2～2 座位布局的公务舱座位 下拉式行李架，单通道客机首次采用，提供级别最大的储放空间			

国航借助Avaya智能通信解决方案提升直销能力和客户服务

亚美亚(中国)通讯设备有限公司

一、挑战

航空业竞争日趋激烈,国航作为国内航空业的领先者,期望通过先进的通信解决方案对呼叫中心重新定位,提升服务品质的同时提高销售收入,而电子客票的普及为航空公司加强直销能力提供了不可错失的契机。

呼叫中心作为客户服务主要手段之一,被众多航空公司所采用。国航作为国内航空业的领先者,很早就开始了呼叫中心的规划。当时的呼叫中心是由各地的营业部自行投资建设的,主要处理旅客订票过程中遇到的问题。这些散布在全国各地的国航呼叫中心的服务水平参差不齐、功能单一、各自为政,影响了国航的服务水平和品牌形象。国航亟待通过有效的手段来改变这一现状。

同时,伴随着经济全球化的发展,航空业的市场竞争日趋白热化,通过先进的科技手段实现服务创新、提升企业销售水平成为众多航空公司关注的焦点。电子客票的出现让机票的销售方式发生了改变。与普通客票相比,电子客票的明显优势包括:可通过互联网购买机票和用银行卡付款,无须再到售票柜台;不需送票、取票,直接到机场凭有效身份证件办理乘机手续等。

电子客票的普及为呼叫中心挖掘销售功能提供了很好的契机。国航经过对行业广泛考察和深入研究后认为,互联网和电子客票的普及在改变旅客消费习惯,呼叫中心能够成为重要的直销渠道;同时,全国统一的销售服务电话取代原有的散布在各地的客户服务中心,有助于提高呼叫中心的服务水平和客户满意度。因此,国航对呼叫中心提出了一个全新的定位:做销售与服务中心。

"国航是国内航空公司中最早明确定位呼叫中心销售功能的航空公司之一,"国航电话销售服务中心总经理黄峰女士说,"作为国内领先的航空公司,国航一直在考虑如何让呼叫中心从过去单纯的'成本支付中心'向多种经营的'盈利创新中心'转变。基于对新技术和市场的研究,我们对呼叫中心进行了新的定位。如何利用先进的智能通信技术来实现这一目标,是我们面临的一大挑战。"

二、解决方案

国航全面采用Avaya基于IP通信技术的联络中心解决方案,建立全国统一的电话销售服务中心,分别在北京、上海、成都设立座席,并可以根据业务发展灵活地在扩展系统。

国航对多家公司的通信解决方案进行了详细的评审,最终根据自身的实际业务确定选用Avaya的客户联络中心整体解决方案。黄峰表示,国航之所以选择Avaya主要有3个方面的原因。

首先是Avaya提供了符合国航需求的整体方案。Avaya公司作为全球呼叫中心解决方案领先厂商,为国航提供的整体解决方案包括Avaya S8710媒体服务器、ACD(Automatic Call Distribution)、Avaya交互中心(Avaya Interaction Center)、Avaya交互应答(Avaya Interactive Response)以及呼叫管理系统(Call Management System),全面满足国航对呼叫中心的需求。而且这些产品全部支持面向服务的架构(SOA)和SIP协议。

其次,Avaya针对国航业务模式的特点重点加强了安全性和容灾备份方面的设计,提供了多级灾备的方案。国航电话销售服务中心首先在北京、成都、上海建立电话销售服务中心,北京作为国航的总中心,成都和上海为分中心,其中,成都也是备份中心。由于销售服务中心有肩负销售和服务两大功能,对系统安全性和可用性要求很高,任何一个中心故障都不能影响其他中心的运营。Avaya提供的整体方案包括S8710的双机热备、ESS的企业再生、CTI的异地负载工作及备份机制,组成了完整的备份方案。

最后,Avaya在航空公司有众多用户,包括美国的西北航空、JetBlue,以及一些国内的航空公司,因此积累了丰富的行业经验和咨询服务能力,帮助国航合理规划和搭建电话销售服务中心。

国航电话销售服务中心的系统建设分为3个阶段进行。第一阶段从2006年6月开始,8月26日北京销售服务中心中心的成功上线是第一阶段成功的标志。通过第一阶段的建设,北京销售服务中心在新的系统平台,结合新的交换机平台全面开展业务。第二阶段里,2007年2月8日成都中心成功上线,3月31日上海中心成功上线,截至到3月31日所有座席的前端软件都基于了新的平台。第三阶段在2007年8~9月份启动,北京中心搬迁到新的地点,并着重开发营销服务能力。以后,与海外呼叫中心的整合也将提上日程。

三、收益

显著提高了电话销售服务中心的销售能力,月同比增长了近300%;

通过全国统一的客服号码,提升了国航电话客服中心的服务水平,建立一致的品牌体验;

搭建了一个业内领先的易于扩展的通信平台,服务于国航的未来发展。

1.显著提高电话销售服务中心的销售能力,月同比增长近300%

据统计,自从2006年8月实施Avaya先进的智能通信解决方案以来,国航电话销售服务中心的月收入同比增长接近300%。并且,国航在北京成立的销售服务中心只用了半年时间,就创下单日销售机票超过百万元的佳绩。

国航的新系统上线以后，不管客户在哪里拨打国航的服务热线4008100999，客户电话都可以无缝地接到能够最恰当地解决问题的销售服务代表处，客户可以从国航位于北京、上海和成都的300多名销售服务代表处获得及时和个性化的服务，这极大地方便了客户的订票过程。而且，电话客户服务中心的销售服务代表现在能够在通话期间看到客户的基本信息和历史活动记录，因此销售服务代表们可以更轻松、更方便地服务客户，为客户提供更加个性化的销售服务，进而提高了销售收入。

同时，电话销售服务中心直销业务的发展不仅提高了国航的销售收入，还降低了国航的销售成本。一方面，电子客票替代传统客票，免除了传统客票的制作费；另一方面，电话直销还节省了通过传统渠道销售的代理费。而且，通过直销还可以获取和积累更多的客户信息，为后续的营销和服务工作奠定坚实的基础。

随着国航电话销售服务中心的快速发展，国航将电子商务（通过网站和电话直销）列入了今年发展的八大战略，期望电话销售服务中心未来发展成为国航重要的直销渠道。

2.全国统一的客户服务号码，提升了国航电话服务中心的服务水平，建立一致的品牌体验

全国统一的客户服务号码4008100999的启用，取代了以前的“国航电话订座中心”，极大地提升了国航电话服务中心的服务水平。北京、成都和上海三个服务中心都对销售服务代表进行了培训，确保为客户提供标准和优质的服务。相比以前各个营业部自己的客户服务电话，服务可靠性得到明显提升。服务代表通过中心记录的客户基本信息和历史活动记录，能够为旅客提供包括电话业务咨询、VIP客户服务、航班信息变更通知、投诉处理、节日问候等个性化服务。

根据统计数据显示，乘坐头等舱和公务舱的乘客占航班收入的40%～50%，如何为这些乘客提供更加个性化的高端服务，是提高客户忠诚度、提升销售收入的重点。国航电话销售服务中心还根据客户的服务建议和这些高端客户资料等进行主动分析，针对他们推出了一系列的特别服务。例如，为购买头等舱的旅客提供机上定餐服务，旅客在购票时就可以在系统上查看飞机提供的所有餐食种类，通过点击预订。电话销售服务中心的客服代表将向客人核实相关的要求和特别服务，并将确认信息送到食品公司。食品公司根据要求将标上座位号和名字的餐食送上指定航班。这样一对一的服务全部基于电子客票预订系统和呼叫管理系统来实现。

除了提高购票和乘机的服务水平外，国航电话销售服务中心还为客户提供专车接送机的高端服务。旅客在订票时可以根据所订的舱位选择接送车辆，然后电话销售服务中心再把客人的信息发到相关服务部门。服务部门再通过呼叫中心与客人联系，确定出发时间。这样，专车就会按时开到客人指定的地点。

通过全国统一的客服热线、标准的服务水平和量身的高端服务，国航全面提升了自身的服务品质，并持续让客户感受品牌化客户体验。

3.易于扩展的呼叫中心平台，服务于国航的未来发展

国航电话销售服务中心自上线启用以来，发展的速度很快。以北京销售服务中心为例，根据原来的规划，每天高峰期的电话量为5000个；而自运行以来曾出现过高峰期电话量达到13000个。另外，国航还准备在广州建立另外一个中心。此外，国航还在规划与欧洲和美国、日本和韩国等地区呼叫中心的整合。

Avaya充分考虑到国航未来的发展，结合IP语音通信和联络中心领域的领先技术，为国航构架了开放的、具有良好可扩展性的呼叫中心平台。基于这一平台，国航电话销售服务中心可以根据业务的发展，灵活地在全国乃至全球扩展分支机构和增加坐席。

国航作为国内领先的航空服务公司，对电话销售服务中心的发展提出了很高的要求。近期目标是达到国内航空业客户服务中心领先水平——国航已经在今年获得了中国航空业最佳呼叫中心大奖；远期目标是跻身于世界最佳航空公司客户关怀中心之列。

“新系统让国航处于国内航空业客户服务中心的领先水平，推动我们不断做好服务创新和主动营销，持续提升客户服务品质，确保国航这个2008年北京奥运会的合作伙伴做好在奥运会期间为国内外旅客提供最优质服务的准备，”黄峰表示，“未来我们还将不断扩充新系统，实施更多的应用，加深通信系统和后台业务应用的整合，为旅客提供更加方便、优质的服务。”

四、Avaya公司简介

Avaya公司面向企业提供智能通信解决方案，帮助其提升业务，获取市场优势。全球100多万家企业，包括90%以上的财富500强企业，采用了Avaya的IP语音通信、统一通信、联络中心和通信驱动业务流程解决方案。Avaya全球服务部为各种规模的企业提供全面的服务与支持。

Avaya在大中国区的北京、上海、广州、成都、大连、香港和台湾设有分支机构，拥有200多名员工。Avaya是中国融合通信和联络中心市场的领导者，在金融、电信、制造、公共事业等市场均取得了巨大成功。

我们在下列市场上位居领先地位：

——在全球企业语音通信市场收入份额第一[1]

——在全球IP语音通信市场名列前茅[2]

——在全球语音会议[3]、企业消息处理[4]和一体化通信[5]市场高居首位

——在北美[6]、拉丁美洲[7]、亚太地区[7]和西欧[8]呼叫中心市场高居首位

——在中国呼叫中心和IP语音通信市场高居首位[7]

资料来源：1 Dell'Oro Group；2 Synergy Research Group；3 Gartner；4 In—Stat/MDR；5 Radicati Group；6 Info Tech；7 Frost & Sullivan；8 MZA。

深化改革促发展 科技创新谱新篇

黄荣顺

中国民航局第二研究所(以下简称二所)是我国民航行业内专业从事高新技术应用开发的科研机构,其前身为中国民航局科学研究所,1958年成立于北京,现位于成都市二环路南二段17号。改革开放以来,二所广大员工切实贯彻党的路线、方针、政策,团结奋进,开拓创新,抓住国民经济持续快速发展和航空运输强劲增长的历史机遇,坚持深化改革,加大科技创新力度,大力推进科技成果产业化,研制开发了一大批适合民航建设需要的科技新产品,广泛应用于民航空管、机场、航空公司等领域的众多单位,为民航的重大建设项目和安全运行提供了有力的技术支持,取得了显著的经济效益和社会效益。

一、不断深化科技体制改革,逐步增强市场竞争实力

根据党中央、国家科委和民航总局关于科技体制改革的要求,二所自1987年起先后在全所实施了4个阶段的科技体制改革,取得了显著的成果。

1987年至1992年为市场化阶段。由于科学事业费减拨到位,二所成为了差额拨款的技术应用型科研机构,管理模式发生巨大变化。为适应转变,二所提出了“以科研为中心,以生产为重点,以质量求生存,以开拓求发展,多出成果,多出人才,多出效益,为民航现代化建设多作贡献”的工作方针。积极改变传统的科研运行机制,实行“三级管理、两级核算”的管理模式,改变了传统的科研运行机制,打破了分配上的平均主义,以课题为单位,以效益为依据,以经济为杠杆,拉开了技术收益酬金分配的档次,解决体脑倒挂的问题,调动了科技人员的工作积极性。产品销售收入和利润总额(含技术酬金等,下同)从1986年的74.6万元和47.6万元,增加到1992年的887万元和265万元,平均每年递增51.1%和33.1%。其间,二所于1990年承担制作的第十一届亚运会比赛成绩显示板受到国家体委技术部的奖励和民航总局嘉奖。

1993年至1996年为企业化阶段。根据国家科委关于开拓技术市场、实现科技成果商品化、把科研机构推向市场的部署,二所相继创办了一批科技产业实体,实行“两极核算,分灶吃饭”的管理模式,各公司成为自主经营、自负盈亏、自我约束、自我发展的独立法人。实行内部保障、内部监控、内部竞争、内部流动的运行机制。开始走上科工贸一体化的道路,促进了科技成果的转化,逐渐增强了广大干部职工的市场竞争意识,取得了明显的成效。产品销售收入和利润总额从1993年的1863万元和389万元,增加到1996年的2993万元和459.8万元,平均每年递增40%和29.5%。其间,二所承担的桂林两江机场弱电集成项目金额首次突破1000万元。由于改革成效突出,多次被评为“四川省先进科研单位”。

1997年至1998年为内部调控阶段。二所针对前期改革过程中出现的一些问题,对所属公司进行了全面清理整顿,加大调控力度,从而形成了一定的产业规模,增强了在市场中的竞争能力,有效地提高了经济效益。1998年,全所销售收入和利润总额达到了5477.3万元和1171.3万元。其间,二所首次在国际招标中中标,赢得了深圳机场计算机系统集成项目125万美元的合同。另外,承建了昆明机场航站楼弱电工程中全部的弱电工程项目,产值达到3000多万元,使二所承建工程的能力达到了一个新的高度。

1999年至今为深化改革阶段。发展高科技,实现产业化,提高核心竞争力。为进一步深化改革,二所深入调研,积极探索深化科技体制改革的路子,广泛听取干部职工的意见,形成了既符合国家科技体制改革总体要求,又适合二所具体情况的改革方案,1999年8月,经民航总局和民航西南管理局批准同意后进行了全面实施。2003年,二所克服“非典”影响,实施“振兴计划”,全面超额完成年度经营目标任务,创造了建所以来最好的经营成绩。2004年,为了抓住整体转制的机遇,二所根据国家的政策规定、民航的行业趋势和自身的发展需求,努力将科技体制改革引向纵深,形成深化改革方案上报民航总局空管局,批准后进行了全面深化改革,确立了“以效益为中心,以市场为龙头,以科研为基础,以创新为动力”的发展方针,并进一步提出“两条腿”的发展模式。在纵向方面,牢牢树立围绕行业尤其是空管运行和安全保障提供技术支持与服务,通过民航局在二所设立的航化适航测试中心、农林航空技术测试中心、节能监测中心、空管实验室、科研基地等机构,积极为行业承担更多的项目和技术服务工作,巩固二所在行业里的发展地位。在横向方面,积极探索经营类公司的深化改革方案,加大改革力度,建立多元化的产权制度,完善法人治理结构,进一步建立了适应市场竞争的体制、机制,使得二所市场化步子迈得更快、经济效益更好、综合实力更强。推行全员劳动合同制,实施了人事、劳动、分配三项制度改革。广大员工变压力为动力,签订了首都机场三号航站楼弱电设计项目合同,使二所在进军三大枢纽机场中取得了重大突破。并圆满完成了重庆江北机场新航站楼扩建共5000多万元弱电工程。2007年完成5000万元的天津机场行李分检系统项目合同。目前,二所已建成民航空管和电子信息科研基地、空管新技术应用实验室、空管专业博士后流动站、航化适航测试中心、农林航空技术测试中心、节能监测中心,拥有7家全资、控股或参股的实力雄厚、面向全民航的专业性高科技公司,还在成都双流航空港开发区新扩建了1万平方米的航化产品生产基地,正在建设5万平方米的行李自动分检产业化基地,并准备建设无线射频识别民航安全信息产品生产基地。

二、坚持走科技创新之路，充分发挥科技的支撑作用

通过加强科技创新，二所不断优化资源配置，提高核心竞争力。在空管自动化、机场弱电、航空化学、航空物流、航空安全、节能减排和农林航空七大专业领域取得了令人瞩目的进步和成绩，共获得249项科技成果奖，其中14项国家级奖和93项省部级奖。陆续承担了国家自然科学基金重点项目、国家863重点项目、科技部技术专项及民航局重大专项。

在空管自动化技术方面，二所着重进行了管制中心自动化系统的研制，在民航空管实施缩小垂直间隔的大型工程中，二所圆满完成了哈尔滨、大连、青岛、厦门等7个现场的RVSM功能改造和天津、太原、呼和浩特、南京等16个现场的应急系统建设任务。并为全国民航"两项告警功能"改造、民航雷达数据引接与共享、VHF设备遥控与小机场通信设备整治工程提供了强有力的技术支持。在2000年的珠海航空航天博览会上，二所研制的多雷达数据处理系统代表总局空管局参展，受到中央领导同志的肯定和国内外同行的好评。

在机场弱电系统方面，二所的科技成果涵盖了候机楼和飞行区的信息系统智能管理技术和弱电系统自动控制技术，其中获得国家科技进步二等奖的"机场生产运营指挥调度系统"和三等奖的"机场综合信息系统"，已在全国40多个大中型机场推广应用。二所科研人员率先在全国提出了建设数字化机场的理论，引起了民航界和IT界的广泛关注，体现了二所在此行业的领先地位。目前，世界上最大的单体航站楼首都机场T3楼内的所有弱电项目均是由二所设计。二所的弱电产品还跨出国门，先后在安哥拉、也门、科摩罗、牙买加等国安装使用，受到所在国用户的高度评价。

在航空化学技术研究方面，二所在飞机维护维修用化学品、场道维护用化学品和航空油料用化学品三大类技术产品的研制上，始终保持国内领先水平，尤其是荣获民航总局科技进步一等奖的"FCY-IA（ISOI型）飞机除冰/防冰液"，不仅获得了民航总局的适航许可，还被美国联邦航空局列入FAA飞行安全通告，使二所成为亚洲地区惟一获得此项认证的制造商。此项产品在2008年新年伊始我国南方抗击罕见的低温雨雪冰冻灾害袭击中发挥了重要作用，为民航的安全生产和优质服务提供了有力保障。另外，二所的航化测试中心始终瞄准国际先进水平，通过多年辛勤的建设和不懈的努力，已成为了国内最权威的航化产品和航空油料适航检测机构，为民航总局加强行业管理提供了重要的技术支持。

在航空物流技术方面，二所拥有自主知识产权的"机场行李自动分检系统"不仅获得了2005年度国家科技进步二等奖，而且还获得了2007年度由国家科技部、环保部、商务部、国家质检总局四部委联合颁发的国家级A类新产品证书。由于成效显著，二所是惟一取得了民航总局颁发的行李自动分检系统生产许可证的厂家。该系统已推广应用于贵阳、重庆、青岛、天津等全国30多个机场。

在航空安全技术方面，二所站在科技的前沿，首次将无线射频识别技术应用于机场的人员和车辆安全、全国特勤证的联网管理。该项技术的应用为首都、大连等涉奥机场在奥运期间的安全管理提供了重要的保障。此外，二所还研发了瓶装液体安检仪、围界系统等民航急需的航空安全技术产品。

在节能减排技术方面，二所节能监测中心已为中国民航局编制行业节能减排规划，为实现民航节能减排目标提供有力的技术支持。研制的LED节能助航灯光系统，采用低能耗，长寿命，高发光效率的LED灯管代替传统的助航灯具，将为建设绿色民航添砖加瓦。

在农林航空技术研究方面，二所先后获得了30余项飞播造林、治沙、航空植保的重大科研成果，取得显著的社会效益和生态效益，为民航通用航空事业做出了重大贡献。

三、积极实施人才强业战略，努力建设高素质人才队伍

按照民航总局人才强业战略，通过实施"931"人才建设工程，二所坚持引进与培养相结合的方式，努力培养一支专业突出、层次分明、结构合理、精干高效的人才队伍。目前，二所职工人数445人，其中享受国务院"政府津贴"专家16人，民航局中青年技术带头人4人，硕士、博士、博士后占员工总数的21%，形成了行业专家、技术骨干、专业人员三级科技人才体系。

在加强人才队伍建设方面，首先做到了严把进人关，对高校毕业生采用实习和试用等多种方式加以充分考察。其次是加强了技术岗位培训，鼓励在职员工参加在职培训和攻读在职学位，积极与四川大学联办计算机研究生班，与南京航空航天大学民航学院联办民航西南地区在职攻读博士学位班，与电子科技大学、成都市高新区共同组建电子信息博士后流动站，不断提高专业技术水平。有针对性地组织市场营销、财务管理和法律知识方面的专题讲座，提高二所职工的综合素质。第三是积极改变传统单一的人才观，全面加强管理、科研、开发、营销等各类人才的培养发展。第四是按照"931"工程的部署，逐步建立全新的人才培育机制和全新的人才评价体系，建设具有创造力的人才梯队。

四、建立健全市场开发体系，全面推行经营目标责任制

二所不断加强对市场开发工作的领导，使全体员工牢固树立市场为龙头的思想，调动一切可以调动的积极性，提高全所干部职工对市场开发工作重要性的认识，使大家认识到在社会主义市场经济体制下，市场开发是导向，是龙头，是二所各项工作的基础，关心、支持、参与市场开发工作是全所每一个干部职工义不容辞的责任，从而在全所营造出了高度重视市场开发、人人关心市场开发、处处为市场开发献计献策的良好氛围。根据市场开发工作的需要及二所面临的市场开发形势，通过对过去市场开发工作的总结，成立了所直属的市场经营部，加强对市场开发工作的统一领导、统一规划、统一组织、统一实施，从而使全所市场开发工作逐步规范化。随时紧跟市场动态，坚持主动出击，全面跟踪，重点突破，并根据具体情况，成立相应的重点项目市场开发小组进行重点跟踪，取得较好的成效。

推行经营目标责任制，将全所生产经营目标任务分解到每一个公司，签订《经营目标责任书》，并进行严格的考核，坚持奖罚兑现，确保每年生产经营持续增长。建立将合同额与销售人员绩效挂钩的激励机制，提高了市场开发人员的积极性。2007年，

全所销售收入和新签合同额就分别突破1亿元和2亿元大关，分别是改革开放初期的800多倍。

五、加强精神文明建设，努力建设和谐环境

二所始终坚持以邓小平理论、“三个代表”重要思想和科学发展观武装广大员工的头脑，使其在政治、思想、行动上始终与党中央保持一致。切实加强党建工作，为改革发展提供强有力的组织保证，确保各项改革科研工作的顺利进行。

改革开放以来，我国社会主义市场经济快速发展，发生了一系列大事喜事，二所以港澳回归、北京申奥成功、加入WTO、上海申博成功、建党80周年、建国55周年以及所庆等活动为契机，在全所干部职工中广泛开展爱国主义和集体主义教育，结合民航的发展实际，掀起为实现我国从民航大国到民航强国的历史性跨越而贡献力量的高潮。

大力宣传二所体制改革的新突破和新发展，塑造二所开拓创新的企业形象；大力宣传二所最新科研成果和工程业绩，先后在《人民日报》、《科技日报》、《中国民航报》等重要报纸上刊登报道，开辟《中国民航报》“民航二所科技新产品专栏”，发挥宣传的广告效益，提高二所的知名度和影响力；精心制作和定期更新二所的宣传画册和形象宣传片，打造高新技术企业形象。

积极创建优秀的企业文化，二所在总结50年的发展经验、弘扬优良的传统和作风的基础上，编拟了企业文化理念篇、CIS手册，创作了所歌，形成了全体员工共同遵循的价值观念和行为规范，增强了二所的凝聚力和向心力；制定颁发了《民航二所和谐建设实施办法》，促进和谐二所建设，设立了职工爱心基金，为全所职工办理了人身意外保险；努力使二所成为员工精神舒畅、环境优美、稳定和谐、发展一流的科研单位；积极引导全体干部职工爱岗敬业，以所为家；结合单位实际开展丰富多彩的群众性文娱体育活动，从而在全所形成了和谐的工作、生活环境。先后获得了全国民航先进基层党组织、团中央和民航局颁发的“青年文明号”、全国总工会授予的“职工模范小家”、四川省“文明单位”和成都市园林式单位等众多的荣誉称号。

乘风破浪会有时，直挂云帆济沧海。站在今天的历史坐标上，回望二所改革创新的奋进历程和赫赫业绩，深深感到是改革创新的巨大动力推动了二所大跨越、大发展。在二所50华诞之际，民航局李家祥局长深情寄语“科技先行”，充分体现了李局长对民航科技工作者的殷切希望，极大地鼓舞了二所的广大干部职工。二所将站在新的历史起点上，凭借半个世纪积淀的“勤奋敬业，顽强拼搏”的文化底蕴，凭借半个世纪创立的“团结、诚信、求实、创新”的企业精神，凭借半个世纪奠定的“科技成果、人力资源”的雄厚基础，全力围绕民航“安全发展、和谐发展、效益发展、绿色发展”的理念和主题，充分发挥科技的基础和支撑作用，力争早日把二所建成“民航一流、国内先进的科技创新基地，民航领先、国内知名的高新技术企业”，为民航事业的发展作出新的贡献。

黄荣顺：中国民航局第二研究所，所长，党委书记

浅析民航安检技术的发展与应用

刘中库

随着全球政治、经济活动的日益活跃，各国、各地区之间的联系日益频繁，作为最为快速、准时、高效、安全的出行交通工具，飞机在人们出行中所扮演的角色越来越突出；另一方面，随着国际形势的深刻变化，国际恐怖主义的威胁不断增长，对民航事业的发展、民用航空器的正常、安全运行形成了严峻的挑战。如何保证航空安全，已是目前和今后一个时期世界各国共同研究的重要课题。

民航安检技术的出现与发展是和针对民航的恐怖袭击与犯罪相关联的。最为典型的袭击案例是洛克比空难：1988年12月21日，泛美航空103航班成为恐怖袭击目标，270人罹难。事后调查证明此次空难直接原因是炸药爆炸造成的飞机空中解体，而所用炸药为土制炸弹，由280～400克塑胶炸药（可能是塞姆汀）、一枚电池和一个电子计时器组成，藏在一部东芝收音录音机里。这次炸弹袭击被视为一次对美国象征的袭击，是9·11袭击事件发生前最严重的恐怖活动。此次事件亦重挫泛美航空的营运，该公司在空难发生的3年之后宣告破产。此次恐怖袭击的实施在当时产生了极大的震撼，使人们清醒地认识到民航安全的特殊性、严峻性、危害性，也从而极大地促进了之后的民航安检技术的发展。

总体来讲，可根据检查对象的不同，将民航安检技术大致分为针对旅客的人身/随身行李检查、针对托运行李的交运行李检查、针对货物运输的集装箱检查。从采用的技术来讲，大致包括X光透视/反射成像技术、毫米波成像技术、离子迁移光谱技术（IMS）、傅立叶变换红外（FT-IR）分析技术等。

本文将以被检对象为主线，对安检技术的发展及代表性产品做大致的介绍。

一、旅客人身及随身行李检查

对旅客人身或放置在随身行李箱内的危险物品进行检查，目前国内通用解决方案是在旅客随身检查现场配备手提行李X光检查设备、通过式金属武器检查门并辅以手持金属探测器、高精度的炸药分析仪等设备。

手提行李X光安检设备对旅客所有随身物品进行检查，根据图像画面甄别危险物品；如安检员怀疑行李内有疑似炸药类危险物品，可通过炸药毒品检查分析仪进行确认；通过式金属武器检查门用来检测旅客可能携带的金属物品，安检员可根据安全门的报警情况使用手持式金属探测器对旅客进一步检查。

1.手提行李x光安检设备

行李X光检查设备发展到今天，先后经历了点脉冲技术、单能量线扫描技术、多能量线扫描技术的阶段性发展，图像显示方式也由最初的黑白图像、隔行扫描方式逐渐演变到当今流行的彩色图像、逐行扫描显示方式，并且具有了基于有效原子序数进行被检物材料特性区分的能力。之后的变化主要体现在图像显示水平的提高和各种辅助功能的完善。

通常情况下，钢板穿透力、金属线分辨力、空间分辨力会被当作设备的关键技术指标用来衡量设备的性能，这是因为上述指标的优劣体现了设备最终图像的显示能力，直接影响到安检员从图像获得信息的多少、判断的准确。技术指标的差异代表了技术水平的发展状况。以穿透力为例，早期的安检设备只能穿透十几毫米厚的钢板，而当今设备的穿透水平早已超越了30毫米，在业界手屈一指的史密斯检测公司更是达到了空前的40毫米钢板穿透能力。

各种辅助功能的出现为安检员判断提供了有力的辅助手段。例如史密斯检测公司安检设备提供的图像局部增强功能和炸药毒品自动探测功能，前者可以方便地将行李图像的高密度区域自动加亮，其他区域保持正常显示水平，这样既简化了安检员操作，又保证了各灰度区域的最佳显示；而炸药毒品自动探测功能则是提供了对炸药的自动探测功能，实时提供炸药可疑信息给安检员。

随着安全形势的变化及技术的发展，对采用X光安检设备进行手提行李物品中炸药类物质的高精度检测已成为大势所趋。另人高兴的是，史密斯检测公司适时推出了最新的aTix技术，且相应产品已投放市场，取得了很好的实用效果。这是炸药自动探测技术在手提行李安检过程的完美应用。该设备设计紧凑，与现有在用设备占地面积相同，但确可以有效地检查、识别出隐藏在行李内的炸药，并可进行液态物品的检查。

2.安全检查门

主要是指通过式金属武器检查门。该类设备经历了从模拟信号到脉冲数字信号检查门的变化，设备灵敏度和抗干扰性能不断提高，当今主流设备还具有报警计数、分区位报警、分区位设置探测灵敏度等功能。此设备与手持金属探测器配合使用可有效探测出旅客随身携带的金属物品（刀具等），但对于旅客是否携带非金属刀具、是否携有或接触过炸药等问题却无能为力。

作为安检行业的带头人，史密斯检测公司的成熟产品Sentinel II气体检测门有效地解决了此技术问题，并已在全球进行推广。Sentinel II采用成熟的IMS（离子迁移光谱）技术，在旅客进入气体门检测区域后，自动进行旅客全身气体吸附、分析，全过程只需十几秒即可得出结论，具有极高的探测率、准确率。

同时，史密斯检测公司推出的Tadar人体扫描系统基于毫米波技术和史密斯检测的强大工程技术，在业界处于领先位置。Tadar可以通过实时的高质量的图像来发现人身所携带的隐蔽危险品，是一台被动成像系统，对人无害且没有离子辐射。通过先进的接收器技术，系统达到了极高的灵敏度与分辨率。

Sentinel II气体探测门与Tadar人体扫描系统独立运行使

用。

3.炸药分析仪

炸药分析仪用于对现场物品进行排爆检查，确认被检物品是否受到污染。目前主流技术采用IMS(离子迁移光谱)技术。

史密斯检测公司的IOSCAN400B产品采用了IMS技术，是世界上最准确、最可靠、最灵敏、使用最普遍的爆炸物/毒品痕量分析仪。该设备不但用于民航检查，还大量应用到公安、海关等部门，用于搜查、检测爆炸物与毒品，在美国俄克拉荷马城爆炸案、印尼巴厘岛爆炸案等重大案件的侦破中屡立奇功，并在2008年北京奥运安全保卫中大展风采。

史密斯检测新推出的500DT在400B的基础上更上一层楼，可实现炸药、毒品物质的同时检测、识别，在整机设计理念、工艺、人机友好界面等方面进行了显著提升。

二、旅客托运行李检查

旅客托运行李检查的目的是对旅客的托运行李进行100%的安全检查，防止炸药、腐蚀性液体、其他危及航空安全的物品进入航空器。

与随身行李检查相比较，旅客托运行李检查具有被检物数量多、体积大的特点。为此，要求托运行李检查要具有高速、快捷的特点，同时，系统的安全检查性能必须得到保证。针对此需求，在20世纪90年代，世界上不同厂家相继推出了高速炸药自动检查设备，简称EDS高速安检机。此类设备具有高速检查性能，集成到托运行李输送系统的主传送带上，吞吐量可达每小时1500件行李，更为重要的是此类设备在多能量安检设备技术的基础上，通过增强硬件水平、采用复杂有效的软件算法、高速大量的并行数据处理等手段，相对有效地解决了托运行李内炸药物品的普检问题。为提高整个托运行李检查系统的炸药检查水平，在EDS安检设备后端增加了检测精度更高但速度稍慢的二级检查设备，可疑行李会进入到二级安检设备进行高精度检查；仍被怀疑有问题的行李，再统一被送到开包间进行开包检查。上述方式是将值机岛的所有行李汇集到主带安检机进行检查，故称为集中安检模式，是当前世界范围内主流的托运行李安检模式。

同期，CT技术在民航领域也得以应用。相对于普通的多能量安检设备，CT技术通过对被密度的测定来分析行李内是否有疑似炸药物品。但此技术有两个固有问题不能解决：一是由于采用切片分析，CT技术的检查剂量过高，会令所有的胶片曝光；二是切片检查会导致系统吞吐量的降低，一般情况下只能达到每小时200件左右行李。

综合多能量技术的有效原子序数检测和CT技术的密度分析方法，史密斯检测公司于2003年推出了第二代EDS安检设备——断层扫描高速炸药检测设备，简称EDtS。该设备采用3个射线源，产生5个射线面，从5个特征角度抽取物品截面信息，通过构筑算法模型，运算得到物体相应区域的密度；同时，各射线角度生成具有材料信息的多能量图像，进行有效原子序数分析，得到相应区域的原子序数特征值。系统得到物体的密度值、有效原子序数后，EDtS设备即可确定被检物是否为炸药。由于采用了两个特征参数系(密度和原子序数)，因而EDtS探测炸药的性能较早期设备有了显著提高，体现在探测准确率的提高和误报率的降低方面。

相对于集中安检模式，国内机场采用较多的是分层管理模式。此模式的特点是在值机岛上所有值机柜台后面均布置安检机，考虑到占地面积问题，多采用双通道安检设备。与具有炸药探测能力的EDS/EDtS设备相比，双通道安检设备在图像显示水平、炸药探测性能方面都稍逊一筹，但其应用场所更为灵活，可在任何规模的机场进行安装使用，而EDS/EDtS设备对于小型机场来说是很不经济的。另外，集中安检模式随有性能上的优势，但其运行特点对整个机场相关系统的设计、售后保障实力、机场经济情况等都有很高的要求，在选用此模式时应充分考虑。

三、货物检查

货物检查对安检设备的主要需求是大通道、高穿透、高负载，具有放射性辐射检查能力，配备炸药探测手段。目前采用的技术包括同位素源和高能粒子加速器，而后者由于具有高安全性、高可控性等特点，是当前的主流技术，能量从数兆电子伏特到十几兆电子伏特不等，穿透力最高可达数百毫米。根据应用场所的不同，又可分为固定式、通道式、门架式、柱式、移动式等多种产品，可对集装箱、板货、货车、列车等所载货物进行针对性检查，有效地提高安检速度和安检质量。

货物检查在国内的应用处于起步阶段，但我们有理由相信随着货运市场的不断发展、成长，货物安全也会被提高到相应的高度，对货物货品、炸药可疑物的检查也会被日益重视。

史密斯检测公司针对货物检查，有着丰富的HVC系列产品和使用经验，能够为用户提供优质的货检方案。史密斯检测公司有成熟的红外技术产品如HazMatID，可提供完美的货物检查辅助手段，对货物进行有害物质(包括炸药、有毒工业品、毒品制剂、杀虫剂等)检测，确保货物、航空安全。

四、其他

随着技术的发展，网络应用在安检技术中所起的作用日益明显。应运而生的包括托运行李集中安检系统、托运行李分层管理系统、安检信息管理系统，无不利用了网络技术，将复杂工作简单化，实现设备、系统的集中化运行、管理，实现功能的网络化分布、配置，给安检工作的展开提供了极大的便利。目前，各机场的安检设备网络集成化趋势已是定局，但也存在不可避免的问题，如不同厂家设备的集成问题、不同技术产品的整合问题，这都需要实施者进行充分的调查分析。

市场的需求是第一推动力，而对于民航安检技术的发展来讲，其推动力来自于恐怖分子、犯罪分子实施破坏的技术手段的更新。展望安检技术的发展，全方位反恐、防爆将是不变的主题，而史密斯检测公司将凭借自己的产品优势、经验优势，为民航安检事业贡献自己的力量。

刘中库：史密斯检测有限公司北京代表处，副总经理，副研究员

GE安防系统为奥运健儿及来往宾客提供安全保障

通用电气安防业务集团

——应用于北京首都机场三号航站楼的CTX 9000 DSi交运行李安检设备，为参加2008年北京奥林匹克运动会的宾客、运动健儿提供安全保障

作为2008年北京奥运城市基础设施建设重要组成部分，通用电气(GE)旗下的GE安防业务集团提供的GE国土安防产品线下的交运行李安检设备——CTX 9000 DSi先进交运行李断层扫描系统正式被首都机场选用并安置在首都机场三号航站楼，并在奥运期间为各国奥运健儿及来往宾客提供安全保障。

GE安防业务的爆炸检测系统CTX 9000是目前市场最先进的检测设备，此项设备经过优化配置，最多可满足北京首都国际机场高达4300万的客流量以及平均每年17万架次航班的出入境托运行李提供检测的需要。此设备还将作为范例，广泛应用于国内以及地区托运行李系统中。

“为国家级的机场航站楼提供我们最受信赖和最高端的安防技术，并且有幸为此次全球瞩目的体育盛事的游客们提供安全保障，GE安防业务集团感到非常的荣幸，”GE安防业务集团国土安防业务总裁及首席执行官Dennis Cooke表示，“应用于北京首都国际机场的先进爆炸检测系统进一步证明了我们为参加2008北京奥林匹克运动会的运动健儿、宾客以至游客们提供整体安保解决方案的承诺。”

“我们在GE航空安防领域的投入有助于使首都机场的安防系统更加高效率地为旅客提供更方便快捷的服务”，北京首都机场扩建指挥部副总指挥袁先生指出。

GE安防业务集团提供的CTX 9000 CT-based爆炸检测系统- 托运行李扫描解决方案是为结合机场行李分拣系统(BHS)而设计的。CTX 9000经过TSA认证，最适用于流量大的航空服务环境。

在2004年北京首都国际机场三号航站楼建设之初，中国投入了将近20亿美元，以求建设一个最具现代感，并可满足中国首都日益剧增的国际访客量的要求。首都机场三号航站楼是2008北京奥运总额400亿美金基础设施建设投资的一部分。主办城市北京预计，此项目必将成为所有建设项目里最有利润和最具吸引力的一个项目。

为提供更简易便捷的营运和服务而设计，CTX 9000的多路技术功能和低误报率，可以说完美地满足了机场高流量的要求，这种先进的技术可以帮助旅客更加有效和精准地确认有害生命的物质。

新的三号航站楼在2008年初正式启用。整栋楼地上3层，总面积达到100万平方米。C区用于国内国际乘机手续办理、国内出发及国内国际行李提取，D区暂用于奥运及残奥会期间包机保障，E区用于国际出发和到达。

关于GE安防业务

GE安防业务是通用电气公司 (NYSE:GE) 全资控股的间接附属公司。本公司是处于领先地位的安防和生命安全技术供应商，在超过 35 个国家运营业务，年销售额达18亿美元。GE安防业务提供行业内最广泛的产品，范围覆盖门禁、爆炸物和毒品探测、火灾探测、防盗、钥匙管理和视频监控等。GE安防业务的产品已在航空、法律执行、银行、教育、保健、住宅、零售、场馆、公共交通等多种领域内广泛运用，用以保护人员和财产的安全。GE安防业务最近被Frost & Sullivan授予“2008年度视频监控解决方案”称号。GE安防业务，让世界更安全。有关详细信息，请访问我们的网站www.gesecurity.com.cn。

威视股份民航安全检查技术及产品

同方威视技术股份有限公司

一、引言

近年来，随着国际形势复杂多变，各种方式的恐怖活动有增无减，如何防止恐怖分子将爆炸物、毒品、放射性核材料等违禁物带入航空运输器内，保障航空安全，已成为航空发展和反对恐怖主义的最重要的课题之一。

从技术原理来看，目前国际上主流的安检技术主要包括辐射成像技术、痕量检查技术和放射性物质监测技术等几大门类。几种技术可以有机互补，相辅相成，正在从单一技术逐步向集成化技术乃至整体解决方案的方向快速发展。

威视股份自1997年成立至今，一直致力于成为以辐射成像技术为核心、以提供自主知识产权的高科技安检产品为主要特征的安检设备或安检系统供应商。近年来，为了满足民航安全检查的技术需求，实现检查的快速性和准确性，威视股份研究开发了涉及多种技术门类的产品，产品普遍具有技术新、品种全、质量高的特点。

二、威视股份民航安全检查技术及产品例举

1.双能双视角技术

辐射成像技术是通过射线照射形成被检物的透视图像，根据物体的形状、密度、原子序数等特征进行物质识别的方法。威视股份在掌握辐射成像核心技术的基础上自主创新，推出了采用双能双视角技术的产品。

(1)AC6000BS

同方威视®AC6000BS 是一款专门针对大宗标准航空托盘货物和标准航空集装箱货物的安全检查需求而开发的产品(图1)，它采用了威视股份最新研发的交替双能成像技术和双目分层成像技术。交替双能成像技术使得系统能够根据等效原子序数的不同区分有机物和无机物，利用先进的软件技术将不同材料用颜色在扫描图像上区分，直观、易于识别。双目分层成像技术使得系统可以获得3～5层断层图像，并将断层内物体从扫描图像中剥离出来，未被剥离的物体保留在最后一层，在一定程度上解决了扫描图像重叠问题。这两种新技术的结合应用使得检查人员能够更加有效地、快速地在不开箱的情况下检查出藏匿在货物中的危险品及各种违禁物品，提高了查验准确程度。同方威视®AC6000BS外观设计采用基于结构的造型设计，整体结构简洁实用。该系统具有射线能量高、图像清晰、图像处理及变换手段丰富、系统操作简便可靠、外观造型优美等多项特点；在辐射防护方面，该设备具有自防护功能。

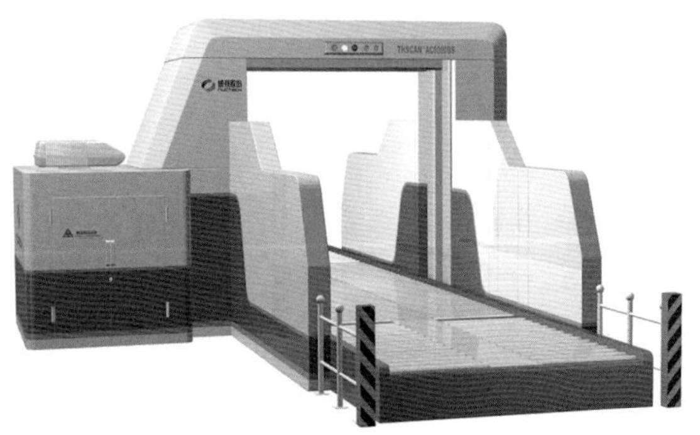

图1 同方威视® AC6000BS航空集装货物检查系统

(2)MB1215BS

同方威视®MB1215BS组合移动式集装箱/车辆检查系统(图2)采用了与AC6000BS相同的交替双能成像和双目分层成像相结合的技术，核心技术上属于同一类产品。但MB1215BS的扫描方式与AC6000BS不同，AC6000BS采用扫描设备不动、被检查货物移动的扫描方式， MB1215BS采用扫描设备移动、被检查车辆静止的扫描方式。由于扫描方式不同，决定了MB1215BS的产品结构有所不同，设备应用场合不同。该设备具有较大的扫描通道，能够满足检查各种集装箱卡车的要求。该设备可广泛应用于机场、铁路、海港、海关口岸、边防卡口等场所对各种集装箱卡车和中小型车辆进行扫描检查。

图2 同方威视®MB1215BS组合移动式集装箱/车辆检查系统

2.痕量检查技术

痕量检查技术是通过化学方法，对痕量的违禁品(如爆炸物、毒品)残留物进行识别的方法。应用最为广泛的是离子迁移谱仪，简称IMS，(图3)。此类产品可以准确地探测包裹、衣物上残留的微量的违禁品颗粒，并对其进行报警。它是根据物体分子荷质比的差异自动识别爆炸物或者毒品，威视股份研制出离子迁移谱仪特别针对本土开发，具有灵敏度高，检测速度快的特点。

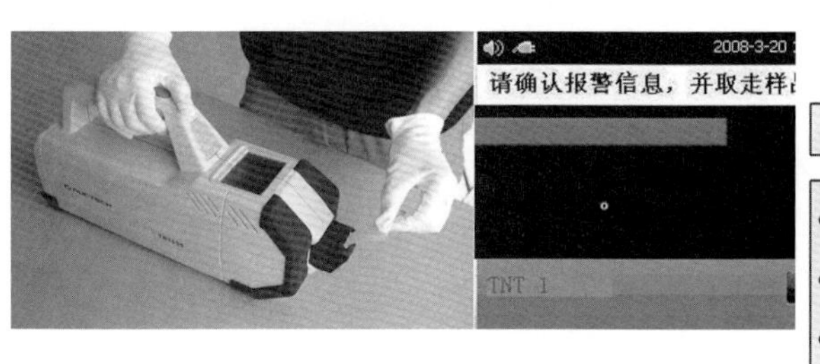

图3　威视股份离子迁移谱仪及使用示意

3.放射性物质识别技术

随着反恐工作的不断升级，美国已将恐怖防范的对象逐步向更具破坏性的核生化武器聚焦，其中最重要的就是防范核恐怖袭击。威视股份推出一系列放射性物质监测产品(图4)，包括车辆通道式、行人通道式、包裹通道式，还有便携式谱仪等等，它主要是被动探测货物中放射性物质泄漏的伽马射线或中子射线，达到监测的目的。

RM0200NH（手持式谱仪）

RM0400NH（便携式谱仪）

RM1000（行人监测）

RM2000（车辆监测）

图4　威视股份放射性物质监测系统系列产品

4.集成化技术

威视股份的多功能组合门产品采用了集成化技术，将金属探测、放射性探测、爆炸物探测等功能集成为一体，并且配置了视频和抓拍系统、计数系统和人像识别模块。计数系统可以用于统计人流量，人像识别模块可以用于结合黑名单数据库进行比对，以稽查可疑人员。

5.整体解决方案技术

威视股份的机场围界出入口安全解决方案在原有安检措施的基础上进行合理的设计，梳理并优化检查流程，扩大了可检测危险品范围。同时，方案中的软件系统将各个独立的安检设备集成起来，整合信息资源，并根据检查流程和检查结论执行联动控制，实现高效准确的机场围界出入口安全监管，从而提高机场围界出入口安全检查水平。机场围界出入口安检系统由4部分组成，分别是车辆检查系统、驾乘人员及行李检查系统、交通控制系统和软件系统。系统组成如图5所示。

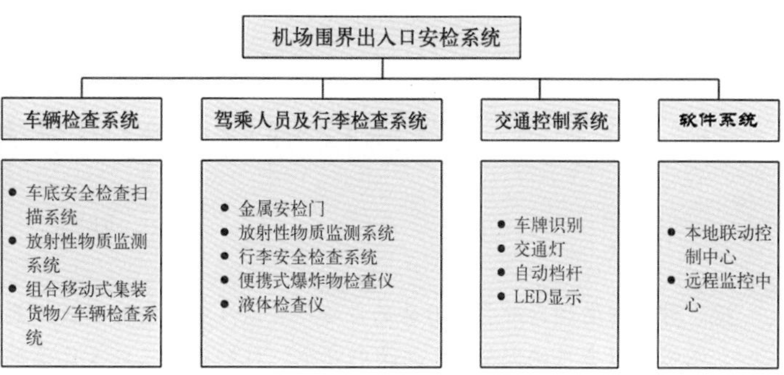

图5　机场围界出入口安检系统组成

除机场围界出入口安全解决方案外，威视股份还设计了机场旅客安全检查方案，利用该方案及后台支撑软件，可对旅客进行有效验证，并对人身安全检查、对旅客手提行李安检以及安检相关信息进行对应存储和统一管理，从而保证机场安全检查工作安全有序地进行。如图6所示。

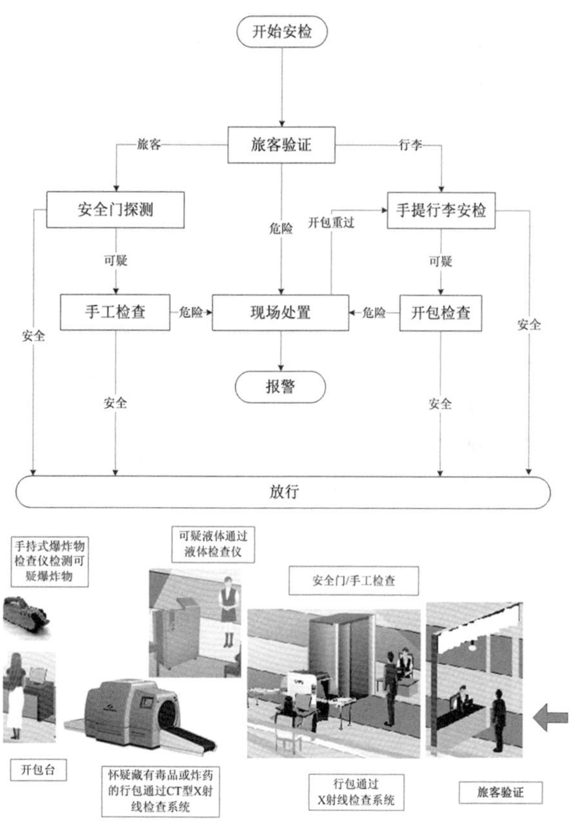

图6　机场旅客安全检查解决方案

三、结语

以上对威视股份的与民航安全检查有关的技术和产品做了简要的介绍，为了应对新的安全挑战，不断提高安检水平，威视股份将继续立足自主创新，在民航安全检查需求的指导下，通过与行业内其他厂商的广泛合作，探索研究更先进的安全检查技术和装备，为保障航空安全做出更大的贡献。

金属探测设备的更新换代及综合运用

陆建忠

摘　要：随着国内外安保形势的日趋严峻以及用户对金属探测器的需求猛增，上海尉思安防设备有限公司将安保用的金属探测设备根据需要作了必要的改革，目的是为了最大化发挥金属探测设备的作用，起到其应有的安全保卫作用。

关键词：探测器；安检门；微波探测

当前，国际恐怖活动中新的方式方法层出不穷，这势必要求相关部门更加严防恐怖事件，也迫切要求安检设备种类更加多样化。上海尉恩安防设备有限公司针对这一需求，开发出多种探测设备，以满足不同的需求。

一、监控安检门

监控安检门中最大的难点是在软件上建立数据交换接口以及安全实用的数据库，使得安检门能与监控中的数据库联系起来，这样才能使安检门探测到危险物品的时候及时有效地获取数据库里面的对应文件、对相应影像文件进行有效性分析，将有效性文件自动调取出来进行另类存储。在存储空间将近饱和时，提前预警提示是否有效更换进行新旧覆盖，或内存不足自动进行循环覆盖。事后可通过密码权限进行局域网或远程查询其不同等级程度的有效性文件，以便取证。

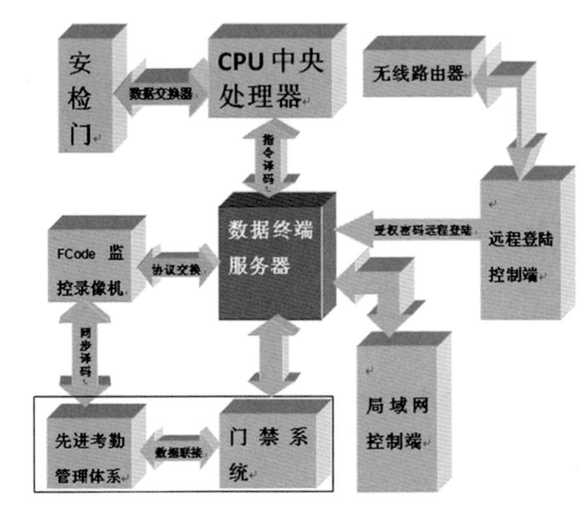

图　1

图1为监控安检系统结构方框图。上述讲到软件是结构的核心，但其外部设备的信号采集以及数据的交换却也是不容忽视的一面，例如：用于安全检查安检门探测不准确或是在处理数模转换处不及时，都将影响其发挥最佳效果，严重时更可能引起数据终端服务器错误分析从而提取假性资料。

以下为怎样提取可信度信息的现行处理方式：

图2为安检门在探测到危险物品时由模拟电路检测到的一个瞬间的正弦波，起初它是一个不规则的图形，经图3逻辑门电路处理以后得到以下的一个规则的矩形波如图4，在这里我们就已经获得到了一个接近于电源电压的高电平、一个接近于零的低电平，再将多路检测到的高低电平送到A/D转换器转换为数字信号，过程如图5。

图　2　　　　图　3　　　　图　4

图5中的基准电压由VREF(+)和VREF(−)提供，VREF(+)接基准电压的正极，VREF(−)接负极。VREF(−)接负极接地作为ADC的模拟地，VCC是电源电压，接+5V；GND作为数字地。当安检门探测到危险物品后经检测电路检测到一个变动的模拟信号，这个模拟信号再经限幅取样(如上所述)后由1N……7N立即送到8路模拟开关进行数模转换。

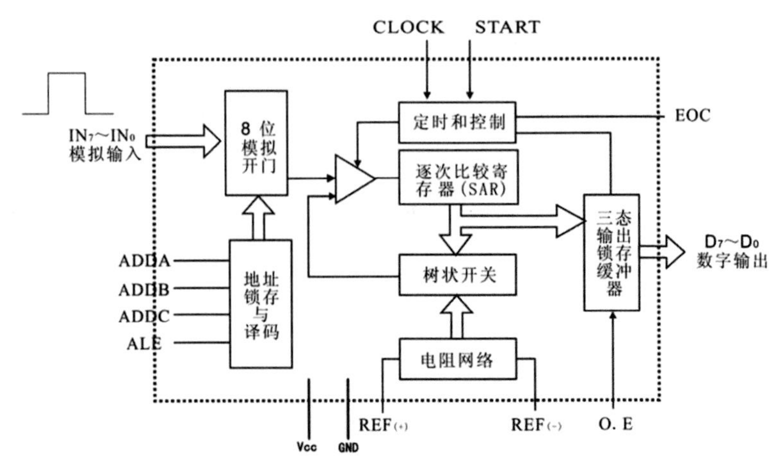

图　5

经转换的后数字信号将送到图1的CPU中央处理器经过处理后再经MAX232数据接口

与数据终端服务器进行数据交换(图6),最终通过监控数据库提取影像资料或是对现场可疑的人物进行指定的隔幅抓拍以获得不同角度的相片资料。在这期间每一环节都应考遇到稳定性和时间延迟等因素,每一处出现问题都将会影响到其提取内容的最佳效果。

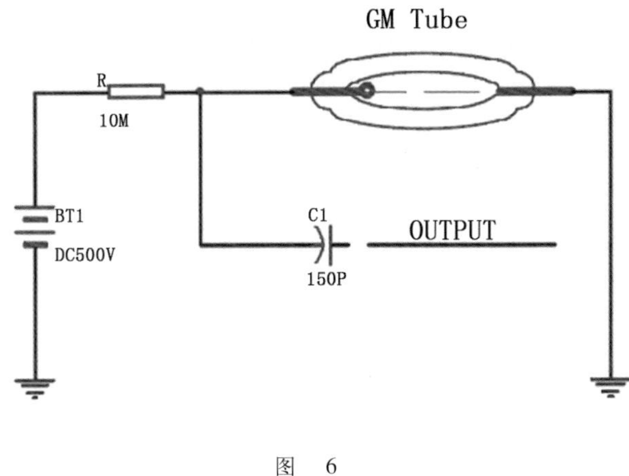

图 6

二、辐射与金属探测门的结合安检

随着潜在性的危害日渐增多,对安检设备的综合功能的要求迫在眉睫,对其结构更是要求精益求精以适应复杂多变的情况环境。在这里我们讲述一种多区位金属探测于多种辐射源探测的双功能结合体。

此类双功能安检门在探测金属方面可以对经过人的进行多达等分18个逻辑分区的精准定位,可以直接可观也判断出枪支、刀具等金属制造品的携带部位,避免在经过快速安检通道时出现大范围搜查、给安检人员带来潜在危险、被检通道出现拥堵甚至造成人员伤害等有违安检真实目的的状况。

在辐射探测元理部分,如图2可理解为采用光电倍增管(GM Tube)放射性同位素发出的射线与物质相互作用(如产生电离和激发等效应),将直接或间接导致(GM Tube)接地,利用这一效应,当物质在被电离或激发时将从BT1由R经(GM Tube)至地产生一个瞬间电流,这个电流在经过R(10兆欧姆)的电阻后会产生一个瞬间高压脉冲,这个脉冲经C1(150PF)电容后得到一个相位相反的一个高压脉冲,这个脉冲不能直接作用于输出报警,需将其进一步放大,如图3所示。

这个脉冲在经过几级运算放大以后由此电路将输入交流信号分成3路输出,3路信号可分别用作指示、控制、分析等用途,而对信号源的影响极小。因运放Ai输入电阻高,对信号源的电流量要求比较低,相应放大的后波形失真机遇比较小,如需要可在3路信号输出的一端添加逻辑门电路来控制输出报警信号或高低电平的控制信号,以免产生临近零界点时产误报。

(1)放射源探测装置

由一个供探测γ光子用的固体晶体装置包括一个“密闭的”铊激活碘化钠晶体,安放在光电倍增管的表面上。“密闭的”晶体上是一块固态圆筒状的铊激活碘化钠,其顶部和四周都用铝层包裹以避免光和湿气,因为碘化钠晶体易吸潮。为改善反射性,碘化钠晶体用一玻璃片密封,并同光电倍增管的表面直接接触,其间加些硅油以达到光学匹配,整个装置是不透光的。γ射线易于穿透晶体外表的铝层,然后被高效的晶体所吸收,晶体发射出其能量与入射γ射线能量成比例的可见光。接着,光电倍增管将可见光能量转换为电脉冲,各种能量转换过程(即从γ光子发射直到产生一个电脉冲)成比例的性质以及γ光子的吸收性质,保证γ放射性同位素可通过晶体闪烁得以计数,并定量。晶体γ计数器通常设计成既能有效地探测光电效应,又能有效地探测康普顿效应的计数器,但探测效应随着光子能量的增大而减小。对于大多数市售γ计数器所用碘化钠晶体的尺寸来说,光电效应在低光子能量例如在低于400keV时占主要地位,而在1M eV附近即以康普顿效应为主。在这两种能量之间,两种效应几乎以相等的频率发生,由于所用的晶体尺寸较小,难以探测到电子对的生成。另外,在塑料溶剂(如聚乙烯甲苯)中加入闪烁体(如POPOP或TP),做成片状,可用来探测能量较高的β射线,如32P放出的1.71MeV的高能量β射线。最早使用的硫化锌晶体较薄,内含微量的银作为激活剂,可用来探测α射线。

(2)放射源探测原理

γ射线不同于α和β粒子,它类似于光和其它电磁辐射,在与物质作用时不直接产生电离,而是按下述3种机制之一被吸收:光电效应,康谱顿效应和生成电子对。在光电效应中,每个光子将保持它的全部能量直到与吸收物质内原子的一个轨道电子相互作用为止。在此过程中,光子把全部能量给予电子,电子以高速度射出,光子就不再存在,发射出的电子称为光电子,光电子按β粒子同样的方式,将其能量电离,其他原子则消耗掉。在康普顿效应中,能量为hv的入射γ光子,与吸收物质内原子的一个轨道电子相互作用。在该过程中,光子把它的能量给予轨道电子,使电子射出,随后带有较小能量hv'的光子按能量和动量两者都守恒的形式被“散射”。射出的电子称为反冲电子,又叫康普顿电子。康普顿电子像光电效应中的情况一样,按与β粒子相同的方式消散它的能量,散射光子进一步通过光电或康普顿过程被吸收。电子对生成时,某些入射光子能量按照爱因斯坦方程转化为质量:$E=mc^2$,式中E为erg(尔格)表示的能量,m为以g表示的质量,c为光速,以cm/s为单位.入射的γ光子在吸收物质的一个原子的核场中以一种未知的方式湮灭,随后产生2个粒子,1个负电子和1个正电子,正电子只存在一个很短的时间,一旦它减慢,它就被吸收物质中的一个电子所中和,这一湮灭过程导致一对γ光子的产生,其每一个光子能量为0.51MeV,最终通过光电效应康普顿效应吸收。γ射线由于没有质量,具有很强的穿透性,而且最易被高电子密度的物质如铅所吸收。具有高原子序数Z的原子直接与高电子密度有关。就探测器而言,某些无机盐能有效地吸收γ光子,发射出强度正比于所吸收γ射线能量的光子。例如,铊激活的碘化钠,由于碘原子的原子序数Z高,并且有较高的密度(比重3.67),而且每吸收单位能量的光子产额高,晶体的光透性也好,用来探测γ射线,效率较高。

三、辐射探测源的小型封装

同位素发出的射线与物质相互作用的距离成正比,当在一定条件下封装的体积越大也就代表这个辐射探测源的响应时间及探测范围要比小型封装的快得多，范围也要广得多。这缘于放射性同位素的量越多，仪器记录的脉冲次数就越多，记录的脉冲的方式可用计数率，即射线每分钟的计数次数(简写为cpm)表示。现代计数装置通常可以同时给出衰变率，即射线每分钟的衰变次数(简写dpm)、计数效率(E)、测量误差等数据。因此，我们可以根据这一特性将小型封装的探测源镶嵌在小型手持式金属探测器里，方框原理图如图7所示。

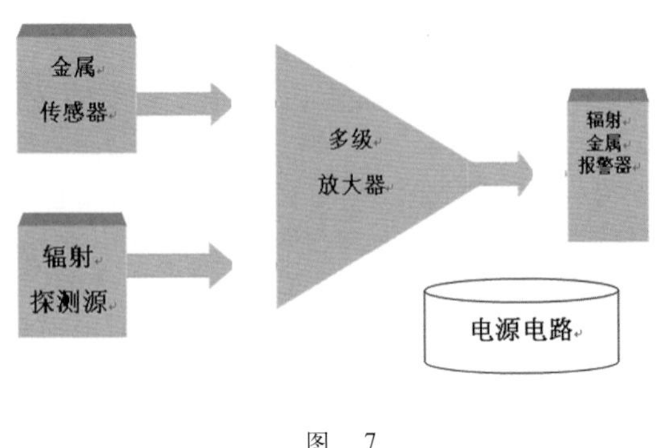

图 7

四、液晶显示金属探测器

随着MCU半导体大规模的扩展，我们得以体验以MCU控制单元的新式手持探测器，它让使用者更方便、更直观地操控其工作；让功能更加全面；让性能更加稳固，彻底解决相互干扰的难题。自动进行待机，低功耗输出，时间、温度被测物体大小及探测灵敏度全数字化显示，USB充电，MCU自动检测让它更加完美。

整个电路设计的主要组成部分见图8。主要以七大处理单元构成，LC振荡电路在待机总是处于自激振荡状态，当有微小金属物品接近LC选频网络时，都将引起电路弥补金属切割磁感线后产生的涡流而引起电路停振，致使振荡管的基极电压上升。电压监测电路将上升后的电压与上升前的电压进行比较提取出上升的电压值，再将上升的电压值送到LM324多极运算放大器进行放大，而后与温度传感器变化的模拟量一起送到MCU控制单元，由控制单元负责A/D转换、数据的处理，以及最终通过LCD驱动模块直接将其变量直观地显示在液晶面板上，以及通过预先的设定使MCU控制后级以不同的报警方式出现。图9为各大处理单元在PCB上的不同区位，以杜绝因电路本身产生的

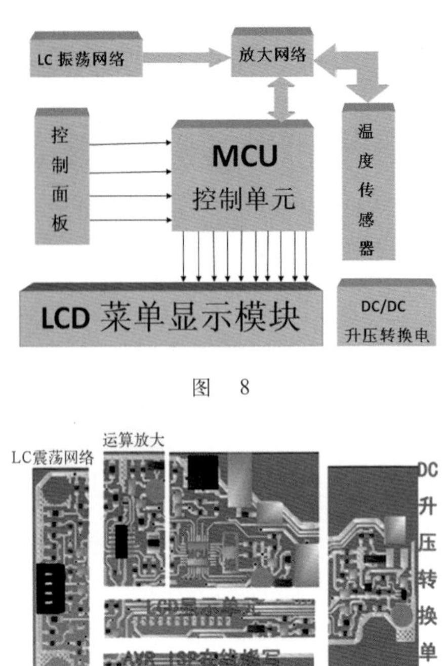

图 8

图 9

线性干扰。其中，将温度传感器设计到了运算放大的板块上以避免因传输造成的信号衰减，偏离其真实值。

DC/DC升压转换单元(图10)：直流电由C80的两端输入经L1高频滤波过滤掉高频信号干扰和减缓波动，使其输出平缓的直流电送到XP151MOS管，MOS管与XC9103 DC/DC转换器组成的升压网络通过调节R81与R82的阻值可以将电压上升到DC36V，其中CE检测脚可与第二脚相连，检测电源是否达到预定值。

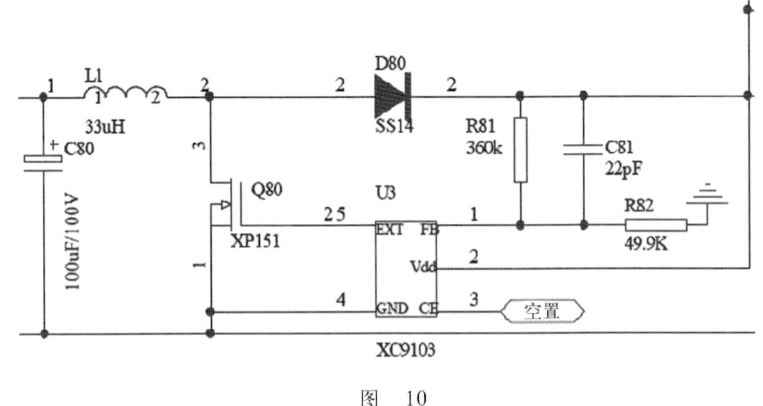

图 10

陆建忠：上海尉恩安防设备有限公司

机场跑道高科技质量检测全面解决方案供应商(EPC)

欧美大地仪器设备中国有限公司市场部

一、前言

随着中国经济快速发展,大部分民航机场作为城市的窗口,将要进行扩建、改造或迁建。中国政府和人民对人命安全和工程质量越来越重视,而采用高科技先进测试仪器是保障工程质量、防止工程事故最重要的手段之一。使用检测仪器的目的,在于保障工程质量,防止工程事故同时又能优化设计,节省投资。因此采用高科技、高质量,并能够提供可靠检测数据,具有公信力的先进测试仪器将会是大势所趋。

二、欧美大地仪器设备中国有限公司

欧美大地仪器设备中国有限公司(EPC)成立于1987年,是中国内地、香港、澳门领先的土木工程仪器设备全面解决方案的供应商,主要从事引进世界上最先进的土木工程测试仪器设备,同时为广大用户提供优质的售前和售后服务。公司总部设在香港,在全国设有11个办事处,分别是广州、北京、上海、南京、成都、西安、沈阳、武汉、深圳、福州和济南。除了强大的销售和技术支持网络之外,公司在香港、广州和上海还设有客户服务中心和保税仓库,并在各办事处配有售后服务人员。

公司现在有超过180位经验丰富的员工,可以为客户提供全方位的服务。凭借多年来广大客户的支持和信任以及欧美大地员工们的奉献精神和责任心,欧美大地从单一的土木工程测试仪器供应商迅速发展成为土木工程高科技测试仪器全面解决方案的提供者。

产品的质量与技术的先进性,是欧美大地仪器设备中国有限公司生存和发展的基础。公司本身并不生产仪器,但是公司代理美国、加拿大、瑞士、瑞典、德国、英国、法国、丹麦、芬兰、澳大利亚、日本等先进国家的70多个厂家的产品。高科技仪器设备代理产品覆盖土木工程及机场建设的各个领域,从工程设计、地质勘察、基础施工到上部结构施工及长期监测各个阶段,公司皆能提供全面高科技测试仪器的解决方案。欧美大地仪器设备中国有限公司的成功之处在于能够全面提供高科技测试仪器解决方案,同时,所代理的同类产品是世界上最先进和质量最好的产品之一。

三、机场跑道质量检测仪器

在机场跑道质量检测方面,如落锤式弯沉仪、MU-METER路面摩擦系数测定仪、探地雷达、无核法沥青路面密度仪、路面雷达系统、手持式激光平整度仪、多激光路面断面测量仪、三维探地雷达、动态摩擦系数测定仪、激光路面纹理测试仪、机场跑道气象信息系统等,都是很适合的。

1.落锤弯沉仪(FWD)

对于以层状弹性体系理论为基础的沥青路面力学—经验设计方法设计的沥青路面结构,在分层施工的过程中,逐层检测其强度并反算其材料参数(E)对于评价跑道施工质量、校核路面结构设计,并最终保证路面结构的施工质量和使用寿命是非常重要的。

丹麦Carl Bro公司生产的落锤式弯沉仪(FWD)工作原理是产生一个荷载脉冲来模拟行驶中的车轮荷载的影响。一个质量块从选定的高度落下产生冲击荷载。施加的荷载由一个重载的荷载传感器测量出并通过一个直径为300mm的承载板传递到路面,导致路面产生弯沉。弯沉由地震检波器测量同时提供"弯沉盆图",这使得评价多层路面结构成为可能。

FWD能用于测试降落波音747等大型客机的机场跑道,是机场常见的测试仪器。而且,我们的最新型号更可以用于测试降落巨大的空客A380客机的机场跑道,其重量达560t。

FWD最大荷载为250kN,最新型号为300kN(世界首创),最多可升给至9个弯沉传感器,用于测定在动态荷载作用下产生的动态弯沉及弯沉盆,所测结果可用于评定道路承载能力,调查水泥混凝土路面接缝的传力效果,预估道路的剩余使用年限。

FWD测量精度高,为1%,测试速度为65 点/小时,而且其计算之准确性既能满足本地及国际规格(ICAO),也可以收集跑道数据,例如PCN(Pavement Classification Number)数据,用于测定现有的跑道是否适合接收已知的飞机。

2.MU-METER路面摩擦系数测定仪

英国Denson公司生产的MU-METER路面摩擦系数测定仪能够按照不同地区的格式输出测试报告,例如CAA(美国民航管理局)CAP683 / ICAO(国际民航组织)/ FAA(联邦航空局)等,提供精确的日常跑道路面横向摩擦系数值,作跑道或其他路面养护的部分并为之提供依据。它既能实时传送有关天气的摩擦系数测试报告给道路养护部门及进港航班,又能提供

跑道摩擦数据分类，能以制图形式作记录、审核用途等。

MU－METER路面摩擦系数测定仪设备包括一辆三轮小拖车，并配备了电子测量系统，它的操作与装在牵引车中的计算机相连。它能够高速收集测量数据（最高达128公里/小时），适合恶劣环境及在跑道上24小时运作。其精度亦非常高，误差为＋/－0.01。它是国际认可的摩阻力测试系统，是机场管理必备的仪器。

3.探地雷达

美国US Radar公司生产的探地雷达是利用超高频脉冲电磁波探测地下介质分布的一种应用地球物理无损探测方法。它可以分辨地下介质分布，因此探地雷达方法以其特有的高分辨率在地质勘察和建筑工程中有着极其广阔的应用前景。

我们的探地雷达能用于检测各种材料，如岩石、泥土、砾石以及人造材料如混凝土、砖、沥青等的组成。雷达可确定金属或非金属管道、下水道、缆线、缆线管道、孔洞、基础层、混凝土中的钢筋及其他地下埋件的位置。它还可检测不同岩层的深度和厚度，并常用于地面作业开工前对地面作一个广泛的调查，对于机场初期建设非常重要。

我们先进的2000MHz（2GHz）屏蔽天线提供更高的分辨率（≤1厘米），探测深度更浅，在好的地质条件下达0.6米。应用包括结构详细分析、混凝土裂缝探测、铁丝探测、小空洞和缺陷探测、爆炸物定位和结构分层。所以非常适合及准确分析跑道内层各厚度、湿度、高含水量地区、空隙位置、损坏位置、程度、混凝土路面层下气洞及测量钢筋埋置的深度。

4.无核法沥青路面密度仪（PQI）

美国Trans－Tech公司生产的PQI301无核法沥青路面密度仪应用电阻抗的原理快速确定跑道面层的沥青密度，以确定压实质量，及时修补密度达不到要求的区域。在进行跑道修复工程时，现场质量不容忽视，这就对现场的检测提出了更高的“满足现状”的要求。PQI采用无原子核源操作，因此对人体无害、非破坏检测、无牌照费及服务费。为配合工程，PQI能于3秒内迅速读数，提供多项测试模式，机身轻细和安全。

高精度PQI，测量深度在11～100mm范围内，特大测量面积不少于250mm直径，自动改正温度及湿度的影响，遵循ASTM D7113 和AASHTO TP68规格。

5.手持式激光平整度仪

通过激光技术和画像处理技术在业界惟一的非接触式测绘方式，可应用于弯曲、倾斜、旋转、排水等的特殊路面。分解精度可高达0.25毫米，对测量沥青路面的平坦性，可生成高可靠性的测量数据。因此，日本Tokimec公司的手持式激光平整度仪相比传统复杂的测绘方式，能非常快速及准确收集数据，大大节省人力、物力及时间，最适合机场道路养护工作。

6.多激光路面断面测量仪

丹麦Greenwood高精度的多激光路面断面测量仪，采用世界上最先进的激光器、陀螺仪、加速度计等组成的精密惯性基准系统，用于跑道上高速检测路面断面和高速检测路面微观纹理。多激光路面断面测量仪检测速度最高可达150km/h，能提供以下的路面测试报告：IRI 国际平整度指标；横向及纵向断面；水平及垂直曲率半径；车辙深度；横向及纵向坡度；梯度；构造深度；路面三维图形显示可模拟四分之一车等旧的路面检测设备；GPS 全球定位系统。

为配合任何车辆的安装，多激光路面断面测量仪的所有电子零件，包括相关的电源芯片，全部合为一体，安装于前置横梁上。因此，车内无需安装任何配件，只需要一台手提电脑及相关软件，连接测量仪，即可操作。

7.三维探地雷达

挪威3D－Radar公司的GeoScope™三维探地雷达采用了创新的频率步进雷达技术和天线阵技术，是一套高分辨率的真正的三维地下成像探测系统。对于机场跑道这类大面积勘查应用是目前市场上最理想的探地雷达设备。

GeoScope™探地雷达是利用产生的频率步进波形进行探测，这种技术与其他两种雷达（无载频脉冲和调频连续波）相比，其优越性主要表现在：（1）雷达信号源输出的频率分量可精确控制，各频率分量的能量相等；（2）通过控制雷达接受机的带宽，能有效抑制噪声，提高灵敏度；（3）雷达信号为频域信号，能够方便应用频率域的信号处理技术进行处理分析。GeoScope™探地雷达频率扫描范围是100MHz～2GHz，完全由用户根据不同应用来设定，既能满足不同深度测量，又能满足高分辨率的要求。

GeoScope™探地雷达采用了独特的天线阵技术，一套天线含有多达63对电子扫描天线振子，单趟勘查就能同时采集63条测线，不仅极大地提高了勘测效率，也实现了三维成像。三维成像在地下结构缺陷等探测应用上的优势是显而易见的：可以准确分析跑道内层各厚度、湿度、高含水量地区、空洞位置与大小尺寸。GeoScope™探地雷达的天线系统是由一对一对的空气耦合蝶型单极天线组成。与传统的倍频探地雷达（GPR）天线不同，这种超宽带的蝶型单极天线有一系列连续的频率，其覆盖范围从100MHz～2GHz，实际工作时，用户无需更换天线就可采集从100MHz～2GHz频率的数据。若用脉冲式探地雷达作相同的探测，就需要200MHz、400 MHz、800 MHz 和1600 MHz等不同的天线，并不停地更换。

8.机场跑道气象信息系统（RWIS）

美国Quixote 交通科技公司（QTT）是路面传感技术应用于道路和机场跑道方面领先的供应商。机场跑道气象信息系统（RWIS）能够实时提供机场跑道道面信息和天气状况，以便机场运行管理人员及时进行决策和维护。RWIS除了能够提供天气信息如大气温度、相对湿度、风速风向、气压、雨量、雪深、天气状态、可见度、太阳辐射等之外，还可提供跑道道面信息如跑道表面温度、干湿状态、积水深度、化学除雪剂百分比、冰百分比、跑道下层温度，预估冻点温度值等。道面传感器与跑道齐平安装，现场传感器的支架采用适合民航系统的易折式设计，最大限度地减小对航空器安全的影响。QTT的RWIS系统的现场控制器采用开放式的Linux系统，便于用户进行相关开发应用。RWIS的卓越品质，使得美国95%以上的机场采用QTT的RWIS系统进行气象监测。

如欲了解更详细的机场跑道检测仪器信息，请登陆欧美大地仪器设备中国有限公司网站（http://www.epccn.com）或直接联系各地办事处。

水蓄冷空调节能技术原理及其在机场等行业的应用

徐齐越

一、水蓄冷空调节能技术的原理

水蓄冷技术就是在电力低谷时段，开启电动制冷机，将冷量以4℃左右冷水的形式储存起来；在白天的高峰电和平峰电时段，利用夜间储存的冷量进行供冷，此时不开或少开冷机，从而达到节省运行费用和电力移峰填谷的目的。

水蓄冷技术主要是利用了水的物理特性。在1个大气压的水，3.98℃水温时其密度最大，此时为1000kg/m³。随着水温的升高，其密度在不断减小。如果不受到外力扰动，一般形成冷水在下，热水在上的自然分层状态。但水在4℃以下时物性却出现明显的非规律性变化，此时随着水温的降低，其密度却在不断减小。因而水蓄冷水温可利用的下限一般为≥4℃。水蓄冷时一般是4 ～12℃，依照具体应用对象回水温度也可以达到15℃甚至以上。水蓄冷利用的是水的显热变化（水比热为1.0kcal/kg·℃）。

自然分层式蓄冷技术是一种蓄冷效率较高、经济效益较好的蓄冷方法，目前应用得较为广泛。在夏季的蓄冷循环中，冷水机组送来的冷水由蓄冷槽下部的布水器进入蓄冷槽，而原来槽内的高温水则从蓄冷槽上部的布水器流出，进入冷水机组降温。随着冷水体积的增加，槽内冷热水交界的斜温层将被向上推移，而槽中总水量保持不变；在放冷循环中，水流动方向相反，冷水由下部布水器被放冷泵抽出送至放冷板换或者用户，经换热后的温度较高的水则从上部布水器进入蓄冷槽。其工作过程如图1所示。

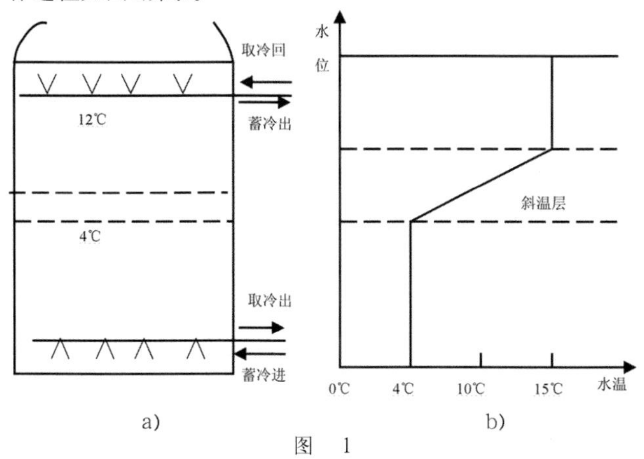

图 1

蓄冷槽是水蓄冷空调系统中的关键设备。为防止和减少蓄冷水槽内因温度较高的水流和温度较低的水流发生混合，引起能量损失，水蓄冷系统中水槽结构和配置时，通常有几种方案可供选择：自然分层式、迷宫式、隔膜或隔板式、复合水槽式。但效率最高、性价比最好、应用最广泛的还是自然分层式。蓄冷槽可用钢筋混凝土水池或钢结构水箱制作，也可利用消防水池改造等。一般都要有保温措施。

水蓄冷三次布水技术为北京佩尔优公司专有布水技术，该项技术目前处于世界领先水平。三次布水由线布水、平面布水、精细布水阵列组成，通过线布水、平面布水、精细布水阵列的三次立体布水，极大地降低了最后出水口的出水工作流速，使水能够按不同温度对应的密度差异依次分层，形成并维持一个稳定的斜温层，以确保水流在贮槽内均匀分布，扰动小。此斜温层流体力学特性可用弗兰德（Frande）准数决定，同时也受雷诺（Renolds）准数及系统运行合理与否的影响。

佩尔优公司在蓄冷槽内配备的具有自主知识产权的线形温度场测试仪，也是国内外独有的技术。通过它，能清楚地看到蓄冷槽内水分层的情况，从而为系统的优化控制提供了最直接的依据。

佩尔优公司独立开发了具有自主知识产权的"大温差水蓄冷经济型中央空调系统"是世界上最先进的水蓄冷系统；蓄冷水池在放冷、蓄冷过程产生的斜温层的厚度、同一断面上的水温差、蓄冷槽的蓄冷密度和用于蓄冷的冷水机组在蓄冷时的COP值等所有指标都超过了美国、日本等发达国家类似系统的技术水平。

水蓄冷空调技术具有很多优点：在执行分时电价的单位，采用水蓄冷空调技术后其运行费用比常规空调系统运行费用低，分时电价差值越大，用户得益越多。采用水蓄冷空调技术，业主并不一定节电，但能节省运行费用。而从宏观上来讲，它有利于国家电网的安全运行，减少高峰电厂的投运，减少排污和运煤的交通压力，因此它也是一种节能环保的技术，许多国家都在大力推广。

二、水蓄冷空调技术的应用

从项目的情况来讲，符合下列条件的适合采用水蓄冷技术：

（1）由于在夜间低谷电价时段需要开动制冷机组进行蓄冷，因此它最适合在夜间有富裕空调制冷余量或者在夜间没有供冷要求的场所。

（2）有一定的空地（可以利用消防水池、各种蓄水设施、地下室等改建，也可以在绿化空地上、停车场下面新建）来安置蓄水槽（已投入使用或新装空调均可安装）。

（3）适用于改造的特点。水蓄冷系统特别适用于用户改造。安装水蓄冷设备的用户，不需要更改原有的供冷水管网系统，运行十分灵活方便，安全更有保障，并节省大量运行费用。

1.水蓄冷技术用于机场的案例——上海浦东国际机场

上海浦东国际机场是我国最重要的枢纽门户机场之一。为满足世界一流的浦东国际机场全天候的空调要求，浦东机场对空调系统的设计进行了反复论证（图2）。表1是浦东机场在空调设计投标中的具体数据。

经济分析比较 表1

内容		冰蓄冷	水蓄冷	常规电制冷		备注
制冷机组容量（RT）		18320	19000	24400		a. 功率因素：0.85 b. 配电设施费：800元/kVA c. 基本电费：30元/kW·月 d. 年运行天数：180天
机房设备用电功率（kW）		18032	17405	22250		
机房设备配电容量（kVA）		21214	20476	26176	说明1	
一次投资	机房设备概算（万元）	14248.3	9075.1	8973.9		
	机房配电设施费（万元）	1697	1638	2086	说明2	
	合计（万元）	15945.3	10713.18	11059.9		
年使用费	基本电费（万元）	649	627	801	说明3	
	机房运行电费（万元）	2016	1770	2433		
	机房维护费用（万元）	约100	约80	约80		
	合计（万元）	2765	2477	3314		

说明1：机房设备配电容量为机房设备用电功率/功率因素
说明2：机房配电设施费为机房设备配电容量×800元/kVA
说明3：基本电费为机房设备用电功率×12月×30元/月×kW

图 2

由表1中可清楚看出：

(1)水蓄冷初投资仅10713.18万元，低于常规制冷346.72万元，更低于冰蓄冷达5232.12万元，无疑是最节省投资的方案。

(2)水蓄冷设备配电容量最低年运行用电量仅31006485kWh，低于常规制冷，比冰蓄冷节省5844845kWh，省电19%，无疑是最节能的方案。

(3)年使用费(未计折旧费，常规与冰蓄冷相近，冰蓄冷高200万元)也是水蓄冷最省，低于常规837万元，低于冰蓄冷288万元。

(4)水蓄冷占地面积大，多出的两个蓄水罐占地1120m²(合1.7亩)，按机场地价计约140万元(水蓄冷冷冻机房面积比常规少720m²未计)。

综上所述，尽管水蓄冷占地面积略高一些，其优势仍然是明显的：水蓄冷从节约初投资、节约能耗、节约运行费三项基本指标上都是绝对领先的。因此，最终浦东国际机场二期工程采用水蓄冷方案。在实际工程中，最终设计的蓄冷水罐的体积为4个11600m³的蓄冷罐，一期先上2个蓄冷罐，同时预留2个蓄冷罐(其基础已做好)。由北京佩尔优科技有限公司提供技术支持并负责施工。

2.水蓄冷技术用于机场的案例——上海虹桥机场改扩建工程

上海虹桥国际机场位于上海市长宁区，机场最初的设计容量是旅客吞吐量960万人次，2005年旅客吞吐量已达1779万人次，已处于超负荷运转状态，因此必须进行扩建(图3)。上海虹桥机场在空调设计对比方案中，水蓄冷空调较常规空调每年可节省空调电费1620万元。虹桥国际机场扩建工程能源中心蓄冷罐为2×22000m³，蓄冷量为2×55000RTH。2.2万m³的体积是国内目前最大的单体蓄冷罐，由佩尔优公司提供技术支持并负责施工。(如表2)

经济分析比较 表2

内容		水蓄冷系统	常规电制冷系统	备注
制冷机组容量（RT）		15200	19000	a. 功率因素0.85； b. 基本电费：30元/kVA·月； c. 年运行天数：180天
能源中心设备用电功率（kW）		13924	17050	
能源中心设备配电容量（kVA）		16381	20059	
年使用费用	基本电费（万元）	590	722	
	能源中心运行电费（万元）	1010	2498	
	能源中心维护费用（万元）	80	80	
	合计（万元）	1680	3300	

图 3

3.水蓄冷用于电子厂房案例——长沙ＬＧ菲利浦曙光电子公司

(1)原系统及耗能情况

长沙LG菲利浦电子有限公司的空调面积4万m^2。原机房配置有1000RTH的冷水机组10台、冷却水泵10台、冷冻水泵10台、冷却塔10台，主要供车间及少量的办公楼的空调(图4)。该公司要求全年365天供冷，负荷大，用电量高；在最热时白天需开动7台制冷机组满足供冷要求，晚上也要开动6台制冷主机供冷才能达到要求。

图 4

(2)水蓄冷改造方案：新建12000m^3蓄冷水槽，蓄冷槽设计成全地上景观建筑，蓄冷量10800万kcal。全年为用户节约电费460万元，其经济效益非常可观。本项目于2005年12月开始实施，2006年5月投入运行。

本案例是节能效益分享型合同。该项目由佩尔优全额投资，通过世界银行贷款。业主乐金飞利浦曙光电子有限公司(甲方)与北京佩尔优科技有限公司(乙方)签订的是水蓄冷合作合同，合作期为10年。

4.水蓄冷用于综合性商业建筑案例——武汉中商广场

武汉中商广场是集商业、贸易、休闲、娱乐为一体的大型商业建筑，空调面积3万平方米，机房设备配置500*RTH*离心水冷机组4台。

改造时充分利用地下闲置的人防工程和消防池，改建成水蓄冷槽，水蓄冷槽的有效容积为1160m^3，蓄冷量1160万kcal，全年转移高峰电量35.2万kWh，为用户带来可观的经济效益。

5.水蓄冷用于酒店案例——南宁国际大酒店

南宁国际大酒店为五星级涉外宾馆，空调面积约5万m^2。机房配置为3台开利离心式冷水机组，制冷功率为350RTH/台。

本工程采取部分负荷蓄冷方案，蓄冷温差8℃。蓄冷水池容积950m^3，蓄冷量760万kcal(2533RTH)。蓄冷池为全地下混凝土结构，地上建成绿地与停车场。蓄冷水池蓄存的冷量可提供夏季空调峰平负荷的51%的空调负荷，或者单独提供100%的高峰负荷。为用户转移了全部高峰电量，节省下可观的运行电费和电量，深得用户好评。

三、结语

机场采用蓄冷空调有着良好的经济效益和社会效益，应该全国范围内积极推广。国内民用机场总数约150个左右，机场规模各异，按照平均每个机场建设1个10000m^3蓄冷水罐计算，在峰谷电价3.5:1的基础上，每年可以节省电费4.5亿元，每年转移高峰用电4.5亿kWh，按照每转移1kW电量节省374gtec计算，相当于每年可以节省标准煤16.84万吨或10.21万吨碳。

进一步扩展到全国大型的商业和工业项目，初步估计，全国1000RT装机容量以上的工商业项目约5万个以上，如果这些项目都能应用水蓄冷项目，每年可节省空调电费250亿元，每年可转移高峰用电200亿kWh以上，相当于每年可以节省标准煤748.44万吨或453.78万吨碳，市场潜力巨大，社会经济效益显著。因此，水蓄冷技术值得在全国范围内大力推广。

徐齐越：北京佩尔优科技有限公司

机场行李分拣解决方案

时建平

摘　要：行李分拣系统与机场的服务质量密切相关。如何让原有设备发挥最大潜力，是值得研究的课题。本文通过首都机场二号航站楼行李自动分拣系统的扩容改造的成功案例，来研究机场行李分拣解决方案。

关键词：行李分拣系统；系统瓶颈；人工编码站

一、引言

首都机场二号航站楼于1999年投入使用，设计年吞吐量2700万人次，当时使用世界领先的行李自动分拣系统，极大地满足了当时航空运输的需要。但随着社会的发展和进步，对于民航运输的需求大大增加。二号航站楼的国内航线总客运量2004年为2734万人次，国际航线总客运量为829万人次。经过测算，在三号航站楼投入使用前，二号航站楼的国内航线总客运量在2007年达3515万人次，国际航线总客运量预计会达到1214万人次。这将大大超过二号航站楼的设计容量，尤其会使行李分拣系统不堪重负，最终会对整个机场的正常运行造成影响。因此，首都机场二号航站楼行李分拣系统增加容量迫在眉睫。

二、首都机场二号航站楼行李分拣系统概览

1.首都机场二号航站楼行李分拣系统组成

首都机场行李分拣系统由国际、国内两套功能上完全相同，物理结构基本类似的设备组成，分别完成国际、国内进港/离港/转港行李的认领/分拣/转运处理。图1为二号航站楼行李分拣系统离港设备示意图。行李分拣系统分为进港行李输送认领部分、中转行李处理部分、离港行李交付柜台部分、离港行李输送部分、行李分拣部分、分拣口行李输送部分、人工编码站部分、早到行李处理部分以及电视监控部分。

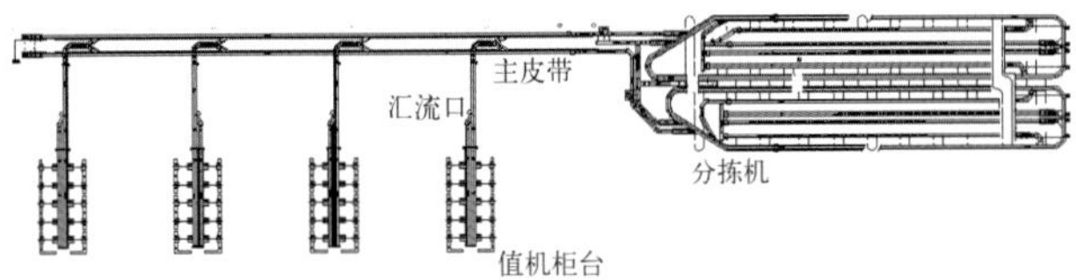

图1　二号航站楼行李分拣系统设备示意图

(1)离港行李交付柜台和行李收集传送

离港行李交付柜台分为国际和国内两部分，分别位于二楼国际、国内值机大厅有8个值机岛，国际有5个值机岛，每个岛有20个值机柜台分左右分布，国内有3个值机岛，每个岛有22个值机柜台按左右分布。离港旅客在值机岛交付柜台办理的行李分别由相应的收集带收集输送，汇合后传送给升降带，如升降带处于升起的位置，行李被传送给主传送带S1-1(或S3-1)，当升降带处于落下位置时，行李被传送给主传送带S2-1(或S4-1)。S1与S2(S3与S4)为互为备份且可独立运行的传送带。

(2)离港行李高速运送主皮带系统

从值机岛收集带和从中转行李输送带送来的行李通过各自的升降带被送入2条互为备用的高速行李输送主皮带之一。高速行李输送主皮带下游端与推进器和分拣机系统的导入口相连。通过推进器和导入口，由高速行李输送主皮带送来的行李被均匀地发送到分拣机的翻盘小车上。高速行李输送主皮带在与它有关的就地控制站中没有直接的"启动"操作按钮，它与值机岛和中转行李输送带的运行状态连锁。当整个行李输送路径上没有行李时，PLC(可编程逻辑控制器)会自动停止输送带运行，有行李时PLC 会自动恢复输送带运行。

(3)离港行李人工编码站系统

离港行李人工编码站系统由人工编码站终端和行李输送带组成。在分拣机上有一定数目的行李条形码标签不能被正确的扫描阅读，因此不能被送往正确的行李分检口输送带实现自动分拣。这些行李通过一个专用的滑槽被送往人工编码站，由操作人员使用连接在人工行李编码终端上的掌上型条形码扫描仪扫描行李，或直接在人工编码终端的触摸屏上输入航班号或分检口号。在人工编码站处理过的行李，由人工编码站的输送带经由导入口重新送回分拣机进行分拣处理。

(4)离港早到行李处理系统

每台行李分拣机都有1套早到行李处理系统，整个行李系统共有4套早到行李处理系统。

(5)离港行李分拣处理系统

行李分拣处理系统是整个行李系统中最重要的部分，有4套功能完全相同结构类似的分拣机，国际、国内都是2套互为备用。分拣机是由一系列运行在特制轨道上、首尾相连、带有翻盘的小车组成的一种机械。每台分拣机还有2个行李导入口，将高速行李输送带运来的行李逐个发往分拣机的小车。每个导入口内有2个条形码扫描仪，还有一个由6个扫描仪组成的扫描架安装在分拣机运行轨道上方，这12个条形码扫描仪基本构成了一台分拣机的行李条形码自动识别系统。分拣机控制器跟踪翻盘小车上的行李，并将行李在适当的分检口予以释放，分拣机为模块化设计，每个翻盘小车底部都装有带有惟一编码的代码板，供读码器读取识别，读码器通过代码板既可识别小车又可获得小车运行的速度。

(6)离港行李分拣口输送带系统

每个分检口输送带有2个分拣滑槽与2台分拣机相连，接收分拣行李。每个分拣滑槽与相连的分拣机由光眼信号控制行李释放操作，当滑槽堵塞或满时，分拣机会循环行李再尝试释放一

次，如还不成功，则分拣机将行李转往缺省口释放。释放到分检口输送带上的行李一直向前走，使行李走到输送带端点也不停止，减低滑槽堵塞的可能性。

在分拣机上有一定数目的行李不能成功释放到指定的分检口，分拣机则将行李转往缺省口释放。引至行李转往缺省口释放的原因，包括人功编码站工作量太繁忙、行李条形码标签出现问题、行李不能在限定的循环圈数成功释放到分检口。

三、首都机场二号航站楼行李运行情况分析

1.运行情况分析

以2004年某月运行数据分析(见表1)，从统计显示，主要有4 大重点问题，包括：国际和国内值机柜台分配不平均；自动读码率偏低；缺省口行李量比例偏高；国内迟运行李数目偏高。

2.运行存在重点问题的分析

(1)问题分析方法

在进行前期系统了解的时侯，我们观察到有关影响系统表现的各种问题。这些问题范畴广泛，互相影响，一时难以推断系统效绩不良的主因。为了将有关问题有系统地分析，我们建立了一个系统表现因果关系框架，再将问题分类及与系统整体表现挂钩，并将其影响程度数量化，以便抽出关键问题所在，有效制定改进方案。图2对该方法进行了描述。

就观察到的出港行李处理问题，从上图可以看出和减低高峰流量不属于设备改造的范畴之内，因此，我们只针对其中的系统瓶颈、减低行李重复、减少系统停顿3个主要问题来提高系统容量。

(2)系统瓶颈

系统瓶颈是指在系统程序中容量最小的一环，它也决定整个系统的实效容量。系统瓶颈首先会限制流往下游的行李量，尽管下游的程序有更大的处理容量也不能处理更多行李，造成资源浪费。同时，因瓶颈上游的程序处理容量较大，它输出行李量可能比瓶颈处理容量大，使未能被消化的行李慢慢堵塞于瓶颈，当上游的程序与瓶颈的缓冲挤满之后，上游的程序就须要间歇停顿，等待缓冲中的行李被消化。就现时分拣系统的设计及行李需求特性而言，系统中的瓶颈由下至上分别有：

①人工编码站：大量行李须分派到缺省口的情况下，表示人工编码站容量不能应付在繁忙时期人工编码的需求。

②分拣机导入：分拣机的速度为2.1m/s，即最高分拣速度可达每小时6000件行李。而导入口最多每条只可每小时导入1500件行李，2条即为3000件行李，约为分拣机最高处理量的一半。再加上因输出口堵塞而尚未腾空的分拣盘，在回流

2004 年某月运行数据　　表 1

值机柜位流量									
A	B	C	D	E	F	G	H	国际	国内
43597	56821	70131	89682	65895	120445	208262	109863	326126	438570

系统运行情况											
大件		读码率		垃圾口		破损		掉牌		迟运	
国际	国内	国际	国内	国际	国内	国际	国内	国际	国内	国际	国内
18656	26044	75%	78%	39454	128160	49	67	89	306	934	10700

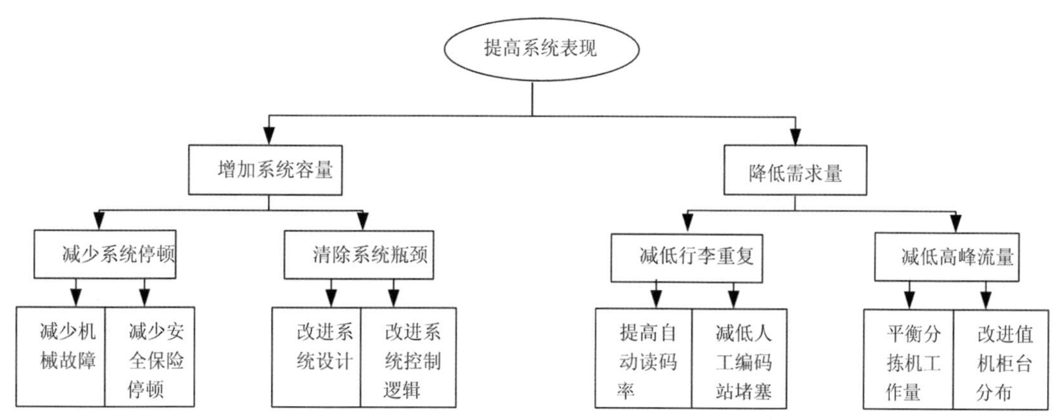

图2　分析方法

到导入口时会延误行李导入，这会再减低导入口的实质处理量。

③行李汇流：系统当中总共有两个主要汇入位置，分别在两条收集带的交汇处及收集带与主皮带的交汇处。汇入程序的容量是一个动态数字，主要视当时主带的流量。主带流量越高，汇入程序的容量越低，而汇入窗口则影响它们互动的程度。

汇入瓶颈问题在国内区的下游值机岛收集带与主皮带之间的交汇处比较明显。随着旅客量增加，主皮带的流量会继续提升，这表示下游值机岛汇入主皮带的瓶颈问题将会越益严重。

(3)减低行李重复

在最理想的情况下，每件行李可在分拣机中一圈内分派到分拣口。但实际情况是，行李有时须要分拣多过一次或须在分拣机中多过一圈才能分出。这两个情况都带来分拣机额外的工作量。前者是行李在人工编码站经过人工编码后，再次回流到分拣机，所以同一行李须要多经一次分拣；而后者是分拣机出口堵塞(只有人工编码站出口才有这情况)引致分拣机中的行李不能分出。

数据显示，行李分拣系统自动读码率约为75%。而分到缺省口的行李比率为12%。这表示大概100件由值机柜位输入的行李会造成135件行李工作量给分拣机。而解决这个问题的方法，是要增加自动读码率及减低人工编码站瓶颈问题。

(4)不平衡工作量

在最理想的容量管理角度看，就是能将繁忙时段的工作量平均分派给4个分拣机。不平均的工作量会使较繁忙的分拣机表现水平下降，而其他分拣机的容量则会被浪费。

根据各值机岛按时的流量数据，国内区的分拣机相对较为繁忙，以4个分拣机的总流量计算，最繁忙的分拣机占总量的39%。

(5)减少系统停顿

出港分拣系统中的机械停顿，大致可分为两种原因，分别是机械故障造成或急停构成的停顿。根据行李分拣系统的停顿记录，就分拣系统各区段(图3)的主要停顿加以分析，表2列出每部件的估算可用率。

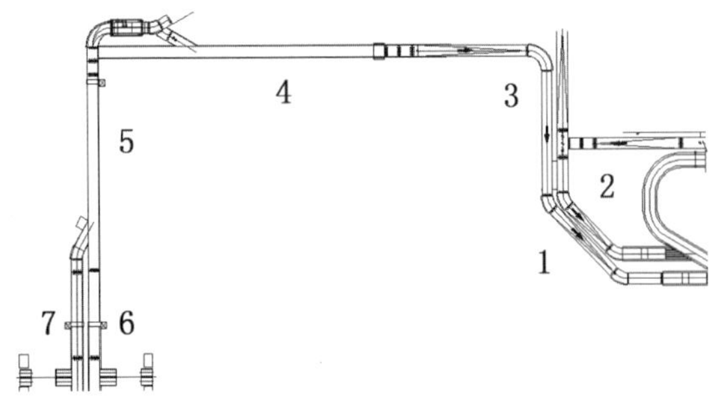

图3　各区段编号

就以上数据显示，因关键部件停顿而构成的整体容量损失颇约为18%。加上系统设计上，没有太大的缓冲，若在繁忙时段发生机械停顿，可造成严重的行李堵塞，并影响上游(例如值机柜台)的工作。

部件的估算可用率　　表2

部件	分拣机	输送带						
		1	3	3	4	5	6	7
部件可用率	93%	95.8%	97.9%	98.0%	97.0%	98.6%	97.5%	97.5%
系统可用率	82%							

四、改善方案

1.行李分拣系统目标容量

改造前行李分拣系统首先以分拣机导入程序作为起点，因它代表整个分拣系统的主要瓶颈。它的最高处理量为每小时12000件行李，扣除因机械停顿所构成的18%容量损失、人工编码站输出行李及分拣机回流行李所消耗的26%容量、4个分拣机不平均工作量所造成的使用率35%损失，其余下实质处理容量只约原本的39%或每小时4700件行李。

若要达到此次研究项目的要求，将系统容量提升至能处理2007年底的需求，这表示系统实质处理容量要达每小时6500件行李。就这容量要求，若能针对以上三个关键问题，将因机械停顿所构成的容量损失降至5%及人工编码站输出行李及分拣机回流行李所消耗的容量降至10%，而4个分拣机不平均工作量所造成的使用率损失则维持于35%，就能将系统容量提升至每小时6700件行李。

2.改进方案

通过上面分析，改进措施显而易见。考虑到实际成本的问题，主要提出以下改进方案：

(1)提高自动读码率

改造前行李分拣系统自动读码率约为75%，根据上面的分析，如果将自动读码率提高至90%以上，将会增加系统处理容量15%。因此，我们对原有系统的激光扫描器进行了更新，提高识别率到90%以上。

(2)增加人工编码站处理能力

人工编码站处理能力不足也是导致行李重复运转的主要问题之一，由于原有人工编码站无法改造，我们经过认真研究，将每个分拣机现有利用率较低的早到行李存储线的其中一条改造成了一个新的人工编码站，这样我们就使人工编码站的行李处理能力提高了1倍。

(3)改造汇流口

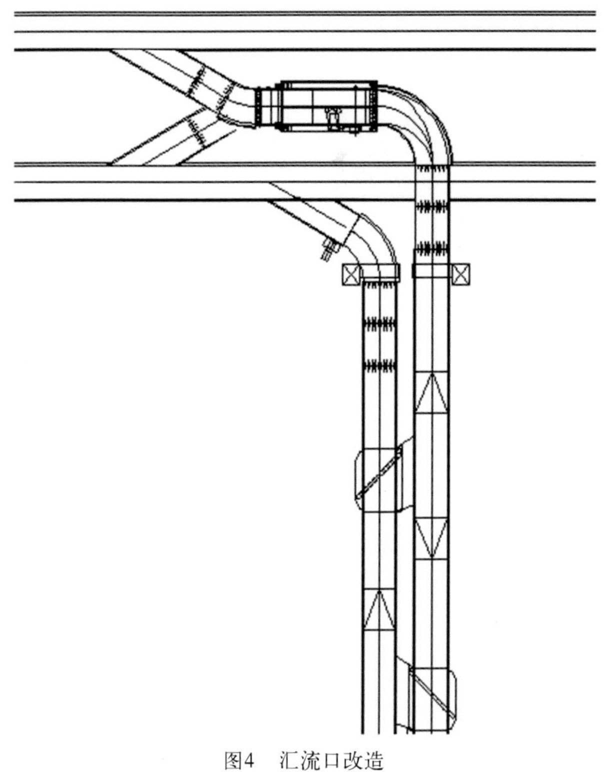
图4　汇流口改造

为达到系统停顿降低到5%的目标，一方面我们加强维修保养力度，另一方面我们对容易造成停顿的汇流口进行了彻底改造，如图4所示，减少了系统停顿次数。

五、结语

通过一年的实际运行检验，证明了这次改造大大提高了首都机场二号航站楼行李系统运行的质量，使得二号航站楼行李分拣系统实际处理能力从每小时4700件提高至6700件，大大缓解了机场运行压力，为机场整体运行安全起到了重要作用。这次在首都机场进行的行李分拣系统扩容改造，在国内外同等规模的机场尚属首次，而且是在不停航期间完成的，历时近一年半时间。由于前期充分的研究和精心的准备，圆满地完成了此次二号航站楼行李分拣系统的扩容改造。此次改造的问题研究方法，有助于其他类似机场在设备改造过程中借鉴。文中有不妥之处，敬请指正。

参考文献

[1]首都机场行李分拣系统用户手册．北京博维空港通用设施管理有限公司．

[2]北京首都国际机场行李分拣系统研究．香港机场管理局．

时建平：北京博维空港通用设施管理有限公司

挑战传统教学法 创建飞行训练新模式
——珠海翔翼航空技术有限公司飞行训练改革

谢少云

摘 要：本文分析了传统教学模式的局限性和珠海翔翼航空技术有限公司创建训练新模式的背景，描述了训练新模式的主要特点，介绍了珠海翔翼航空技术有限公司在把最新的训练理念与最新的训练设施VSIM、IPT 及LMS等系统相结合，以规范训练标准、改进训练理念、控制训练成本和提高训练质量等方面的创新精神和探索成果。

关键词：飞行训练；训练模式；珠海翔翼

一、引言

珠海翔翼航空技术有限公司(以下简称“珠海翔翼”)是中国南方航空股份有限公司与加拿大CAE国际控股有限公司共同出资组建的一家合资企业，成立于2003年1月1日，是目前国内最大的民用运输航空飞行训练机构。自成立之日起，珠海翔翼始终坚持引进技术、引进资金、引进人才、引进管理的合资理念，凭借优秀的人才和创新精神，提供卓越的飞行训练支持和服务，打造一流的团队，力争成为世界一流的飞行模拟和飞行员培训的公司。经过几年来不断地努力和拼搏，公司的发展有了长足的进步，尤其是在挑战传统教学法、创建飞行训练新模式方面取得了较大的突破。

二、传统训练模式及其局限性

1.传统训练模式简介

珠海翔翼的前身为中国南方航空公司珠海飞行训中心，该中心一直采取表1训练模式。

表1

CBT →	大课 →	航线跟班 →	固定训练器（FBS）→	全动模拟机（FFS）

在这种教学模式中，CBT和大课是穿插着进行的。即学员在CBT上学完几个规定的飞机系统之后，教员就这几个系统的内容在教室里以大课的形式进行复习和总结，让学员进一步巩固CBT所学的内容。全部的飞行系统和性能课程学完之后，进行理论阶段的考试。合格后，学员回到飞行基地进入航线跟班训练。航线跟班飞行一般不少于6个航段，结束后，学员按照模拟机的训练计划进入模拟机训练阶段，这个阶段包括固定模拟机训练和全动模拟机训练两部分内容。

2.传统训练模式的局限性

传统的训练模式，由于采用CBT和大课结合的形式，一名教员可以同时给很多学员上课，多的时候一个理论班的人数可以多达 40人左右。这样，少量的地面理论教员可以承担大量的地面理论课程，可以在地面理论学习阶段节约大量的人力成本。但是这种模式明显地存在着一些局限性：首先，它不符合现代教学法的原则。现代教学法认为，每一个学员是一个独特的个体，其学习方法和学习风格也是独特的，教员的任务就是按照学员的特点进行针对性的教学。CBT和大课的教学方式很难做到这一点，因此教学效果会受到一定程度的影响。其次，飞行训练不仅仅是知识的学习，更重要的是操作技能和认知技能的训练，CBT和大课相结合的传统模式比较适合知识的学习，但不适合技能的训练；另外，根据教学法的近因律法则，知识只有迅速加以应用，才能得到较好的巩固和加强。传统训练模式中，理论学习阶段和模拟机训练阶段穿插了航线跟班飞行，不仅使得训练周期加长，而且理论学习的内容没有得到迅速的运用，因此知识得不到很好地巩固。

三、新训练模式的开发

1.新模式开发背景

在师资力量紧缺的情况下，传统的教学模式曾经为培养大批飞行人员曾经起到了至关重要的作用。但是随着民用航空业日新月异的发展，缩短培训周期、提高培训质量已经众多航空公司的共识。传统的训练方法很难做到既缩短训练周期，同时又能提高训练质量。在此背景下，珠海翔翼的领导层及时预见航空培训发展趋势并提前做出反应，寻找创新的解决方案。通过几年来的持续学习，大胆探索、不断创新，终于开发出了一套全新的飞行训练模式。

2.新模式结构与特点

新训练模式结构如表2。

表2

<table>
<tr><td>CBT</td><td rowspan="3">全动模拟机(FFS)</td></tr>
<tr><td>无限模拟（VSIM）</td></tr>
<tr><td>综合程序训练器（IPT）</td></tr>
</table>

新模式有两个主要特点。第一，它由两个阶段组成，即地面理论训练阶段和全动模拟机训练阶段。这两个阶段是连贯的，中间没有间隔，也没有航线跟班飞行，这样就减少了阶段转换过程中知识的丢失和遗忘，同时也缩短训练周期，降低了训练成本。第二，地面理论阶段用全新的垂直训练模式代替传统扁平模式。

该模式对同一个知识点或训练课目，分CBT、无限模拟(VSIM)和综合程序训练器(IPT)三个阶段来完成，不同的阶段训练的侧重点也不一样。这种模式贯穿到训练过程的每一天。

四、新训练模式的质量控制体系

1.建立训练目标

为了在有限的训练时间和训练成本的范围内为航空公司飞行员提供最优质的训练，珠海翔翼以"工作需要"为原则建立训练目标，集中最有经验的飞行教员和地面理论教员，花了近一年的时间做飞行中的任务分析(tasks /needs analysis)，建立了地面理论训练阶段飞行员所应达到的行为目标(performance objectives，简称PO)，编写出考试大纲和考题，以及训练大纲和训练手册。行为目标把不同阶段的训练中对学员知识和技能的要求分为三个优先级别：对级别I的知识和技能，学员只需了解即可；对级别II的知识和技能，要求学员通过思考能够完成；对级别III的知识和技能，则要求学员不加思考就能轻松、熟练地完成。与传统的教学模式相比，通过这样的方式建立的训练模式更能够突出训练重点，目标性更强、更具针对性、训练也更加有效。

2.实施标准化训练

标准化是新训练模式的一个重要特点，它包括训练管理的各个方面，如训练流程的标准化、课程的标准化、教学方法和方式的标准化、考试的标准化等，其中最重要的一点就是教学手册的标准化。珠海翔翼组织优秀的地面教员按照新的教学模式，按照训练目标的要求，编写了各个机型的教员手册。手册规范了理论教学阶段的全部内容，对每一个教学要点的教学目标、要求讲解的文字内容、要求学员了解和掌握的程度、教授方法、使用的教具、使用的时间等都作了详细的规范。在训练实施期间，公司对教员的教学过程、训练记录都有明确的检查标准和跟踪记录。标准化的训练有望培养出标准化的产品，有助于了解和发现训练中环节中存在的倾向性问题，并采取统一措施予以解决，对于质量控制起着至关重要的作用。

3.引入标准化管理

标准化管理的一个重要手段就是引入LMS(学习管理系统软件)。LMS是一套完整的管理和分发系统，能够无缝地融合基于web方式的课程。通过LMS系统，教员和教学管理人员能够远程向用户分发在线电子学习课程，登录、跟踪及管理课程学习记录，还能够输出学习记录及统计结果等。此外，珠海翔翼的LMS还附有一个EGS系统(考试生成系统)，该系统可以对学员实施各种训练类型的标准化考试。

4.培养机组概念

机组概念在现代民用航空飞行中显得十分重要。传统的模式中，一名教员同时给很多学员上课，这固然节约了培训成本，但是这种方式不利学员机组意识的培养。在新的训练模式中，学员从到珠海翔翼接受训练的第一天起，就开始以机组的形式接受训练，这有利于教员在理论训练阶段就给他们引入机组概念，并对他们实施机组资源管理技能的培训。

5.强化垂直模式

如前所叙，垂直模式按顺序把CBT、无限模拟(VSIM)和综合程序训练器(IPT)贯穿到训练过程的每一天。它是根据教学教学法和教学规律设计的。按照学习的原理，学习分为4个层次，即机械记忆、理解、应用和关联，学员在一天的训练中，通常是听2小时CBT，然后就所学的内容在无限模拟(VSIM)设备上和综合程序训练器(IPT)分别进行3小时的巩固和练习，时间非常紧凑，学员不会感到枯燥。同时，学员在CBT所学的内容，经过在无限模拟(VSIM)设备上的应用和巩固，之后又在三维综合程序训练器(IPT)上进一步强化，理论和实践得到了紧密地结合，学员的学习层次可以达到应用和关联的阶段。这种理论和实践的紧密结合以及学习层次的提高，对于飞行技能培训是至关重要的。

6.实行个性化教学

不同的人所用的学习方法也不同。传统的大课教学学员人数通常较多，教员在教学过程中很难照顾到每一个学员，很难针对每个学员的特点进行个性化教学和培训。新的模式以机组为单位，为教员因材施教提供了良好的条件，教员根据学员不同类型的学习风格，如慎思型、理论型、实践型和行动型，采用相应的针对性训练措施，确保达到最佳的训练效果。

7.激励学员参与

传统的大课教学模式是老师讲，学员听，学员缺乏参与意识和责任感。新的教学模式认为学员是训练中的主体，只有增强学员学习的责任感，让他们积极参与、亲身体验才能够达到更好的训练效果。为了达到这个目的，教员在教学中不再以讲授为主，而是以提问为主，把学习的责任转到学员身上，同时激励学员积极参与到训练过程中。例如，在每天的飞机系统学习中，在安排学员进入无限模拟(VSIM)课程学习之前，先安排学员听2个小时的CBT。CBT课程的目的就是为了让学员能回答无限模拟(VSIM)课中教员所提的问题或正确执行无限模拟(VSIM)课中所要求的程序或动作。这样学员就感觉到了自身的责任，他们就会充分利用这2个小时的时间认真完成CBT的学习，为无限模拟(VSIM)阶段的训练课程做好准备。同时，教员在无限模拟(VSIM)阶段的教学中针对具体情况适当地使用各种问题如开放式问题、封闭式问题、引导性(或指示性)问题、追加性问题等激发学员参与。

五、结语

珠海翔翼所创建的新的训练模式的总体目标是不断地提高训练质量，提高航空公司的飞行安全水平，为航空公司节约训练成本，在有限的时间内为航空公司多出人才、出好人才；同时，在为航空公司提供优质服务的过程中，提高珠海翔翼自身的可信度、知名度、经济效益和社会效益，受到客户、员工和双方股东认可。我们相信，通过进一步解放思想，充分发挥广大教职员工的积极性，不断地在实践中探索新方法、完善新模式，珠海翔翼一定会在航空训练方面取得新的突破，为南航、为中国乃至世界培养出更多合格的民用航空飞行人才。

谢少云：珠海翔翼航空技术有限公司

关于飞行乘务员训练设备发展和行业标准的探讨

胡志刚

一、概述

乘务培训是近几十年来随着民用航空事业的蓬勃发展而崛起的一门新兴学科。乘务培训是一门专业性很强，同时又包含许多学科（如计算机、电子、机械、文体、艺术等）为一体的复合性学科。在欧美一些发达国家以及亚洲的日本、韩国等发达国家和地区，乘务培训起步较早，现在他们的乘务培训已具有了很高的水平。

我国发展自己的乘务培训是改革开放不断深入、我国航空事业迅速发展的必然产物。尽管我国的乘务培训只有十几年的历史，但已经具有相当的规模。各航空公司和培训机构建立建全各自的乘务培训机构，是民航事业发展的必然产物，而且还将走向正规化、法制化。

我国第一个具有现代意义的乘务培训中心是1992年在中国国际航空公司建成的，它的建成开辟了我国乘务培训的新纪元。随后，我国其他各主要航空企业都相继建立起了自己的乘务培训机构，国内民航的各种现役机型都有相应的乘务训练设备。目前，随着我国职业教育的不断深入，与空中乘务职业教育相关的乘务培训设备也有了长足的发展。现在国内关于这方面的培训设备的保有量已经超过了航空公司培训机构训练设备的量。

二、建立乘务培训的必要性分析

乘务培训在中国的迅速发展是我国民用航空事业突飞猛进的必然产物。随着民用航空事业在我国的迅速普及，安全飞行和优质空中服务就显得尤为重要。而乘务培训正是安全飞行的保证，是对旅客生命负责的体现，是航空公司信誉的象征，是优质空中服务的前提，更是航空公司提高经济效益的有效手段，同时也是提高乘务员自身素质的必由之路。因此，中国发展自己的乘务培训已势在必行。

1．良好的乘务培训是安全飞行的保证

影响安全飞行的因素有很多，如飞行器本身的安全、空中交通管制、地面辅助设施的安全、飞行员的素质、乘务员的素质等。我们在这里主要探讨乘务员的素质对安全飞行的影响。

乘务员的素质对安全飞行的影响，首先表现在乘务员应是机长和飞行员的得力助手。这是所说的助手，不是说让乘务员帮助飞行员驾驶飞机，而是需要乘务员及时向飞行员汇报客舱的各种情况，包括客舱内各种设备和旅客的情况。另外，当飞行员在飞行中由于某种原因突然丧失自控能力而无法继续工作时，乘务员应及时协助飞行员脱离工作岗位，以免影响其他飞行员继续操纵飞机。没受过专门乘务培训的乘务员是做不到这些的。

其次，乘务员应是一个好的客舱管理者，它包括对客舱内设施的管理和对旅客的管理。客舱内许多设施的使用直接影响到飞行安全，如在飞行中不正当地使用舱门而使其打开，后果不堪设想。另外，日常使用的一些设施也应按正确的方法使用，如行李箱等，否则也可能造成不必要的伤害。飞机上还有很多应急设施，即我们所说的隐蔽功能，如氧气面罩、灭火器具、应急照明工具、滑梯抛放等，这些设施平时用不上，当然我们也不希望去使用这些设施，但是乘务员必须对它们了如指掌。如有紧急情况时，乘务员必须在最短的时间内百分之百准确地使用这些设施和功能去疏散旅客，任何微小的失误和延误都是绝对不允许的。试想，如果不是在特定的环境中经过严格的培训，能达到这样的要求吗？另外，乘务员还必须能应付一些人为的突发事件，如劫机事件。当这类事件发生时，如果乘务员首先慌乱不已，处理不当，就可能造成无法估量的损失，以前这方面血的教训已经有了很多，不经过培训的乘务员是无法应付这类事件的。因此，我们说良好的乘务培训是安全飞行的重要保证之一。

2．良好的乘务培训是对旅客生命负责的体现，也是公司信誉的象征

对于我们每个人来说，生命是宝贵的，而且只有一次。从某种意义上讲生命又是脆弱的，在民航业任何微小的失误都可能对生命造成无法挽回的后果。

“人非圣贤，孰能无过”，但在民航业这是绝对不允许的，“亡羊补牢”更是不能容忍。我们必须防患于未然，保证任何时候都百分之百安全。为了做到这一点，我们对乘务员进行培训，这也是对生命负责的重要体现之一。

以前有人认为，40多年了，我们从没有用过乘务训练设备，也没进行过什么培训，不也照样天天飞行吗？这种观点是极其危险的，它是拿旅客和机组人员的生命做赌注。试想，没受过严格培训的乘务员对飞机上的应急设施知之甚少，甚至有的飞行了多年的乘务员对他们飞行的机型上的各种隐蔽功能都一无所知，一但有紧急情况，他们能及时准确地利用这些设备给旅客以帮助吗？而此时任何微小的失误都是对生命不负责的体现。拿开启舱门来说，它是每个乘务员必须掌握的技能，如果乘务员没经过培训，也许他们可以掌握正常情况下舱门的开启和关闭以及“预位”与解除“预位”的步骤，可是如果飞机一旦由于某种原因使起落架出现故障，飞机着陆时向一侧倾斜，此时乘务员必须在适航条例规定的时间内迅速打开舱门，疏散旅客。问题在于，此时开启舱门和平时开启舱门根本是两回事，此时机身倾斜，脚站立不稳，无法用力，舱门也会由于重力的原因，要么特别重，开启很费力，要么会向倾斜一侧摆动，而此时乘务员失误的代价将是自己和旅客的生命。

所以说乘务培训不但是对旅客生命负责的体现，同时也是对乘务员生命负责的体现，更是公司信誉的象征。为什么说乘务培训是公司信誉的象征呢？因为安全运营，保证旅客生命是最根本的信誉，而培训就是安全，所以说乘务培训是公司信誉的象征。

3.良好的乘务培训是空中优质服务的前提，更是提高经济效益的有效手段

随着竞争加剧，航空公司趋向于采取主动性策略来更好地满足旅客的要求。在这方面最重要的是让曾经对服务失望的旅客感到满意，这就对空中服务提出了更高的要求。

留住顾客，这是整个航空行业中客户关系部门为之奋斗的关键问题，而现在的市场情况是乘客变得越来越精明，竞争变得越来越激烈。服务中的任何微小失误，都可能使旅客感到不满意，即使只是一位旅客不满意，他也可能把他的经历告诉另外多达10人，其中一小部分人（13%）又可能告诉其他20多个人，这将意味着失去其他旅客或潜在的旅客。今天遭到冷遇的旅客可能会永远失去。失去旅客就意味着失去市场，就更谈不上提高经济效益。

如此高水平的空中服务要求，没有经过乘务培训是根本达不到的。不仅如此，乘务员还要更多地了解乘客，了解不同文化背景乘客的不同要求。随着我国改革开放的进一步深入，国际友人出现在我们航班的人次越来越多，重视文化背景就变得更加重要。菲律宾航空公司负责客户服务标准的经理Grace Parcricio强调，一线工作人员都要经过服务态度的培训，使他们知道如何面对不同的文化。乘务员必须根据不同的旅客来改变服务方式。如果你面对一名欧洲乘客，他并不要求友好交往，他只要求精确性和高效率；但对菲律宾乘客来说，最好能谈一些幽默的话。

每名乘客都有不同的价值观和不同的需要，但是基本上可简单概况为要求被作为一个人来对待。因此，乘务员不但要掌握待客技巧，还要坦率、诚实、友好、关心人，甚至在遇到麻烦时更应该做到这些。最常见的是航班延误时，很多乘客都会有抱怨，甚至个别乘客还会借此找麻烦，但乘务员更应该接授这样的培训，在此时给乘客以良好的服务，如丰盛的茶点、餐饮等，大部分乘客就不大可能再提出正式的抱怨，这样也就为航空公司留住了顾客。

现代的飞机内部越来越象一个庞大的电子系统体系，从某种意义上讲，乘务员就是这一体系的管理者，他们必须在培训中掌握各种设备的使用技巧，以便达到最佳的服务效果。

4.接受正规的乘务培训是乘务员提高自身素质的必由之路

竞争说到底是人才的竞争，谁拥有高质量的人才，谁就是竞争的胜利者。乘务员是航空公司人员的重要组成部分，乘务员素质的高底直接影响航空公司在竞争中的胜负。然而，乘务员也不是天生都是高素质的，必须经过一定的培养过程和实

践过程，而在实际航线上实践显然是不可取的，因为在实践中的失误也会影响航空公司的声誉，因此乘务培训就显得尤为重要。

乘务培训已成为乘务员成长过程的重要组成部分，他们在培训中应掌握各种知识和技能。而培训必须是理论和实践相结合，单纯的理论培训是不行的，可是由于民航业的特殊性，又无法让学员在实际航线上去实践，这就要求乘务培训设备模拟出真实的环境，给乘务员提供一个实践的机会，乘务训练设备也因此应运而生。

三、乘务训练设备的效能发挥和发展方向

在整个乘务培训中，模拟训练设备占有非常重要的地位，训练设备仿真度和使用效能的高低等因素都直接影响着乘务培训的质量。

从使用功能上来分，乘务训练设备可分为以下几类：紧急撤离训练舱；客舱服务训练舱；舱门训练器；灭火训练舱；厨房练习器；滑梯练习器；CBT教学系统，等等。

目前这些设备都出自不同的生产商，在国内甚至在国际上还没有一个乘务训练设备设计制造的统一标准，每个生产企业都在按各自的标准对训练设备进行设计生产，因此，同样机型的设备其仿真程度就可能相差甚远，使用和维护方法也千差万别。这样就给设备的使用和维护带来挑战，如何使设备随时都能发挥出最好的效能，为乘务培训更好地服务，将成为我们要关注的话题。

我认为我们应从以下几方面考虑：加强各单位使用维护人员的技术交流，尤其是网络化交流；建立维护人员的培训机制；建立统一的备件存储；建立统一的训练设备设计制造和维护的标准。

1.加强技术交流

由于乘务培训是一个较新的行业，对乘务训练设备的使用维护也就是一个较新的专业。目前从事设备维护工作的人员大都是从机务或其他部门转过来的，但乘务训练设备的维护毕竟有其特殊性，它完全不同于机务维修，而每种设备的维护程序又千差万别，目前针对这些工作既没有教材，也没有可以参考的书籍，都是大家在工作不断摸索着前进。

因此，加强相互之间的技术交流就非常必要，而目前最简单易行也最经济的交流手段就是网络化技术交流。只要建立起一个网络交流的平台，大家就可以把平时在工作遇到的问题以及解决的结果和方法等，在网络和其他人讨论，使参加讨论的人都可以从中得到启发。这个网络平台的建立以目前的技术水平来讲本不是一件难事情，关键是要建立这样一个交流的机制，这个网络平台才能发挥出它应有的作用。

2.建立维护人员培训机制

目前从事乘务训练设备维护的人员所最缺少的就是培训，没有正规的、系统化的培训，维护的质量和维护人员自身的素质很难大幅提高。当然，有了网络化技术交流，我们也可以建立网络化培训。同时，定期的集中培训也必不可少。我们可以请各单位列出日常在工作中经常遇到的问题和需要解决的难题，然后邀请制造商的专家一起讨论，并把讨论出的结果整理成文件，这些文件汇编后就可以成为培训教材的重要组成部分了。有了培训机制，维护人员就可以有自己的技术等级和考核标准了。

3.建立统一的备件存储

正如前面所讲的，每个单位的培训设备都不太一样，而每种设备的数量又很少，基本就是一种设备就只有一台。这就给备件的存储带来了一定的困难：不存储，会影响训练；存储，则品种太多，经济上不合算。但如果在全国范围内建立一个共享的备件资源库，就可以节省很多资金。关于这一点，需要各单位先对各自的设备进行备件评估后仔细讨论实施。

4.建立训练设备制造和维护的标准

如前所述，目前每个制造商各自执行自己的企业标准在设计制造乘务训练设备，因此同样机型的同类型训练设备差别很大，其仿真度差别也很大，这样对训练和维护都是不利。因此笔者建议，可以参照飞行训练设备的模式，建立一套乘务训练设备的设计制造标准，提交民航局核准，然后强制生产制造企业执行，这样我们的训练设备的品质在源头上就有了保证。

我们可以把训练设备划分为几个等级，对每个等级制订出详细的要求和规定。这样，只要是某一等级的设备，无论是国外的还是国产的，它的各项技术指标都是一样的，对其维护的标准也是一样，只要设备达到了这样标准就是合格的，同样，只要维护达到了规定的要求，维护工作也就是合格的。另外，有了这个标准后，我们还可以对生产制造商实行准入制度，促使生产企业提高产品质量。对国外的企业也可以按照我们的标准划分其等级，把不合格的企业拒之于国门之外。

关于这个标准的制订，需要大家共同努力，可以由各单位和目前有实力的生产厂商先各自提出一些标准的建议草案，然后成立一个专家组，依据这些建议草案制订出标准草案，可以先选定在一些企业内试行，试行后再修正，最后报民航局批准并强制执行。

胡志刚：西安飞鹰亚太航空模拟设备有限公司，总经理

机务维修信息化建设的必要性及其关键因素

北京航安伟业科技发展有限公司

一、机务维修信息化建设的必要性

改革开放30多年来，中国民航取得了突飞猛进的发展，特别是在2002年航空公司体制改革、兼并重组，国家大力支持航空业发展的大背景下，各路民间资本也开始大量涌入民航业，新航空公司如雨后春笋般涌现，国内航空公司的数量和机队规模都有了空前的增长。然而，航空业是一个高投入、高风险的行业，若要在激烈的市场竞争中立于不败之地，实现预期的投资收益，就必须采取科学高效的管理手段，在保证飞行安全的前提下，降低运营成本，增强企业核心竞争力。

对航空公司来说，科学有效的机务维修管理是确保安全准点运营的重要因素和控制运营成本的重要手段。据统计，国内航空公司的飞机维修成本一般占航空公司总运营成本的10%～20%，航材储备大约占用公司70%的库存资产和30%左右的流动资金，而维修费用则超过购机费用的60%，国内航空公司每年用于维护、维修和航材采购维修方面的资金高达百亿元！由此可见，若能科学、有效做好机务维修工作，就能为航空公司节省大量成本支出，提高资金利用率和周转效率，增强公司的整体运营水平和竞争力。那么，如何才能在保证飞行安全的前提下，最大限度地降低飞机维护、维修成本，实现效益的最大化呢？

可以说，上述问题是所有航空企业都必须面对和思考的问题。当然，每家企业都有各自的特殊性，其管理模式也许各不相同。但有一点是相同的，那就是航空企业不论大小，若想得到持续、良性发展，就必须以战略眼光，利用先进的IT技术来武装自己，实现业务管理的全面信息化。企业信息系统可以帮助企业优化业务流程，确保信息的一致性和传达速度，提高各岗位工作效率，减少不必要的人员浪费，增强维修任务安排的计划性，以预防性维修为主、降低航材采购维修成本及库存资金占用、提高流动资金使用效率。

我国民航业的信息化建设对民航产业不断取得的瞩目成绩起到了重要的推动作用，这在刚刚结束的第十届民航信息化发展论坛上可以得到很好的证明。据统计，目前除个别新组建的航空公司外，国内大部分航空企业在机务维修管理方面都有一些小的IT系统在使用，例如，较早实施的机务航材管理系统、部件监控系统、生产信息系统及质量管理系统等；也有一些规模稍大的专业系统，如数字化资料出版系统及SAP的航材系统等。这些系统在机务维修管理中都起到了一定作用，帮助管理者解决了一些实际问题。但不可否认的是，这些系统不论规模大小、专业与否，都无法涵盖航空机务维修的全部业务范围及流程，只能满足某些局部业务的需要，而且多个系统间的数据交互也存在问题，不能实时访问，造成新的信息孤岛。同时，应用多个系统本身就给工作者增加了额外负担，而且容易导致数据的不一致、信息传递不畅等弊端，不仅降低工作效率，也容易对航空器的维修产生安全隐患。

我们认为，机务维修工作的信息化建设必须用战略眼光，放眼全局，系统建设，不能搞条块分割。机务维修管理系统必须是一个有机整体，也就是说，必须建立一个统一的机务维修管理软件平台，所有关键业务及业务流程的处理都必须能够在此平台上完成，不能游离于系统平台之外，这样才能发挥信息系统的最大作用。同时，这一平台能够使机务维修工作的管理规范化、流程化、制度化、透明化，避免工作的随意性，职责清晰，分工明确。而且，有了这样的工作平台可以大大降低新员工的培训成本，同时提高工作质量，减少工作失误。

二、影响项目成败的关键因素

机务维修管理系统(以下简称MRO系统，MRO是Maintenance/维护、Repair/维修、Operations/运行的缩写。MRO通常是指在实际的生产过程不直接构成产品，只用于维护、维修、运行设备的物料和服务，本文指用于航空机务维修的管理软件信息系统)的实施是一个复杂的系统工程，涉及业务广泛，影响实施效果的因素很多，所以必须建立一整套科学的管理流程，把握好每一个关键环节，我们认为要重点关注以下几点：

1.项目选型

任何一个MRO系统都必须对项目的选型工作给予高度重视，就像我们作任何事情一样，如果出发点错了，那结果可想而知。所以，科学的项目选型是成功实施项目的前提和保证。

由于行业的特殊性，目前有能力提供MRO软件的厂商并不多，国内厂商不超过5家，在国内开展业务的外国厂商也不过4～5家。一般来说，国内厂商提供的MRO软件能够根据用户的实际需求灵活定制，而且价格比较便宜，一般在百万元级左右；国外厂商的产品规模较大，功能较多，但不一定都能适用国内民航企业，而且客户化能力较弱，不能按企业实际需要灵活修改，用户只能单边适应软件系统，价格较昂贵，一般都在千万元级以上，中小航空企业很难承受。早期实施MRO的航空企业以国外软件居多，从目前情况来看，大多数不成功或是效果有限。经过近十年的发展，国内的MRO软件厂商逐渐成长期来，为航空机务维修业的信息化建设注入了新的活力。北京航安伟业科技发展有限公司便是其中一员，公司自1999年成立以来，一直秉持专业的研发精神，专注致力于航空业软件的研发和推广，公司针对具体用户特点量身定制，已经为国内多家航空公司成功实施了MRO软件系统，成为国内机务维修业软件的领跑者。

在项目选型过程中，企业需要根据自身规模、业务特点、资金预算等来选择软件供应商，在考察软件供应商时，不仅需要看其技术实力、公司规模及以往类似项目成功案例，更重要的是要看其是否具有专业的机务维修软件行业经验和资深的业务咨询队伍。因为软件供应商不仅仅要帮助企业实施软件，而且必须有能力帮助企业梳理出科学的、适合企业自身特点和管理模式的业务流程。只有这样才能使软件系统与企业的业务流程紧密结合，发挥信息系统的最佳效果。北京航安伟业科技发展有限公司不仅能够为用户提供先进的MRO软件产品，而且能够帮助用户分析业务、重整流程，甚至有能力帮助用户编写符合适航规章的工程手册，这些能力也是公司核心竞争力的具体表现。

总体来说，在项目选型时，不论选择哪家MRO软件供应商，都要从以下几点来考量：软件功能是否完备；技术是否先进；是否有类似成功案例；行业经验是否丰富等。由于机务维修业具有一定的特殊性，业务准入门槛很高，没有3年以上行业经验很难把握，所以，我们建议避免选择那些缺乏行业经验和没有类似项目成功案例的厂商，否则风险很大。

2.重整业务流

在任何一个管理软件项目中理论上都会涉及业务流程重整的问题。原因之一是，企业现有的管理流程本身可能就存在不合理之处，那么在实施软件项目时就有必要将其纠正过来。此外，在实施软件系统前，企业的管理流程是针对传统的手工操作模式设置的，不能说其不合理，但如果实施软件系统，那么有些流程的设置可能就是多余的、不必要的，或是需要改变一下方式，所以从这个角度来说也需要重整原有的业务流程。

可以说，业务流程的重整是成功实施MRO系统的重要一环，不论流程重整的深度和广度有多大，这一步的工作都是必不可少的，否则项目实施效果很难达到预期目标。对这一点我们深有体会。如果只是将企业原有的手工工作原封不动地翻译到软件系统中，那么就失去了项目实施的意义，就会造成软件、业务两张皮的现象，不仅无法给工作带来便利，而且会成为工作者的负担。所以说在项目实施前必须对企业业务流程进行重整，其本身就是项目实施的一部分，只有这样才能使项目的实施工作向纵深发展，才可能使企业投资得到超值回报。

3.强有力的项目管理团队

MRO系统的实施必须建立高效的项目管理和执行团队，而且企业领导者需将其作为公司的头等大事来抓，否则再好的软件其实施效果也会大打折扣。同一软件系统在不同企业里的实施效果可能天壤之别，除去软件选型因素外，领导的重视程度和项目管理者的执行力可能是最重要的原因之一。在项目实施过程中，业务流程的重整可能会牵涉到人员的岗位变动、权力的再分配等涉及个人利益的问题。如果项目管理团队没有足够的权力去实施这一变革，项目就很难向前推动。因此，好的软件必须有高效的项目管理团队，必须有强大的执行力，只有这样才能保证项目的成功实施，并取得良好效果。

以上是我们对MRO系统项目建设的一些切身体会，希望能对即将或计划实施MRO系统的航空企业有所帮助，这也是本文的重要目的之一。同时，北京航安伟业科技发展有限公司真诚希望能与国内各家航空企业精诚合作，共同为中国民航信息化建设贡献力量。

正确选择合作伙伴是成功的关键

Rani Saad

从1949年起，国际航空电讯集团（SITA）就开始为机场提供信息化解决方案。今天，SITA与世界各地的机场开展了更为紧密的合作，努力减少机场IT业务所有权的总体成本，同时又为机场提供技术创新所带来的丰厚收益。此外，在认真倾听客户需求的同时，SITA确保提供高质量的系统服务，不仅达到甚至超越预期，而且能够在客户预算内按时交付使用。

中国航空运输市场在过去的几年里经历了快速增长。在拥有巨大的经济潜能为后盾的前提下，中国航空业在2007年运送旅客量为3.85亿人，与上年同期相比增长16%。预计在2010年，中国的旅客运输量将会达到5亿人，货物运输量1000万吨。

随着旅客和货物运输量的不断增加，对现有机场进行更新和改扩建，同时建设一批新的机场以满足市场需求是势在必行的。但是，在确保向广大客户提供更好的服务的同时，协调机场运营并简化运行程序，即使是在现有机场管理中亦非易事，对于更新或建设新机场来说更是一项巨大的挑战。SITA希望能够在此助客户一臂之力。

一、主系统集成

今天，SITA携其无与伦比的航空运输技术与专业知识向机场提供主系统集成（MSI）服务，使机场的建设、更新、扩建及运营更加高效、优质、快捷。

SITA还与多家实体建立良好的合作关系，如投资人、运营商、建筑企业及咨询公司等，与其建立伙伴关系，开发新技术，从而减少企业运营风险。

SITA在各个层面上与机场开展合作，覆盖了从初始开发到机场运营与管理，直至新业务拓展的各个阶段。

第一步不仅要理解机场的需求，还要掌握所有利益攸关者在机场运营中的需求和意愿。

SITA的MSI是一套综合性的机场解决方案，不仅涵盖产品、服务、方法和技术，其人性化的特点更是在业内闻名遐迩。拥有几十年的专业航空经验，SITA非常了解今日航空市场的方方面面，充分利用自主研发的先进技术来设计符合其自身技术需求的产品与解决方案。在具有合理的成本效益前提下，SITA适时出手收购拥有互补型产品与服务的公司，以提高自身业务能力并降低其向客户提供产品服务组合的成本。

许多知名大中型机场已经将服务外包给SITA——值得一提的是，早在“外包”一词被杜撰以前，SITA就已经开始与机场合作开展IT外包业务了。

二、边境安全

中国主要市场的航空旅行业务将会出现快速增长，其中中欧间航空市场增长最快，年增长率可达6.5%，其次是中国与北美间市场，增长率为6.1%，到2025年，预计收益延人公里数（RPKs）将会达到1800亿。

目前的挑战是如何建立一套能够处理旅客先期安全查核（API）的系统，与现有航空协议和系统建立无缝链接，同时满足国家政府的政策法规要求。

自2008年8月17日起，美国国土安全部（DHS）要求在美国起降的航班均须遵守提供有关交互式API的新条例。在美国，人们称之为“API 快速查询”或“AQQ”。

在2008年年初，SITA成为全球首家代表航空客户接受美国政府审核传输AQQ数据的IT供应商，帮助航空公司在满足政府安全要求过程中简化手续降低成本，这是公司战略的一项关键因素。

SITA在解决边境管理问题领域拥有10余年的丰富经验。通过努力开发连接政府与航空系统的通路，公司正在实现其在创业初期的既定目标——快速反应，不断改善服务。

欲了解更多详情，请联系：

SITA公司中国区总经理
陈子明
电邮：chee_beng.tan@sita.aero
北亚太区市场经理
陈薇薇
电邮：fiona.tan@sita.aero

Rani Saad：SITA（国际航空电讯集团）

专业卓越　以客为本

香港飞机工程有限公司

香港飞机工程有限公司(以下简称“港机”)成立于1950年,隶属于英国太古集团有限公司(John Swire & Sons Ltd.)。经过几十年的发展,港机已跨出香港特别行政区,触角延伸至祖国大陆,将其成功的营运模式复制到大陆的子公司及合资公司——厦门太古飞机工程有限公司(以下简称“厦门太古”)和山东太古飞机工程有限公司(以下简称“山东太古”)。四川太古飞机工程服务有限公司(以下简称“四川太古”)也在2008年7月落户成都。此外,港机集团在新加坡和巴林等地也建立了维修基地,并且与各主要原厂商(OEMs)建立合资公司,致力于为我们的客户提供全面的、最高质量及安全标准的服务。

一、主要维修能力

目前,港机集团的主要业务为提供航线维修,基地维修,客改货项目,零件制造、零部件及航电设备的解体检修,培训,工程服务,机队技术管理和飞机综合咨询解决方案。

1.航线维修(Line Maintenance)

我们为世界各地的航空公司提供24小时全年无休的航线维修服务,包括过站检查及每日定检、全面技术航志证明及飞机放飞服务、故障排除。在香港、北京、上海、厦门、新加坡和巴林均设有站点。

2.基地维修(Base Maintenance)

在航空维修领域,港机集团下属的飞机工程公司以其精湛的维修能力闻名,机型涵盖目前航空市场波音和空客各主流机型,包括B737、B747、B757、B767、B777、MD11和 A320、A330、A340,维修能力包括D检,老龄飞机检查,CPCP、SSID、AD检查、航电系统,客舱升级,整机褪漆与喷漆。

3.客改货项目(Freighter Conversion)

港机集团下属的HAECO、TAECO和STAECO,与飞机原厂商(如波音)及其他飞机工程公司携手,共同开发B747和B737的客机改货机项目。厦门太古是全球第一个B747-400客改货项目的改装基地。

4.零件制造、零部件及航电设备的解体检修(Parts Manufacture, Component & Avionics Overhaul)

HAECO的零部件和航电的解体检修能力涵盖面广,B747、B757、B767、B777和A320、A330、A340以及Rolls-Royce RB211/Trent系列发动机零部件都在检修能力范围之内。通过与原厂商如Eaton、B/E Aerospace、Panasonic、Goodrich等的合作,我们可以为客户提供更加全面的维护管理服务。

目前厦门太古的零件制造正处在起步阶段,已取得以下质保证书:AS9100-2000 (BVQI)认证,波音 BQMS 证书,Nadcap 无损检验及热处理证书,Nadcap 化学处理证书。现有零部件制造能力包括结构配件制造(包括机械加工配件及钣金配件)、B747货机改装地板梁组装、客改货侧货舱门及门框组装、电线及捆装电线的制造、无损检验、工具校验及化学机械测试实验室。

二、地理优势及航材技术管理服务

在航空业竞争日益激烈的当下,航空公司愈加重视缩短停场周期。高效率的物流质量是保证飞机维修周期的重要环节,物流关联环节如及时有效的清关也显得犹为重要。

香港是世界一流的物流枢纽,多年来一直挤身世界最繁忙货柜港之前列,也是全球最繁忙的国际航空货运中心。其物流服务跨越海陆空领域,涉及多个政策范畴及服务范围,包括分发、供应链管理及资信科技。香港交通四通八达,基础设施完备。港机的综合航材技术管理服务系统正是基于这样一种地理优势及政府政策扶持下逐渐发展完善起来。为了适应自身生产及客户对高效率和成本效益的期望,港机发展了一套综合航材技术管理服务系统,包含策划、供应、采购、存货控制、资产管理、仓储管理、零部件和器材管理,并拥有25000平方米的仓储空间,无论在面积或环保标准上都达到世界先进水平,为客户提供满足其需求且全年无休的仓储服务。

厦门是中国最早的4个经济特区之一,并已成为东南地区的航空交通枢纽。厦门太古飞机工程公司利用其地理优势及相关地方政策扶持,借鉴港机航材技术管理服务经验,成功形成了一套适合自身需要的航材仓储管理系统。厦门太古是经厦门海关审核确定的A类企业,享受着政府政策优惠带来的实质性便利,如优先选择作为海关便捷通关试点,优先办理货物申报、查验和放行手续,优先安排在非工作时间和节假日办理预约通关手续等等。这不仅提高了整个物流环节节奏以应对日臻激烈的市场对“缩短停场周期”的要求,也在极大程度上满足了AOG在时效性方面的苛求。而且,厦门太古的海外航材主要从香港入境,港珠澳大桥和广深港高速铁路等建设也都继续为整条物流链提供有利的营商环境。

三、展望未来,机遇与挑战

港机集团在航空界有着50多年丰富的实际操作经验和值得信赖的营运记录。目前,港机集团仍以航线维修和基地维修为主要方向,其中又以传统典型机型如B747居多。以厦门太古为例,B747机型占到进场飞机架次的70%。然而,B747机型正逐步退出市场,我们希望5~10 年后能够发展新一代飞机的维修能力,例如B777、B787、A380等。我们将从三个方面来应对主流机型改变对飞机维修业务所带来的挑战和机遇:培养更多具备新机型维修技术能力的员工,以更低的维修工时及更短的维修周期来满足客户的需求。

不仅如此，在继续保持航线基地维修以及客改货项目市场份额的前提下，我们将侧重朝向多元化航空技术支持服务方向发展，如工程服务、机队工程管理、飞机综合咨询解决方案、“一站式”服务，将最大限度地发掘利用我们的优势和潜力。

1.工程服务(Engineering Services)

港机集团致力于发展工程服务和工程设计能力。目前，作为飞机维修基地公司，员工结构以直接参与生产的员工为主。以港机为例，37%航线维修，35%基地维修，4%CAO，13%工程服务，11%后勤部门，培养出一批专门与原厂商密切联系，为维修工作提供技术支持的人员。我们还培养一支专业的且具有行业及工程设计能力的团队，其中包括机舱内部设计(Cabin Interior Design)、飞机结构维修方案(Development of Structural Repair Schemes and Modifications)。目前，工程服务部还拥有香港民航处的设计证书。这些都将在很大程度上提高港机集团及厦门太古在飞机维修行业的竞争力。

2.机队工程管理(Fleet Technical Management)

港机机队工程管理团队为客户量身定做高性价比的工程服务与维修解决方案为导向，为客户提供可靠的综合技术支持服务。我们不提倡以一概全，坚持提供富有弹性的全面技术支持服务。服务对象不仅包括综合性航空公司还有区域性货运公司。

3.飞机综合咨询解决方案(Aircraft Solutions)

港机的飞机综合咨询解决方案团队是一支专业且极具奉献精神的工程师团队。他们为飞机提供技术管理服务，包括运行过程中的飞机资产管理；租赁过程中保证飞机的技术安全，为飞机资产提供保障。该组将结合HAECO现有的技术专家和资源，针对每个客户不同的要求量身定做工作包以方便客户完成商业运作。银行与租赁界只需与我们联系便能直接享受到所有的这些服务。

4.发展“一站式”服务

未来我们将着力于发展并完善“一站式”服务项目，为我们的客户提供更周到更便利的技术支持服务。香港、厦门位于东南沿海经济发达地区，基础设施完善，交通便利，我们正是在这样的地理优势、物流便捷、政府经济政策支持下发展“一站式”服务：飞机维修、客改货、客舱翻新。

发动机大修：太古发动机维修(GE)；香港发动机服务(RR)

起落架大修：厦门太古起落架(TALSCO)

复合材料：晋江太古势必锐复合材料公司

部件维修：港机、霍尼韦尔太古（厦门）、豪富太古（厦门）

轮胎翻新：晋江邓禄普太古飞机轮胎有限公司

5.山东太古飞机工程有限公司

山东太古(STAECO)位于中国山东省政治、经济、科技、文化中心和重要交通枢纽的省会济南遥墙国际机场。山东太古于1999年3月27日正式投入运营，为中国国内主要的航空器维修基地之一。主要面向中小型飞机开展航空器维修业务，业务范围涉及：飞机机体大修、重要系统和结构改装、航线维护、零部件翻修、工程服务、计量检测和维修培训等。"精细化生产、细节化管理"为山东太古重要管理思路，以安全、质量为先，以客户、服务为重，一直保持骄人的安全记录和快速的发展速度。

6.四川太古飞机工程服务有限公司

总投资约12亿元的四川太古飞机工程服务有限公司落户成都，计划于2010始开展空中客车机型的飞机大修、改装业务、航线维修，机队技术管理，航材技术管理等相关业务。项目分四期建设，建设完成后，可同时进行4架A340系列和4架A320系列飞机维修，并提供3000余个专业技术岗位。目前，国内尚没有专门进行空客飞机维修的基地，这一项目的建立将填补国内该市场的空白。四川省副省长黄小祥说，该项目是四川灾后重建的一个新成果，也是实施开放合作取得的新进展。这次四川航空等4大公司共同出资建设专业维修基地，对进一步发挥成都的优势，促进航空产业的发展，提高四川整体的竞争力将产生重要的作用。

四、人才培养及储备

港机集团管理层充分认识到21世纪的竞争是人才和教育的竞争，始终致力于人才的培养和储备。随着航空业日新月异的发展和随之带来的新旧更替，对新一批具备新型机型维修技术能力的执牌技术员和工程师的培养都有了更高的要求，甚至是全新的考验。在追求集团自身具高度责任感、技术经验成熟可靠的技术力量的同时，秉着"源自社会，服务社会"的理念，一如既往地为中国民航维修事业做出贡献，为各航空公司、维修机构、民航院校等合作伙伴定制客户化的培训，为广大有志于民航事业的学员提供针对性的培训课程。同时，还将为各国家和地区的民航机务维修人员举行会议提供更好的沟通与交流平台。

2008年10月成立的太古（厦门）培训中心，结合了厦门太古飞机和港机的技术优势，实现师资、设备等资源共享，可同时容纳1000名学员进行培训。于2002年3月、2006年9月和12月依次通过HKAR-147、CCAR-147和EASA Part-147的认证，成为香港民航处、中国民用航空局和欧洲航空安全局共同批准的维修培训机构。同时，还是中国民用航空局、欧洲航空安全局和香港民航处授权的CCAR-66/EASA Part-66/ HKAR-66维修人员基础执照考点。培训范围涵盖了机型、基础执照、基本技能、航空英语及145课程。还拥有大量的实习设备和飞机部件，包括发动机、波音747起落架、波音747-400机身、油箱及波音747模拟机等，使培训环境能最大限度地模拟真实的飞机维修现场，以达到最佳培训效果。培训中心将始终以提供高质量的培训服务为追求目标，以培养高素质的人才为服务目的，提供最专业最周到的培训服务。

五、绿色环保、和谐发展

作为履行企业社会责任(Corporate Social Responsibility)初衷的一部分，港机集团一直致力于充分利用有限自然资源和创造更舒适的生存环境。追求健康、安全、环境友好型的营运是公司文化的重要组成部分。每名员工都能为保护有限自然资源贡献一份力量，给自己及我们的后代一个更好的生存环境。为了达到这个目标，我们采取了以下措施：以高标准及合法程序保护环境；严格按照国家废弃物排放标准处理生产中的污染物；合理配置，将原材料的浪费降到最低，以可行的工序对废弃物进行再利用；在公司内普及环保意识，通过适当的操作演练及培训使员工了解环保的重要性；在生产过程中，增加环境友好型材料、设备及技术的应用。

简而言之，港机集团在环境保护方面的主要投入包括对空气质量的保护、废气物的有效处理、能源的节省以及对员工进行的环境保护教育，并将至始至终严格贯彻执行这些标准，达到绿色环保、和谐发展的目标。

注：一、三所列项目均为港机集团现有主要的或在未来将大力发展的项目。

智能空港管理 引领民航业信息化发展
——万达信息机场信息化总体解决方案

上海万达信息股份有限公司

摘 要：本文通过对万达信息机场信息化总体解决方案的系统解读，展示解决方案的设计理念、体系架构和功能分布。方案利用先进信息技术实现机场弱电系统的紧密集成，保证所有系统能够顺畅地交换数据，构成一个高效、无缝的整体，将为机场建立一个集成化的生产运营环境，从而根本性地提高机场运营指挥水平和服务品质。

关键词：机场信息化；解决方案；信息集成

一、引言

万达信息机场信息化解决方案能够为机场业务人员提供实时、全面的机场运营状态信息，从而高效有序地组织机场的生产运营，有效提高机场的运营效率；并通过方便快捷的信息发布，提高机场的公众服务水准，进而有效提升机场管理效率和竞争水平。目前已用于上海浦东国际机场等多个国内大中型空港的信息化运营中。

二、万达信息机场信息化总体解决方案

1.解决方案介绍

在提升生产运营效率方面，方案通过管理航班计划、动态信息、旅客/货物处理信息等，实时掌握全面的机场经营状态，合理分配资源。

在实现机场智能化管理方面，方案通过整合信息资源以及管理系统建设，为管理层提供实时、准确的统计数据，提高管理效率和决策水平。

在提供便捷的信息服务方面，方案可为旅客、驻场单位等提供实时、准确、便捷的信息化服务，改善机场服务形象，提高客户满意度。

2.总体架构

总体方案由机场内外部信息门户、机场信息系统、IT基础设施有机组合而成。同时，信息化组织管理体系和机场安全管理体系为其提供组织和安全上的完善保障，见图1。

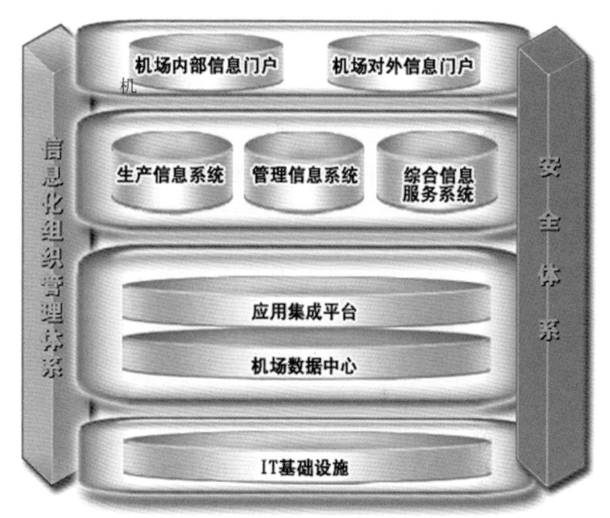

图1 总体逻辑结构

3.生产信息系统

生产信息系统由AODB运营中心数据库、核心运营信息系统、信息集成平台、弱电子系统和外部通信系统组成，见图2。其中，AODB是机场生产运营的中心数据库，集中管理机场航班、资源、服务的计划信息、动态信息以及相关基础数据信息等；核心运营信息系统供机场指挥中心以及各生产部门日常运营使用，实现航班计划管理、动态管理、资源分配管理、人员排班管理、要客管理等；信息集成平台实现核心运营信息系统与各子系统高效、安全的信息集成；弱电子系统包含航显、广播、离港等关键的子系统以及楼宇控制、内部通信、安检、时钟等子系统；外部通信系统包含与航空公司、ATC、CAAC等单位的系统接口，实现信息的自动采集与共享。

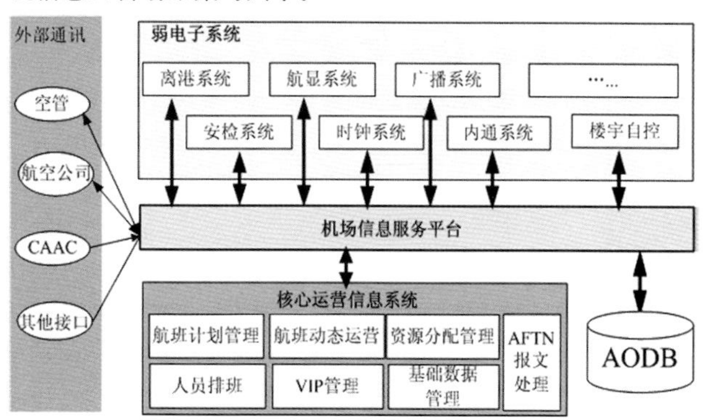

图2 生产信息系统结构图

（1）生产信息系统联动

通过信息集成平台，生产信息系统实现以集成系统（包含核心运营信息系统、AODB以及信息集成平台）为中心的联动。

系统集成实现接口规范、交换信息明确、风险隔离。各子系统有相对独立的工作能力，支持故障情况下必要的人工干预，保证集成系统运行。

(2)核心运营信息系统功能

核心运营信息系统通过高效、安全的信息交换，智能运用历史数据，从而建立科学合理的资源分配模型、灵活定制工作界面。

航班信息管理功能实现对机场的航班计划和航班动态的管理。航班计划管理可自动处理CCAC中长期计划、根据AFTN电报及航空公司更新文件自动更新计划库、自动判断多信息源计划差异；航班动态管理可自动处理AFTN电报获得航班动态信息、根据历史飞行数据自动修正航班预计时间、实时监控多种状态，基于模型自动提醒异常情况。

航班运营管理功能涵盖各生产部门，并可自定义工作界面。通过指挥中心模块、运输调度等调度部门模块和站坪服务等执行部门模块为机场各运营部门提供动态运营监控与管理，图形化监控各项服务开展情况。业务自动监控，对不符合业务规则以及服务不及时或延误情况自动报警。

资源分配管理基于业务模型，自动分配机位、登机口、值机柜台等资源，包括计划分配和动态协调；图形化冲突预警；统计分析资源使用情况；支持航空公司分配租用柜台，并自动导入分配结果；通过机位、登机口分配、值机管理、行李转盘分配等为机场提供资源计划分配、动态协调。

人员排班管理可进行工作人员排班计划管理、人员动态协调等。

要客管理提供便捷高效的VIP信息采集、管理和查询。

基础数据管理包括对所有航空公司机场信息管理、机场内部资源信息管理等。

AFTN电报处理直接连接空管转报机，自动处理报文信号，过滤无用信息；自动解析计划、起飞、降落等常用电报格式；提供不规则电报提示和智能修订功能以及电报查询、统计等功能；可对机场常用的计划报、起飞报、落地报等电报进行自动解析处理。

4.管理信息系统

机场管理信息系统包含财务管理、人事管理、资产管理、航空业务统计等核心管理系统以及协同办公等支撑性管理系统，内部信息门户的建立有助于实现管理信息系统的集成；为了保证的信息的准确及时，管理系统从生产系统单向获取航班信息，并为服务系统提供必要的信息输出。

5.服务信息系统

机场服务信息系统机场门户网站、电话问讯、综合查询以及为民航主管部门以及驻场单位提供的信息服务功能；为了保证安全和查询效率，综合服务数据库（ASDB）与机场生产库（AODB）相对独立，并通过信息采集机制，安全地获得需要发布的航班信息。

6.机场信息集成平台

机场信息集成平台是实现集成各生产运营信息系统以及管理信息系统、服务信息系统之间信息交换的支撑平台（图3）。平台具备高实时性、高安全性，确保消息中间件技术确保信息传递及时、不丢失；接口灵活、集成方便，易开发，易测试，与主流平台兼容；配备业务监控与日志功能，能对交换数据监控业务合法性，并跟踪交换轨迹易于定位各子系统接口问题。

三、结语

作为城市现代化进程的标志和运输动脉，机场运营的信息化与社会经济发展和百姓日常生活紧密相关。万达信息于1997年涉足民航领域，为机场提供信息及弱电工程领域的核心生产运营系统部分的设计与建设，形成了较为全面、先进的整体解决方案。先后为上海浦东国际机场、上海机场集团、上海虹桥机场、宁波机场、温州机场、无锡机场、温州机场、义乌机场、民航华东空管局等建设并实施航班信息集成系统。经过十余年的发展，万达信息业已成为华东地区民航信息化领域的领军企业，并将继续为各级城市的智能化交通管理贡献力量。

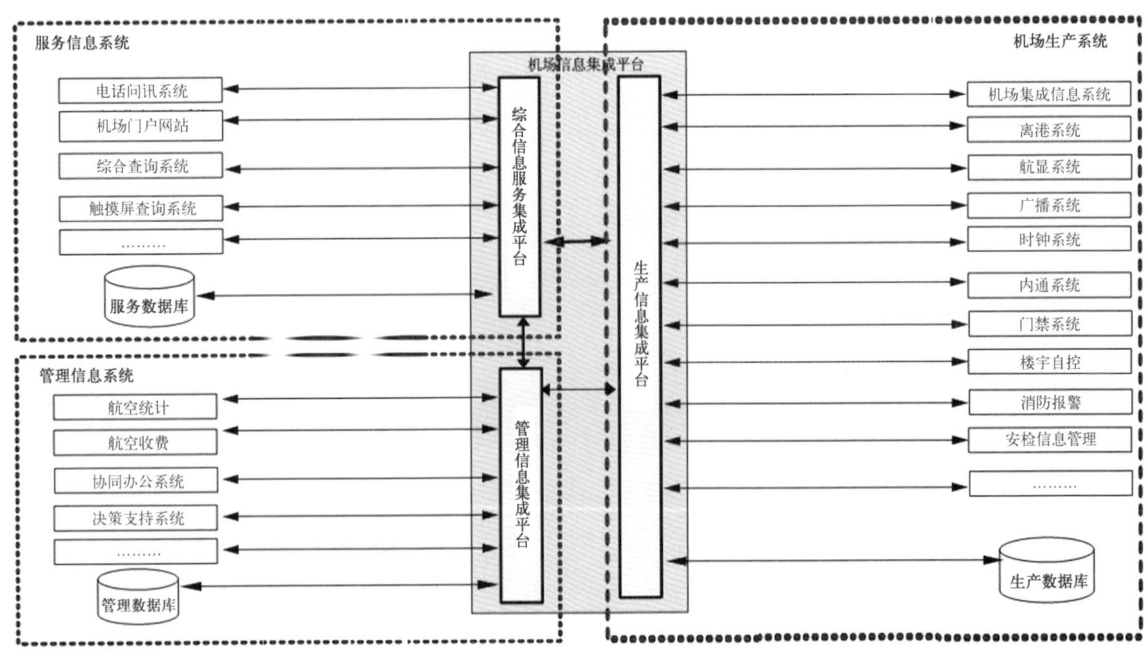

图3　信息集成平台结构

蓝代斯克管理方案新白云机场成功案例

蓝代斯克（北京）软件有限公司

白云国际新机场位于广州市北部，是我国三大枢纽机场之一，也是我国首个按照中枢机场理念设计和建设的航空港，是迄今为止中国规模最大、功能最先进、现代化程度最高的国际机场。在打造现代化国际机场的进程中，白云国际机场高度重视信息化建设，构建起全机场内的骨干网和计算机信息系统，以此构成整个白云机场的中枢系统，实现了机场信息的互相传递、共享及协同工作。为了确保信息系统的高效率运行，白云国际机场采用蓝代斯克的系统和安全管理解决方案对新机场内信息系统中的1000多台服务器和各种终端设备进行管理。现在，整个新白云机场生产网的网络管理及1000多台服务器和各种终端设备的安全管理与维护，仅需要2名IT管理人员，所有终端软件的升级、补丁管理、桌面支持等IT管理任务，都能够轻松应对。

一、面临的问题

在新机场建设期间，白云机场计算机信息管理中心王金山总经理就明确指示："如果机场弱电系统出了问题，将直接导致机场的关闭，因此必须采取切实可靠的技术手段，保证新机场弱电系统的正常运转，保证新机场运营秩序不受影响；而生产网络是一切系统运行的基础，一定要安全、可靠，不能出任何问题。"

新白云国际机场的生产网络划分为多个VLAN，拥有10多套应用系统，包括离港系统、航班信息查询系统、信息集成系统、广播系统、安防系统、航显系统等关键业务，所有这些信息的正常运行与否，都直接影响到机场的正常运营。如何确保生产网的正常运行?随着新白云机场的正式启用，这一问题已成为新白云机场必须解决的问题。在影响信息系统正常运行的多种因素中，桌面和各类终端的管理就首当其冲，系统升级、安全管理等，让IT管理人员应接不暇，而由于各种操作不当而造成的问题，都有可能影响到系统的正常运行。

在新白云机场的整个生产网络中，共有各类主机系统及服务器约50台，各类应用终端约1000多台，主要运行Windows操作系统。由于这些终端设备由多个供应商提供，各终端的安全配置及打补丁情况参差不齐，有的根本没有安全措施，这就给病毒等威胁在生产网络内的传播提供了条件。另一方面，随着新机场各种生产管理系统的升级，需要快速对相关的终端设备进行升级。由于这1000多台设备分布在新机场的各个地方，范围非常广，而仅凭有限的IT管理人员，无疑是杯水车薪，仅是给终端设备及时打补丁，以新机场有限的IT管理人员，是无法胜任的。这给新机场的IT管理人员提出了巨大的挑战。如何在有限的人力条件下管理好1000多台终端设备?新白云机场希望能够在新机场正式启用时能够解决好这些问题，并且要求无论是打补丁还是软件分发，既要高效率，同时还不能占用过多的带宽资源而影响生产系统的正常运行。

二、解决之道

针对新白云机场终端数量大、应用复杂、终端用户水平参差不齐的实际情况，同时考虑到安全项目的实施，必须不能影响现有的网络结构及正常的生产，不能占用过多的网络带宽，以免对正常业务造成不良影响等多种因素，在对多个同类产品进行综合评估之后，最后选择了LANDesk管理套件和LANDesk补丁管理器，配合赛门铁克网络防病毒系统，很好地满足了新白云机场对桌面系统和安全管理的需求。利用LANDesk管理套件，实现对机场所有终端设备的远程支持及软件分发，不仅大幅度减少了IT人员现场支持的次数，同时能够确保软件和应用升级的顺利进行；通过LANDesk的补丁管理器，所有终端设备都可以自动根据管理人员在中心控制台上做的设定进行安全修订，非常快捷，使IT管理人员从大量的重复工作中解放出来。

——3天，在1000多台终端设备上成功部署蓝代斯克解决方案

新机场安全项目从2004年7月初开始启动，正值新机场搬迁的准备阶段，而在8月5日新机场就要正式启用，要求安全项目必须在7月底之前完成，时间紧，任务重。负责实施新白云机场安全项目实施的广州世安信息技术有限公司凭借丰富的系统实施经验，与新机场IT管理人员一起，针对实际情况制定出详细的分步实施方案，先在小范围进行实施试验，然后再全面实施。广州世安信息技术有限公司李汉群说："蓝代斯克管理套件具有很强的软件分发功能，只要能够验证这个套件与新白云机场现有的客户端应用相兼容，能够确保原有应用系统的正确运行，那么，项目推广起来就非常方便了。我们利用了LANDesk软件分发的推送安装和Web安装的方法，在小范围测试成功之后，3天就完成了整个项目的实施工作。"

从7月10日开始进行小范围的实施测试，主要是验证LANDesk解决方案与客户端现有应用的兼容性。经过了1周时间对大约10%的终端设备进行了兼容性和有效性的测试，确认了LANDesk管理套件和补丁管理器确实能够满足新机场生产网的应用需求，而且不会对原有的生产业务造成影响。在小范围试验获得成功之后，从7月18日开始，正式对整个新机场的终端设备全面实施安全项目，对Windows 2000终端设备，采用推送安装的方式；对于Windows XP系统及其他Windows系统，采用Web安装方式，结果仅用3天时间，就成功地把蓝代斯克管理方案以及赛门铁克防病毒软件部署到1000多台终端设备上，并且对所有设备都进行了补丁修订，确保所有桌面系统都装备"安全"，不留豁口。

——2个小时，在1000多台终端设备安装并启用大小约130M的补丁现在，各种应用软件的新漏洞发现速度越来越快，

的显示屏，如LCD、PDP、CRT。目前，机场用户希望航显嵌入式主机能同时支持多显示接口(如CRT、DVI等)，具备支持高分辨率的显示平台ARK-3420系列能够满足这方面的需求。

(3)结合机场网络平台，提高系统管理运作效率——ARK-3420系列具备了两个GigaLAN，并且内建最新的Intel主动管理技术(AMT)[1]功能，让FIDS系统管理者能够通过局域网络来管理、维护和监视所有显示设备实时运行状况，同时可以在远程进行查阅档案、设置参数、控制显示、记录维护操作，而无须派人到现场巡视与操作。

(4)可作为机场紧急事件的报知设施——当机场出现紧急或突发事件，可以实时由FIDS系统管理者于显示屏上传递相关的信息给航空公司、调度员、旅客，使事件得以控制或作有效安排。

(5)开放性及兼容性高的硬件平台——全新的ARK-3420系列结合Intel硬件平台及标准化的接口，让系统整合、操作者都能够便捷地设定、操作及维护。

(6)无风扇、紧凑不占空间的机体结构设计，易于安装和操作——在FIDS系统中安装场合，航显嵌入式主机通常是安装在空间有限及密闭的区间内，航显嵌入式主机的散热性能和稳定性都有极高的要求。ARK-3420嵌入式工控机通过无风扇、紧凑的设计，让安装及维护更为便利，ARK-3420产品图见图2。

图2 研华ARK-3420产品图

二、研华ARK-3420在FIDS应用的强大武器——Intel主动管理技术

1.网络对于FIDS应用的重要性

FIDS的应用主要是架构在一个网络系统架构上，以期达到沟通、信息传递及管理的目的。若能够提升网络管理性能的深度及广度，就等同是强化了FIDS的系统效能。在以往的应用案例中，常有很多情况造成管理上的困难度，诸如系统资产的盘点、计算机设备的维修及升级、网络的安全性、非使用状态中的电力耗损等，而使得整套系统运作及维护的成本不断提高。研华新一代嵌入式紧凑型工控机ARK-3420系列结合了新一代的Intel主动管理技术(AMT)，让这些问题找到了解决之道。

2.Intel主动管理技术(AMT)网络管理的新纪元

内建Intel主动管理技术(AMT)的ARK-3420系列可支持的能力包括：

(1)大幅改进对主要软硬件故障的管理——即使在系统关闭、操作系统发生故障，基于硬件的主动管理技术仍然可以通过有线局域网支持远程访问，并且不需要浪费时间进行现场访问或中断用户工作即可采取补救措施。

(2)改进远程资产管理——内建Intel主动管理技术(AMT)的ARK-3420能够更轻松的进行识别，这就可以降低库存错误、审核错误、重新计数和资产识别错误。

(3)更轻松、更快捷地配置软件——可支持更快速的配置应用和补丁程序(如安全更新程序)，从而大幅缩短故障系统恢复所需要的时间。此类成本的降低要归功于问题诊断流程的简化，大部分现场修理工作的免除以及目标系统识别错误而导致的部署失败次数减少。此外，通过更迅速地配置安全更新程序，还能最大限度地缩短关闭若干存在漏洞窗口所需要的时间。

(4)更高效地配置硬件——可减少配置硬件失败相关的诊断、故障排除和现场修理。

(5)更有效地回应安全事故——对于计算机蠕虫或病毒攻击等安全事故，可通过AMT管理软件迅速重新配置端口和网络连接，无需到现场动手即可实现重新配置，从而真正地提高响应速度及提升效率。

(6)有效节省开支成本——综合以上的多项优点，不仅大幅降低系统管理者在运营时的管理时间，也能够大幅降低维护及升级的成本。对于电源管理的有效节约、无需人员到场的资产盘点、升级、补丁，进而当计算机宕机无法工作时，能够作远程诊断。若问题是可以由AMT管理主机端可以解决的，就不用部属维修人员到场维修；若是一定要到场维修，也可以让维修人员知道必需修复的零件，大幅降低工作人员到场的机会，相应的成本都可大幅降低。根据Intel所提供的统计分析资料推算，至少可以节省7成以上的系统运营维护成本。

3.研华ARK-3420主动管理技术架构

研华ARK-3420主机采用Intel GME965芯片组，可支持Intel主动管理技术(AMT)2.5版并可整合无线网络的能力支持移动平台的架构(见图3)。该芯片组具有嵌入式的图形和内存控制器的处理器，而该处理器当中内含了一个微控制器，即是作为AMT功能的核心管理组件——ME (Management Engine)。ME可代表管理应用程序提供各项服务，而ME在运作时必须将执行ME的代码跟运行的时间数据存放在Flash之中。由于这段数据是通过芯片组直接存取，而非经由CPU运算资料的读写，因此可以避免黑客软件的恶意入侵。这个Flash除了放置系统的BIOS和管理引擎所使用的代码外，还可提供第三方的数据储存，该储存器可以支持应用程序将客户的需要将重要的数据存写在 Flash中，不会因为系统断电而消失。

所谓第三方数据储存(3PDS)就是在AMT架构中有提供了一个非挥发性数据存储器供某些应用储存，而这些应用可以为文件系统提供与操作系统一样的安全性。

数据存储可接受通过ARK-3420和网络接口传输的存储命令，使用软件厂商及平台所有者选择的一个串联字符串再加上惟一的用户 ID 就可识别出具体的应用。将其存入非挥发性数据存储中的数据结构、含义和重要性对存储管理器保持透明，应用对其存储的数据所需要的任何安全机制负责（如敏感数据或密钥的加密），同时还负责其应用 ID、数据存储配置和任何已存储数据的备份和恢复。

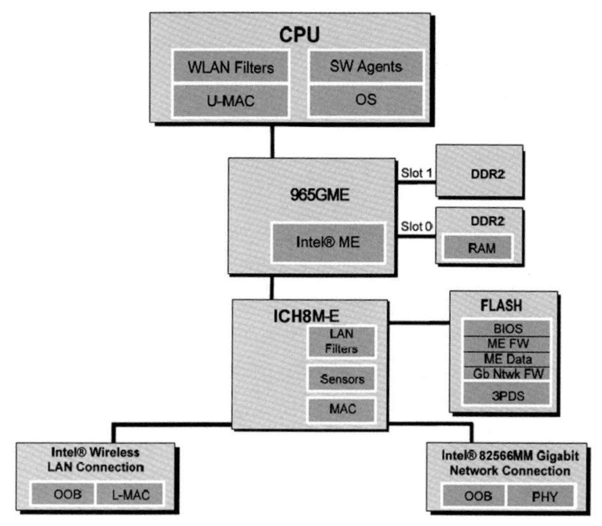

图3 研华支持Intel主动管理技术（AMT）的嵌入式工控机平台架构

AMT主要的管理功能是通过网络架构来进行的，因此对于网络芯片的选择当然需要符合AMT架构的指定芯片。在ARK-3420主机内采用的是Intel 82566MM GigaLAN芯片，通过这个芯片与使用SOAP的远程计算机进行沟通，提供中央管理控制台。这项功能可以通过ME的管理来建立一个共享的局域网（LAN）MAC及主机名称，并且和操作系统可以共享IP地址，这样将使得在机场内不同航站楼建置FIDS时，需要跨越航站楼管理时的基础建设的成本因采用AMT而大大降低。

三、研华ARK-3420，FIDS最佳平台推荐

一个优秀的FIDS应用平台，除了本身需要具备有稳定的产品质量之外，进一步还能够提供给系统管理者更优化的管理机制。当整个FIDS服务系统所布建的大型且多元化的网络要作资产盘点、升级、运作时程管理、故障排除、网络管理安全性等等，以往远程管理者只能通过开机运作时，经由第三方的软件才能够执行。在新一代的ARK-3420 FIDS解决方案中能够提供更佳的服务，这些工作甚至都可以在不开机或是故障中得以完成。因为内建的Intel主动管理技术（AMT）已经将硬件的功能再作强化，不开机也可以得知工作端的ARK-3420所有软、硬件资产，进而作管理或是汰旧升级或是硬件损坏的远程诊断。若是开放性的网络系统，还可以保障网络资料的安全性和及时的远程网络截断功能，有效防止病毒或是黑客的攻击。在具备有Intel主动管理技术（AMT）的ARK-3420上，已经可以为管理单位不只提供工作的效率、节省开支，同时也让第三方的软件开发业者能够整合其软件以期达成更安全、更容易的管理方案。

附注：

①研华工控机在国内机场业绩有：福州机场、昆明巫家坝机场、上海虹桥国际机场、上海浦东国际机场等航班信息显示系统的项目；海口美兰机场的空中交通管制项目及中南六省各机场（广州、珠海、汕头、长沙、北海、南宁等）的录音侦察系统项目等。

②曾获上海机场集团的“浦东国际机场T2信息项目优秀项目奖”。

③研华ARK低功耗嵌入式工控机信息来源

http://www.advantech.com.cn/eplatform/embedded-computer/

广州新白云机场站坪照明计算机监控系统

李 凯 陈永波

摘 要：广州新白云机场在国内首次采用计算机监控系统对全场站坪照明系统进行监控，本文介绍了在广州新白云机场工程中采用的站坪照明计算机监控系统的网络结构、功能设计、通信系统等，尤其是对提高站坪照明自动化程度的作用，以实现自动运行管理、快速故障诊断、自动报警和辅助维修等功能。

关键词：机场站坪照明；计算机监控系统

一、前言

站坪照明是保证飞机在站坪上正常泊位、滑行以及安全维护的重要工程项目。广州新白云机场候机楼各指廊跨度大，高杆灯、机位标记牌等分布非常分散，采用常规人工巡视不但会有很大的劳动强度，而且对系统的完备监视也是非常困难的。为了便于管理、维护，工程中在国内首次采用了计算机监控系统对高杆灯照明、机位牌照明等内容进行实时监控。该计算机监控系统在全面数据采集的基础上，采用完全基于图形化的方式，为运行管理人员提供形式多样的监视手段，并可直接基于图形界面完成正常的照明控制、切换工作，在出现异常情况时也可以利用计算机控制手段快速诊断故障，并帮助运行值班人员进行修复工作。

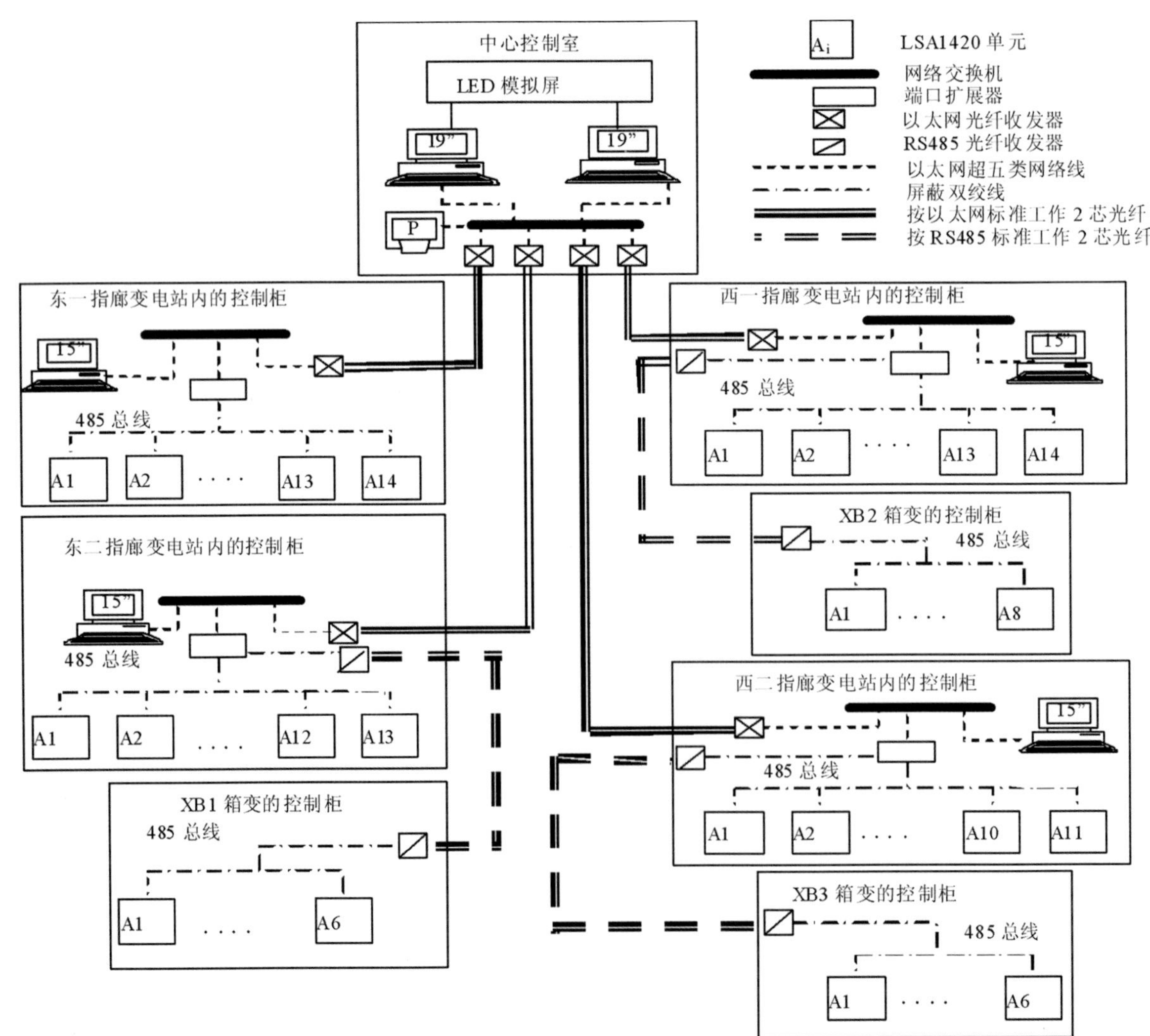

图1 站坪照明监控系统图

二、系统概述

广州新机场站坪照明系统中的58个高杆灯回路、7个机位牌回路、7个障碍灯回路分别由4个指廊变电站以及3个远机位箱式变电站的72路低压出线供电(见表1),整个系统的数据采集就是从这72路低压出线采集电流、电压、开关状态来分析监控对象的工况,同时可以通过控制这些低压开关的分合来控制高杆灯、标记牌等的工作。系统可以通过分析回路电流的变化率来判断单个高杆灯的亮灯率,从而帮助值班人员及时维护。为实现集中控制,在候机楼东一指廊设置了站坪照明中心控制室,内设2台主控计算机对全场站坪照明设备进行监控(见图1),2台计算机互为热备用;各指廊设1台终端计算机,可以对整个系统进行控制。在整个网络中,对非就地的现场通信均采用四芯单模光纤作为传输介质。

站坪照明计算机监控对象统计表　　表1

序号	区段名称	高杆灯回路	机位标记牌回路	高杆灯上障碍灯回路
1	东一指廊	12	1	1
2	东二指廊	11	1	1
3	西一指廊	12	1	1
4	西二指廊	9	1	1
5	1#箱变 XB1	4	1	1
6	2#箱变 XB2	6	1	1
7	3#箱变 XB3	4	1	1
		72		

三、计算机监控系统构成

中心控制室设2台主控计算机,互为热备用,2台计算机之间可以实现无损快速自动切换,也可以根据系统运行、检修的要求进行手动切换。

现场工作站作为监测计算机接入区域内的通信网络中,由于现场的测控单元是由监控中心的计算机负责对其进行查询和控制,现场工作站只以网络的方式接收现场的测控数据。该方案接线简单,通信的实时性可以得到保证,也不会影响到系统的可靠性。现场工作站可在当地完成整个系统的监控操作;当监控系统主机退出运行或监控通信系统出现故障时,现场工作站即可接替监控主机完成对本区域内现场终端的监控任务。因此,采用此方案,给系统以极大的灵活性和可靠性。

站坪照明监控系统由工业控制计算机、触摸屏、打印机、现场LSA1420监控单元、通信接口设备、不间断电源、动态模拟屏等构成(见图1)。

(1)本工程采用工业控制计算机,是系统整体功能集中表现的场所。

(2)触摸屏作为辅助的人工交互手段,提供了更简便的向系统发送命令的方式。

(3)打印机用于辅助输出系统运行过程中的异常提示信息,打印系统运行报表。

(4)现场电力回路测控采用专用电力测控的产品LSA1420监控单元,可以采集监控系统所需的数据,并且在接收上级的自动控制命令时,实现具体的控制功能。

(5)光纤通信系统。为了提供通信环节上的抗干扰能力、可靠性等指标,采用光纤作为传输介质。

(6)不间断电源采用在线运行方式,市电经过稳压器隔离系统谐波后,再经由UPS电源统一供给计算机。在电源进线侧装有氧化锌避雷器。

(7)动态模拟屏为马赛克屏,2m×4m,采用镶嵌式机电模拟方式,在模拟屏上提供LED显示模块,在系统发出低压开关闭合指令时,模拟屏能显示对应回路设备的开关状态,给系统控制人员提供整体的运行状况。

四、系统模块及其功能

站坪照明计算机监控系统采用国内具有自有知识产权的LSA2000电力自控应用软件,该软件采用模块化设计(见图2),

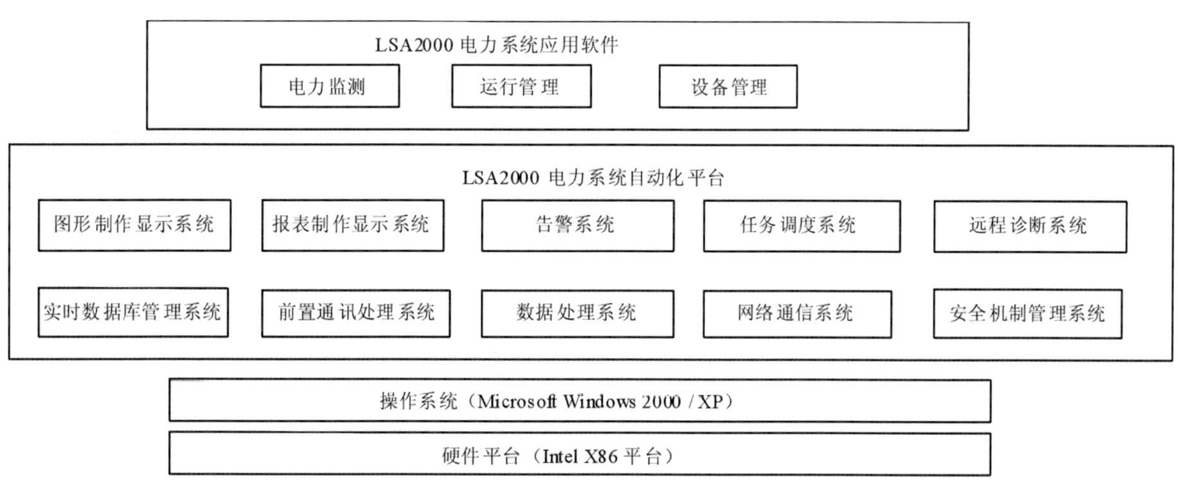

图2　系统软件模块化框图

具有以下主要特点：

(1)系统设计采用Client/Server模式并以面向对象的方式加以实现。

(2)面向应用的多媒体实时数据库管理系统。

(3)功能强大且切合应用要求的图形和报表工具。

(4)数据采集部分的功能完善。

(5)平台支撑应用软件的模式使得系统具有对不同应用场合的良好的适应性。

(6)系统设计实现中采用了标准开放的网络技术、数据库技术以及操作系统。

监控系统通过LSA2000应用软件的各模块，实现的主要功能如下：

1.数据采集单元

监控系统与低压回路的接口全部通过LSA1420单元实现，通过该单元，系统采集电流、电压、开关等量值，并实现控制操作。LSA1420采用微处理器和数字信号处理技术设计而成，集三相电量测量/显示、能量累计、电力品质分析、故障报警、数字输入/输出与网络通信于一身，可作为仪表单独使用，也可以用来实现远程数据采集与控制；该单元采用RS485通信接口和MODBUS通信协议。该单元具有强抗干扰能力和长期运行的稳定性。

2.系统控制和调节操作

在总体控制优先权上的优先顺序是本地手动>远程手动>自动，所有的控制、调节操作都可以直接从画面上引出和完成。具体的控制调节策略可以根据现场的要求进行设置，不同的控制对象的控制方式可以组合。

手动控制方式可对高杆灯塔进行总控、组控和单独控制，分为远程控制和本地控制。远程控制是指在计算机的触摸屏上通过发送人工指令控制某一个或某一组灯的开关，本地控制则是指在检修过程中通过高杆灯下的控制箱来控制灯的分合。在正常情况下，值班人员在中控室远程控制全部设备。在本项目中，将全部设备分为东一、东二、西一、西二、XB1、XB2、XB3七组，从而可以按此进行分组控制。

自动控制方式是通过时间和光照强度相结合对所有高杆灯塔进行控制(也可以预先设定好其中的一部分)。控制策略可以设定为时间优先或光照优先的原则。本工程中采用的是复合判断条件，其控制策略是在白天采用光强优先，而在黄昏和凌晨则按照时间优先的原则。系统安装有光控设备，能够自动获取光照情况。

3.实时数据采集及管理

监控系统将运行在监控现场的终端所采集的数据收集上来，使集中监控中心的工作人员获得反映现场运行状况的准确信息。实时数据库管理是系统功能得以完成的基础，它保存了现场采集来的所有实时数据。系统使用者可以根据现场工作的需要修改已有的数据库结构或定义新的数据库；可以快速录入数据，并在使用过程中可以方便地修改数据。

4.历史数据管理

历史数据就是系统在运行过程中保存积累的关于监控对象运行过程的记录，它们是系统使用者所需要保存的重要资料。使用者定义保存数据的范围和内容。保存的历史数据可以采用曲线、报表、查询窗口等形式方便用户查询。

5.画面制作及显示

该功能提供分层、分平面的图形模式；提供图形缩放功能及与之相配合的自动信息隐藏功能；图形制作工具提供了丰富的图形制作手段以满足系统多变的要求，获得满意的显示效果；提供制作多种形式图形的能力、丰富的数据表现形式；制作和显示的图形可以根据用户的要求来设置效果，使画面美观、清晰、色彩鲜艳、柔和。

6.数据处理

数据采集的结果只是反映现场运行状况的基本数据，进一步的数据加工是由数据处理功能来完成的。具体包括数据状态的判别；数据统计功能，包括最大值、最小值、平均值等；数据计算功能，如合格率、功率因数等，并保存计算结果；数据采样，如曲线、报表等。

7.告警系统

用以完成告警信息的判别及发布。用户自己选择告警提示的内容，设置需要告警提示的信息的类别；选择合适的告警提示方式，如给出闪光、变色、弹出画面、告警提示条、弹出告警对话框、语音提示、信息打印等等；设定告警提示信息的不同优先级。

8.系统安全机制

系统管理人员是超级用户，具有最高权限，可修改系统配置和增删用户。系统其他使用人员均采用口令管理的方式，在对系统进行关键操作前需进行登录，然后才可以在系统管理员给定的权限范围内完成操作。同时，所有的重要操作都会被记录和保存，便于事后分析及责任认定。

9.网络通信

监控系统是一个基于网络的系统，在不同计算机之间、同一计算机中的不同应用程序之间需要不断地通过网络交换信息，以维持整个系统的顺利运行。本功能就是在操作系统提供的基本网络通信手段的基础上，提供面向应用的多层网络通信接口。

10.与其他系统的互连

本系统可与其他系统进行数据交换。以服务器方式，在不同的系统共享服务器的前提下，可以直接由系统填写存放在服务器上的其他系统的数据库；以网络交换机方式，由交换机转发系统发往其他系统的网络报文，达到交换数据的目的；以网桥(网关)方式，可连接2个不同网络的系统，完成数据信息的交换。

五、主要技术性能参数

(1)数据传送时间

全系统实时数据扫描周期 ≤ 5秒

(2)画面时间特性

画面调用响应时间 ≤ 2秒

(3)系统运行指标

状态信号处理正确率 ≥ 99.9%

控制调节操作正确率 ≥ 99.99%

双机切换时间 ≤ 10s

CPU负荷率在正常运行时 ≤ 35%

系统平均无故障时间MTBF ≥ 10000小时

系统运行可靠性 ≥ 99.98%

(4)现场测控单元和控制终端的技术指标

接触器机械寿命:>100万次

信号输入隔离电压:>1500伏

光强控制:连续可调

通信速率:2400bps~9600bps

通信协议:RS485/ModBus

六、结语

广州新白云机场工程站坪照明计算机监控系统采用了模块化技术,系统是开放式的,可以根据需要使用从一台计算机到多台计算机不同配置规模的系统,也可以随着使用的需要变更计算机的配置(从普通的微机到笔记本计算机);操作系统采用Microsoft的Windows 2000/XP 系统平台,用户可非常容易地学习使用。

经过几年来的运行实践表明,计算机监控系统为白云机场低压照明系统的管理和维护带提供的极大的方便,相比其他机场,运行维护班组的工作量有显著的减轻,也有效地保证了供电设备安全可靠稳定的运行,经济效益十分明显。实践证明,基于配电自动化技术的低压供配电系统、照明系统的计算机监控系统在实际的工程应用中具有显著的社会效益和经济效益,也具有广阔的市场前景。

参考文献

[1]胡道元. 计算机网络[M]. 清华大学出版社, 1999.

[2]杨钧等. 广州新白云机场站坪照明和机务用电计算机监控系统施工设计文件[M]. 南京电力自动化研究院, 2003.

[3]于恒春等. 一个分布式监控系统的软件设计[J]. 计算机应用, 2000(1):14-16.

李凯:广州白云国际机场迁建工程指挥部

陈永波:南京国网电瑞电力科技有限公司

二、政 策 法 规

中华人民共和国民用航空法

（1995年10月30日第八届全国人民代表大会常务委员会第十六次会议通过，1995年10月30日中华人民共和国主席令第五十六号公布）

第一章 总 则

第一条 为了维护国家的领空主权和民用航空权利，保障民用航空活动安全和有秩序地进行，保护民用航空活动当事人各方的合法权益，促进民用航空事业的发展，制定本法。

第二条 中华人民共和国的领陆和领水之上的空域为中华人民共和国领空。中华人民共和国对领空享有完全的、排他的主权。

第三条 国务院民用航空主管部门对全国民用航空活动实施统一监督管理；根据法律和国务院的决定，在本部门的权限内，发布有关民用航空活动的规定、决定。

国务院民用航空主管部门设立的地区民用航空管理机构依照国务院民用航空主管部门的授权，监督管理各该地区的民用航空活动。

第四条 国家扶持民用航空事业的发展，鼓励和支持发展民用航空的科学研究和教育事业，提高民用航空科学技术水平。国家扶持民用航空器制造业的发展，为民用航空活动提供安全、先进、经济、适用的民用航空器。

第二章 民用航空器国籍

第五条 本法所称民用航空器，是指除用于执行军事、海关、警察飞行任务外的航空器。

第六条 经中华人民共和国国务院民用航空主管部门依法进行国籍登记的民用航空器，具有中华人民共和国国籍，由国务院民用航空主管部门发给国籍登记证书。

国务院民用航空主管部门设立中华人民共和国民用航空器国籍登记簿，统一记载民用航空器的国籍登记事项。

第七条 下列民用航空器应当进行中华人民共和国国籍登记：

（一）中华人民共和国国家机构的民用航空器；

（二）依照中华人民共和国法律设立的企业法人的民用航空器；企业法人的注册资本中有外商出资的，其机构设置、人员组成和中方投资人的出资比例，应当符合行政法规的规定；

（三）国务院民用航空主管部门准予登记的其他民用航空器。

自境外租赁的民用航空器，承租人符合前款规定，该民用航空器的机组人员由承租人配备的，可以申请登记中华人民共和国国籍，但是必须先予注销该民用航空器原国籍登记。

第八条 依法取得中华人民共和国国籍的民用航空器，应当标明规定的国籍标志和登记标志。

第九条 民用航空器不得具有双重国籍。未注销外国国籍的民用航空器不得在中华人民共和国申请国籍登记。

第三章 民用航空器权利

第一节 一般规定

第十条 本章规定的对民用航空器的权利，包括对民用航空器构架、发动机、螺旋桨、无线电设备和其他一切为了在民用航空器上使用的，无论安装于其上或者暂时拆离的物品的权利。

第十一条 民用航空器权利人应当就下列权利分别向国务院民用航空主管部门办理权利登记：

（一）民用航空器所有权；

（二）通过购买行为取得并占有民用航空器的权利；

（三）根据租赁期限为6个月以上的租赁合同占有民用航空器的权利；

（四）民用航空器抵押权。

第十二条 国务院民用航空主管部门设立民用航空器权利登记簿。同一民用航空器的权利登记事项应当记载于同一权利登记簿中。

民用航空器权利登记事项，可以供公众查询、复制或者摘录。

第十三条 除民用航空器经依法强制拍卖外，在已经登记的民用航空器权利得到补偿或者民用航空器权利人同意之前，民用航空器的国籍登记或者权利登记不得转移至国外。

第二节 民用航空器所有权和抵押权

第十四条 民用航空器所有权的取得、转让和消灭，应当向国务院民用航空主管部门登记；未经登记的，不得对抗第三人。

民用航空器所有权的转让，应当签订书面合同。

第十五条 国家所有的民用航空器，由国家授予法人经营管理或者使用的，本法有关民用航空器所有人的规定适用于该法人。

第十六条 设定民用航空器抵押权，由抵押权人和抵押人共同向国务院民用航空主管部门办理抵押权登记；未经登记的，不得对抗第三人。

第十七条 民用航空器抵押权设定后，未经抵押权人同意，抵押人不得将被抵押民用航空器转让他人。

第三节 民用航空器优先权

第十八条 民用航空器优先权，是指债权人依照本法第十九条规定，向民用航空器所有人、承租人提出赔偿请求，对产生该赔偿请求的民用航空器具有优先受偿的权利。

第十九条　下列各项债权具有民用航空器优先权：

(一)援救该民用航空器的报酬；

(二)保管维护该民用航空器的必需费用。

前款规定的各项债权，后发生的先受偿。

第二十条　本法第十九条规定的民用航空器优先权，其债权人应当自援救或者保管维护工作终了之日起3个月内，就其债权向国务院民用航空主管部门登记。

第二十一条　为了债权人的共同利益，在执行人民法院判决以及拍卖过程中产生的费用，应当从民用航空器拍卖所得价款中先行拨付。

第二十二条　民用航空器优先权先于民用航空器抵押权受偿。

第二十三条　本法第十九条规定的债权转移的，其民用航空器优先权随之转移。

第二十四条　民用航空器优先权应当通过人民法院扣押产生优先权的民用航空器行使。

第二十五条　民用航空器优先权自援救或者保管维护工作终了之日起满3个月时终止；但是，债权人就其债权已经依照本法第二十条规定登记，并具有下列情形之一的除外：

(一)债权人、债务人已经就此项债权的金额达成协议；

(二)有关此项债权的诉讼已经开始。

民用航空器优先权不因民用航空器所有权的转让而消灭；但是，民用航空器经依法强制拍卖的除外。

第四节　民用航空器租赁

第二十六条　民用航空器租赁合同，包括融资租赁合同和其他租赁合同，应当以书面形式订立。

第二十七条　民用航空器的融资租赁，是指出租人按照承租人对供货方和民用航空器的选择，购得民用航空器，出租给承租人使用，由承租人定期交纳租金。

第二十八条　融资租赁期间，出租人依法享有民用航空器所有权，承租人依法享有民用航空器的占有、使用、收益权。

第二十九条　融资租赁期间，出租人不得干扰承租人依法占有、使用民用航空器；承租人应当适当地保管民用航空器，使之处于原交付时的状态，但是合理损耗和经出租人同意的对民用航空器的改变除外。

第三十条　融资租赁期满，承租人应当将符合本法第二十九条规定状态的民用航空器退还出租人；但是，承租人依照合同行使购买民用航空器的权利或者为继续租赁而占有民用航空器的除外。

第三十一条　民用航空器融资租赁中的供货方，不就同一损害同时对出租人和承租人承担责任。

第三十二条　融资租赁期间，经出租人同意，在不损害第三人利益的情况下，承租人可以转让其对民用航空器的占有权或者租赁合同约定的其他权利。

第三十三条　民用航空器的融资租赁和租赁期限为6个月以上的其他租赁，承租人应当就其对民用航空器的占有权向国务院民用航空主管部门办理登记；未经登记的，不得对抗第三人。

第四章　民用航空器适航管理

第三十四条　设计民用航空器及其发动机、螺旋桨和民用航空器上设备，应当向国务院民用航空主管部门申请领取型号合格证书。经审查合格的，发给型号合格证书。

第三十五条　生产、维修民用航空器及其发动机、螺旋桨和民用航空器上设备，应当向国务院民用航空主管部门申请领取生产许可证书、维修许可证书。经审查合格的，发给相应的证书。

第三十六条　外国制造人生产的任何型号的民用航空器及其发动机、螺旋桨和民用航空器上设备，首次进口中国的，该外国制造人应当向国务院民用航空主管部门申请领取型号认可证书。经审查合格的，发给型号认可证书。

已取得外国颁发的型号合格证书的民用航空器及其发动机、螺旋桨和民用航空器上设备，首次在中国境内生产的，该型号合格证书的持有人应当向国务院民用航空主管部门申请领取型号认可证书。经审查合格的，发给型号认可证书。

第三十七条　具有中华人民共和国国籍的民用航空器，应当持有国务院民用航空主管部门颁发的适航证书，方可飞行。

出口民用航空器及其发动机、螺旋桨和民用航空器上设备，制造人应当向国务院民用航空主管部门申请领取出口适航证书。经审查合格的，发给出口适航证书。

租用的外国民用航空器，应当经国务院民用航空主管部门对其原国籍登记国发给的适航证书审查认可或者另发适航证书，方可飞行。

民用航空器适航管理规定，由国务院制定。

第三十八条　民用航空器的所有人或者承租人应当按照适航证书规定的使用范围使用民用航空器，做好民用航空器的维修保养工作，保证民用航空器处于适航状态。

第五章　航空人员

第一节　一般规定

第三十九条　本法所称航空人员，是指下列从事民用航空活动的空勤人员和地面人员：

(一)空勤人员，包括驾驶员、领航员、飞行机械人员、飞行通信员、乘务员；

(二)地面人员，包括民用航空器维修人员、空中交通管制员、飞行签派员、航空电台通信员。

第四十条　航空人员应当接受专门训练，经考核合格，取得国务院民用航空主管部门颁发的执照，方可担任其执照载明的工作。

空勤人员和空中交通管制员在取得执照前，还应当接受国务院民用航空主管部门认可的体格检查单位的检查，并取得国务院民用航空主管部门颁发的体格检查合格证书。

第四十一条　空勤人员在执行飞行任务时，应当随身携带执照和体格检查合格证书，并接受国务院民用航空主管部门的查验。

第四十二条　航空人员应当接受国务院民用航空主管部

门定期或者不定期的检查和考核；经检查、考核合格的，方可继续担任其执照载明的工作。

空勤人员还应当参加定期的紧急程序训练。

空勤人员间断飞行的时间超过国务院民用航空主管部门规定时限的，应当经过检查和考核；乘务员以外的空勤人员还应当经过带飞。经检查、考核、带飞合格的，方可继续担任其执照载明的工作。

第二节　机　组

第四十三条　民用航空器机组由机长和其他空勤人员组成。机长应当由具有独立驾驶该型号民用航空器的技术和经验的驾驶员担任。

机组的组成和人员数额，应当符合国务院民用航空主管部门的规定。

第四十四条　民用航空器的操作由机长负责，机长应当严格履行职责，保护民用航空器及其所载人员和财产的安全。

机长在其职权范围内发布的命令，民用航空器所载人员都应当执行。

第四十五条　飞行前，机长应当对民用航空器实施必要的检查；未经检查，不得起飞。

机长发现民用航空器、机场、气象条件等不符合规定，不能保证飞行安全的，有权拒绝起飞。

第四十六条　飞行中，对于任何破坏民用航空器、扰乱民用航空器内秩序、危害民用航空器所载人员或者财产安全以及其他危及飞行安全的行为，在保证安全的前提下，机长有权采取必要的适当措施。

飞行中，遇到特殊情况时，为保证民用航空器及其所载人员的安全，机长有权对民用航空器作出处置。

第四十七条　机长发现机组人员不适宜执行飞行任务的，为保证飞行安全，有权提出调整。

第四十八条　民用航空器遇险时，机长有权采取一切必要措施，并指挥机组人员和航空器上其他人员采取抢救措施。在必须撤离遇险民用航空器的紧急情况下，机长必须采取措施，首先组织旅客安全离开民用航空器；未经机长允许，机组人员不得擅自离开民用航空器；机长应当最后离开民用航空器。

第四十九条　民用航空器发生事故，机长应当直接或者通过空中交通管制单位，如实将事故情况及时报告国务院民用航空主管部门。

第五十条　机长收到船舶或者其他航空器的遇险信号，或者发现遇险的船舶、航空器及其人员，应当将遇险情况及时报告就近的空中交通管制单位并给予可能的合理的援助。

第五十一条　飞行中，机长因故不能履行职务的，由仅次于机长职务的驾驶员代理机长；在下一个经停地起飞前，民用航空器所有人或者承租人应当指派新机长接任。

第五十二条　只有一名驾驶员，不需配备其他空勤人员的民用航空器，本节对机长的规定，适用于该驾驶员。

第六章　民用机场

第五十三条　本法所称民用机场，是指专供民用航空器起飞、降落、滑行、停放以及进行其他活动使用的划定区域，包括附属的建筑物、装置和设施。

本法所称民用机场不包括临时机场。

军民合用机场由国务院、中央军事委员会另行制定管理办法。

第五十四条　民用机场的建设和使用应当统筹安排、合理布局，提高机场的使用效率。

全国民用机场的布局和建设规划，由国务院民用航空主管部门会同国务院其他有关部门制定，并按照国家规定的程序，经批准后组织实施。

省、自治区、直辖市人民政府应当根据全国民用机场的布局和建设规划，制定本行政区域内的民用机场建设规划，并按照国家规定的程序报经批准后，将其纳入本级国民经济和社会发展规划。

第五十五条　民用机场建设规划应当与城市建设规划相协调。

第五十六条　新建、改建和扩建民用机场，应当符合依法制定的民用机场布局和建设规划，符合民用机场标准，并按照国家规定报经有关主管机关批准并实施。

不符合依法制定的民用机场布局和建设规划的民用机场建设项目，不得批准。

第五十七条　新建、扩建民用机场，应当由民用机场所在地县级以上地方人民政府发布公告。

前款规定的公告应当在当地主要报纸上刊登，并在拟新建、扩建机场周围地区张贴。

第五十八条　禁止在依法划定的民用机场范围内和按照国家规定划定的机场净空保护区域内从事下列活动：

(一)修建可能在空中排放大量烟雾、粉尘、火焰、废气而影响飞行安全的建筑物或者设施；

(二)修建靶场、强烈爆炸物仓库等影响飞行安全的建筑物或者设施；

(三)修建不符合机场净空要求的建筑物或者设施；

(四)设置影响机场目视助航设施使用的灯光、标志或者物体；

(五)种植影响飞行安全或者影响机场助航设施使用的植物；

(六)饲养、放飞影响飞行安全的鸟类动物和其他物体；

(七)修建影响机场电磁环境的建筑物或者设施。

禁止在依法划定的民用机场范围内放养牲畜。

第五十九条　民用机场新建、扩建的公告发布前，在依法划定的民用机场范围内和按照国家规定划定的机场净空保护区域内存在的可能影响飞行安全的建筑物、构筑物、树木、灯光和其他障碍物体，应当在规定的期限内清除；对由此造成的损失，应当给予补偿或者依法采取其他补救措施。

第六十条　民用机场新建、扩建的公告发布后，任何单位和个人违反本法和有关行政法规的规定，在依法划定的民用机场范围内和按照国家规定划定的机场净空保护区域内修建、种植或者设置影响飞行安全的建筑物、构筑物、树木、灯光和其他障碍物体的，由机场所在地县级以上地方人民政府责令清除；由此造成的损失，由修建、种植或者设置该障碍物体的人承担。

第六十一条　在民用机场及其按照国家规定划定的净空保护区域以外，对可能影响飞行安全的高大建筑物或者设施，应当按照国家有关规定设置飞行障碍灯和标志，并使其保持正常状态。

第六十二条　民用机场应当持有机场使用许可证，方可开放使用。

民用机场具备下列条件，并按照国家规定经验收合格后，方可申请机场使用许可证：

(一)具备与其运营业务相适应的飞行区、航站区、工作区以及服务设施和人员；

(二)具备能够保障飞行安全的空中交通管制、通信导航、气象等设施和人员；

(三)具备符合国家规定的安全保卫条件；

(四)具备处理特殊情况的应急计划以及相应的设施和人员；

(五)具备国务院民用航空主管部门规定的其他条件。

国际机场还应当具备国际通航条件，设立海关和其他口岸检查机关。

第六十三条　民用机场使用许可证由机场管理机构向国务院民用航空主管部门申请，经国务院民用航空主管部门审查批准后颁发。

第六十四条　设立国际机场，由国务院民用航空主管部门报请国务院审查批准。

国际机场的开放使用，由国务院民用航空主管部门对外公告；国际机场资料由国务院民用航空主管部门统一对外提供。

第六十五条　民用机场应当按照国务院民用航空主管部门的规定，采取措施，保证机场内人员和财产的安全。

第六十六条　供运输旅客或者货物的民用航空器使用的民用机场，应当按照国务院民用航空主管部门规定的标准，设置必要设施，为旅客和货物托运人、收货人提供良好服务。

第六十七条　民用机场管理机构应当依照环境保护法律、行政法规的规定，做好机场环境保护工作。

第六十八条　民用航空器使用民用机场及其助航设施的，应当缴纳使用费、服务费；使用费、服务费的收费标准，由国务院民用航空主管部门会同国务院财政部门、物价主管部门制定。

第六十九条　民用机场废弃或者改作他用，民用机场管理机构应当依照国家规定办理报批手续。

第七章　空中航行

第一节　空域管理

第七十条　国家对空域实行统一管理。

第七十一条　划分空域，应当兼顾民用航空和国防安全的需要以及公众的利益，使空域得到合理、充分、有效的利用。

第七十二条　空域管理的具体办法，由国务院、中央军事委员会制定。

第二节　飞行管理

第七十三条　在一个划定的管制空域内，由一个空中交通管制单位负责该空域内的航空器的空中交通管制。

第七十四条　民用航空器在管制空域内进行飞行活动，应当取得空中交通管制单位的许可。

第七十五条　民用航空器应当按照空中交通管制单位指定的航路和飞行高度飞行；因故确需偏离指定的航路或者改变飞行高度飞行的，应当取得空中交通管制单位的许可。

第七十六条　在中华人民共和国境内飞行的航空器，必须遵守统一的飞行规则。

进行目视飞行的民用航空器，应当遵守目视飞行规则，并与其他航空器、地面障碍物体保持安全距离。

进行仪表飞行的民用航空器，应当遵守仪表飞行规则。

飞行规则由国务院、中央军事委员会制定。

第七十七条　民用航空器机组人员的飞行时间、执勤时间不得超过国务院民用航空主管部门规定的时限。

民用航空器机组人员受到酒类饮料、麻醉剂或者其他药物的影响，损及工作能力的，不得执行飞行任务。

第七十八条　民用航空器除按照国家规定经特别批准外，不得飞入禁区；除遵守规定的限制条件外，不得飞入限制区。

前款规定的禁区和限制区，依照国家规定划定。

第七十九条　民用航空器不得飞越城市上空；但是，有下列情形之一的除外：

(一)起飞、降落或者指定的航路所必需的；

(二)飞行高度足以使该航空器在发生紧急情况时离开城市上空，而不致危及地面上的人员、财产安全的；

(三)按照国家规定的程序获得批准的。

第八十条　飞行中，民用航空器不得投掷物品；但是，有下列情形之一的除外：

(一)飞行安全所必需的；

(二)执行救助任务或者符合社会公共利益的其他飞行任务所必需的。

第八十一条　民用航空器未经批准不得飞出中华人民共和国领空。

对未经批准正在飞离中华人民共和国领空的民用航空器，有关部门有权根据具体情况采取必要措施，予以制止。

第三节　飞行保障

第八十二条　空中交通管制单位应当为飞行中的民用航空器提供空中交通服务，包括空中交通管制服务、飞行情报服务和告警服务。

提供空中交通管制服务，旨在防止民用航空器同航空器、民用航空器同障碍物体相撞，维持并加速空中交通的有秩序的活动。

提供飞行情报服务，旨在提供有助于安全和有效地实施飞行的情报和建议。

提供告警服务，旨在当民用航空器需要搜寻援救时，通知有关部门，并根据要求协助该有关部门进行搜寻援救。

第八十三条 空中交通管制单位发现民用航空器偏离指定航路、迷失航向时，应当迅速采取一切必要措施，使其回归航路。

第八十四条 航路上应当设置必要的导航、通信、气象和地面监视设备。

第八十五条 航路上影响飞行安全的自然障碍物体，应当在航图上标明；航路上影响飞行安全的人工障碍物体，应当设置飞行障碍灯和标志，并使其保持正常状态。

第八十六条 在距离航路边界30公里以内的地带，禁止修建靶场和其他可能影响飞行安全的设施；但是，平射轻武器靶场除外。

在前款规定地带以外修建固定的或者临时性对空发射场，应当按照国家规定获得批准；对空发射场的发射方向，不得与航路交叉。

第八十七条 任何可能影响飞行安全的活动，应当依法获得批准，并采取确保飞行安全的必要措施，方可进行。

第八十八条 国务院民用航空主管部门应当依法对民用航空无线电台和分配给民用航空系统使用的专用频率实施管理。

任何单位或者个人使用的无线电台和其他仪器、装置，不得妨碍民用航空无线电专用频率的正常使用。对民用航空无线电专用频率造成有害干扰的，有关单位或者个人应当迅速排除干扰；未排除干扰前，应当停止使用该无线电台或者其他仪器、装置。

第八十九条 邮电通信企业应当对民用航空电信传递优先提供服务。

国家气象机构应当对民用航空气象机构提供必要的气象资料。

第四节　飞行必备文件

第九十条 从事飞行的民用航空器，应当携带下列文件：

(一)民用航空器国籍登记证书；

(二)民用航空器适航证书；

(三)机组人员相应的执照；

(四)民用航空器航行记录簿；

(五)装有无线电设备的民用航空器，其无线电台执照；

(六)载有旅客的民用航空器，其所载旅客姓名及其出发地点和目的地点的清单；

(七)载有货物的民用航空器，其所载货物的舱单和明细的申报单；

(八)根据飞行任务应当携带的其他文件。

民用航空器未按规定携带前款所列文件的，国务院民用航空主管部门或者其授权的地区民用航空管理机构可以禁止该民用航空器起飞。

第八章　公共航空运输企业

第九十一条 公共航空运输企业，是指以营利为目的，使用民用航空器运送旅客、行李、邮件或者货物的企业法人。

第九十二条 设立公共航空运输企业，应当向国务院民用航空主管部门申请领取经营许可证，并依法办理工商登记；未取得经营许可证的，工商行政管理部门不得办理工商登记。

第九十三条 设立公共航空运输企业，应当具备下列条件：

(一)有符合国家规定的适应保证飞行安全要求的民用航空器；

(二)有必需的依法取得执照的航空人员；

(三)有不少于国务院规定的最低限额的注册资本；

(四)法律、行政法规规定的其他条件。

第九十四条 公共航空运输企业的组织形式、组织机构适用公司法的规定。

本法施行前设立的公共航空运输企业，其组织形式、组织机构不完全符合公司法规定的，可以继续沿用原有的规定，适用前款规定的日期由国务院规定。

第九十五条 公共航空运输企业应当以保证飞行安全和航班正常，提供良好服务为准则，采取有效措施，提高运输服务质量。

公共航空运输企业应当教育和要求本企业职工严格履行职责，以文明礼貌、热情周到的服务态度，认真做好旅客和货物运输的各项服务工作。

旅客运输航班延误的，应当在机场内及时通告有关情况。

第九十六条 公共航空运输企业申请经营定期航班运输（以下简称航班运输）的航线，暂停、终止经营航线，应当报经国务院民用航空主管部门批准。

公共航空运输企业经营航班运输，应当公布班期时刻。

第九十七条 公共航空运输企业的营业收费项目，由国务院民用航空主管部门确定。

国内航空运输的运价管理办法，由国务院民用航空主管部门会同国务院物价主管部门制定，报国务院批准后执行。

国际航空运输运价的制定按照中华人民共和国政府与外国政府签订的协定、协议的规定执行；没有协定、协议的，参照国际航空运输市场价格制定运价，报国务院民用航空主管部门批准后执行。

第九十八条 公共航空运输企业从事不定期运输，应当经国务院民用航空主管部门批准，并不得影响航班运输的正常经营。

第九十九条 公共航空运输企业应当依照国务院制定的公共航空运输安全保卫规定，制定安全保卫方案，并报国务院民用航空主管部门备案。

第一百条 公共航空运输企业不得运输法律、行政法规规定的禁运物品。

公共航空运输企业未经国务院民用航空主管部门批准，不得运输作战军火、作战物资。

禁止旅客随身携带法律、行政法规规定的禁运物品乘坐民用航空器。

第一百零一条 公共航空运输企业运输危险品，应当遵守国家有关规定。

禁止以非危险品品名托运危险品。

禁止旅客随身携带危险品乘坐民用航空器。除因执行公务并按照国家规定经过批准外，禁止旅客携带枪支、管制刀具乘坐民用航空器。禁止违反国务院民用航空主管部门的规定将危

运人证明，死亡或者受伤是旅客本人的过错造成或者促成的，同样应当根据造成或者促成此种损失的过错的程度，相应免除或者减轻承运人的责任。

在货物运输中，经承运人证明，损失是由索赔人或者代行权利人的过错造成或者促成的，应当根据造成或者促成此种损失的过错的程度，相应免除或者减轻承运人的责任。

第一百二十八条 国内航空运输承运人的赔偿责任限额由国务院民用航空主管部门制定，报国务院批准后公布执行。

旅客或者托运人在交运托运行李或者货物时，特别声明在目的地点交付时的利益，并在必要时支付附加费的，除承运人证明旅客或者托运人声明的金额高于托运行李或者货物在目的地点交付时的实际利益外，承运人应当在声明金额范围内承担责任；本法第一百二十九条的其他规定，除赔偿责任限额外，适用于国内航空运输。

第一百二十九条 国际航空运输承运人的赔偿责任限额按照下列规定执行：

(一)对每名旅客的赔偿责任限额为16600计算单位；但是，旅客可以同承运人书面约定高于本项规定的赔偿责任限额。

(二)对托运行李或者货物的赔偿责任限额，每公斤为17计算单位。旅客或者托运人在交运托运行李或者货物时，特别声明在目的地点交付时的利益，并在必要时支付附加费的，除承运人证明旅客或者托运人声明的金额高于托运行李或者货物在目的地点交付时的实际利益外，承运人应当在声明金额范围内承担责任。

托运行李或者货物的一部分或者托运行李、货物中的任何物件毁灭、遗失、损坏或者延误的，用以确定承运人赔偿责任限额的重量，仅为该一包件或者数包件的总重量；但是，因托运行李或者货物的一部分或者托运行李、货物中的任何物件的毁灭、遗失、损坏或者延误，影响同一份行李票或者同一份航空货运单所列其他包件的价值的，确定承运人的赔偿责任限额时，此种包件的总重量也应当考虑在内。

(三)对每名旅客随身携带的物品的赔偿责任限额为332计算单位。

第一百三十条 任何旨在免除本法规定的承运人责任或者降低本法规定的赔偿责任限额的条款，均属无效；但是，此种条款的无效，不影响整个航空运输合同的效力。

第一百三十一条 有关航空运输中发生的损失的诉讼，不论其根据如何，只能依照本法规定的条件和赔偿责任限额提出，但是不妨碍谁有权提起诉讼以及他们各自的权利。

第一百三十二条 经证明，航空运输中的损失是由于承运人或者其受雇人、代理人的故意或者明知可能造成损失而轻率的作为或者不作为造成的，承运人无权援用本法第一百二十八条、第一百二十九条有关赔偿责任限制的规定；证明承运人的受雇人、代理人有此种作为或者不作为的，还应当证明该受雇人、代理人是在受雇、代理范围内行事。

第一百三十三条 就航空运输中的损失向承运人的受雇人、代理人提起诉讼时，该受雇人、代理人证明他是在受雇、代理范围内行事的，有权援用本法第一百二十八条、第一百二十九条有关赔偿责任限制的规定。

在前款规定情形下，承运人及其受雇人、代理人的赔偿总额不得超过法定的赔偿责任限额。

经证明，航空运输中的损失是由于承运人的受雇人、代理人的故意或者明知可能造成损失而轻率的作为或者不作为造成的，不适用本条第一款和第二款的规定。

第一百三十四条 旅客或者收货人收受托运行李或者货物而未提出异议，为托运行李或者货物已经完好交付并与运输凭证相符的初步证据。

托运行李或者货物发生损失的，旅客或者收货人应当在发现损失后向承运人提出异议。托运行李发生损失的，至迟应当自收到托运行李之日起7日内提出；货物发生损失的，至迟应当自收到货物之日起14日内提出。托运行李或者货物发生延误的，至迟应当自托运行李或者货物交付旅客或者收货人处置之日起21日内提出。

任何异议均应当在前款规定的期间内写在运输凭证上或者另以书面提出。

除承运人有欺诈行为外，旅客或者收货人未在本条第二款规定的期间内提出异议的，不能向承运人提出索赔诉讼。

第一百三十五条 航空运输的诉讼时效期间为两年，自民用航空器到达目的地点、应当到达目的地点或者运输终止之日起计算。

第一百三十六条 由几个航空承运人办理的连续运输，接受旅客、行李或者货物的每一个承运人应当受本法规定的约束，并就其根据合同办理的运输区段作为运输合同的订约一方。

对前款规定的连续运输，除合同明文约定第一承运人应当对全程运输承担责任外，旅客或者其继承人只能对发生事故或者延误的运输区段的承运人提起诉讼。

托运行李或者货物的毁灭、遗失、损坏或者延误，旅客或者托运人有权对第一承运人提起诉讼，旅客或者收货人有权对最后承运人提起诉讼，旅客、托运人和收货人均可以对发生毁灭、遗失、损坏或者延误的运输区段的承运人提起诉讼。上述承运人应当对旅客、托运人或者收货人承担连带责任。

第四节　实际承运人履行航空运输的特别规定

第一百三十七条 本节所称缔约承运人，是指以本人名义与旅客或者托运人，或者与旅客或者托运人的代理人，订立本章调整的航空运输合同的人。

本节所称实际承运人，是指根据缔约承运人的授权，履行前款全部或者部分运输的人，不是指本章规定的连续承运人；在没有相反证明时，此种授权被认为是存在的。

第一百三十八条 除本节另有规定外，缔约承运人和实际承运人都应当受本章规定的约束。缔约承运人应当对合同约定的全部运输负责。实际承运人应当对其履行的运输负责。

第一百三十九条 实际承运人的作为和不作为，实际承运人的受雇人、代理人在受雇、代理范围内的作为和不作为，关系到实际承运人履行的运输的，应当视为缔约承运人的作为和不作为。

缔约承运人的作为和不作为，缔约承运人的受雇人、代理人在受雇、代理范围内的作为和不作为，关系到实际承运人履行的运输的，应当视为实际承运人的作为和不作为；但是，实际承运人承担的责任不因此种作为或者不作为而超过法定的赔偿责任限额。

任何有关缔约承运人承担本章未规定的义务或者放弃本章赋予的权利的特别协议，或者任何有关依照本法第一百二十八条、第一百二十九条规定所作的在目的地点交付时利益的特别声明，除经实际承运人同意外，均不得影响实际承运人。

第一百四十条 依照本章规定提出的索赔或者发出的指示，无论是向缔约承运人还是向实际承运人提出或者发出的，具有同等效力；但是，本法第一百一十九条规定的指示，只在向缔约承运人发出时，方有效。

第一百四十一条 实际承运人的受雇人、代理人或者缔约承运人的受雇人、代理人，证明他是在受雇、代理范围内行事的，就实际承运人履行的运输而言，有权援用本法第一百二十八条、第一百二十九条有关赔偿责任限制的规定，但是依照本法规定不得援用赔偿责任限制规定的除外。

第一百四十二条 对于实际承运人履行的运输，实际承运人、缔约承运人以及他们的在受雇、代理范围内行事的受雇人、代理人的赔偿总额不得超过依照本法得以从缔约承运人或者实际承运人获得赔偿的最高数额；但是，其中任何人都不承担超过对他适用的赔偿责任限额。

第一百四十三条 对实际承运人履行的运输提起的诉讼，可以分别对实际承运人或者缔约承运人提起，也可以同时对实际承运人和缔约承运人提起；被提起诉讼的承运人有权要求另一承运人参加应诉。

第一百四十四条 除本法第一百四十三条规定外，本节规定不影响实际承运人和缔约承运人之间的权利、义务。

第十章 通用航空

第一百四十五条 通用航空，是指使用民用航空器从事公共航空运输以外的民用航空活动，包括从事工业、农业、林业、渔业和建筑业的作业飞行以及医疗卫生、抢险救灾、气象探测、海洋监测、科学实验、教育训练、文化体育等方面的飞行活动。

第一百四十六条 从事通用航空活动，应当具备下列条件：

(一)有与所从事的通用航空活动相适应，符合保证飞行安全要求的民用航空器；

(二)有必需的依法取得执照的航空人员；

(三)符合法律、行政法规规定的其他条件。

从事经营性通用航空，限于企业法人。

第一百四十七条 从事非经营性通用航空的，应当向国务院民用航空主管部门办理登记。

从事经营性通用航空的，应当向国务院民用航空主管部门申请领取通用航空经营许可证，并依法办理工商登记；未取得经营许可证的，工商行政管理部门不得办理工商登记。

第一百四十八条 通用航空企业从事经营性通用航空活动，应当与用户订立书面合同，但是紧急情况下的救护或者救灾飞行除外。

第一百四十九条 组织实施作业飞行时，应当采取有效措施，保证飞行安全，保护环境和生态平衡，防止对环境、居民、作物或者牲畜等造成损害。

第一百五十条 从事通用航空活动的，应当投保地面第三人责任险。

第十一章 搜寻援救和事故调查

第一百五十一条 民用航空器遇到紧急情况时，应当发送信号，并向空中交通管制单位报告，提出援救请求；空中交通管制单位应当立即通知搜寻援救协调中心。民用航空器在海上遇到紧急情况时，还应当向船舶和国家海上搜寻援救组织发送信号。

第一百五十二条 发现民用航空器遇到紧急情况或者收听到民用航空器遇到紧急情况的信号的单位或者个人，应当立即通知有关的搜寻援救协调中心、海上搜寻援救组织或者当地人民政府。

第一百五十三条 收到通知的搜寻援救协调中心、地方人民政府和海上搜寻援救组织，应当立即组织搜寻援救。

收到通知的搜寻援救协调中心，应当设法将已经采取的搜寻援救措施通知遇到紧急情况的民用航空器。

搜寻援救民用航空器的具体办法，由国务院规定。

第一百五十四条 执行搜寻援救任务的单位或者个人，应当尽力抢救民用航空器所载人员，按照规定对民用航空器采取抢救措施并保护现场，保存证据。

第一百五十五条 民用航空器事故的当事人以及有关人员在接受调查时，应当如实提供现场情况和与事故有关的情节。

第一百五十六条 民用航空器事故调查的组织和程序，由国务院规定。

第十二章 对地面第三人损害的赔偿责任

第一百五十七条 因飞行中的民用航空器或者从飞行中的民用航空器上落下的人或者物，造成地面(包括水面，下同)上的人身伤亡或者财产损害的，受害人有权获得赔偿；但是，所受损害并非造成损害的事故的直接后果，或者所受损害仅是民用航空器依照国家有关的空中交通规则在空中通过造成的，受害人无权要求赔偿。

前款所称飞行中，是指自民用航空器为实际起飞而使用动力时起至着陆冲程终了时止；就轻于空气的民用航空器而言，飞行中是指自其离开地面时起至其重新着地时止。

第一百五十八条 本法第一百五十七条规定的赔偿责任，由民用航空器的经营人承担。

前款所称经营人，是指损害发生时使用民用航空器的人。民用航空器的使用权已经直接或者间接地授予他人，本人保留对该民用航空器的航行控制权的，本人仍被视为经营人。

经营人的受雇人、代理人在受雇、代理过程中使用民用航空器，无论是否在其受雇、代理范围内行事，均视为经营人使用民用航空器。

民用航空器登记的所有人应当被视为经营人，并承担经营人的责任；除非在判定其责任的诉讼中，所有人证明经营人是他人，并在法律程序许可的范围内采取适当措施使该人成为诉讼当事人之一。

第一百五十九条 未经对民用航空器有航行控制权的人同意而使用民用航空器，对地面第三人造成损害的，有航行控制权的人除证明本人已经适当注意防止此种使用外，应当与该非法使用人承担连带责任。

第一百六十条 损害是武装冲突或者骚乱的直接后果，依照本章规定应当承担责任的人不承担责任。

依照本章规定应当承担责任的人对民用航空器的使用权业经国家机关依法剥夺的，不承担责任。

第一百六十一条 依照本章规定应当承担责任的人证明损害是完全由于受害人或者其受雇人、代理人的过错造成的，免除其赔偿责任；应当承担责任的人证明损害是部分由于受害人或者其受雇人、代理人的过错造成的，相应减轻其赔偿责任。但是，损害是由于受害人的受雇人、代理人的过错造成的，受害人证明其受雇人、代理人的行为超出其所授权的范围内，不免除或者不减轻应当承担责任的人的赔偿责任。

一人对另一人的死亡或者伤害提起诉讼，请求赔偿时，损害是该另一人或者其受雇人、代理人的过错造成的，适用前款规定。

第一百六十二条 两个以上的民用航空器在飞行中相撞或者相扰，造成本法第一百五十七条规定的应当赔偿的损害，或者两个以上的民用航空器共同造成此种损害的，各有关民用航空器均应当被认为已经造成此种损害，各有关民用航空器的经营人均应当承担责任。

第一百六十三条 本法第一百五十八条第四款和第一百五十九条规定的人，享有依照本章规定经营人所能援用的抗辩权。

第一百六十四条 除本章有明确规定外，经营人、所有人和本法第一百五十九条规定的应当承担责任的人，以及他们的受雇人、代理人，对于飞行中的民用航空器或者从飞行中的民用航空器上落下的人或者物造成的地面上的损害不承担责任，但是故意造成此种损害的人除外。

第一百六十五条 本章不妨碍依照本章规定应当对损害承担责任的人向他人追偿的权利。

第一百六十六条 民用航空器的经营人应当投保地面第三人责任险或者取得相应的责任担保。

第一百六十七条 保险人和担保人除享有与经营人相同的抗辩权，以及对伪造证件进行抗辩的权利外，对依照本章规定提出的赔偿请求只能进行下列抗辩：

(一)损害发生在保险或者担保终止有效后；然而保险或者担保在飞行中期满的，该项保险或者担保在飞行计划中所载下一次降落前继续有效，但是不得超过24小时；

(二)损害发生在保险或者担保所指定的地区范围外，除非飞行超出该范围是由于不可抗力、援助他人所必需，或者驾驶、航行或者领航上的差错造成的。

前款关于保险或者担保继续有效的规定，只在对受害人有利时适用。

第一百六十八条 仅在下列情形下，受害人可以直接对保险人或者担保人提起诉讼，但是不妨碍受害人根据有关保险合同或者担保合同的法律规定提起直接诉讼的权利：

(一)根据本法第一百六十七条第(一)项、第(二)项规定，保险或者担保继续有效的；

(二)经营人破产的。

除本法第一百六十七条第一款规定的抗辩权，保险人或者担保人对受害人依照本章规定提起的直接诉讼不得以保险或者担保的无效或者追溯力终止为由进行抗辩。

第一百六十九条 依照本法第一百六十六条规定提供的保险或者担保，应当被专门指定优先支付本章规定的赔偿。

第一百七十条 保险人应当支付给经营人的款项，在本章规定的第三人的赔偿请求未满足前，不受经营人的债权人的扣留和处理。

第一百七十一条 地面第三人损害赔偿的诉讼时效期间为两年，自损害发生之日起计算；但是，在任何情况下，时效期间不得超过自损害发生之日起3年。

第一百七十二条 本章规定不适用于下列损害：

(一)对飞行中的民用航空器或者对该航空器上的人或者物造成的损害；

(二)为受害人同经营人或者同发生损害时对民用航空器有使用权的人订立的合同所约束，或者为适用两方之间的劳动合同的法律有关职工赔偿的规定所约束的损害；

(三)核损害。

第十三章 对外国民用航空器的特别规定

第一百七十三条 外国人经营的外国民用航空器，在中华人民共和国境内从事民用航空活动，适用本章规定；本章没有规定的，适用本法其他有关规定。

第一百七十四条 外国民用航空器根据其国籍登记国政府与中华人民共和国政府签订的协定、协议的规定，或者经中华人民共和国国务院民用航空主管部门批准或者接受，方可飞入、飞出中华人民共和国领空和在中华人民共和国境内飞行、降落。

对不符合前款规定，擅自飞入、飞出中华人民共和国领空的外国民用航空器，中华人民共和国有关机关有权采取必要措施，令其在指定的机场降落；对虽然符合前款规定，但是有合理的根据认为需要对其进行检查的，有关机关有权令其在指定的机场降落。

第一百七十五条 外国民用航空器飞入中华人民共和国领空，其经营人应当提供有关证明书，证明其已经投保地面第三人责任险或者已经取得相应的责任担保；其经营人未提供有关证明书的，中华人民共和国国务院民用航空主管部门有权拒绝其飞入中华人民共和国领空。

第一百七十六条 外国民用航空器的经营人经其本国政府指定，并取得中华人民共和国国务院民用航空主管部门颁发的经营许可证，方可经营中华人民共和国政府与该外国政府签订的协定、协议规定的国际航班运输；外国民用航空器的经营人经其本国政府批准，并获得中华人民共和国国务院民用航空主管部门批准，方可经营中华人民共和国境内一地和境外一地之间的不定期航空运输。

前款规定的外国民用航空器经营人，应当依照中华人民共和国法律、行政法规的规定，制定相应的安全保卫方案，报中华人民共和国国务院民用航空主管部门备案。

第一百七十七条 外国民用航空器的经营人，不得经营中华人民共和国境内两点之间的航空运输。

第一百七十八条 外国民用航空器，应当按照中华人民共和国国务院民用航空主管部门批准的班期时刻或者飞行计划飞行；变更班期时刻或者飞行计划的，其经营人应当获得中华人民共和国国务院民用航空主管部门的批准；因故变更或者取消飞行的，其经营人应当及时报告中华人民共和国国务院民用航空主管部门。

第一百七十九条 外国民用航空器应当在中华人民共和国国务院民用航空主管部门指定的设关机场起飞或者降落。

第一百八十条 中华人民共和国国务院民用航空主管部门和其他主管机关，有权在外国民用航空器降落或者飞出时查验本法第九十条规定的文件。

外国民用航空器及其所载人员、行李、货物，应当接受中华人民共和国有关主管机关依法实施的入境出境、海关、检疫等检查。

实施前两款规定的查验、检查，应当避免不必要的延误。

第一百八十一条 外国民用航空器国籍登记国发给或者核准的民用航空器适航证书、机组人员合格证书和执照，中华人民共和国政府承认其有效；但是，发给或者核准此项证书或者执照的要求，应当等于或者高于国际民用航空组织制定的最低标准。

第一百八十二条 外国民用航空器在中华人民共和国搜寻援救区内遇险，其所有人或者国籍登记国参加搜寻援救工作，应当经中华人民共和国国务院民用航空主管部门批准或者按照两国政府协议进行。

第一百八十三条 外国民用航空器在中华人民共和国境内发生事故，其国籍登记国和其他有关国家可以指派观察员参加事故调查。事故调查报告和调查结果，由中华人民共和国国务院民用航空主管部门告知该外国民用航空器的国籍登记国和其他有关国家。

第十四章 涉外关系的法律适用

第一百八十四条 中华人民共和国缔结或者参加的国际条约同本法有不同规定的，适用国际条约的规定；但是，中华人民共和国声明保留的条款除外。

中华人民共和国法律和中华人民共和国缔结或者参加的国际条约没有规定的，可以适用国际惯例。

第一百八十五条 民用航空器所有权的取得、转让和消灭，适用民用航空器国籍登记国法律。

第一百八十六条 民用航空器抵押权适用民用航空器国籍登记国法律。

第一百八十七条 民用航空器优先权适用受理案件的法院所在地法律。

第一百八十八条 民用航空运输合同当事人可以选择合同适用的法律，但是法律另有规定的除外；合同当事人没有选择的，适用与合同有最密切联系的国家的法律。

第一百八十九条 民用航空器对地面第三人的损害赔偿，适用侵权行为地法律。

民用航空器在公海上空对水面第三人的损害赔偿，适用受理案件的法院所在地法律。

第一百九十条 依照本章规定适用外国法律或者国际惯例，不得违背中华人民共和国的社会公共利益。

第十五章 法律责任

第一百九十一条 以暴力、胁迫或者其他方法劫持航空器的，依照关于惩治劫持航空器犯罪分子的决定追究刑事责任。

第一百九十二条 对飞行中的民用航空器上的人员使用暴力，危及飞行安全，尚未造成严重后果的，依照刑法第一百零五条的规定追究刑事责任；造成严重后果的，依照刑法第一百零六条的规定追究刑事责任。

第一百九十三条 违反本法规定，隐匿携带炸药、雷管或者其他危险品乘坐民用航空器，或者以非危险品品名托运危险品，尚未造成严重后果的，比照刑法第一百六十三条的规定追究刑事责任；造成严重后果的，依照刑法第一百一十条的规定追究刑事责任。

企业事业单位犯前款罪的，判处罚金，并对直接负责的主管人员和其他直接责任人员依照前款规定追究刑事责任。

隐匿携带枪支子弹、管制刀具乘坐民用航空器的，比照刑法第一百六十三条的规定追究刑事责任。

第一百九十四条 公共航空运输企业违反本法第一百零一条的规定运输危险品的，由国务院民用航空主管部门没收违法所得，可以并处违法所得一倍以下的罚款。

公共航空运输企业有前款行为，导致发生重大事故的，没收违法所得，判处罚金；并对直接负责的主管人员和其他直接责任人员依照刑法第一百一十五条的规定追究刑事责任。

第一百九十五条 故意在使用中的民用航空器上放置危险品或者唆使他人放置危险品，足以毁坏该民用航空器，危及飞行安全，尚未造成严重后果的，依照刑法第一百零七条的规定追究刑事责任；造成严重后果的，依照刑法第一百一十条的规定追究刑事责任。

第一百九十六条 故意传递虚假情报，扰乱正常飞行秩序，使公私财产遭受重大损失的，依照刑法第一百五十八条的规定追究刑事责任。

第一百九十七条 盗窃或者故意损毁、移动使用中的航行设施，危及飞行安全，足以使民用航空器发生坠落、毁坏危险，尚未造成严重后果的，依照刑法第一百零八条的规定追究刑事责任；造成严重后果的，依照刑法第一百一十条的规定追究刑事责任。

第一百九十八条 聚众扰乱民用机场秩序的，依照刑法第一百五十九条的规定追究刑事责任。

第一百九十九条 航空人员玩忽职守，或者违反规章制度，导致发生重大飞行事故，造成严重后果的，分别依照、比照刑法第一百八十七条或者第一百一十四条的规定追究刑事责任。

第二百条 违反本法规定，尚不够刑事处罚，应当给予治安管理处罚的，依照治安管理处罚条例的规定处罚。

第二百零一条 违反本法第三十七条的规定，民用航空器无适航证书而飞行，或者租用的外国民用航空器未经国务院民用航空主管部门对其原国籍登记国发给的适航证书审查认可或者另发适航证书而飞行的，由国务院民用航空主管部门责令停止飞行，没收违法所得，可以并处违法所得1倍以上5倍以下的罚款；没有违法所得的，处以10万元以上100万元以下的罚款。

适航证书失效或者超过适航证书规定范围飞行的，依照前款规定处罚。

第二百零二条 违反本法第三十四条、第三十六条第二款的规定，将未取得型号合格证书、型号认可证书的民用航空器及其发动机、螺旋桨或者民用航空器上的设备投入生产的，由国务院民用航空主管部门责令停止生产，没收违法所得，可以并处违法所得1倍以下的罚款；没有违法所得的，处以5万元以上50万元以下的罚款。

第二百零三条 违反本法第三十五条的规定，未取得生产许可证书、维修许可证书而从事生产、维修活动的，违反本法第九十二条、第一百四十七条第二款的规定，未取得公共航空运输经营许可证或者通用航空经营许可证而从事公共航空运输或者从事经营性通用航空的，国务院民用航空主管部门可以责令停止生产、维修或者经营活动。

第二百零四条 已取得本法第三十五条规定的生产许可证书、维修许可证书的企业，因生产、维修的质量问题造成严重事故的，国务院民用航空主管部门可以吊销其生产许可证书或者维修许可证书。

第二百零五条 违反本法第四十条的规定，未取得航空人员执照、体格检查合格证书而从事相应的民用航空活动的，由国务院民用航空主管部门责令停止民用航空活动，在国务院民用航空主管部门规定的限期内不得申领有关执照和证书，对其所在单位处以20万元以下的罚款。

第二百零六条 有下列违法情形之一的，由国务院民用航空主管部门对民用航空器的机长给予警告或者吊扣执照1个月至6个月的处罚，情节较重的，可以给予吊销执照的处罚：

(一)机长违反本法第四十五条第一款的规定，未对民用航空器实施检查而起飞的；

(二)民用航空器违反本法第七十五条的规定，未按照空中交通管制单位指定的航路和飞行高度飞行，或者违反本法第七十九条的规定飞越城市上空的。

第二百零七条 违反本法第七十四条的规定，民用航空器未经空中交通管制单位许可进行飞行活动的，由国务院民用航空主管部门责令停止飞行，对该民用航空器所有人或者承租人处以1万元以上10万元以下的罚款；对该民用航空器的机长给予警告或者吊扣执照1个月至6个月的处罚，情节较重的，可以给予吊销执照的处罚。

第二百零八条 民用航空器的机长或者机组其他人员有下列行为之一的，由国务院民用航空主管部门给予警告或者吊扣执照1个月至6个月的处罚；有第(二)项或者第(三)项所列行为的，可以给予吊销执照的处罚：

(一)在执行飞行任务时，不按照本法第四十一条的规定携带执照和体格检查合格证书的；

(二)民用航空器遇险时，违反本法第四十八条的规定离开民用航空器的；

(三)违反本法第七十七条第二款的规定执行飞行任务的。

第二百零九条 违反本法第八十条的规定，民用航空器在飞行中投掷物品的，由国务院民用航空主管部门给予警告，可以对直接责任人员处以1000元以上2万元以下的罚款。

第二百一十条 违反本法第六十二条的规定，未取得机场使用许可证开放使用民用机场的，由国务院民用航空主管部门责令停止开放使用；没收违法所得，可以并处违法所得1倍以下的罚款。

第二百一十一条 公共航空运输企业、通用航空企业违反本法规定，情节较重的，除依照本法规定处罚外，国务院民用航空主管部门可以吊销其经营许可证。对被吊销经营许可证的，工商行政管理部门应吊销其营业执照。

第二百一十二条 国务院民用航空主管部门和地区民用航空管理机构的工作人员，玩忽职守、滥用职权、徇私舞弊，构成犯罪的，依法追究刑事责任；尚不构成犯罪的，依法给予行政处分。

第十六章 附 则

第二百一十三条 本法所称计算单位，是指国际货币基金组织规定的特别提款权；其人民币数额为法院判决之日、仲裁机构裁决之日或者当事人协议之日，按照国家外汇主管机关规定的国际货币基金组织的特别提款权对人民币的换算办法计算得出的人民币数额。

第二百一十四条 本法自1996年3月1日起施行。

公共航空旅客运输飞行中安全保卫规则

中国民用航空局令　第193号

《公共航空旅客运输飞行中安全保卫规则》(CCAR-332)已经2008年8月1日中国民用航空局局务会议通过，现予公布，自2008年11月8日起施行。

局长：李家祥

二〇〇八年十月八日

第一章　总　　则

第一条　为规范民用航空器旅客运输飞行中的安全保卫工作,保障民用航空飞行安全,根据《中华人民共和国民用航空法》和《中华人民共和国民用航空安全保卫条例》,制定本规则。

第二条　本规则适用于在中华人民共和国境内依法设立的公共航空运输企业从事旅客运输的航空器飞行中客舱和驾驶舱的安全保卫工作。

前款规定的公共航空运输企业及其机组人员和旅客应当遵守本规则。

第三条　中国民用航空局(以下简称民航局)统一监督管理公共航空旅客运输飞行中的安全保卫工作。

民用航空地区管理局(以下简称地区管理局)根据民航局的规定,具体负责监督、检查辖区内公共航空旅客运输飞行中的安全保卫工作。

第四条　本规则使用的部分术语定义如下:

飞行中,是指航空器从装载完毕、机舱外部各门均已关闭时起,直至打开任一机舱门以便卸载时为止。航空器强迫降落时,在主管当局接管对该航空器及其所载人员和财产的责任前,应当被认为仍在飞行中。

机组人员,是指飞行期间在航空器上执行任务的航空人员,包括机长和其他空勤人员。

扰乱行为,是指在航空器上不遵守行为规范,或不听从机组人员指示,从而扰乱航空器上良好秩序和纪律的行为。

非法干扰行为,是指诸如危害民用航空和航空运输安全的行为或未遂行为,即:

(一)非法劫持飞行中的航空器;

(二)非法劫持地面上的航空器;

(三)在航空器上或机场扣留人质;

(四)强行闯入航空器、机场或航空设施场所;

(五)为犯罪目的而将武器或危险装置或材料带入航空器或机场;

(六)散布诸如危害飞行中或地面上的航空器、机场或民航设施场所内的旅客、机组、地面人员或大众安全的虚假信息。

值勤期,是指航空安全员在接受公共航空运输企业安排的飞行任务后,从为了完成该次任务而到指定地点签到时刻开始(不包括从居住地或驻地到报到地点所用的地面时间),到解除任务签出时刻为止的连续时间段。在一个值勤期内,如果航空安全员能在有睡眠条件的场所得到休息,则该休息时间可以不计入该值勤期的值勤时间。

休息期,是指从航空安全员到达驻地起,到为执行下一次任务离开驻地为止的连续时间段,在该段时间内,公共航空运输企业不得为该航空安全员安排任何工作和给予任何干扰。

第二章　飞行中安全保卫职责

第五条　公共航空运输企业负责旅客运输飞行中航空器的安全保卫工作。

公共航空运输企业应当设置负责航空安全员管理的机构,配备足够的管理人员、后勤保障人员和资源。

公共航空运输企业应当按照《航空安全员合格审定规则》(CCAR-69)和民航局其他相关规定派遣航空安全员。

公共航空运输企业应当根据本规则制定执行程序,并纳入本企业安全保卫方案。

公共航空运输企业可以对所属航空安全员实行技术等级制度。

公共航空运输企业应当积极配合民航局或地区管理局实施的监督检查,按照要求提供相关材料。

第六条　机长在执行职务时,为保护航空器、所载人员和财产的安全,维护航空器内的良好秩序,可以行使下列权力:

(一)在航空器起飞前,发现有关方面对航空器未采取必需的安全保卫措施的,可以拒绝起飞;

(二)对航空器上的扰乱行为,可以要求航空安全员及其他机组人员对行为人采取必要的管束措施或者强制其离机;

(三)对航空器上的非法干扰行为等严重危害飞行安全的行为,可以要求航空安全员及其他机组人员启动相应处置程序,采取必要的制止、制服措施;

(四)对航空器上的扰乱行为或者非法干扰行为等严重危害飞行安全行为,必要时还可以请求旅客协助;

(五)在航空器上出现扰乱行为或者非法干扰行为等严重危害飞行安全行为时,根据需要改变原定飞行计划或对航空器做出适当处置。

第七条　航空安全员在机长的领导下负责维护航空器内的秩序,制止威胁民用航空飞行安全的行为,保护所载人员和财产的安全,依法履行下列职责:

合休息要求的情况下执勤，航空安全员也不得接受超出这些限制和要求的执勤指派。

第七章 法律责任

第三十二条 公共航空运输企业存在下列行为之一的，由民航局或地区管理局责令改正，并处以警告或者人民币1万元以上3万元以下罚款：

（一）未按照本规则第五条第一款、第二款、第四款或第六款的规定履行职责的；

（二）违反本规则第三章的勤务相关规定，影响安全的；

（三）违反本规则第四章的规定，未及时按照程序处置扰乱行为以及非法干扰行为等严重危害飞行安全行为，或者未及时提交书面报告的；

（四）未按照本规则第五章的规定实施训练的；

（五）违反本规则第三十一条关于值勤期、休息期或者飞行时间限制的规定，派遣航空安全员执勤的。

第三十三条 违反本规则第五条第三款规定，公共航空运输企业派遣未取得有效航空安全员执照的人员执行飞行任务的，由民航局或者地区管理局责令改正，并处以5万元以上20万元以下罚款。

第三十四条 机组人员未按照本规则规定履行安全保卫职责的，由民航局或地区管理局处以警告或1000元以下罚款。

第三十五条 对于扰乱行为人或者非法干扰行为等严重危害飞行安全的行为人，由具有管辖权的公安机关在调查结束后，依据《中华人民共和国治安管理处罚法》给予处罚；构成犯罪的，依法追究刑事责任。

第八章 附 则

第三十六条 本规则自2008年11月8日起施行。

1997年12月31日颁布的《航空安全员管理规定》（民航总局令第72号）及与本规则不一致的其他规定，自本规则施行之日起废止。

民用机场运行安全管理规定

中国民用航空总局令　第191号

《民用机场运行安全管理规定》(CCAR－140)已经2007年12月10日中国民用航空总局局务会议通过，现予公布，自2008年2月1日起施行。

局长：杨元元

二〇〇七年十二月十七日

第一章　总　　则

第一条　为了保障民用机场安全、正常运行,依据《中华人民共和国民用航空法》及其他有关法律法规,制定本规定。

第二条　本规定适用于民用机场(包括军民合用机场民用部分)的运行安全管理。民用机场航空安全保卫管理的要求按照其他有关法律法规和民航规章的规定执行。

本规定所称民用机场(以下统称机场),包括运输机场和通用机场。运输机场的运行安全管理应当符合本规定的要求,通用机场的运行安全管理参照本规定执行。

第三条　中国民用航空总局(以下简称民航总局)对全国机场的运行安全实施统一的监督管理。

中国民用航空地区管理局(以下简称民航地区管理局)对辖区内机场的运行安全实施监督管理。

机场管理机构对机场的运行安全实施统一管理,负责机场安全、正常运行的组织和协调,并承担相应的责任。

航空运输企业及其他驻场单位按照各自的职责,共同维护机场的运行安全,并承担相应的责任。

第四条　机场管理机构与航空运输企业及其他驻场单位应当签订有关机场运行安全的协议,明确各自的权利、责任、义务。

第五条　机场管理机构、航空运输企业及其他驻场单位应当依据国家有关法律法规、民航规章和标准的要求,对各自的有关机场运行安全的设施设备及时进行维护,保持设施设备的持续适用。

第六条　在机场范围内的任何单位和个人,应当遵守有关机场管理的各项法律法规、民航规章以及机场管理机构为保障飞行安全和机场正常运行所制定的并经民用航空主管部门批准的各项管理规定。

第七条　机场管理机构应当组织成立机场安全管理委员会。机场安全管理委员会由机场管理机构、航空运输企业或其代理人及其他驻场单位负责安全工作的领导组成,负责人由机场管理机构负责安全工作的领导担任。机场安全管理委员会主要职责是:

(一)依据国家法律法规、民航规章,对机场运行安全工作进行指导;

(二)研究分析机场运行安全形势,评估机场运行安全状况;

(三)协调解决机场运行中的安全问题;

(四)对机场运行安全隐患和问题,提出整改措施,并督促有关单位落实。

机场安全管理委员会应当定期召开会议。

机场管理机构、航空运输企业或其代理人及其他驻场单位应当落实机场安全管理委员会提出的有关安全的整改意见和建议。

第八条　机场管理机构不得滥用本规定赋予的管理权限损害航空运输企业或其代理人及其他驻场单位的合法权益。

第二章　机场安全管理

第一节　机场安全管理体系

第九条　机场管理机构应当建立机场安全管理体系。

机场安全管理体系主要包括机场安全管理的政策、目标、组织机构及职责、安全教育与培训、文件管理、安全信息管理、风险管理、不安全事件调查、应急响应、机场安全监督与审核等。

第十条　机场安全管理体系应当包含在机场使用手册中。

机场管理机构应当根据机场运行的实际情况,适时组织评估机场安全管理体系的符合性和有效性,适时调整完善。

第二节　机场安全管理制度

第十一条　机场管理机构应当至少每月召开一次安全生产例会,分析、研究安全生产中的问题,部署安全生产工作;每季度、每半年、每年要分别召开安全生产分析会,对前一阶段的工作进行总结,对以后的工作进行部署;机场运行中出现不利于安全运行的因素或者已经出现安全生产事故时,应当及时召开安全生产会议,制定切实可行的安全措施。

第十二条　机场管理机构应当每年对机场的运行安全状况组织一次评估,内容包括机场管理机构和驻场运行保障单位履行职责情况以及机场设施设备的状况。对评估中发现的安全隐患,薄弱环节,相关单位应当制定整改计划,明确整改的部门和人员,机场管理机构负责跟踪督促落实整改计划。

机场管理机构可以组织具有机场运行管理经验的人员进行评估,也可以委托专业机构进行评估。承担评估工作的人员应当熟知相关规章标准,并具有机场运行管理的经验。

评估后由评估人员编写评估报告,评估人员应当在报告上签字。评估报告内容应当向驻场单位反馈,并及时报机场所在地民航地区管理局备案。该报告应当至少保存5年。

第十三条 机场管理机构应当严格按照民航总局或民航地区管理局批准的机场开放使用范围为航空器提供安全保障。

国家已明令禁止使用的设备及未经民航总局审定合格的民航专用设备，不得在民用机场中使用。

第十四条 机场管理机构应当建立并及时更新和补充机场资料库，供员工查阅和使用。资料库应当包括国家有关法律法规、民航规章、标准及其他规范性文件；国际民用航空公约及相关附件、手册；机场建设和改(扩)建的设计图纸和文件资料；与机场运行安全相关的所有规定、标准、手册等文件；机场设施设备的技术资料以及运行和维护记录等。

第十五条 机场管理机构应当制定各项工作的记录，详细记录各项检查和维护情况。记录应当包括电子文件和纸质文件。纸质记录需保存2年以上，电子记录应当保存10年。

第十六条 机场管理机构应当依据《民用机场使用许可规定》的有关要求，就机场、跑道、滑行道、机坪关闭或临时关闭部分跑道、滑行道、机坪(以下简称机场关闭)制定具体管理规定，管理规定应当明确可能导致机场关闭的各种因素、导致机场关闭的因素的现场确认程序及人员、有权决定机场关闭的人员、与空中交通管理部门沟通协调及航行资料的发布程序等内容。临时关闭机场、跑道(或临时关闭部分跑道、滑行道、机坪)，应当尽可能减少对航空器正常运行的影响，并应当立即采取积极措施消除相应因素，在最短时间内恢复相应设施的运行。

关闭的跑道、滑行道、机坪或其一部分应当按照《民用机场飞行区技术标准》设置相应的标志标识。

第十七条 新建或扩建的跑道、平行滑行道完工或部分完工但未投入使用前应当及时设置关闭标志、不适用地区标志物和不适用地区灯光标志，并发布航行通告。

第三节 人员资质及培训

第十八条 机场管理机构应当配备足够数量的合格人员从事机场运行保障的所有岗位。

第十九条 机场内所有与运行安全有关岗位的员工均应当持证上岗。与运行安全有关的岗位主要包括：场务维护工、场务机具维修工、运行指挥员、助航灯光电工、航站楼设备电工、航站楼设备机修工、特种车辆操作工、特种车辆维修工、特种车辆电气维修工等。

国家、民航总局要求持有从业资格的岗位，该岗位人员应当持有相应的资格证书。

第二十条 机场管理机构应当建立员工培训和考核制度。

培训和考核制度应当包括方针和目标、组织机构、经费安排、方式和程序、内容及学时、上岗转岗在岗的培训要求、学历教育、考核办法以及奖励与处罚等。

培训和考核的内容应当与其岗位相适应，包括必备的安全知识、技术标准，机场运行安全的规章制度、岗位的操作规程和实际操作技能等。

机场管理机构应当建立员工培训和考核记录，并长期保存。

第二十一条 航空运输企业、其他运行保障单位应当对员工进行机场运行安全培训，保证员工具备必要的机场运行安全知识，熟悉机场运行安全相关的规章制度和操作规程，掌握本岗位的操作技能。

第二十二条 机场管理机构、航空运输企业及其他运行保障单位应当每年至少对其在机场控制区工作的员工进行一次复训和考核，复训时间不少于24学时。

第二十三条 在机场控制区工作的员工，一年内违章3次(含)的，应当重新进行培训和考核，培训时间不少于40学时；一年内违章5次(含)或者连续两年每年违章3次(含)的，机场管理机构应当收回违章人员的控制区证件。机场管理机构半年内不得受理该违章人员提出的控制区证件申请。半年后再次申请时，应当按照初始上岗员工的要求进行培训。

第三章 民用机场使用手册

第一节 民用机场使用手册的编制、批准

第二十四条 机场管理机构应当依据法律法规、民航规章和标准编制民用机场使用手册(以下简称“手册”)。手册应当满足机场运行安全管理工作需要，有利于不断提高机场的安全保障能力和运行效率。

编制手册应当广泛征求使用者的意见。

第二十五条 手册应当包括《民用机场使用许可规定》附录三所规定的内容。手册应当具有可操作性、实用性，并能保证机场的运行安全。

第二十六条 手册的语言文字应当符合下列要求：

(一)清晰、明确，不产生歧义；

(二)统一、简洁、严谨、规范。

第二十七条 手册的格式应当符合下列要求：

(一)采用便于修改的活页格式；

(二)预留修改记录空白页，应当至少包括修订章节编号、页码范围、生效日期、监察员签字、换页人签字、备注等栏目；

(三)预留机场使用许可证换证记录页，内容至少包括换证日期、许可证编号、有效期、批准文件号、换证原因、备注等栏目；

(四)编排形式便于编写、审查。

手册的具体格式要求见《<民用机场使用手册>编制与管理基本要求》。

第二十八条 手册的批准和生效程序按照《民用机场使用许可规定》的规定执行。

第二节 民用机场使用手册的发放和使用管理

第二十九条 手册是随同机场使用许可证一并批准的机场运行的基本依据。机场管理机构应当严格按照批准的手册运行和管理机场。

第三十条 机场管理机构应当建立手册的动态管理制度，对手册的编制、发布实施、发放范围、发放程序、修改程序、使用保管等做出规定，并指定部门和人员负责手册的动态管理工作，确保手册的有效性和完整性。

第三十一条 机场管理机构应当至少保存一本现行完整的手册，供局方检查。

第三十二条 机场管理机构应当将批准的手册的完整版本(包括电子版本)发放给驻场的航空运输企业或其代理人及其他运行保障单位,发放手册应当做记录。机场使用手册分发单位列表应当至少包括分发单位(部门)、联系人、联系电话等栏目。

第三十三条 机场管理机构、驻场的航空运输企业或其代理人及其他运行保障单位应当根据本单位各部门的工作职责,将手册的相关章节印发给各部门及相关岗位人员。

第三十四条 机场管理机构应当结合机场各部门、岗位的实际分工制定相应部门、岗位的手册实施细则。手册实施细则应当涵盖手册中与该部门、岗位职责相关的内容,并不得与手册相冲突。

驻场的航空运输企业或其代理人及其他运行保障单位应当将机场使用手册的相关部分纳入本单位的运行管理中。

第三十五条 机场管理机构、航空运输企业及其他运行保障单位的人员,应当熟知手册的相关内容,并严格遵守和执行手册的规定。

机场管理机构、航空运输企业及其他运行保障单位应当定期就

手册组织对员工的培训和考核。考核不合格的人员,不得从事相应的工作。

第三节 民用机场使用手册的修改

第三十六条 机场管理机构应当确保手册与机场实际运行情况相符,并符合有关法律法规、民航规章和标准的要求。

手册修改后,机场管理机构应当在其生效前印发至使用手册的相关单位并撤换已失效的部分。

第三十七条 有下列情况之一的,机场管理机构应当修改手册:

(一)民航总局、民航地区管理局要求修改的;

(二)机场基础设施等发生变化,与手册内容不相符的;

(三)执行过程中,手册对同一事项的表述容易产生歧义的;

(四)手册规定的内容不能保证机场的设施设备得到有效维护的;

(五)手册规定的内容不能全面反映运行安全管理要求的;

(六)手册不符合有关法律法规、民航规章以及标准等最新规定的。

机场基础设施等发生变化的,应当在机场设施、运行状况变化前完成手册修改并生效;民航总局、民航地区管理局要求修改手册的,应当在限定的时间内完成手册的修改;其他原因需要修改手册的,一般应当在14日内完成修改并生效。

第三十八条 使用手册的人员发现手册存在第三十七条第一款第(二)项至第(六)项情况时,应当及时按程序告知机场管理机构。机场管理机构组织论证后,确有问题的,应当及时修改手册。

机场管理机构应当至少每年组织相关驻场单位对手册的完整

性、适用性、有效性等进行一次评估。发现手册存在问题时,应当及时予以修改。

第四章 飞行区管理

第一节 飞行区设施设备维护要求

第三十九条 机场跑道、滑行道、机坪的几何构型以及平面尺寸应当符合《民用机场飞行区技术标准》的要求。

超载使用跑道、滑行道和机坪的,机场管理机构应当报民航地区管理局批准。

第四十条 机场管理机构应当确保跑道、滑行道和机坪的道面(含道肩,下同)、升降带及跑道端安全地区、围界、巡场路和排水设施等始终处于适用状态。

第四十一条 机场管理机构应当根据跑道、滑行道和机坪道面的破损类型、部位等情况制定道面紧急抢修预案。道面出现破损时,应当及时按照抢修预案进行修补,尽量减少道面破损和修补对机场运行的影响。

道面破损的修补应当符合标准要求。

第四十二条 水泥混凝土道面必须完整、平坦,3米范围内的高差不得大于10毫米;板块接缝错台不得大于5毫米;道面接缝封灌完好。沥青混凝土道面必须完整、平坦,3米范围内的高差不得大于15毫米。

水泥混凝土道面出现松散、剥落、断裂、破损等现象,或者沥青混凝土道面出现轮辙、裂缝、坑洞、鼓包、泛油等破损现象时,应当在发现后24小时内予以修补或者处理。

跑道、快速出口滑行道表面在雨后不应有积水。

第四十三条 跑道表面摩擦系数低于规定的维护规划值时,应当及时清除道面的橡胶,或采取其他改善措施。

第四十四条 机场管理机构应当每年至少进行一次对飞行区状况的分析研究,总结维护经验和不足,掌握飞行区潜在的缺陷或隐患,并据此制定维护工作计划和修改相关的管理规定。

机场管理机构应当至少每5年对跑道、滑行道和机坪道面状况进行一次综合评价。当发现跑道、滑行道和机坪道面破损加剧时,应当及时对道面进行综合评价。机场管理机构应当按照评价报告的建议,及时采取防范措施。

第四十五条 道面的嵌缝料应当与道面粘结牢固,保持弹性,能防止雨水渗入。不能满足性能要求时,应当及时修补或者更换。

第四十六条 跑道、滑行道和机坪道面应当进行编号,并在道面一侧设置标记,便于检查记录位置。

第四十七条 与道面边缘相接的土面,不得高于道面边缘,并且不得低于道面边缘3厘米。

第四十八条 道面应当保持清洁。道面上有泥浆、污物、砂子、松散颗粒、垃圾、燃油、润滑油及其他污物时,应当立即清除。用化学物清洁道面时,应当符合国家环境保护的有关规定,并不得对道面造成损害。

第四十九条 航空器被道面异物损伤后,航空器营运人应当及时向机场管理机构通报情况。

第五十条 飞行区土面区尽可能植草,固定土面。

飞行区内草高一般不应超过30厘米,并且不得遮挡助航灯光和标记牌。植草应当选择不易吸引鸟类和其他野生动物

的种类。

割下的草应当尽快清除出飞行区，临时存放在飞行区的草，不得存放在跑道、滑行道的道肩外15米范围内。

第五十一条 在升降带平整区内，用3米直尺测量，高差不得大于5厘米，并不应有积水和反坡。

在升降带平整区和跑道端安全地区内，除航行所需的助航设备或装置外，不得有突出于土面、对偏出跑道的航空器造成损害的物体和障碍物。

航行所需的助航设备或装置应当为易折件，并满足易折性的有关要求。

升降带平整区和跑道端安全地区内的混凝土、石砌及金属基座、各类井体及井盖等，除非功能需要，应当埋到土面以下30厘米深。

第五十二条 升降带平整区和跑道端安全地区的土质密实度不得低于87%（重型击实法）。对升降带平整区和跑道端安全地区的碾压和密实度测试，每年不得少于2次。

第五十三条 除非经空中交通管理部门特别许可，跑道开放使用期间，跑道中心线两侧75米、导航设备的敏感区和临界区以及跑道端安全地区范围内，严禁从事飞行区割草、碾压等维护工作。

第五十四条 飞行区围界应当完好，具备防钻防攀爬功能，能有效防止动物和人员进入飞行区。

飞行区围界破损后应当及时修复。破损部位修复前应当采取有效的安全措施。

第五十五条 巡场路路面应当完整、平坦、通畅、无积水。破损时，应当及时修补。

第五十六条 飞行区内排水系统应当保持完好、畅通。积水、淤塞、漏水、破损时，应当及时疏通和修缮。

强制式排水设施应当保持适用状态；渗水系统应当保持完好、通畅；位于冰冻地区的机场，冰冻期的排水沟内不得有大量积水。

第二节 巡视检查

第五十七条 机场管理机构应当商空中交通管理部门（塔台）依据有关规定，建立跑道、滑行道巡视检查工作制度和协调机制。该制度至少应当包括：

（一）每日巡视检查的次数和时间；

（二）跑道、滑行道巡视检查的通报程序；

（三）巡视检查人员与塔台管制员联系的标准用语；

（四）巡视检查跑道过程中发生紧急情况的处置程序等。

第五十八条 当跑道、滑行道、机坪上有外来物或者其他异常情况时，机场管理机构应当立即对上述区域进行检查。

第五十九条 每日跑道开放使用前，机场管理机构应当对跑道进行一次全面检查。当每条跑道日着陆大于15架次时，还应当进行中间检查，并不应少于3次。全面检查时，必须对跑道全宽度表面状况进行详细检查。

中间检查时间根据航空器起降时段、频度等情况确定。在航空器起降集中的时段前，应当安排一次中间检查。中间检查的区域应当至少包括跑道边灯以内的区域。

对跑道实施检查时，检查方向应当与航空器起飞或着陆的方向相反。采用驾车方式检查时，除驾驶员外车辆上应当至少有一名专业检查人员，并且车速不得大于45公里/小时。

设有能对跑道道面状况进行监控、及时发现跑道上的外来物和道面损坏的监控设施的，中间检查的次数可适当减少。

当跑道道面损坏加剧或者雨后遇连续高温天气时，应当适当增加中间检查的次数。

第六十条 对跑道、滑行道、机坪应当定期清扫。对跑道、滑行道的清扫每月不应少于一次。应当建立机坪每日动态巡查制度，

及时清除外来物，对机坪每周至少全面清扫一次。

第六十一条 在跑道、滑行道或其附近区域进行不停航施工，施工车辆、人员需要通过正在对航空器开放使用的道面时，应当增加道面检查次数，确保不因外来物影响飞行安全，并应当制定具体措施，确保施工车辆、人员不影响航空器的正常运行。

第六十二条 每日应当至少对滑行道、机坪、升降带、跑道端安全地区、飞行区围界、巡场路巡视检查一次。

第六十三条 每季度应当对跑道、滑行道和机坪的铺筑面进行一次全面的步行检查。当道面破损处较多或者破损加剧时，应当适当增加步行检查的次数。

第六十四条 雨季来临前，应当对排水系统进行全面检查。暴雨期间，应当随时巡查排水系统。

雨后应当对升降带和跑道端安全地区进行检查，对积水、冲沟应当予以标记，并及时处理。

第六十五条 对铺筑面的每日检查应当至少包括：

（一）道面清洁情况。重点检查可能被航空器发动机吸入的物体，如损坏道面的碎片、嵌缝料老化碎片、石子、金属或塑料物体、鸟类或其他动物尸体、其他外来物等；

（二）道面损坏情况。包括破损的板块、掉边、掉角、拱起、错台等；

（三）雨后道面与相邻土面区的高差；

（四）灯具的损坏情况；

（五）道面标志的清晰程度；

（六）井盖完好情况和密合程度等。

第六十六条 对铺筑面的每季度检查应当至少包括：

（一）嵌缝料的失效情况；

（二）道面损坏位置、数量、类型的调查统计（含潜在的疲劳损坏裂缝、龟裂、细微的裂缝或断裂，并最好在雨后检查）；

（三）道面与相邻土面区的高差；

（四）道面标志的清晰程度；

（五）跑道接地带橡胶沉积情况。

第六十七条 土面区的每日检查应当包括：

（一）草高情况；

（二）标记牌和标志物的完好情况；

（三）是否有危及飞行安全的物体、杂物、障碍物等；

（四）土面区内各种灯、井基座与土面区的高差，土面区沉陷、冲沟、积水等情况；

（五）航空器气流侵蚀情况；

（六）允许存在的障碍物的障碍灯和标志是否有效。

第六十八条 当出现大风及其他不利气候条件时，应当增加对飞行区的巡视检查次数，发现问题应当及时处理。影响运行安全时，应当及时报告空中交通管理部门和其他相关部门，并发布航行通告。

第三节 检查程序及规则

第六十九条 从事飞行区维护、巡视检查的人员，应当熟知维护、巡视检查的程序和规则，并严格执行。

第七十条 检查人员在进入跑道、滑行道之前，应当得到塔台管制员的许可。进入该区域时，应当直接报告塔台管制员。检查人员及车辆应当在塔台管制员限定的时间内退出跑道。退出后，应当直接报告塔台管制员。

巡视检查的车辆应当安装黄色旋转灯标，并在检查期间始终开启。检查人员应当穿反光背心或外套。

未经塔台管制员许可，任何人员、车辆不得进入运行中的跑道、滑行道。

第七十一条 在实施机场低能见度程序运行时，不得对跑道、滑行道进行常规巡视检查。

第七十二条 巡视检查期间，检查人员应当配备有效的无线电对讲机，并在相应的无线电波道上时刻保持守听。下车检查时，检查人员离开车辆的距离不得超过100米(随身携带对讲机)，检查车辆应当处于运行状态。当塔台管制员要求检查人员撤离时，检查人员及车辆应当立即撤离至管制员指定的位置，并不得进入升降带平整区、跑道端安全地区、导航设备的敏感区和临界区。撤离后，要及时通知塔台。

再次进入跑道之前应当再次申请并获得塔台管制员的许可。

第七十三条 当塔台管制员发现通信联系中断时，应当立即按照紧急情况的处置程序执行。当检查人员发现通信联系中断时，应当立即撤离跑道。

第七十四条 在巡视检查中，发现航空器零件、轮胎碎片、灯具碎片和动物尸体等时，检查人员应当立即通知塔台管制员和机场运行管理部门，做好记录，并将该物体交有关部门。

第七十五条 在巡视检查过程中发现下列情况时，检查人员应当立即通知塔台管制员停止该跑道的使用，并立即报告机场值班领导或相关部门，由相关人员按程序关闭跑道(或部分关闭跑道)和发布航行通告：

(一)跑道道面断裂，包括整块板或局部，并出现错台或局部松动的；

(二)跑道出现直径(长边)大于12厘米的掉块的；

(三)跑道出现直径(长边)小于12厘米的掉块，但深度大于7厘米，或坡度大于45度角的破损的。

第七十六条 在巡视检查过程中发现下列需要处理但暂时不影响航空器运行安全的情况时，检查人员应当报塔台管制员、机场值班领导或者相关部门，并适当增加该区域的检查频次，视情及时修补：

(一)跑道道面断裂，包括整块板及局部，但不出现错台，板块不松动的；

(二)跑道出现直径(长边)小于12厘米的掉块，但深度小于7厘米且坡度不大于45度角的破损的。

第七十七条 巡视检查完成后，检查人员应当向塔台管制员报告飞行区场地情况，并将检查开始时间、结束时间、检查人员姓名、飞行区场地情况记录在检查日志中。

第四节 跑道摩擦系数测试及维护

第七十八条 机场管理机构应当定期测试跑道摩擦系数。

第七十九条 跑道日航空器着陆架次大于210架次的，测试跑道摩擦系数的频率应当不少于每周一次；跑道日航空器着陆架次为151至210架次的，测试跑道摩擦系数的频率应当不少于每2周一次；跑道日航空器着陆架次为91至150架次的，测试跑道摩擦系数的频率应当不少于每月一次；跑道日航空器着陆架次为31至90架次的，测试跑道摩擦系数的频率应当不少于每3个月一次；跑道日航空器着陆架次为16至30架次的，测试跑道摩擦系数的频率应当不少于每半年一次；跑道日航空器着陆架次为15次以下的，测试跑道摩擦系数的频率应当不少于每年一次。

第八十条 跑道表面摩擦系数不得低于《民用机场飞行区技术标准》中规定的维护规划值。以连续100米长道面的摩擦系数为评价指标，在表面摩擦系数低于维护规划值或者测试曲线显示跑道多处存在表面摩擦系数(累计长度大于100米)低于最小的摩阻值时，机场管理机构应当立即采取措施改善道面摩阻特性。

第八十一条 出现下列情况后，机场管理机构应当立即测试跑道摩擦系数：

(一)遇大雨或者跑道结冰、积雪；

(二)在跑道上施洒除冰液或颗粒；

(三)航空器偏出、冲出跑道。

第八十二条 跑道日航空器着陆15架次以上的机场，应当配备跑道摩擦系数测试设备。

第八十三条 没有配备跑道摩擦系数测试设备的机场，应当依据第七十九条规定的频率检查跑道接地带橡胶沉积情况。当接地带跑道中线两侧被橡胶覆盖80%左右，并且橡胶呈现光泽时，应当及时除胶。在雨天应当进行道面表面径流深度的检查，并作口头评价。检查结束后，将结果报告空中交通管理部门，并记录备查。

第八十四条 当跑道上有积雪或者局部结冰时，如跑道摩擦系数低于0.30，应当关闭跑道。

跑道开放运行期间下雪时，应当根据雪情确定测试跑道摩擦系数的时间间隔，并及时对跑道进行除冰雪作业，保证跑道摩擦系数不低于0.30。

第八十五条 跑道摩擦系数测试应当在跑道中心线两侧3至5米范围内进行。跑道表面摩擦系数应当包括跑道每1/3段的数值及跑道全长的平均值，并依航空器进近方向依次公布。

测试结果应当及时报告空中交通管理部门。测试原始记录凭证应当予以保存。

第八十六条 没有配备跑道摩擦系数测试设备的机场，当跑道上有积雪时，应当向塔台管制员通报积雪的种类(干雪、湿雪、雪浆和压实的雪)和厚度。航空器能否起降由飞行机组决定。

第五章　目视助航设施管理

第一节　目视助航设施的运行要求

第八十七条　目视助航设施包括风向标、各类道面(含机坪)标志、引导标记牌、助航灯光系统(含机坪照明)。

第八十八条　机场管理机构应当明确目视助航设施的运行维护单位,并确保目视助航设施始终处于适用状态。

第八十九条　机场管理机构应当提供符合在航行资料中公布的并与实际天气情况相适应的目视助航设施服务。

第九十条　各类标志物、标志线应当清晰有效,颜色正确;助航灯光系统和可供夜间使用的引导标记牌的光强、颜色、有效完好率、允许的失效时间,应当符合《民用机场飞行区技术标准》的要求。

第九十一条　机场管理机构应当按照以下频次或情况对机场目视助航设施进行评估,以避免因滑行引导灯光、标志物、标志线、标记牌等指示不清、设置位置不当产生混淆或错误指引,造成航空器误滑或者人员、车辆误入跑道、滑行道的事件:

(一)每3年;

(二)新开航机场或机场启用新跑道、滑行道、机坪、机位前以及运行3个月内;

(三)机场发生航空器误滑、人员、车辆误入跑道、滑行道等事件时;

(四)机场管理机构接到飞行员、管制员、勤务保障作业人员反映滑行引导灯光、标志物、标志线、标记牌等指示不清,容易产生混淆或者影响运行效率时。

评估人员由飞行员、管制员、勤务保障作业人员、机场管理机构人员组成。

对于评估发现的问题,机场管理机构应当及时采取整改措施。

第九十二条　在机场开放运行期间,目视助航设施因故不能满足本规定第八十九条、第九十条的要求时,机场管理机构应当及时向空中交通管理部门说明情况,并在出现问题的当日内采取有效措施,使目视助航设施恢复正常。在恢复正常前,至少应当保持下列设施设备的完好、适用:

(一)引导标志、标记牌

1.跑道标志(应当符合航空器在本机场进近时的最低天气标准要求);

2.滑行道中线和边线标志;

3.滑行引导标记牌;

4.跑道等待位置标志和标记牌。

(二)助航灯光

1.跑道灯光(应当符合航空器在本机场进近时的最低天气标准要求);

2.滑行道中线灯(或中线反光标志物)、滑行道边线灯(或边线反光标志物)。

第九十三条　在低能见度运行条件下,机场管理机构应当停止机场供电设施附近的所有施工或维护活动,并通知上级供电单位停止影响机场供电系统的施工或维护活动。

第二节　助航灯光系统的维护

第九十四条　机场管理机构应当定期对助航灯光系统的各类灯具进行检测,保证各类灯具的光强、颜色持续符合《民用机场飞行区技术标准》中规定的要求。

第九十五条　机场管理机构应当做好助航灯光系统的以下供电保障工作:

(一)按照当地供电系统的要求和维护规程,做好变配电设备的维护工作;

(二)做好备用发电机的定期检查、维护和试运行工作,使其持续保持适用状态。每周至少应当进行不少于15分钟的备用发电机加载试验,每月至少应当进行不少于30分钟的备用发电机加载试验。加载试验的主要内容包括:

1.检查电压、频率表计读数,输出电压、频率应当符合技术要求;

2.主供电源与备用电源之间的切换设备是否可靠;

3.发电机试运行过程中是否有喘振或过热情况;

4.内燃式发动机是否有渗油情况。

(三)每月至少进行一次主供电源与备用电源之间及主、备用电源与备用柴油发电机之间切换的传动试验。电源切换时间应当符合《民用机场飞行区技术标准》的要求。

第九十六条　助航灯光系统的日常运行、维护、检查工作应当严格按照《民用机场助航灯光系统运行维护规程》的要求进行。其他目视助航设施的运行、维护、检查工作可参照该规程的要求进行。主要维护检查项目应当不低于以下要求:

(一)立式进近、跑道、滑行道灯光系统和顺序闪光灯的基本维护:

1.日维护:更换失效的灯泡和破损的玻璃透镜,确保透镜的干净、清洁,检查各个亮度等级上调光器输出电流是否符合技术标准;

2.年维护:灯具紧固件的紧固,灯具锈蚀部分的处理,灯具仰角、水平的检查和调整,插接件的连接可靠性检查,并检查每个灯组的支架及基础情况;

3.不定期维护:在大风和大雪后可能对助航灯光系统正常运行造成影响时,应当对助航灯光系统进行检查,并调整各类灯具的仰角及水平;清除遮蔽灯光的草或积雪。

(二)目视精密进近坡度指示器的基本维护:

除进行本条第(一)项的维护项目外,还应当按照有关规定进行空中校验及经民航总局批准的地面校验设备的校验。

(三)嵌入式灯具的基本维护:

除进行本条款第(一)项的维护项目外,还需进行以下维护工作:

1.月维护:检查灯具上盖的固定螺栓扭矩,并对松动的螺栓予以紧固;

2.季维护:测试灯具的输出光强并更换不符合光强要求的灯具;

3.年维护:检查和清洁灯具的棱镜和滤光镜,检查灯具的密闭性能,更换不符合上述要求的灯具。

第九十七条　机场管理机构应当对目视泊位引导系统及

时维护，定期校验，保持系统的持续适用。

第六章　机坪运行管理

第一节　机坪检查及机位管理

第九十八条　机坪的物理特性、标志线、标记牌等应当持续符合《民用机场飞行区技术标准》及其他有关标准和规范的要求。

第九十九条　机场管理机构负责机坪的统一管理，机场管理机构应当建立机坪运行的检查制度，并指派相应的部门和人员对机坪运行实施全天动态检查。机场管理机构应当与航空运输企业签订协议，明确航空运输企业专有机坪的管理责任。

第一百条　机坪机位应当由机场管理机构统一管理。

机场管理机构应当合理调配机位，最大限度地利用廊桥和机位资源，方便旅客，方便地勤保障，尽可能减少因机位的临时调整给旅客及生产保障单位带来的影响，公平地为各航空运输企业提供服务。大型机场为各航空运输企业提供的机位应当相对固定，可为航空公司设置专用航站楼或专用候机区域。

第一百零一条　机位调配应当按照下列基本原则确定：

（一）发生紧急情况或执行急救等特殊任务的航空器优先于其他航空器；

（二）正常航班优先于不正常航班；

（三）大型航空器优先于中小型航空器；

（四）国际航班优先于国内航班。

机场管理机构应当根据实际情况制定机位调配细则。

第一百零二条　当机场发生应急救援、航班大面积延误、航班长时间延误、恶劣气象条件、专机保障以及航空器故障等情况时，机场管理机构有权指令航空运输企业或其代理人将航空器移动到指定位置。拒绝按指令移动航空器的，机场管理机构可强行移动该航空器，所发生的费用由航空运输企业或者其代理人承担。

第一百零三条　航空器进入机位前，该机位应当保持：

（一）除负责航空器入位协调的人员外，各类人员、车辆、设备、货物和行李均应当位于划定的机位安全线区域外或机位作业等待区内；

（二）车辆、设备必须制动或固定；有液压装置的保障作业车辆、设备，必须确保其液压装置处于回缩状态；

（三）保障作业车辆在等待时，驾驶员应当随车等候；所有设备必须有人看守；廊桥活动端必须处于廊桥回位点。

第一百零四条　接机人员应当至少在航空器入位前5分钟，对机位适用性进行检查。主要检查项目包括：

（一）机位是否清洁；

（二）人员、车辆及设备是否处于机位安全线区域外或机位作业等待区内；

（三）廊桥是否处于廊桥回位点；

（四）是否有其他影响航空器停靠的障碍物。

第一百零五条　在航空器进入机位过程中，任何车辆、人员不得从航空器和接机人员（或目视泊位引导系统）之间穿行。

第一百零六条　在航空器处于安全靠泊状态后，接机人员应当向廊桥操作人员或客梯车驾驶员发出可以对接航空器的指令。廊桥操作人员或客梯车驾驶员接到此指令后，方可操作廊桥或客梯车对接航空器。

航空器安全靠泊状态应当满足下列条件：

（一）发动机关闭；

（二）防撞灯关闭；

（三）轮挡按规范放置；

（四）航空器刹车松开。

第二节　航空器机坪运行管理

第一百零七条　航空器试车应当符合下列要求：

（一）一般情况下，航空器不得在机坪试车；

（二）机场管理机构应当设立试车坪或者指定试车位置。试车坪或者指定试车位置应当设有航空器噪声消减设施，并应当具备安全防护措施；

（三）发动机大功率试车应当在试车坪或机场管理机构指定的位置进行，并且应当在机场管理机构指定的时间段内进行；

（四）发动机怠速运转、不推油门的慢车测试和以电源带动风扇旋转、发动机不输出功率的冷转测试，应当在机场管理机构指定的位置进行；

（五）任何类型的航空器试车，必须有专人负责试车现场的安全监控，并且应当根据试车种类设置醒目的“试车危险区”警示标志。无关人员和车辆不得进入试车危险区。

第一百零八条　航空器维修应当符合下列要求：

（一）除紧急情况外，任何单位不得在跑道、滑行道上实施航空器维修；

（二）在机坪内进行航空器维护、添加润滑油和液压油及其他保障工作时，不得影响机位的正常调配和机坪内其他保障工作的正常运行，并应当采取有效措施防止对机坪造成污染和腐蚀；对机坪造成污染和腐蚀所发生的治理费用由造成污染的单位承担；

（三）维修结束后，维修部门应当及时清理现场；

（四）清洗航空器应当在机场管理机构指定的位置进行。

第一百零九条　航空器除冰、防冰作业应当符合下列要求：

（一）航空器除冰作业应当在机场管理机构指定的地点进行；机场管理机构未指定除冰作业区，在机位上除冰时，机场管理机构应当制定除冰液回收措施，防止除冰液对道面的化学腐蚀或者冻融循环的物理损坏；

（二）在有条件的机场，机场管理机构应当建立专用除冰坪，并设置除冰液回收设施，减少对环境的污染；

（三）负责航空器除冰的航空运输企业、机场或者其他单位应当配备足够的航空器除冰设备，防止因除冰设备或者设施不足，延误航空器正常出港。

第一百一十条　航空器滑出或被推出机位前，送机人员必须确认：

（一）除牵引车外的其他车辆、设备及人员等均已撤离至机位安全区域外；

（二）廊桥已撤至廊桥回位点。

第一百一十一条　当遇到大风天气有可能对廊桥和停场

航空器造成影响时，必须对廊桥和航空器进行系留。航空器营运人或者其代理人负责实施航空器的系留，操作廊桥的单位负责廊桥的系留。

第一百一十二条 机组在航空器进入设置目视泊位引导系统的机位时，发现有疑问的引导指示，或进入由人工引导入位的机位时发现地面接机人员未就位，应当立即停止航空器滑行，及时通报空中交通管理部门，并应当保持发动机运转，等待后续处置。空中交通管理部门应当及时通知机场运行部门进行处理。

第一百一十三条 航空器型别、注册号或航班计划变更时，航空器营运人应当立即向空中交通管理部门和机场管理机构通报。

第一百一十四条 航空器在跑道和滑行道区域发生故障时，机组应当及时向空中交通管理部门通报情况。航空器营运人及其代理人应当尽快使航空器脱离跑道、滑行道区域。

第一百一十五条 航空器长时间停放、过夜停放应当取得机场管理机构的同意。

第一百一十六条 航空器保障作业过程中出现任何意外情况，有关人员应当及时通知机场管理机构，航空器保障作业单位和机场管理机构应当及时采取措施予以处理。

第一百一十七条 旅客步行通过机坪上下航空器时，航空器营运人或者其代理人应当安排专人引导。旅客通行路线不得穿越航空器滑行路线，任何车辆不得横穿旅客队伍。

第三节 机坪车辆及设施设备管理

第一百一十八条 因保障作业需要放置于机坪内的特种车辆(含拖把)、集装箱、行李和集装箱托盘等特种设备，应当停泊或放置于指定的白色设备停放区和车辆停放区内。作业人员离开后，车辆、设备应当保持制动状态，并将启动钥匙与车辆、设备分离存放。保障工作结束后，各保障部门应当及时将所用设备放回原区域，并摆放整齐。

第一百一十九条 非保障作业需要、故障或已报废的车辆和设备应当及时清除出机坪。

第一百二十条 任何单位和人员不得损坏、挪用、占用、遮挡机坪基础设施和设备。

第一百二十一条 在廊桥活动端移动范围内应当采用红色线条设置廊桥活动区，禁止任何车辆和设备进入。廊桥活动区内应当标示廊桥回位点。廊桥处在非工作状态时，应当将廊桥停留在廊桥回位点。廊桥操作人员进行靠桥、撤桥作业时，禁止其他人员进入廊桥活动端。

第一百二十二条 机位应当设置白色机位作业等待区、红色机位安全线。车辆和设备与航空器应当保持足够的安全距离。

第一百二十三条 在航空器处于安全停泊状态后、廊桥或客梯车与航空器对接完成前，除电源车外，其他保障车辆、设备不得超越红色机位安全线，实施保障作业。

电源车、气源车和空调车为航空器提供服务时，不得妨碍廊桥的保障作业。

第一百二十四条 提供保障作业的车辆不得影响相邻机位及航空器机位滑行通道的使用。

第一百二十五条 在确认航空器处于安全停泊状态后，接机人员应当在距航空器发动机前端1.5米处、机尾和翼尖水平投影处地面设置醒目的反光锥形标志物(高度不小于50 厘米，重量能防止5级风吹移。在预计机场风力超过5级时，机场管理机构应当通知航空器维修部门不再在航空器周围摆放反光锥形标志物)。航空器自行滑出的机位，在机头水平投影处地面也应当设置反光锥形标志物。

第一百二十六条 保障车辆对接航空器时的速度不得超过5千米/小时。保障车辆对接航空器前，必须在距航空器15米的距离先试刹车，确认刹车良好后方可实施对接。保障车辆、设备对接航空器时，应当与航空器发动机、舱门保持适当的安全距离。

第一百二十七条 车辆在机坪行驶路线、固定停放点之外倒车应当有人指挥，指挥信号和意图应当明确，确保安全。

第一百二十八条 保障车辆对接航空器后，应当处在制动状态，并设置轮挡。

液压升降车辆或设备对接航空器时，应当在液压升降筒或脚架升降到工作位置后，方可开始作业。

第一百二十九条 为航空器提供保障的单位，应当制定相应的作业规程，并严格按照作业规程实施保障作业。

各单位应当将车辆、设备在机坪保障作业的规程报机场管理机构备案。

第一百三十条 保障车辆、设备在为航空器提供地面保障作业时，其他车辆、设备不得进入该机位作业区域。

第一百三十一条 装卸平台车、行李传送带车在行驶中不得载运任何货物、行李和其他物品。

第一百三十二条 所有具有液压作业装置的车辆在行驶过程中均应当使液压作业装置处于收回状态。

第一百三十三条 民用航空器的牵引，应当符合《民用航空器维修 地面安全》第3部分“民用航空器的牵引”的规定。

第一百三十四条 当航空器正在被推离机位时，在其后方行驶的车辆和人员必须避让航空器，不得妨碍推出航空器。

第一百三十五条 机坪范围内的加油井、消防井、电缆井、供水井及其他各类井的井盖本身及周边至少20厘米以内均应当涂刷成红色；

井盖开启时，应当在井旁设置醒目的反光锥型标志物；

车辆设备的停放处应当尽量避开井盖。

第一百三十六条 机位临时处于不适用状态时，应当设置不适用地区标志物，防止航空器、车辆误入该区域。

第一百三十七条 机坪内易被行驶车辆刮碰的建筑物、固定设施等，应当设置防撞警示标志、限高标志。重要的建筑物构件、设施设备应当设置防撞保护装置。

第一百三十八条 所有在机场空侧工作的人员在航空器活动区发现有疑似航空器零件的异物时，应当立即报告机场管理机构，机场管理机构应当立即设法判断零件的可能来源，若初步判断为航空器零件时，机场管理机构应当立即将信息告知空中交通管理部门和各航空器维修部门。

第一百三十九条 夜间使用的机坪(包括除冰坪和隔离机坪)应当定期检测机坪泛光照明的照度等，确保泛光照明设施持续有效。

第四节 机坪作业人员管理

第一百四十条 所有在机坪从事保障作业的人员，均应当接受机场运行安全知识、场内道路交通管理、岗位作业规程等方面的培训，并经考试合格后，方可在机坪从事相应的保障工作。

培训和考核的内容由机场管理机构确定，培训和考核的方式由机场管理机构与驻场单位协商确定。机场管理机构应当建立在空侧从事相关保障作业的所有人员的培训、考核记录档案，相关保障单位也应当建立本单位人员的培训、考核记录档案。

第一百四十一条 所有在机坪从事保障作业的人员，均应当按规定佩带工作证件，穿着工作服，并配有反光标识。

第一百四十二条 未经机场管理机构批准，任何人员不得在机坪内从事与保障作业无关的活动。

第一百四十三条 各保障单位应当按有关规定为员工配备足够的防护用品。

第五节 机坪环境卫生管理

第一百四十四条 机坪应当保持清洁，无道面损坏造成的残渣碎屑、机器零件、纸张以及其他影响飞行安全的杂物。

机场管理机构统一负责机坪日常保洁和卫生监督工作。航空运输企业及其他驻场单位自行使用的机坪，由机场管理机构和航空运输企业、其他驻场单位依据协议分工，确定机坪日常保洁及卫生监督责任。

第一百四十五条 机场管理机构应当在机坪上适当位置设置有盖的废弃物容器。任何人不得随地丢弃废物。

机坪保障作业人员发现垃圾或废弃物应当主动拾起，并放入垃圾桶。

运输或临时存放垃圾或废弃物时，应当加以遮盖，不得泄漏或逸出。

第一百四十六条 易燃液体应当用专用容器盛装，并不得倒入飞行区排水系统内。

第一百四十七条 各类油料、污水、有毒有害物及其它废弃物不得直接排放在机坪上。

发现污染物时应当及时进行清除，对于在地面上形成液态残留物的油料，应当先回收再清洗。

第一百四十八条 在机坪内不得进行垃圾分拣。

第六节 机坪消防管理

第一百四十九条 机场管理机构应当在机坪内适当位置设置醒目的“禁止烟火”标志，并公布火警报警电话号码。

第一百五十条 未经机场管理机构批准，任何人不得在飞行区内动用明火、释放烟雾和粉尘。

第一百五十一条 机坪内禁止吸烟。

第一百五十二条 机场管理机构应当按照《民用航空运输机场消防站消防装备配备标准》、《民用航空运输机场飞行区消防设施运行标准》和《民用航空器维修 地面安全》第10部分“机坪防火”的规定为机坪配备相应的消防设施设备，并定期检查。

各单位应当按照《民用航空器维修 地面安全》第10部分“机坪防火”的要求，为在机坪运行的勤务车辆和服务设备上配备灭火器。

任何单位和人员不得损坏、擅自挪动机坪消防设施设备。

第一百五十三条 机坪内的消防通道和消防设施设备应当予以醒目标识。车辆或设备的摆放不得影响消防通道、消防设备以及应急逃生通道的使用。

第一百五十四条 任何人员发现机坪内出现火情或火灾隐患时，均应当立即报告消防部门，并应当在消防部门到达现场前先行采取灭火措施。

机坪内火灾扑灭后，相关单位及人员应当保护好火灾现场，并及时报告公安消防管理部门，由公安消防管理部门进行火灾事故勘查。

第一百五十五条 在飞行区设置特种车辆加油站或在机坪上为特种车辆提供流动加油服务作业的，机场管理机构应当事先取得民航总局同意。

第七章 机场净空和电磁环境保护

第一节 净空管理基本要求

第一百五十六条 机场管理机构应当依据《民用机场飞行区技术标准》，按照本机场远期总体规划，制作机场障碍物限制图。机场总体规划调整时，机场障碍物限制图也应当相应调整。

第一百五十七条 机场管理机构应当及时将最新的机场障碍物限制图报当地政府有关部门备案。

第一百五十八条 机场管理机构应当积极协调和配合当地政府城市规划行政主管部门按照相关法律法规、规章和标准的规定制定发布机场净空保护的具体管理规定，明确政府部门与机场的定期协调机制；在机场净空保护区域内的新建、改(扩)建建筑物或构筑物的审批程序、新增障碍物的处置程序；保持原有障碍物的标识清晰有效的管理办法等内容。

第二节 障碍物的限制

第一百五十九条 在机场净空保护区域内，机场管理机构应当采取措施，防止下列影响飞行安全的行为发生：

(一)修建可能在空中排放大量烟雾、粉尘而影响飞行安全的建筑物(构筑物)或者设施；

(二)修建靶场、爆炸物仓库等影响飞行安全的建筑物或者设施；

(三)设置影响民用机场目视助航设施使用的或者机组成员视线的灯光、标志、物体；

(四)种植影响飞行安全或者影响民用机场助航设施使用的植物；

(五)放飞影响飞行安全的鸟类动物、无人驾驶自由气球、系留气球和其他升空物体；

(六)焚烧产生大量烟雾的农作物秸秆、垃圾等物质，或者燃放烟花、焰火；

(七) 设置易吸引鸟类及其他动物的露天垃圾场、屠宰场、养殖场等场所；

（八）其他可能影响飞行安全的活动。

第一百六十条 精密进近跑道的无障碍区域内（OFZ 由内进近面、内过渡面和复飞面所组成）不得存在固定物体，轻型、易折的助航设施设备除外。当跑道用于航空器进近时，移动物体不得高出这些限制面。

第一百六十一条 在精密进近跑道和非仪表跑道的保护区域内，新增物体或者现有物体的扩展，不得高出进近面、过渡面、锥形面和内水平面，除非经航行研究认为该物体或扩展的物体能够被一个已有的不能移动的物体所遮蔽。

第一百六十二条 非精密进近跑道的保护区域内，新增物体或者现有物体的扩展不得高出距内边3000米以内的进近面、过渡面、锥形面、内水平面，除非经航行研究认为该物体或扩展的物体能够被一个已有的不能移动的物体所遮蔽。

第一百六十三条 高出进近面、过渡面、锥形面和内水平面的现有物体应当被视为障碍物，并应当予以拆除，除非经航行研究认为该物体能够被一个已有的不能移动的物体所遮蔽，或者该物体不影响飞行安全或航空器正常运行的。

第一百六十四条 对于不高出进近面但对目视或非目视助航设施的性能可能产生不良影响的物体，应当消除该物体对这些设施的影响。

第一百六十五条 任何建筑物、构筑物经空中交通管理部门研究认为对航空器活动地区、内水平面或锥形面范围内的航空器的运行有危害时，应当被视为障碍物，并应当尽可能地予以拆除。

第一百六十六条 在机场障碍物限制面范围以外、距机场跑道中心线两侧各10公里，跑道端外20公里的区域内，高出原地面30米且高出机场标高150米的物体应当认为是障碍物，除非经专门的航行研究表明它们不会对航空器的运行构成危害。

第一百六十七条 在机场障碍物限制面范围以内或以外地区的障碍物，都应当按照《民用机场飞行区技术标准》的规定予以标志和照明。

第三节 障碍物的日常管理

第一百六十八条 机场管理机构应当建立机场净空保护区定期巡视检查制度。确保任何可能突出障碍物限制面的建筑活动或自然生长植物在影响机场运行之前被发现。

第一百六十九条 巡视检查制度应当包括巡视检查路线、检查周期、检查内容（包括障碍灯是否开启并正常工作）、通报程序和检查记录等。

第一百七十条 机场净空保护区范围内的巡视检查，每周应当不少于一次；机场内无障碍区的巡视检查，每日应当不少于一次。巡视检查内容至少应当包括：

（一）检查有无新增的、超高的建筑物、构筑物和自然生长的植物，并对可能超高的物体进行测量；

（二）检查有无影响净空环境的情况，如树木、烟尘、灯光、风筝和气球等；

（三）检查障碍物标志、标志物和障碍灯的有效性。

第一百七十一条 巡视检查情况应当记录和归档。巡视检查记录至少应当包括检查时间、检查人员、检查区域和检查情况等。

第一百七十二条 巡视检查中发现新的障碍物或净空条件发生变化时，应当及时将新障碍物的位置、高度等情况通报空中交通管理部门、当地城市规划行政主管部门和民航地区管理局，并尽可能迅速予以拆除。拆除前应当立即考虑以某种方式对航空器的运行加以限制，并设置适当的障碍物标志和障碍灯，并积极协调、研究解决办法。

第一百七十三条 机场管理机构应当建立机场净空管理档案。档案至少应当包括以下资料：

（一）障碍物限制图；

（二）巡视检查记录；

（三）障碍物测量资料；

（四）机场净空保护区域内的建筑物或构筑物的新建、迁建、改（扩）建审批资料；

（五）障碍物拆除、迁移和处置的资料。

第四节 电磁环境的管理

第一百七十四条 机场电磁环境保护区域包括设置在机场总体规划区域内的民用航空无线电台（站）电磁环境保护区和机场飞行区电磁环境保护区域。机场电磁环境保护区域由民航地区管理局配合民用机场所在地的地方无线电管理机构按照国家有关规定或者标准共同划定、调整。

民用航空无线电台（站）电磁环境保护区域，是指按照国家有关规定、标准或者技术规范划定的地域和空间范围。

机场飞行区电磁环境保护区域，是指影响民用航空器运行安全的机场电磁环境区域，即民用机场管制地带内从地表面向上的空间范围。

第一百七十五条 机场管理机构应当及时将最新的机场电磁环境保护区域报当地政府有关部门备案。

第一百七十六条 民航地区管理局应当积极协调和配合机场所在地的地方无线电管理机构制定机场电磁环境保护区的具体管理规定，并以适当的形式发布。

第一百七十七条 在机场飞行区电磁环境保护区域内设置工业、科技、医疗设施，修建电气化铁路、高压输电线路等设施不得干扰机场飞行区电磁环境。

第一百七十八条 机场管理机构应当建立机场电磁环境保护区巡检制度，发现下列有影响航空电磁环境的行为发生时应当立即报告民航地区管理局：

（一）修建可能影响航空电磁环境的高压输电线、架空金属线、铁路（电气化铁路）、公路、无线电发射设备试验发射场；

（二）存放金属堆积物；

（三）种植高大植物；

（四）掘土、采砂、采石等改变地形地貌的活动；

（五）修建其他可能影响民用机场电磁环境的建筑物或者设施以及进行可能影响航空电磁环境的活动。

第一百七十九条 机场管理机构发现机场电磁环境保护区域内民用航空无线电台（站）频率受到干扰时，应当立即报告民航地区管理局。

第八章　鸟害及动物侵入防范

第一节　基本要求

第一百八十条　机场管理机构应当采取综合措施，防止鸟类和其他动物对航空器运行安全产生危害，最大限度地避免鸟类和其他动物撞击航空器。

第一百八十一条　机场管理机构应当指定部门和人员负责鸟类和其他动物的危害防范工作，并配置必要的驱鸟设备。

第一百八十二条　机场管理机构应当每年至少对机场鸟类危害进行一次评估。评估内容包括：机场鸟害防范管理机构设置及职责落实情况、机场生态环境调研情况、鸟害防范措施的效果、鸟情信息的收集、分析、利用及报告等。

第一百八十三条　机场管理机构应当根据机场鸟害评估结果和鸟害防范的实际状况，制定并不断完善机场鸟害防范方案。方案至少应当包括：

（一）鸟害防范管理机构及其职责；

（二）生态环境调研制度和治理方案；

（三）鸟情巡视和驱鸟制度；

（四）驱鸟设备的配备和使用管理制度；

（五）重点防治的鸟种；

（六）鸟情信息的收集和分析；

（七）鸟情通报及鸟击报告制度。

第一百八十四条　机场管理机构应当不定期向机场周边居民宣传放养鸽子对飞行安全的危害，并配合当地政府发布限制放养鸽子的规定，积极协调当地政府有关行政主管部门，控制和减少机场附近区域内垃圾场、养殖场、农作物（植物）晾晒场、鱼塘、养鸽户的数量和吸引鸟类的农作物、树木等。

第一百八十五条　机场飞行区、围界、通道口和排水沟出口应当能防止动物侵入机场飞行区。

在民用机场围界外5米范围内禁止搭建任何建筑和种植树木。

第二节　生态环境调研和环境治理

第一百八十六条　机场管理机构应当持续地开展鸟害防范基础性调研，全面掌握机场内及其附近地区的生态环境、鸟类种群、数量、位置分布及其活动规律；绘制鸟类活动平面图；掌握机场内及其附近地区与鸟情动态密切相关的生物类群及影响因素的时间、空间分布情况，分析其中的关系；据此制定和不断完善鸟害防范实施方案，确定各阶段应当重点防范的对象，有针对性地实施鸟害防范措施。

第一百八十七条　机场鸟类活动平面图应当至少涵盖机场障碍物限制面的锥形面外边界所包含的范围，并应当包括：垃圾场、饲养场、屠宰场、农作物、灌木林、沟塘及其他吸引鸟类活动的设施或者场地的位置；大鸟和群鸟（含候鸟）的筑巢地、觅食地、飞行路线、飞行高度、出没时间等。

机场鸟类活动平面图应当根据实际情况及时调整和更新。

第一百八十八条　机场管理机构应当根据机场鸟情信息的分析结果，及时对机场围界内对飞行安全危害较大的鸟类巢穴、食物源、水源、栖息地、觅食地进行有效的整治，并应当积极协调配合地方人民政府对机场围界外的上述情况进行整治。

第一百八十九条　机场管理机构应当定期对机场范围内的草坪、树木进行灭虫处理。

第一百九十条　机场管理机构应当在机场围界内定期采取设置鼠夹和洒布药物等措施，灭杀老鼠、兔子等啮齿类动物。

设置的鼠夹和洒布的药物应当记录，并设置醒目的警示标志，防止伤及人员。洒布药物应当使用专用工具；应当指定人员对鼠夹和药物进行管理，及时补充药物和更换鼠夹。

第一百九十一条　机场管理机构应当定期巡视检查并清除机场建筑物角落和周边树上的鸟巢。

第一百九十二条　机场管理机构应当尽可能减少机场范围内的表面水，及时排除水坑、洼地上的积水，定期清理排水沟，避免昆虫和水生物的滋生。

第一百九十三条　飞行区内禁止种植农作物和吸引鸟类的其它植物、进行各类养殖活动、设置露天垃圾场和垃圾分拣场。

第一百九十四条　机场管理机构应当在其机场年度鸟类危害管理方案中明示机场内外的吸引鸟的主要因素，以及为实现生态环境管理目标所采取措施的先后次序及其起始与完成日期。

第三节　巡视驱鸟要求及驱鸟设备管理

第一百九十五条　机场管理机构应当在环境整治的基础上，根据鸟情特点，采取惊吓、设置障碍物、诱杀或捕捉等手段或其组合实施鸟害防范工作。所采取的驱鸟手段应当符合相关的法律法规和民航规章要求，并确保人身安全，避免污染环境。

第一百九十六条　在机场有飞行活动期间，机场管理机构应当不间断地进行巡视和驱鸟。

第一百九十七条　机场管理机构应当指定专人管理驱鸟枪、弹药、煤气炮、语音驱鸟设备、捕鸟网、视觉仿真装置等，确保设备完好并得到正确使用。

驱鸟枪支的使用和保管应当符合《中华人民共和国枪支管理法》及《民用机场驱鸟枪支管理办法》的规定。

第四节　鸟情信息的收集、分析与利用

第一百九十八条　鸟情巡视人员应当加强观察，记录观察到的鸟种、数量、飞行路线、飞行高度、活动目的及原因分析、采取的措施及效果。

第一百九十九条　鸟情巡视人员应当观察机场虫情、草情、鼠类等动物情况，并做好记录。

第二百条　机场管理机构应当根据鸟情巡视人员记录、鸟击信息、生态调研情况等基础资料建立鸟情信息库，并定期对鸟情信息资料进行分析比较，编制鸟情信息分析报告。该报告应当包括：

（一）可能危害飞行安全的主要鸟种以及出现的区域、时间段、原因、有效防范手段等；

（二）采取的控制措施对减少鸟类的种类与数量的效果，如安装或修理防护栏、修剪树木、清除建筑残余物、施用杀虫剂或

驱虫剂、施用灭鼠药、草的高度管理、在机库安装网以及消除积水等；

（三）与前期相比鸟的种群、数量的变化情况，产生变化的相应原因；

（四）生态环境的变化和可能带来的影响；

（五）下一阶段可能危及飞行安全的鸟的种群、数量；

（六）推荐的防治措施和需引起驱鸟员注意的事项；

（七）鸟害防范工作的成效和不足。

第二百零一条 机场管理机构应当根据鸟情信息分析报告和鸟害防范评估报告，每年末对下一年度机场鸟害、虫害、鼠害等进行预测，制定防治措施。

第二百零二条 机场管理机构应当将鸟情信息分析报告和鸟害防范评估报告提供给驻场航空运输企业。

对飞行安全有危害的鸟种及机场防范鸟害的主要措施应当在航行资料上公布。

第五节 鸟情和鸟击报告制度

第二百零三条 当鸟情巡视人员发现鸟情可能危及飞行安全或者发现有规律的鸟群迁徙时，应当立即向空中交通管理部门通报。空中交通管理部门应当视情发布航行通告。

第二百零四条 在机场及附近发生航空器遭鸟撞击的事件时，机场管理机构应当以快报形式，向机场所在地民航地区管理局报告航空器遭鸟撞击的有关情况（包括航空器遭鸟撞击的时间、地点、高度及相关情况），并尽可能搜集和保存鸟撞击航空器的物证材料（如鸟类的尸骸、残羽、照片等）。

机场管理机构应当在鸟击事件发生24小时内，按照中国民航鸟击报告格式将有关情况报中国民航鸟击航空器信息网。

在跑道上发现的被撞死鸟，亦应当按前款要求报中国民航鸟击航空器信息网。

第二百零五条 航空器维修部门、空中交通管理部门、航空运输企业发现航空器遭鸟撞击的情况后，应当及时向机场管理机构通报有关情况。

货物运输部门所载运的动物在机场内逃逸时，应当立即抓捕并及时通知机场管理机构。

第九章 除冰雪管理

第二百零六条 有降雪或者道面结冰情况的机场，机场管理机构应当成立机场除冰雪专门协调机构，负责对除冰雪工作进行指导和协调。该协调机构应当由机场管理机构、航空运输企业、空中交通管理部门等单位负责人组成。

第二百零七条 机场管理机构应当结合本机场的实际情况，制定除冰雪预案，并认真组织实施，最大限度地消除冰雪天气对机场正常运行的影响。

第二百零八条 除冰雪预案应当遵循跑道、滑行道、机坪、车辆服务通道能够同步开放使用的原则，避免因局部原因而影响机场的开放使用。

第二百零九条 除冰雪预案应当包括：

（一）除冰雪专门协调机构的人员组成；

（二）除冰雪作业责任单位、责任人及其相应职责；

（三）除冰雪过程中的信息传递程序和通信方式；

（四）因除冰雪而关闭跑道及其他设施的决定程序；

（五）针对干雪、湿雪、雪浆等以及不同气温的除冰雪作业程序、车辆设备和人员的作业组合方式；

（六）跑道摩擦系数的测试方法和公布程序；

（七）除冰雪车辆、设备及物资储备清单。

第二百一十条 机场管理机构应当在入冬前做好除冰雪的准备工作。准备工作主要包括：

（一）召开除冰雪协调会议，为冬季运行做准备；

（二）对除冰雪人员进行培训；

（三）对除冰雪车辆及设备进行全面维护保养；

（四）按照机场除冰雪预案，对车辆设备、编队作业、协调指挥、通信程序进行模拟演练。演练应当在航班结束后在跑道、滑行道、机坪上实地进行，一般情况下每年入冬前演练次数不少于3次；

（五）对除冰液等物资的有效性和储备情况进行全面检查；

（六）确定堆雪场地。

第二百一十一条 目视助航设施上的积雪以及所有影响导航设备电磁信号的冰雪，应当予以清除。

第二百一十二条 除冰雪作业过程中，应当注意保护跑道、滑行道边灯及其他助航设备。雪和冰的临时堆放高度与航空器发动机底端或螺旋桨桨叶的垂直距离不得小于40厘米，与机翼的垂直距离不得小于1米。

第二百一十三条 降雪时应当及时清除跑道、滑行道、机坪、道肩上的积雪，防止道面产生冻胀和发生冻融破坏。

第二百一十四条 在航空器周边5米范围内，不得使用大型除雪设备。

第二百一十五条 机场管理机构应当根据本机场气候条件并参照过去5年的冰雪情况配备除冰雪设备。年旅客吞吐量500万人次以上的机场，除冰雪设备配备应当能够达到编队除雪，并且一次编队至少能够清除跑道上40米宽范围的积雪，具备边下雪边清除跑道积雪的能力，保证机场持续开放运行；年旅客吞吐量在200万至500万人次的机场，除冰雪设备配备应当能保证雪停后1小时内机场可开放运行；年旅客吞吐量200万人次以下的机场，除冰雪设备配备应当能保证雪停后2小时内机场可开放运行；日航班量少于2班的机场，除冰雪设备配备应当能保证雪停后4小时内机场可开放运行。

前款不适用偶尔有降雪的机场。偶尔有降雪的机场可参照上款执行。年旅客吞吐量200万人次以上、偶尔有降雪的机场应当配备除冰液洒布车。

第二百一十六条 为保证机场尽快开放使用，在滑行道、机坪积雪厚度小于5厘米时，可先仅清除标志上的积雪，以使航空器运行，但应当尽快清除全部积雪。

第二百一十七条 偶尔有降雪的机场，应当根据天气预报，在降雪前洒布除冰液。

第二百一十八条 利用航班间隙清除跑道、滑行道上的冰雪时，机场管理机构应当指定一名现场指挥员，负责除冰雪工作的协调，并与空中交通管理部门保持联络。所有除冰雪车辆应当与现场指挥员建立有效的通讯联系。

第二百一十九条 当机场某一区域除冰雪完毕后，机场管理机构应当对该区域进行检查，符合条件后，应当及时将开放的区域报告空中交通管理部门。

第二百二十条 位于经常降雪或降雪量较大地区的机场，机场管理机构应当事先确定冰雪堆放场地。在机坪上堆放冰雪，不得影响航空器、服务车辆的运行，并不得被航空器气流吹起。雪停后，应当及时将机坪上的冰雪全部清除。

第二百二十一条 位于经常降雪或降雪量较大地区、年旅客吞吐量200万人次以上的机场，应当设置航空器集中除冰坪。

除冰坪的设置应当符合《民用机场飞行区技术标准》的规定。

机场管理机构承担航空器除冰作业的，机场管理机构应当会同航空运输企业、空中交通管理部门结合本机场的实际情况，制定航空器除冰预案，配备必要的除冰车辆、设备和物资，并认真组织演练，最大限度地消除天气对航空器正常运行的影响。

第十章　不停航施工管理

第一节　基本要求

第二百二十二条 机场管理机构应当制定机场不停航施工管理规定，对不停航施工进行监督管理，最大限度地减少不停航施工对机场正常运行的影响，避免危及机场运行安全。

第二百二十三条 不停航施工是指在机场不关闭或者部分时段关闭并按照航班计划接收和放行航空器的情况下，在飞行区内实施工程施工。不停航施工不包括在飞行区内进行的日常维护工作。

机场不停航施工工程主要包括：

（一）飞行区土质地带大面积沉陷的处理工程，围界、飞行区排水设施的改造工程等；

（二）跑道、滑行道、机坪的改扩建工程；

（三）扩建或更新改造助航灯光及电缆的工程；

（四）影响民用航空器活动的其他工程。

第二百二十四条 机场管理机构负责机场航站区、停车楼等区域的施工（含装饰装修）的统一协调和管理。

对于航站区、停车楼等区域的施工（含装饰装修），机场管理机构应当会同建设单位、施工单位、公安消防部门及其他相关单位和部门共同编制施工组织管理方案。

施工组织管理方案应当参照不停航施工管理的要求对影响安全的情况采取必要的措施，并尽可能降低对运行的影响。

第二百二十五条 在机场近期总体规划范围内的工程施工，机场管理机构应当对原有地下管线进行核实，防止施工对机场运行安全造成影响。

第二百二十六条 未经民航总局或者民航地区管理局批准，不得在机场内进行不停航施工。

机场管理机构负责机场不停航施工期间的运行安全，并负责批准工程开工。实施不停航施工，应当服从机场管理机构的统一协调和管理。

机场管理机构应当会同建设单位、施工单位、空中交通管理部门及其他相关单位和部门共同编制施工组织管理方案。

第二百二十七条 施工组织管理方案应当包括：

（一）工程内容、分阶段和分区域的实施方案、建设工期；

（二）施工平面图和分区详图，包括施工区域、施工区与航空器活动区的分隔位置、围栏设置、临时目视助航设施设置、堆料场位置、大型机具停放位置、施工车辆和人员通行路线和进出道口等；

（三）影响航空器起降、滑行和停放的情况和采取的措施；

（四）影响跑道和滑行道标志和灯光的情况和采取的措施；

（五）需要跑道入口内移的，对道面标志、助航灯光的调整说明和调整图；

（六）对跑道端安全区、无障碍物区和其他净空限制面的保护措施，包括对施工设备高度的限制要求；

（七）影响导航设施正常工作的情况和所采取的措施；

（八）对施工人员和车辆进出飞行区出入口的控制措施和对车辆灯光和标识的要求；

（九）防止无关人员和动物进入飞行区的措施；

（十）防止污染道面的措施；

（十一）对沟渠和坑洞的覆盖要求；

（十二）对施工中的飘浮物、灰尘、施工噪音和其他污染的控制措施；

（十三）对无线电通信的要求；

（十四）需要停用供水管线或消防栓，或消防救援通道发生改变或被堵塞时，通知航空器救援和消防人员的程序和补救措施；

（十五）开挖施工时对电缆、输油管道、给排水管线和其他地下设施位置的确定和保护措施；

（十六）施工安全协调会议制度，所有施工安全相关方的代表姓名和联系电话；

（十七）对施工人员和车辆驾驶员的培训要求；

（十八）航行通告的发布程序、内容和要求；

（十九）各相关部门的职责和检查的要求。

第二百二十八条 机场管理机构对机场不停航施工的管理包括：

（一）对施工图设计和招标文件中应当遵守的有关不停航施工安全措施的内容进行审查；

（二）在施工前，召开由相关单位和部门参加的联席会议，落实施工组织管理方案；

（三）与建设单位签定安全责任书。工程建设单位为机场管理机构时，机场管理机构应当与施工单位签订安全责任书；

（四）建立由各相关单位和部门代表组成的协调工作制度，并确保施工组织管理方案中所列各相关单位联系人和电话信息准确无误；

（五）每周或者视情召开施工安全协调会议，协调施工活动。在跑道、滑行道进行的机场不停航施工，应当每日召开一次协调会；

（六）对施工单位的人员培训情况进行抽查；

（七）对施工单位遵守机场管理机构所制定的人员和车辆进出飞行区的管理规定以及车辆灯光、标识颜色是否符合标准的

件，为员工配备相应的劳动防护用品，并采取防护措施。员工上岗时必须穿(佩)戴和使用有效的劳动防护用品，设施设备必须安装防护装置。

劳动防护用品应当符合《劳动防护用品选用规则》的规定。

第二百七十五条 清洗油料容器的污水、油罐的积水，应当通过污水处理等净化设施进行处理。未经处理的污水、废油不得直接排放。

污水、废油的排放应当符合环境保护有关规定。

第二百七十六条 跑、冒、滴、漏的油品应当及时回收，不得直接冲洗到生产作业单位以外。失效的泡沫液(粉)以及其他含油或有害物质等应当集中处理。民用航空油料储存运输容器的清洗应当符合有关规定的要求。

第三节 应急处置

第二百七十七条 航空油料供应单位应当按照国家和行业的有关规定，结合本单位实际，制定航空油料供应突发事件应急预案。

航空油料供应突发事件应急预案应当纳入机场应急救援预案体系。

第二百七十八条 航空油料供应突发事件主要指：

(一)油品质量导致的飞行事故；

(二)火灾、爆炸事故；

(三)溢油污染事故；

(四)加错油；

(五)加油过程中加油胶管(接头)爆裂；

(六)拉坏航空器(加油车)加油接头或刮碰航空器；

(七)人员伤亡事故；

(八)其他突发事件。

第二百七十九条 应急预案应当包括：

(一)制定应急预案的目的和适用范围；

(二)应急指挥机构及相关部门职责和装备；

(三)生产作业单位基本情况。包括：主要油料设施、设备情况；航空油料的品名及正常储存数量；员工人数和排班情况；占地面积等；

(四)负责参与应急救援的单位负责人名册、联络方式和电话；

(五)应急处置程序、处置方案；

(六)紧急疏散及警戒设置；

(七)社会支援与协助措施等。

第二百八十条 航空油料供应单位应当按照规定，配备必要的应急设备和器材。

航空油料供应单位应当每年至少组织一次应急演练，并对相关人员进行应急培训。在演练中发现的问题要及时整改，并对应急预案进行修订和完善。

第二百八十一条 航空油料供应场所突发紧急事件时，生产作业单位应当立即向上一级单位以及机场管理机构报告，视情及时启动应急预案，并按照应急预案进行处置。

第二百八十二条 应急处置结束后，应当及时清理垃圾、废弃物等，减轻对环境的破坏。

第十二章 机场运行安全信息管理

第一节 基本要求

第二百八十三条 机场管理机构应当向民航地区管理局报告机场运行安全信息。运行安全信息包括机场使用细则资料的变更、安全生产建议、影响运行安全的事件或隐患等与安全生产有关的信息。

第二百八十四条 发生影响机场运行安全的事件或隐患时，各运行保障单位均应当立即报告机场管理机构。

第二百八十五条 机场管理机构应当与航空运输企业及其他驻场单位建立信息共享机制，相互提供必要的生产运营信息，为旅客和货主提供及时准确的信息和服务。

机场管理机构、航空运输企业及其他驻场运行保障单位均有免费提供信息的义务及使用信息的权利。任何单位不得将免费获得的信息用于商业经营。

第二百八十六条 机场管理机构应当建立统一的机场运行信息平台。航空运输企业和空中交通管理部门应当及时、准确地向机场管理机构提供航班计划、航班动态等信息，由机场管理机构根据机场的实际需要加以整理后发布，保证各生产保障单位、旅客和机场其他用户及时获得所需信息。上述信息均应当无偿提供。

第二节 机场运行安全信息报告制度

第二百八十七条 机场管理机构应当建立机场运行安全信息报告制度，包括航行资料报告制度、日常通报制度、快报制度和月报制度。

第二百八十八条 航行资料报告制度的要求如下：

当机场飞行区有下列情况之一的，机场管理机构应当及时向驻场空中交通管理部门提供航行资料。对可预见或事先有计划的资料更改，应当按《民用航空航行情报工作规则》中的有关规定提前提供；对不可预见的临时性的资料，应当及时提供。

(一)《机场使用细则》中的机场资料发生变更；

(二)跑道、滑行道、机坪或其部分的关闭、恢复或运行限制发生变化；

(三)跑道、滑行道、机坪的数量、运行限制及物理特性发生变化；

(四)跑道、滑行道、机坪道面标志线、标记牌发生变化；

(五)助航灯光设施、风斗发生变化；

(六)登机桥数量发生变化；

(七)飞行区和障碍物限制面内影响飞行安全的障碍物的增加、排除或变动，障碍灯发生变化；

(八)飞行区内不停航施工的开工和计划完工时间、每日施工开始和结束时间、施工区域的安全标志和灯光的设置发生变化；

(九)救援和消防保障等级发生变化(不含临时的变化)；

(十)机场通信、导航、雷达、气象设备发生变化；

(十一)其他情况发生变化需要发布航行通告的。

第二百八十九条 日常通报制度的要求如下：

发现可能影响航空器正常和安全运行的下列情况之一的，机场管理机构应当及时向空中交通管理部门（塔台管制员）通报。

（一）跑道、滑行道或机坪道面破损或者拱起；

（二）跑道、滑行道、机坪有积雪、雪浆或结冰；

（三）跑道摩擦系数低于标准要求的最低值；

（四）因积雪或者结冰而不开放使用的跑道、滑行道、机坪；

（五）跑道、滑行道或机坪上有液体化学物质；

（六）飞行区内有临时性障碍物，包括停放的航空器、施工机具、施工材料、车辆等；

（七）发现疑似航空器掉落的零部件；

（八）发现有航空器提前接地、冲出或偏出跑道的痕迹；

（九）目视助航设施（包括助航灯光、标记牌、风斗、障碍灯等）全部或部分失效或运行不正常；

（十）救援和消防保障水平发生变化；

（十一）净空保护区内发现新的障碍物、升空物体和影响航空安全的其他情况；

（十二）机场通信、导航、雷达、气象等设备发生故障、工作不正常、备份电源失效和其他变动情况；

（十三）有可能影响飞行安全的鸟群活动；

（十四）其他可能影响飞行安全的情况。

第二百九十条 快报制度的要求如下：

当发生下列情况之一时，机场管理机构应当立即以快报形式报告民航地区管理局：

（一）因机场飞行区保障原因造成飞行事故、飞行事故征候、航空地面事故和其他不安全事件；

（二）机场实施应急救援；

（三）非法干扰事件；

（四）航空器遭鸟击（包括航空器受损和没有受损）；

（五）跑道、滑行道或机坪因道面拱起、损坏而临时关闭抢修；

（六）因积雪或者结冰而不开放使用跑道、滑行道、机坪；

（七）跑道摩擦系数低于标准要求的最低值；

（八）飞行区内有临时性障碍物而影响机场运行，包括停放的航空器、施工机具、施工材料、车辆等；

（九）救援和消防保障水平发生变化；

（十）发现航空器掉落的零部件；

（十一）净空保护区内发现新的障碍物、升空物体和影响航空安全的其他情况；

（十二）航空器与航空器、车辆、设备、堆放物等发生碰撞；

（十三）外来物打坏航空器机身、发动机或扎破轮胎；

（十四）航空器、车辆、人员及动物侵入跑道；

（十五）机场供电、目视助航设施（包括助航灯光、标记牌、风斗、障碍灯等）全部或部分失效或运行不正常；

（十六）机场通信、导航、雷达、气象等设备发生故障、工作不正常、备份电源失效和其他变动情况；

（十七）航空器滑行错误、落错跑道，发现有航空器提前接地、冲出或偏出跑道的痕迹；

（十八）航站楼弱电系统运行出现故障或运行不正常；

（十九）其他运行不正常情况。

第二百九十一条 快报中应当说明事件发生的经过、拟采取或者已采取的措施等。

事件处理完成后，机场管理机构应当及时将原因分析及处理结果报告民航地区管理局。

第二百九十二条 机场管理机构应当在每月月底前三天将机场运行安全情况以月报形式报告民航地区管理局。月报应当包括：

（一）当月内快报的全部内容；

（二）机场使用许可证的颁发、变更情况；

（三）跑道、滑行道、机坪全部或部分临时关闭和重新开放使用的情况；

（四）跑道、滑行道、机坪、供电、目视助航设施、消防救援、驱鸟、通信、导航、气象、雷达等保障设施的变化情况，包括扩建、新增、更新改造等；

（五）不停航施工进展情况；

（六）新增或查处超高障碍物的情况；

（七）应急救援出动或演练情况。

第二百九十三条 航空运输企业及其他驻场单位在机场内发生不安全事件，或发现机场设施达不到标准时，应当通报机场管理机构并报告民航地区管理局。

第二百九十四条 空中交通管理部门在获知飞行员反映机场设施达不到标准、或者其他不便于航空器运行的情况时，应当及时通知机场管理机构及民航地区管理局。

第二百九十五条 年旅客吞吐量1000万人次以上的机场，应当每周向民航总局报告机场运行情况，报告应当抄送民航地区管理局。报告内容包括快报和月报所包含的内容，以及机场本周的旅客吞吐量、航空器起降架次、货运吞吐量、航班正常率等。

第十三章 法律责任

第二百九十六条 机场管理机构未按照本规定的要求建立健全设施设备管理制度的，或未按要求进行巡视检查、检测、报告、维护，保持设施设备的持续适用的，或在设施设备出现问题时未采取有效措施及时修复的，由民航总局或民航地区管理局处以5000元以上1万元以下的罚款；情节严重的，处以1万元以上3万元以下的罚款。

第二百九十七条 航空运输企业及其他驻场单位未按照本规定的要求，对各自的有关机场运行安全的设施设备及时进行维护，保持设施设备的持续适用的，由民航总局或民航地区管理局责令改正，并处以5000元以上1万元以下的罚款；情节严重的，民航总局或民航地区管理局应当对责任单位处以1万元以上3万元以下的罚款。

第二百九十八条 航空运输企业及其他各驻场单位未遵守民用机场使用手册及机场管理机构为保障飞行安全和正常运营所制定的并经民用航空主管部门批准的管理规定的，由民航总局或民航地区管理局给予警告；情节严重的，处以1万元以上3万元以下的罚款。

第二百九十九条 违反本规定第八条的规定，机场管理机构滥用管理权限损害航空运输企业或其代理人及其他驻场单位合法权益的，由民航总局或民航地区管理局责令改正，并给予警告；情节严重的，处以1万元以上3万元以下的罚款。

第三百条 违反本规定第十三条的规定，机场管理机构未按照民航总局或民航地区管理局批准的机场开放使用范围为航空器提供安全保障的，由民航总局或民航地区管理局责令改正，并给予警告；拒不改正的，处以1万元以上3万元以下的罚款。

第三百零一条 违反本规定第十三条规定，机场管理机构、航空运输企业及其他各驻场单位使用国家已明令禁止使用的设备及未经民航总局认可的民航专用设备的，由民航总局或民航地区管理局处以1万元以上3万元以下的罚款。

第三百零二条 机场管理机构、航空运输企业及其他运行保障单位未按照本规定第二章的要求组织员工培训和考核，由民航总局或民航地区管理局责令改正，并处以5000元以上1万元以下的罚款；情节严重的，处以1万元以上3万元以下的罚款。

第三百零三条 机场管理机构未按照本规定第三章的要求管理民用机场使用手册，而导致机场运行安全隐患的，由民航总局或民航地区管理局责令改正，并处以5000元以上1万元以下的罚款；情节严重的，处以1万元以上3万元以下的罚款。

第三百零四条 违反本规定第四章第一节的要求，机场管理机构未履行飞行区设施设备维护职责的，由民航总局或民航地区管理局责令改正，并给予警告；情节严重的，处以1万元以上3万元以下的罚款。

第三百零五条 违反本规定第七十条第三款的规定，未经塔台管制员许可，人员、车辆进入运行中的跑道、滑行道的，由民航总局或民航地区管理局给予警告；情节严重的，对责任单位处以3万元的罚款。

第三百零六条 机场管理机构未按照本规定第四章第四节的要求进行跑道摩擦系数测试及维护，而导致机场运行安全隐患的，由民航总局或民航地区管理局责令改正，并处以1万元以上3万元以下的罚款。

第三百零七条 机场管理机构未按照本规定第九十九条要求指派相应的部门和人员对机坪运行实施全天动态检查的，由民航总局或民航地区管理局处以1万元以下罚款；情节严重的，处以1万元以上3万元以下的罚款。

第三百零八条 机场管理机构未按照本规定第七章的要求履行净空和电磁环境保护职责，而导致机场运行安全隐患的，由民航总局或民航地区管理局处以5000元以上1万元以下的罚款；情节严重的，处以1万元以上3万元以下的罚款。

第三百零九条 机场管理机构未按照本规定第八章的要求采取措施防范动物侵入，而导致机场运行安全隐患的，使机场运行安全受到影响的，由民航总局或民航地区管理局责令改正，并给予警告；情节严重的，处以3万元以下罚款。

第三百一十条 机场管理机构未按照本规定第九章的要求履行除冰雪管理职责，而导致机场运行安全隐患的，由民航总局或民航地区管理局处以5000元以上1万元以下的罚款；情节严重的，处以1万元以上3万元以下的罚款。

第三百一十一条 机场管理机构未按照本规定的要求制定机场施工管理规定的，以及未按照本规定和机场施工管理规定落实施工管理工作的，民航总局或民航地区管理局应当对机场管理机构处以1万元以上3万元以下的罚款。

第三百一十二条 违反本规定第二百二十六条的要求，未经民航总局或民航地区管理管理局批准，擅自实施不停航施工的，由民航总局或民航地区管理局处以1万元以上3万元以下的罚款。

第三百一十三条 违反本规定第二百五十七条的要求，航空油料供应单位未取得航空油料供应的相关资质证书和许可证书，擅自在机场内从事航空油料供应的，由民航总局或民航地区管理局处以1万元以上3万元以下的罚款。

第三百一十四条 未按照本规定第二百六十条的要求，航空油料供应设施设备和航空油料供应特种设备未经验收、检验或者检测合格而投入使用的，由民航总局或民航地区管理局对航空油料供应单位处以1万元以上3万元以下的罚款。

第三百一十五条 航空油料供应单位未按照本规定第十一章第二节运行安全管理的要求履行油料运行安全管理职责的，由民航总局或民航地区管理局责令改正，并处以5000元以上1万元以下的罚款；情节严重的，由民航总局或民航地区管理局处以1万元以上3万元以下的罚款。

第三百一十六条 机场管理机构、航空运输企业未按照本规定第十二章的要求履行机场运行安全信息报告和发布义务的，由民航总局或民航地区管理局责令改正，并给予警告；拒不改正的，处以1万元以上3万元以下的罚款。

第十四章　附　　则

第三百一十七条 本规定自2008年2月1日起施行。民航总局2000年12月18日颁布的《民用机场不停航施工管理规定》(民航总局令第97号)同时废止。

外国航空运输企业航线经营许可规定

中国民用航空总局令　第192号

《外国航空运输企业航线经营许可规定》（CCAR−287）已经2008年5月19日中国民用航空局局务会议通过，现予公布，自2008年7月11日起施行。

局长：李家祥

二〇〇八年六月十一日

第一章　总　　则

第一条　为了规范对外国航空运输企业经营外国地点和中华人民共和国地点间规定航线的管理，根据《中华人民共和国民用航空法》，制定本规定。

第二条　外国航空运输企业（以下简称“外航”）申请经营外国地点和中华人民共和国地点间规定航线，应当符合中外双方政府民用航空运输协定或者有关协议的规定，并先经其本国政府通过外交途径对其进行指定，双方航空运输协定或有关协议另有规定的除外。

第三条　中国民用航空局（以下简称“民航局”）负责外航航线经营许可的统一管理。

外航应当在其本国政府通过外交途径对其正式指定后依据本规定向民航局申请经营外国地点和中华人民共和国地点间规定航线的经营许可。

民航地区管理局负责对本地区运营的外航航线航班进行监督管理。

第四条　民航局审批外航经营许可实行互惠对等的原则。外国政府航空主管部门对中华人民共和国航空运输企业申请经营中华人民共和国地点和外国地点间规定航线的经营许可进行不合理限制的，民航局采取对等措施。

第二章　经营许可申请程序

第五条　外航申请经营许可应当在计划开航之日60日前向民航局提出。

外航申请经营许可不符合时限规定的，民航局不予受理，但双方航空运输协定或有关协议另有规定的除外。

第六条　外航申请经营许可应当向民航局递交由该外航总部法定代表人或者经其书面授权的人员使用中文或者英文签发的申请书及其附带材料。

申请书应当包括以下内容：计划开通的外国地点和中华人民共和国地点间的规定航线、开航日期、航班号和代码共享航班号、每周班次和班期、本企业所有或者以湿租方式租赁的飞机机型和航空器登记号。

外航随申请书一并提交的附带材料包括：

（一）外国政府指定该外航经营外国地点和中华人民共和国地点间规定航线的文件复印件；

（二）外国政府航空主管部门为该外航颁发的从事公共航空运输的航空经营人许可证（AOC）复印件；

（三）企业注册证明复印件；

（四）企业章程或由法定企业登记机构出具的，载有企业主要营业地、企业性质（国有或者私有）、股份结构、投资方国籍及董事会成员姓名和国籍的证明文件；

（五）企业的客、货运输条件；

（六）企业的正式中、英文名称，企业简介（包括成立时间、机队规模、航线网络等），总部及在中华人民共和国境内的联系人及其地址、电话、传真、电子邮件地址，国际民航组织为该公司指定的三字代码和国际航空运输协会为该公司指定的两字代码；

（七）使用湿租的航空器的，还应当提供湿租协议复印件以及双方航空运输协定或有关协议就使用湿租航空器经营的问题要求提供的文件；

（八）民航局根据法律、法规、双边协议要求外航提交的其他资料或者文件。

第七条　外航根据民航局颁发的经营许可开始经营外国地点和中华人民共和国地点间规定航线后要求经营新航线的，应当向民航局申请新航线的经营许可。

外航申请新航线经营许可的，可不提供本规定第六条第（二）、（三）、（四）、（五）、（六）项规定的资料或者文件。

第八条　外航根据民航局颁发的经营许可经营规定航线或者在申请新航线经营许可的过程中，本规定第六条第（二）、（三）、（四）、（五）、（六）、（七）项中的内容发生变更的，应当自变更之日起三十日内书面通知民航局或者在提交新航线经营许可的申请时书面通知民航局。

第九条　外航委托代理机构代表其向民航局申请经营许可的，应当委托具有办理相应业务能力的代理机构，并应当出具正式委托书。

第三章　经营许可的审查和批准

第十条　民航局对外航提交的申请材料进行形式审查。民航局认为必要的，可以进行实质性审查。

外航对其所提交的全部申请材料的真实性负责。

第十一条　申请材料齐全、符合法定形式的，民航局受理外航的申请。申请材料不齐全或者不符合法定形式的，民航局在5个工作日内一次性通知该外航需要补充的全部内容，逾期不通知的，自收到申请材料之日起即为受理。

外航按要求补齐全部材料后，民航局受理申请，申请材料经补正后仍不符合要求的，民航局不予受理，并出具不予受理的书面凭证。

第十二条 除双方航空运输协定或有关协议另有规定外，民航局自受理申请之日起20个工作日内做出是否批准的决定。民航局在20个工作日内不能做出决定的，经民航局局长批准，可以延长10个工作日，并将延长期限的理由告知外航。

第十三条 民航局依法做出批准决定后，自做出批准决定之日起10个工作日内向外航颁发经营许可。民航局依法做出不予批准决定的，向外航出具书面决定并说明理由。

第四章　经营许可的延长和变更

第十四条 外航应当在经营许可规定的有效期满前30日向民航局提出延长经营许可的申请。逾期提出且没有正当理由的，民航局做出不予受理的书面决定。外航在经营许可有效期满后未提出延续申请的，民航局注销其经营许可。

第十五条 外航申请延长经营许可，应当提供下列文件：

(一)需延长的经营许可复印件；

(二)外国地点和中华人民共和国地点间规定航线的航线表。

第十六条 外航申请改变所持经营许可内容的，应当以书面形式向民航局提出，并详细列明需要改变的内容及原因。

第十七条 民航局对外航提出延长或者变更经营许可的申请，在本规定第十二条、第十三条规定的期限内做出决定。

第五章　经营许可的管理

第十八条 外航应当在经营许可允许的范围和有效期内经营外国地点和中华人民共和国地点间规定航线。

第十九条 外航应当采取有效措施，妥善保管民航局颁发的经营许可，防止损坏或者遗失。

第二十条 外航损坏或者遗失经营许可的，应当立即向民航局书面报告，并提出补发经营许可的申请。

第二十一条 外航不得涂改、转让、租赁、买卖民航局颁发的经营许可。经涂改、转让、租赁、买卖的经营许可无效。

第六章　航班计划申请和批准

第二十二条 外航依照民航局颁发的经营许可经营航线的过程中，应当按照夏秋和冬春两个航季申请航班计划，并在每个航季开始前60日按规定的格式及内容向民航局提出。民航局根据本规定对航班计划进行审核后，做出批准或者不批准的决定。外航未按规定时限提出航班计划申请的，按照停航处理。

第二十三条 航班计划包括航线、班次、班期、航班号、机型、是否使用湿租航空器及是否利用代码共享的方式经营航班等内容。

第二十四条 外航在每个航季的航班经营过程中，不得随意更改航班计划。因商业原因需要更改航班计划的，外航应当在拟更改日30日前向民航局提出申请，获得批准后方可执行。

第二十五条 因天气、飞机故障等原因需要临时更改航班计划的，外航应当立即向民航局提出申请，获得批准后方可执行。

第二十六条 外航应当按照民航局批准的航班计划经营外国地点和中华人民共和国地点间的规定航线。外航因商业原因计划停止执行全部或部分规定航线的，应当书面通知民航局并说明理由。外航擅自停航的，民航局对其提出的新航季航班计划不予批准。

第二十七条 因市场需求需要安排临时加班飞行的，外航应当在拟加班日5个工作日前向民航局提出申请，获得批准后方可经营，双方航空运输协定或有关协议另有规定的除外。

除特殊情况外，外航申请的每周加班数量不得超过定期航班的数量。民航局不批准外航提出的固定加班的申请。

第七章　运输业务量统计资料

第二十八条 外航依照经营许可的规定开始经营规定航线后，应当在每月15日前按本规定附件《外国航空公司运输业务量统计表》的要求，向民航局提供上月航线运输业务量统计资料，并对资料内容的准确性、真实性和完整性负责。

第八章　法律责任

第二十九条 外航以欺骗、贿赂等不正当手段取得经营许可的，民航局撤销该项许可，给予警告并处以3万元以下罚款，该申请人自被撤销许可之日起3年内不得重新申请；构成犯罪的，依法追究刑事责任。

第三十条 违反本规定第八条规定，外航没有按时书面通知变更信息的，民航局依法给予警告，或者处以3万元以下罚款。

第三十一条 违反本规定第二十一条规定，外航涂改、转让、租赁、卖卖经营许可的，民航局依法给予警告，并处以3万元以下罚款；情节严重的，暂停或者吊销其经营许可；构成犯罪的，依法追究其刑事责任。

第三十二条 违反本规定第二十四条规定，外航未经批准擅自更改航班计划的，民航局依法给予警告，并处以3万元以下罚款；情节严重的，暂停或者吊销其经营许可。

第三十三条 违反本规定第二十八条相关规定，外航向民航局迟报、瞒报有关情况，提供虚假材料或者拒绝提供反映其经营活动的情况或者资料的，民航局依法给予警告，并处以3万元以下罚款；情节严重的，暂停或者吊销其经营许可；构成犯罪的，依法追究其刑事责任。

第三十四条 外航违反法律、法规、规章规定的其他行为的，按照有关规定予以处理。

第九章　附　则

第三十五条 中华人民共和国香港特别行政区、澳门特别行政区和台湾地区的航空运输企业申请经营许可，参照本规定执行。

第三十六条 中华人民共和国香港特别行政区、澳门特别行政区和台湾地区与外国之间的定期飞行，按相关法律和程序办理。

第三十七条 本规定自发布之日起30日后施行。1996年3月2日发布的《外国航空公司经营许可的申请程序(暂行)》(民航运函[1996]243号)同时废止。

外商投资民用航空业规定

中　国　民　用　航　空　总　局
中华人民共和国对外贸易经济合作部　令
中华人民共和国国家发展计划委员会
第110号

《外商投资民用航空业规定》（CCAR-201）已经2001年12月10日中国民用航空总局局务会议、对外贸易经济合作部和国家发展计划委员会通过，并经国务院批准，现予公布，自2002年8月1日起施行。

民用航空总局局长：杨元元
对外贸易经济合作部部长：石广生
国家发展计划委员会主任：曾培炎

二〇〇二年六月二十一日

第一条　为进一步扩大中国民用航空业（以下简称“民航业”）的对外开放，促进民航业的改革和发展，保护投资者的合法权益，根据《中华人民共和国中外合资经营企业法》、《中华人民共和国中外合作经营企业法》、《指导外商投资方向规定》和《外商投资产业指导目录》（以下分别简称《规定》和《目录》）及有关民航业的法律、法规，制定本规定。

第二条　外国公司、企业及其他经济组织或个人（以下简称外商）投资民航业适用本规定。

第三条　外商投资民航业范围包括民用机场、公共航空运输企业、通用航空企业和航空运输相关项目。禁止外商投资和管理空中交通管制系统。

（一）鼓励外商投资建设民用机场。本规定所称“民用机场”不包括军民合用机场。外商投资民用机场分两类项目：

1.民用机场飞行区，包括跑道、滑行道、联络道、停机坪、助航灯光；

2.航站楼。

（二）鼓励外商投资现有的公共航空运输企业。

鼓励外商投资从事农、林、渔业作业的通用航空企业。

允许外商投资从事公务飞行、空中游览或为工业服务的通用航空企业，但不得从事涉及国家机密的作业项目。

（三）“航空运输相关项目”包括航空油料、飞机维修、货运仓储、地面服务、航空食品、停车场和其他经批准的项目。

第四条　外商投资方式包括：

（一）合资、合作经营（简称“合营”）；

（二）购买民航企业的股份，包括民航企业在境外发行的股票以及在境内发行的上市外资股；

（三）其他经批准的投资方式。

外商以合作经营方式投资公共航空运输和从事公务飞行、空中游览的通用航空企业，必须取得中国法人资格。

第五条　外商投资公共航空运输企业和民用机场，在同等条件下，对具有国际先进经营管理水平的外国同类企业予以优先考虑。

第六条　外商投资民用机场，应当由中方相对控股。

外商投资公共航空运输企业，应当由中方控股，一家外商（包括其关联企业）投资比例不得超过25%。

外商投资从事公务飞行、空中游览、为工业服务的通用航空企业，由中方控股；从事农、林、渔业作业的通用航空企业，外商投资比例由中外双方商定。

外商投资飞机维修（有承揽国际维修市场业务的义务）和航空油料项目，由中方控股；货运仓储、地面服务、航空食品、停车场等项目，外商投资比例由中外双方商定。

第七条　外商投资的合营企业经营期限一般不超过30年。

第八条　外商投资的民用机场企业，其航空业务收费执行国家统一标准，非航空业务收费标准由企业商请当地物价部门确定。

外商投资的公共航空运输企业和通用航空企业，必须执行国家价格政策。

第九条　外商投资建设民用机场所需使用的土地，按照国家有关土地管理的法律、法规及中国民用航空总局（以下简称民航总局）有关机场用地管理规定，办理土地评估及土地使用权处置审批手续。

第十条　投资建设民用机场的外商，可优先投资经营航空运输相关项目。

第十一条　外商投资民航业限额以上的项目，按照项目性质，分别由国家发展计划委员会（基本建设项目）和国家经济贸易委员会（技术改造项目）在征得民航总局的同意后审批项目建议书和可行性研究报告；对外贸易经济合作部（以下简称“外经贸部”）审批合同、章程。限额以下的项目，由民航总局审批项目建议书和可行性研究报告，外经贸部审批合同、章程。

一、增加港、澳服务提供者投资内地民航业的范围

110号令规定外商投资民航业的范围包括民用机场、公共航空运输企业、通用航空企业和航空运输相关项目。根据《安排》补充协议，对港、澳服务提供者增加了可以投资从事机场委托管理和机场管理咨询、培训。

二、扩大港、澳服务提供者的投资比例

110号令允许外商投资的比例都限定在合资、合作范围内。根据《安排》补充协议，增加了港、澳服务提供者在中小机场委托管理、机场管理咨询和机场地面服务有关项目三个领域可以独资方式提供服务。

三、限定港、澳服务提供者以独资方式投资地面服务的范围

根据《安排》补充协议，港、澳服务提供者可以独资方式投资地面服务的范围限定在代理服务、装卸控制和通信联络及离港控制系统服务、集装设备管理服务、旅客与行李服务、货物与邮件服务、机坪服务、飞机服务等七项。这七项基本上是按照IATA对地面服务的分类，在排除燃料加注、航空器维修、航班运行和机组管理、配餐、安检等项目后确定的。

四、对港、澳服务提供者的要求

为防止跨国公司以港、澳公司名义，享受CEPA中规定的优惠条件进入内地，CEPA对港、澳服务提供者做出了定义，即作为自然人的港、澳服务提供者应是港、澳特别行政区的永久居民，作为法人的港、澳服务提供者应根据港、澳相关法规注册成立，并在港、澳从事实质性商业经营。CEPA还规定了判定港、澳服务提供者的具体标准。

投资民航业的港、澳服务提供者除了必须符合上述CEPA的一般要求外，为防止外航通过我承诺进入机场地面服务领域，我们对提供地面服务的港、澳服务提供者还作了专门规定，即提供航空运输地面服务的香港、澳门服务提供者应已获得香港、澳门从事航空运输地面服务业务的专门牌照，从事实质性商业经营5年以上（含5年）。

为防止航空公司控制机场，坚持航空公司和机场分立的原则，对提供机场管理服务的澳门服务提供者规定，如果是航空公司的关联企业，还应适用内地有关法规、规章。

五、关于修订方式

2003年CEPA签署后，各部委对相关法规的修订都是以CEPA为上位法，以补充规定形式进行修订。此次《安排》补充规定签署后，商务部仍要求以此方式进行相关法规的修订。

六、其他需要说明的问题

《安排》补充协议还允许港、澳服务提供者以跨境交付、境外消费等方式提供中小机场委托管理、机场管理咨询服务。由于这两种方式不涉及投资，因此无法纳入《外商投资民用航空业规定》补充规定里，只能在今后的其他规定里体现。

《外商投资民用航空业规定》的补充规定(二)

中国民用航空总局令　第174号

《<外商投资民用航空业规定>的补充规定（二）》已经2006年11月30日中国民用航空总局局务会议审议通过，并经商务部和国家发展改革委审核通过，现予公布，自2007年1月4日起施行。

民用航空总局局长：杨元元
商　务　部　部　长：薄熙来
国家发展改革委主任：马　凯

二〇〇七年一月四日

根据国务院批准的《〈内地与香港关于建立更紧密经贸关系的安排〉补充协议二》、《〈内地与香港关于建立更紧密经贸关系的安排〉补充协议三》、《〈内地与澳门关于建立更紧密经贸关系的安排〉补充协议二》和《〈内地与澳门关于建立更紧密经贸关系的安排〉补充协议三》,现就《外商投资民用航空业规定》(民航总局、外经贸部、国家计委令第110号)做如下补充规定:

一、允许符合香港、澳门服务提供者定义的香港、澳门航空销售代理企业在内地设立合资、合作或独资航空运输销售代理企业,注册资本要求与内地企业相同。

二、本补充规定由中国民用航空总局、中华人民共和国商务部、国家发展和改革委员会按照各自职责负责解释。

三、本补充规定自2007年1月4日起实施。

《外商投资民用航空业规定》的补充规定(三)

中　国　民　用　航　空　总　局
中华人民共和国商务部　令
中华人民共和国发展和改革委员会
第189号

《<外商投资民用航空业规定>的补充规定（三）》已经2007年8月31日中国民用航空总局局务会议审议通过，并经商务部和国家发展改革委审核通过，现予公布，自2008年1月1日起施行。

民用航空总局局长：杨元元
商　务　部　部　长：薄熙来
国家发展改革委主任：马　凯

二〇〇七年十月十二日

根据国务院批准的《〈内地与香港关于建立更紧密经贸关系的安排〉补充协议四》和《〈内地与澳门关于建立更紧密经贸关系的安排〉补充协议四》,现就《外商投资民用航空业规定》(民航总局、外经贸部、国家计委令第110号)做如下补充规定:

一、允许符合条件的香港、澳门服务提供者在内地与内地的计算机订座系统(CRS)服务提供者成立合资企业。内地应在合资企业中控股。设立合资企业的营业许可须进行经济需求测试。

二、本补充规定由中国民用航空总局、中华人民共和国商务部、国家发展和改革委员会按照各自职责负责解释。

三、本补充规定自2008年1月1日起实施。

中国民用航空总局关于修订《民用航空安全信息管理规定》的决定

中国民用航空总局令　第180号

中国民用航空总局关于修订《民用航空安全信息管理规定》的决定已经2007年3月13日中国民用航空总局局务会议通过，现予公布，自2007年4月15日起施行。

局长：杨元元

二〇〇七年三月十五日

为了与《国际民用航空公约》附件十三有关要求相一致，进一步完善民用航空安全信息管理工作，中国民用航空总局决定对2005年3月7日以中国民用航空总局第143号令发布的《民用航空安全信息管理规定》(CCAR－396)做如下修订：

第九条修改为：

“**第九条**　民航总局鼓励航空安全自愿报告系统的建立，支持开展民用航空安全信息收集、报告和分析应用的技术研究，对在民用航空安全信息管理工作中做出贡献的单位和个人，给予表彰和奖励。”

第十一条修改为：

“**第十一条**　飞行事故信息的报告按照以下规定进行：

(一)飞行事故发生后，事发相关单位应当立即向事发地民航地区管理局报告事故信息。事发地民航地区管理局收到飞行事故信息后，应当立即报告民航总局，同时通报当地人民政府；在事故发生后12小时内，事发单位应当向事发地民航地区管理局填报“民用航空飞行不安全事件初始报告表”(附录一)。事发地民航地区管理局应当在事发后24小时内将审核后的初始报告表上报民航总局。

事发单位不能因为信息不全而推迟上报民用航空飞行不安全事件初始报告表；在上报民用航空飞行不安全事件初始报告表后如果获得新的信息，应当及时补充报告。

(二)由民航总局组织事故调查的，负责调查的单位应当在事故发生后12个月内向国务院或者国务院事故调查主管部门提交事故调查报告，并填报“民用航空飞行不安全事件最终报告表”(附录二)。由民航地区管理局组织事故调查的，负责调查的单位应当在事故发生后6个月内向民航总局提交事故调查报告和填报“民用航空飞行不安全事件最终报告表”。不能按期提交事故调查报告的，应当向接受报告的部门提交书面的情况说明。”

第十四条修改为：

“**第十四条**　其他不安全事件信息的报告按照以下规定进行：

(一)其他不安全事件发生后，事发相关单位应当尽快向事发地民航地区管理局报告。如果发生的是飞行不安全事件，事发单位应当于事发后24小时内向事发地民航地区管理局填报“民用航空飞行不安全事件初始报告表”；如果发生的是航空地面不安全事件，事发单位应当于事发后24小时内向事发地民航地区管理局填报“民用航空地面不安全事件初始报告表”。事发地民航地区管理局应当在事发后48小时内将审核后的初始报告表上报民航总局。如事实简单，责任清楚，也可直接报最终报告表。

(二)其他不安全事件调查结束后，负责调查的单位应当在10日内向民航总局填报“民用航空飞行不安全事件最终报告表”或“民用航空地面不安全事件最终报告表。”

第十八条修改为：

“**第十八条**　向国际民航组织和国外相关机构报告民用航空安全信息，按照以下规定执行：

(一)飞行事故或严重飞行事故征候发生后，民航总局向登记国、经营人所在国、设计国、制造国和国际民航组织发出通知。通知内容包括事发时间和地点、运营人、航空器型别、国籍登记号、飞行过程、机组和旅客信息、人员伤亡情况、航空器受损情况和危险品载运情况等。

(二)飞行事故调查结束后，民航总局向国际民航组织送交一份事故调查最终报告副本。

(三)飞行事故发生后30天内，民航总局向国际民航组织提交初始报告表。飞行事故和严重飞行事故征候调查结束后，民航总局尽早将最终报告表提交国际民航组织。

国际民用航空公约附件13修正案颁布后，民航总局将对其进行评估，决定采纳的，及时修订本规定；需要保留差异的，及时将差异通报国际民航组织。”

2005年3月7日以中国民用航空总局第143号令发布的《民用航空安全信息管理规定》(CCAR－396)根据本决定做相应的修订，重新公布。

本决定自2007年4月15日起施行。

民用航空安全信息管理规定

第一章 总　　则

第一条　为加强和规范民用航空安全信息管理，及时掌握民用航空安全信息，有效预防各类民用航空事故，控制和消除航空安全隐患，根据《中华人民共和国民用航空法》、《中华人民共和国安全生产法》和国家有关规定，制定本规定。

第二条　本规定适用于民用航空器飞行事故(以下简称“飞行事故”)、民用航空地面事故(以下简称“航空地面事故”)、民用航空器飞行事故征候(以下简称“飞行事故征候”)和其他不安全事件的信息管理。航空安全举报事件(以下简称“举报事件”)信息的管理适用本规定。

第三条　本规定所称民用航空安全信息是指与飞行事故、航空地面事故、飞行事故征候和其他不安全事件有关的信息。

飞行事故的定义和等级分类，按《民用航空器飞行事故等级》国家标准GB14648－93执行。

航空地面事故的定义和标准，按《民用航空地面事故等级》国家标准GB18432－2001执行。

飞行事故征候的定义、分类和标准，按《民用航空器飞行事故征候》民用航空行业标准MH2001－2004执行。

其他不安全事件是指航空器运行中发生航空器损坏、设施设备损坏、人员受伤或者是其他影响飞行安全的情况，但其程度未构成飞行事故征候或航空地面事故的事件。

以上国家、行业标准若被修订、代替，以最新版本为准。

第四条　本规定所称航空安全举报事件是指向中国民用航空总局(以下简称“民航总局”)或民航地区管理局举报的与航空安全有关的事件。

第五条　本规定所称航空安全信息系统是指专门用于民用航空安全信息收集、报告和管理的计算机网络系统。

第六条　本规定所称事发相关单位是指航空器运营人及事发地的运行保障单位。

第七条　民用航空安全信息工作实行统一管理、分级负责的原则。民航总局负责统一监督管理全行业航空安全信息工作；民航地区管理局负责监督管理本辖区内的民用航空安全信息工作。

第八条　民航总局负责组织建立航空安全信息系统，实现民用航空安全信息共享。

第九条　民航总局鼓励航空安全自愿报告系统的建立，支持开展民用航空安全信息收集、报告和分析应用的技术研究，对在民用航空安全信息管理工作中做出贡献的单位和个人，给予表彰和奖励。

第十条　民用航空安全信息应当按照规定报告，任何单位和个人不得瞒报、缓报或谎报民用航空安全信息。

第二章　民用航空安全信息的报告

第十一条　飞行事故信息的报告按照以下规定进行：

(一)飞行事故发生后，事发相关单位应当立即向事发地民航地区管理局报告事故信息。事发地民航地区管理局收到飞行事故信息后，应当立即报告民航总局，同时通报当地人民政府；在事故发生后12小时内，事发相关单位应当向事发地民航地区管理局填报“民用航空飞行不安全事件初始报告表”(附录一)。事发地民航地区管理局应当在事发后24小时内将审核后的初始报告表上报民航总局。

事发相关单位不能因为信息不全而推迟上报民用航空飞行不安全事件初始报告表；在上报民用航空飞行不安全事件初始报告表后如果获得新的信息，应当及时补充报告。

(二)由民航总局组织事故调查的，负责调查的单位应当在事故发生后12个月内向国务院或者国务院事故调查主管部门提交事故调查报告，并填报“民用航空飞行不安全事件最终报告表”(附录二)。由民航地区管理局组织事故调查的，负责调查的单位应当在事故发生后6个月内向民航总局提交事故调查报告和填报“民用航空飞行不安全事件最终报告表”。不能按期提交事故调查报告的，应当向接受报告的部门提交书面的情况说明。

第十二条　航空地面事故信息的报告按照以下规定进行：

(一)航空地面事故发生后，事发相关单位应当立即向事发地民航地区管理局报告事故信息。事发相关单位应当于事发后12小时内向事发地民航地区管理局填报“民用航空地面不安全事件初始报告表”(附录三)；事发地民航地区管理局应当在事发后24小时内将审核后的初始报告表上报民航总局。

事发相关单位上报航空地面事故初始报告表后如果获得新的信息，应当及时补充报告。

(二)航空地面事故调查结束后，负责事故调查的单位应当在10日内向民航总局提交航空地面事故调查报告和填报“民用航空地面不安全事件最终报告表”(附录四)。

第十三条　飞行事故征候信息的报告按照以下规定进行：

(一)飞行事故征候发生后，事发相关单位应当尽快向事发地民航地区管理局报告事故征候信息。事发相关单位应当于事发后24小时内向事发地民航地区管理局填报“民用航空飞行不安全事件初始报告表”；事发地民航地区管理局应当在事发后48小时内将审核后的初始报告表上报民航总局。

事发相关单位上报飞行事故征候初始报告表后如果获得新的信息，应当及时补充报告。

(二)飞行事故征候调查结束后，负责调查的单位应当在10日内向民航总局填报“民用航空飞行不安全事件最终报告表”。

第十四条　其他不安全事件信息的报告按照以下规定进行：

(一)其他不安全事件发生后，事发相关单位应当尽快向事发地民航地区管理局报告。如果发生的是飞行不安全事件，事发相关单位应当于事发后24小时内向事发地民航地区管理局填报“民用航空飞行不安全事件初始报告表”；如果发生的是航空地面不安全事件，事发相关单位应当于事发后24小时内向事发地民航地区管理局填报“民用航空地面不安全事件初始报告表”。事发地民航地区管理局应当在事发后48小时内将审核后的初始报告表上报民航总局。如事实简单，责任清楚，也可直接报最终报告表。

（二）其他不安全事件调查结束后，负责调查的单位应当在10日内向民航总局填报“民用航空飞行不安全事件最终报告表”或“民用航空地面不安全事件最终报告表”。

第十五条　举报事件调查信息报告按照以下规定进行：

（一）举报事件由被举报单位或个人所在地的民航地区管理局负责调查。

（二）如果举报事件经调查构成不安全事件的，负责调查的单位应当在调查结束后10日内，向民航总局填报“民用航空飞行不安全事件最终报告表”或“民用航空地面不安全事件最终报告表”。

第十六条　民用航空安全信息应当采用可供利用的最适当的最迅速的方式报告；初始报告表和最终报告表应当用航空安全信息系统上报，当航空安全信息系统不可用时，可以使用其他方式上报。

第十七条　向国务院安全生产主管部门报告民用航空安全信息，按照国务院的有关规定执行。

第十八条　向国际民航组织和国外相关机构报告民用航空安全信息，按照以下规定执行：

（一）飞行事故或严重飞行事故征候发生后，民航总局向登记国、运营人所在国、设计国、制造国和国际民航组织发出通知。通知内容包括事发时间和地点、运营人、航空器型别、国籍登记号、飞行过程、机组和旅客信息、人员伤亡情况、航空器受损情况和危险品载运情况等。

（二）飞行事故调查结束后，民航总局向国际民航组织送交一份事故调查最终报告副本。

（三）飞行事故发生后30天内，民航总局向国际民航组织提交初始报告表。飞行事故调查结束后，民航总局尽早将最终报告表提交国际民航组织。

国际民用航空公约附件13修正案颁布后，民航总局将对其进行评估，决定采纳的，及时修订本规定；需要保留差异的，及时将差异通报国际民航组织。

第三章　民用航空安全信息的发布

第十九条　民航总局负责发布全行业的民用航空安全信息；民航地区管理局根据民航总局授权发布民用航空安全信息。

第二十条　民用航空安全信息发布分为定期信息发布和紧急事件信息发布。

（一）定期信息发布内容包括飞行事故、航空地面事故、飞行事故征候和其他不安全事件的统计数据和趋势分析。

（二）紧急事件信息发布内容是特定飞行事故、航空地面事故、飞行事故征候和其他不安全事件的情况，包括事故或事件发生的基本情况、人员伤亡、事件处理和采取的措施。

第二十一条　民用航空安全信息的发布应当遵守国家和民航总局的有关规定，不得损害国家利益。

第四章　法律责任

第二十二条　事发单位违反本规定第十一条、第十二条和第十三条，瞒报、谎报或者拖延不报飞行事故、航空地面事故或飞行事故征候信息的，由所在民航地区管理局责令其改正，给予警告，并处以1万元以下罚款。

第二十三条　事发单位违反本规定第十四条，瞒报、谎报或者拖延不报其他不安全事件信息的，由所在民航地区管理局责令其改正；情节严重的，给予警告，并处以1万元以下罚款。

第二十四条　民航地区管理局违反本规定第十一条、第十二条、第十三条、第十四条和第十五条，没有按时审核、上报航空安全信息的，由民航总局责令其改正。情节严重的，对直接负责的主管人员和其他直接责任人员依法给予行政处分。

第二十五条　任何单位和个人违反本规定第二十条，发布民用航空安全信息的，由民航总局责令其改正；情节严重的，依法追究有关单位和个人的法律责任。

第五章　附　则

第二十六条　本决定自2007年4月15日起施行。

民航专业工程质量监督管理规定

中国民用航空总局令　第178号

《民航专业工程质量监督管理规定》已经2007年1月25日中国民用航空总局局务会议通过，现予公布，自2007年3月15日起施行。

局长：杨元元

二〇〇七年二月十四日

第一章 总　则

第一条　为加强对民航专业工程建设质量的监督管理，规范质量监督行为，保证民航专业工程质量，维护公众利益，根据《中华人民共和国建筑法》、《中华人民共和国民用航空法》、《建设工程质量管理条例》，制定本规定。

第二条　本规定适用于新建、改扩建民用机场（含军民合用机场民用部分）及其他建设项目中民航专业工程的质量监督管理。

第三条　本规定所称民航专业工程包括：

（一）飞行区场道工程（含土方、基础、道面、排水、桥梁）及巡场路、围界工程等；

（二）机场目视助航工程；

（三）民航通信、导航、航管、气象工程等；

（四）航站楼工艺流程、民航专业弱电系统、机务维修设施、货运系统等项目的专业和非标准设备；

（五）航空卸油站、储油库、输油管线、机坪加油管线系统等供油工艺和设备。

第四条　国家实行民航专业工程质量监督管理制度。

第五条　中国民用航空总局（以下简称为“民航总局”）负责全国民航专业工程质量的统一监督管理。

中国民用航空地区管理局（以下简称为“民航地区管理局”）负责辖区内民航专业工程质量的监督管理。

民航总局和民航地区管理局统称为民航行政主管部门。

第六条　民航专业工程质量监督机构（以下简称为“质量监督机构”）具体实施民航专业工程的质量监督工作，并接受民航行政主管部门监督管理。

第七条　建设单位、勘察单位、设计单位、施工单位、工程监理单位（以下统称为“质量责任主体”）应当严格执行国家有关工程质量管理法律法规和强制性标准，保证民航专业工程质量，并接受质量监督机构的监督检查。

第八条　任何单位和个人有权对民航专业工程的质量缺陷、质量事故和质量责任主体及其人员的违法行为向民航行政主管部门投诉和举报。

第二章　质量监督机构

第九条　质量监督机构的主要职责：

（一）贯彻执行国家和民航总局有关民航专业工程质量管理的政策、法规、规定；

（二）负责对民航专业工程质量的法律、法规和强制性标准执行情况的监督检查；

（三）组织实施对民航专业工程的质量监督，参加工程的阶段性验收和竣工验收；

（四）检查质量责任主体资质等级的符合性；

（五）依据本规定编制质量监督机构的管理制度、工作程序及质量监督工作实施细则；

（六）接受委托参与民航专业工程重大质量事故的调查处理；

（七）组织质量监督人员的培训及考核评定工作。

第十条　质量监督机构应配备不少于职工总数70%的专职工程质量监督人员，其中专业技术人员专业结构合理。

质量监督人员须经过法律法规和专业技术知识的专业培训合格后，方可执行监督工作。

第十一条　质量监督机构应配备必要的检测仪器、仪表等设施设备。

第十二条　质量监督机构应接受民航行政主管部门的定期考核，未经考核合格不得从事质量监督工作。

第十三条　质量监督机构必须坚持科学公正，秉公执法的原则，并对其质量监督人员的监督行为负责。

与被监督对象有利害关系的质量监督人员，应当回避。

第十四条　质量监督人员必须遵守国家有关规定，秉公办事，清正廉洁，不得收受贿赂或有不正当交易。

第十五条　任何单位和个人有权对质量监督机构及其人员的违法行为向民航行政主管部门投诉和举报。

第三章　民航专业工程质量监督管理内容

第十六条　民航专业工程按照国家有关规定实行质量责任终身负责制。

第十七条　民航专业工程建设项目的质量责任主体依法对建设工程质量负相应责任。

民航专业工程实行总承包的，按照总承包合同，总承包单位对所承包的工程质量负责。总承包单位依法将建设工程分包给其他单位的，分包单位应当按照分包合同的约定，对其分包工程的质量向总承包单位负责；总承包单位与分包单位对分包工程

民用航空空中交通管理设备开放、运行管理规则

中国民用航空总局令　第172号

《民用航空空中交通管理设备开放、运行管理规则》已经2006年6月7日中国民用航空总局局务会议通过，现予公布，自2007年5月1日起施行。

局长：杨元元

二〇〇六年十月二十日

第一章　总　　则

第一条　为了加强对民用航空空中交通管理设备的运行管理，根据《中华人民共和国民用航空法》第三条和第八十四条、《中华人民共和国飞行基本规则》第一百零五条，制定本规则。

第二条　本规则所称民用航空空中交通管理设备(以下简称“空管设备”)是指与民用航空飞行安全密切相关的通信、导航、监视及气象设备。

通信设备包括甚高频地空通信系统、高频地空通信系统、话音通信系统(即内话系统)、自动转报系统、记录仪等；

导航设备包括全向信标、测距仪、无方向信标、指点信标、仪表着陆系统等；

监视设备包括航管一次雷达、航管二次雷达、场面监视设备、精密进近雷达、自动相关监视系统、空中交通管制自动化系统等；

气象设备包括气象自动观测系统、自动气象站和风切变探测系统等沿跑道安装的气象探测设备，以及对空气象广播设备。

第三条　民用航空运输机场、军民合用机场民用部分和航路(线)空管设备的开放、运行和关闭适用本规则。

第四条　中国民用航空总局(以下简称“民航总局”)对空管设备开放、运行等实行统一管理。民航总局空中交通管理局(以下简称“民航总局空管局”)负责具体承办空管设备开放的批准，对空管设备的运行监督和强制关闭等实施管理。

民航地区管理局负责监督本辖区空管设备开放、运行的管理，民航地区空中交通管理局(以下简称“民航地区空管局”)负责具体承办通信导航监视设备的定期开放和空管设备的特殊开放，实施空管设备的运行监督和强制关闭。

第五条　空管设备取得开放许可后方可投入使用。

第六条　本规则中所用部分术语的含义如下：

空管设备投产开放，是指设备安装后首次实际运行。

通信导航监视设备定期开放，是指通信导航监视设备实际运行后按照规定的校验、检验周期完成校验、检验后的开放。

通信导航监视设备特殊开放，是指通信导航监视设备经过特殊校验、验证后的开放。

空管设备强制关闭，是指空管设备运行单位未按照本规则的规定开放、关闭空管设备时，由民航总局空管局或者民航地区空管局对其强制实施关闭。

第二章　空管设备的开放

第一节　空管设备的投产开放

第七条　申请开放的空管设备应当满足下列条件：

(一)设备安装符合国家有关规定，并且竣工验收合格；

(二)设备经校验、验证符合相关的技术标准和规定。

除前款规定外，申请开放的气象设备还应当满足下列条件：

(一)探测资料与连续30天的人工观测资料对比结果符合气象专业要求；

(二)机场特殊天气报告标准得到相应的修改。

第八条　空管设备运行单位申请空管设备投产开放许可，应当向所在地区的民航地区空管局提交下列材料：

(一)按照空管设备类型和本规则附件一《空管设备开放申请表》、附件二《通信设备资料增改表》和附件三《导航、监视设备资料增改表》填写的空管设备开放申请表和适用的增改表；

(二)空管设备需要校验、验证和试用的，应当提供合格的校验、验证和用户报告；

(三)民航总局颁发的该型号空管设备的临时使用许可证或者使用许可证；

(四)信息产业部颁发的无线电设备准入证；

(五)其他需要提交的材料。

除本条第一款规定外，申请对空气象广播设备投产开放的，还应当提交下列材料：

(一)有关无线电管理部门的批复件；

(二)竣工验收报告及相关材料；

(三)符合气象及相关的技术标准和规定的证明材料。

除本条第一款规定外，申请沿跑道安装的气象探测设备投产开放的，还应当提交下列材料：

(一)探测环境选择的批复件；

(二)竣工验收报告及相关材料；

(三)系统软硬件配置、各传感器安装位置和高度符合性材料；

(四)连续30天的人工对比观测资料及对比结果；

(五)机场特殊天气报告标准修改的资料。

第九条　民航地区空管局受理申请后，应当在20个工作日内对申请人的申请材料完成初步审查，提出初步审查意见，并将初步审查意见和申请材料一并上报民航总局空管局审核。

第十条 民航总局空管局在收到民航地区空管局上报的申请人全部申请材料及初步审查意见后，应当在20个工作日内完成最终审核，并报民航总局作出行政许可决定。准予许可的，应当自作出决定之日起10个工作日内通过民航地区空管局向申请人颁发开放许可；不予许可的，应当说明理由。

第二节 空管设备的定期开放和特殊开放

第十一条 申请定期开放的通信导航监视设备应当满足下列条件：

（一）在规定的定期校验、验证的周期内完成定期校验、验证；

（二）设备经定期校验、验证符合相关的技术标准和规定。

第十二条 通信导航监视设备运行单位申请设备定期开放许可，应当向所在地区的民航地区空管局提交下列材料：

（一）按照设备类型和本规则附件填写的设备开放申请表；

（二）设备需要校验、验证的，应当提供合格的校验、验证报告。

第十三条 在下列特殊情况下应当对通信导航监视设备进行特殊校验、验证：

（一）进行飞行事故调查时；

（二）设备大修或者出现重大调整后；

（三）长期停用的设备重新投入使用前；

（四）维护人员、飞行人员发现有不正常现象，需要进行特殊校验、验证时。

第十四条 申请特殊开放的通信导航监视设备应当满足下列条件：

（一）已根据设备的具体情况按要求完成特殊校验、验证；

（二）设备经特殊校验、验证符合相关的技术标准和规定。

第十五条 通信导航监视设备运行单位申请设备特殊开放，应当向所在地的民航地区空管局提交下列材料：

（一）按照设备类型和本规则附件填写的设备开放申请表和增改表；

（二）申请空管设备特殊开放的情况说明；

（三）设备需要校验、验证的，应当提供合格的校验、验证报告。

第十六条 民航地区空管局在收到申请通信导航监视设备定期开放或者特殊开放的申请材料后，应当在20个工作日内对申请人的申请材料完成初步审查，提出初步审查意见，并将初步审查意见和申请材料一并上报民航总局空管局审核。

民航总局空管局在收到民航地区空管局上报的申请人全部申请材料及初步审查意见后，应当在20个工作日内完成最终审核，并报民航总局作出行政许可决定。准予许可的，应当自作出决定之日起10个工作日内通过民航地区空管局向申请人颁发许可；不予许可的，应当说明理由。

第三章 空管设备的运行和监督

第十七条 空管设备运行单位应当保证空管设备运行符合民用航空相关规定和标准。

第十八条 承担航路航线通信导航监视服务的空管设备，未经该设备开放许可部门批准不得自行关闭。

第十九条 除依据本规则第十八条需要批准关闭空管设备的情形外，空管设备不能提供正常使用的，气象探测设备未经检定、检定不合格或者超过检定期限的，设备运行单位应当关闭设备。对于需要发布航行通告的情形，空管设备运行单位应当同时通知航行情报部门发布航行通告。

第二十条 导航设备在飞行校验期间或者超出规定校验周期，不得提供使用。

第二十一条 空管设备定期校验结论为合格的，空管设备运行单位应当在收到校验结论后15个工作日内取得空管设备定期开放许可。在该15个工作日内空管设备可以依据校验结论提供使用。

空管设备定期校验结论为不合格的，空管设备运行单位应当立即关闭该设备，并及时通知航行情报部门发布航行通告。

导航设备定期校验结论为限用的，导航设备运行单位应当通知航行情报部门在航行通告中公布其限用范围。

第二十二条 空管设备运行单位发现设备有下列情形之一，认为需要关闭空管设备并实施特殊校验的，应当在特殊校验合格后申请空管设备特殊开放许可：

（一）不能提供正常使用；

（二）不能提供连续、准确、可靠的引导信号；

（三）有必要实施特殊校验的其他情形。

特殊校验不影响定期校验的正常校验周期。

第二十三条 民航总局空管局和民航地区空管局通过定期或者不定期方式对空管设备的运行情况实施监督检查。

第二十四条 空管设备运行单位未按照本规则和相关规定关闭空管设备的，由相关的设备开放许可部门强制关闭该设备。

第四章 罚 则

第二十五条 空管设备运行单位有下列情形之一的，由民航总局委托民航总局空管局或者由民航地区管理局委托民航地区空管局责令改正，处以警告或者人民币2万元以上3万元以下的罚款，并可以向其主管单位提出给予该单位主要责任人行政处分的建议：

（一）违反本规则第五条规定，未取得空管设备开放许可擅自投入使用的；

（二）违反本规则第十八条规定，未经批准擅自关闭通信导航监视设备的；

（三）违反本规则第十九条规定，空管设备应当关闭未予关闭或者空管设备关闭后应当发布航行通告未予发布的；

（四）违反本规则第二十条规定，导航设备在飞行校验期间或者超出校验周期提供使用的；

（五）违反本规则第二十一条第二款规定，空管设备定期校验结论不合格应当关闭未予关闭的。

第五章 附 则

第二十六条 本规则自2007年5月1日起施行。

三、项 目 规 划

全国民用机场布局规划

前　言

机场作为航空运输和城市的重要基础设施，是综合交通运输体系的重要组成部分。经过几十年的建设和发展，我国机场体系初具规模，初步形成了以北京、上海、广州等枢纽机场为中心，其余省会和重点城市机场为骨干，以及众多干、支线机场相配合的基本格局，为保证我国航空运输持续快速健康协调发展，促进经济社会发展和对外开放，以及完善国家综合交通体系等发挥了重要作用，对加强国防建设、增进民族团结、缩小地区差距、促进社会文明也具有重要意义。但机场总量不足、体系结构和功能定位不尽合理等问题仍比较突出，难以满足未来我国经济社会发展需要，特别是提高国家竞争力的要求。进一步优化机场布局和适度增加机场总量已成为未来时期我国机场发展的重要课题。

机场布局规划主要解决民用机场空间布局及功能结构问题，通过统筹兼顾、科学布局、完善结构、合理定位来指导机场的建设和发展，实现资源的优化配置和有效利用，增强我国民航事业的可持续发展能力。同时，民用航空是系统性、关联性和专业性很强的行业，在机场属地化管理、建设主体发生重大变化的情况下，编制全国民用机场布局规划也是加强民航业宏观调控的重要手段。根据《中华人民共和国民用航空法》，结合未来国家社会经济发展总体战略部署，特制定《全国民用机场布局规划》(不含通用航空机场)，规划期限至2020年。在实施过程中，将根据民航运输内外部条件和环境的变化，适时对本规划进行必要的修订和调整。

一、现状及评价

(一)机场现状

经过几十年的建设和发展，我国机场总量初具规模，机场密度逐渐加大，机场服务能力逐步提高，现代化程度不断增强，初步形成了以北京、上海、广州等枢纽机场为中心，以成都、昆明、重庆、西安、乌鲁木齐、深圳、杭州、武汉、沈阳、大连等省会或重点城市机场为骨干以及众多其他城市干、支线机场相配合的基本格局，我国民用运输机场体系初步建立。截至2006年底，我国(不含港澳台地区)共有民航运输机场147个，其中军民合用机场45个，全国机场平均密度为每10万平方公里1.53个；按飞行区等级划分，4E级机场25个、4D级机场35个、4C级机场58个、3C级机场29个；按经济地理分布，东部地区41个、中部地区25个、西部地区69个、东北地区12个；按地区划分，东北、华北、华东、中南、西南、西北6个地区的机场数量分别为12个、18个、37个、25个、31个和24个，以每10万平方公里计，数量分别为1.51个、1.16个、4.67个、2.57个、1.53个和0.81个。

(二)基本评价

1.机场总体布局基本合理。绝大多数机场的建设和发展是以航空运输市场需求为基础，初步形成了与我国国情国力相适应的机场体系，为促进和引导国民经济社会发展、加强国防建设和保障国家安全发挥着重要作用。若以地面交通100公里或1.5小时车程为机场服务半径指标，既有机场可为52%的县级行政单元提供航空服务，服务区域的人口数量占全国人口的61%、国内生产总值(GDP)占全国总量的82%。

2.机场区域布局与经济地理格局基本适应。机场区域分布的数量规模和密度与我国区域经济社会发展水平和经济地理格局基本适应，民用机场呈区域化发展趋势，初步形成了以北京为主的北方(华北、东北)机场群、以上海为主的华东机场群、以广州为主的中南机场群三大区域机场群体，以成都、重庆和昆明为主的西南机场群和以西安、乌鲁木齐为主的西北机场群两大区域机场群体雏形正在形成，机场集群效应得以逐步体现，对带动地区经济社会发展、扩大对外开放，提高城市发展潜力和影响力发挥了重要作用。

3.机场体系的功能层次日趋清晰。我国民航运输基于机场空间布局的中枢轮辐式与城市对相结合的航线网络逐步形成，机场体系的功能层次日趋清晰、结构日趋合理，国际竞争力逐步增强。一批主要机场的综合功能逐步完善、业务能力不断提高，北京、上海、广州三大枢纽机场的中心地位日益突出，昆明、成都、西安、乌鲁木齐、沈阳、武汉、重庆、大连、哈尔滨、杭州、深圳等省会或重要城市机场的骨干作用进一步增强，尤其是昆明、成都、重庆、西安、乌鲁木齐等机场分别在西南、西北区域内的中心作用逐步显现，诸多中小城市机场发挥着重要的网络拓展作用。

4.航空运输在综合交通运输体系中的地位不断提高。以机场布局规模不断扩大和航空网络逐步拓展完善为基础，航空运输以其快捷、方便、舒适和安全的比较优势，在我国中长途旅客运输、国际间客货运输、城际间快速运输及特定区域运输方面逐步占据主导地位，对促进国际间人员交往、对外贸易和出入境旅游发展发挥了重要作用。“十五”期间民航运输机场旅客吞吐量、货邮吞吐量和飞机起降架次分别年均增长16.3%、9.6%和11.7%，2006年旅客吞吐量达3.32亿人次，是2000年的2.5倍，年玉树机场以及天水、哈密等军民合用机场项目；积极推进西宁、兰州机场扩建工程项目的前期工作，适时开工建设。

六、实施效果

上述布局规划实施后，全国省会城市（自治区首府、直辖市）、主要开放城市、重要旅游地区、交通不便地区以及重要军事要地均有机场连接，逐步形成北方、华东、中南、西南、西北五大机场群，形成功能完善的枢纽、干线、支线机场网络体系，大、中、小层次清晰的机场结构，航空运输整体发展能力和国际竞争力显著增强；机场与其他交通方式的衔接更加紧密，与城市发展更加协调，与军航发展相互促进；社会服务范围进一步扩大、服务水平显著提高。到2010年，全国75%的县级行政单元能够在地面交通100公里或1.5小时的车程内享受到航空服务（现状为52%），服务的总人口达到全国总人口的78%（现状为61%），上述区域内的国内生产总值（GDP）达到全国总量的93%（现状为82%）；到2020年全国80%以上的县级行政单元能够在地面交通100公里或1.5小时车程内享受到航空服务，所服务区域的人口数量占全国总人口的82%、国内生产总值（GDP）占全国总量的96%，为全面建设小康社会和构建和谐社会发挥更加积极的作用。

七、保障措施

（一）继续深化改革、扩大开放。进一步深化机场管理体制改革，完善与社会主义市场经济相适应的管理体制和运行机制。积极推进机场投资主体和产权多元化。积极推进机场收费机制改革，调整机场收费结构。加大利用外资力度，引导外资更多地投向中西部地区和东北等老工业基地的民航设施建设。

（二）加强政策引导、拓宽融资渠道、保障资金投入。继续加强对民航专项基金的征管，稳定中央资金来源，在稳定和加大中央及地方财政资金投入基础上，深化投融资体制改革，不断创新民航机场建设投融资机制，进一步拓宽融资渠道，广泛吸收社会资本，多方筹集资金投入机场设施建设。

（三）完善制度、加强监管。进一步完善宏观调控机制和市场监督体系，建立和维护健康有序的竞争环境，健全市场准入与退出制度，规范机场的建设与经营行为，促进公平竞争和有序发展。

（四）依靠技术进步，加快实现航空运输现代化。加强科技创新，进一步完善科技创新和成果转化的管理和推广机制，加大机场基础设施建设、运营管理等方面关键技术与装备、系统集成的研究开发与推广应用，加强智能化和信息化建设，降低工程造价，保证工程质量，提高我国机场技术装备和管理水平。

（五）注重环境保护、资源合理利用和运营安全，促进可持续发展。进一步加强政策引导和采取有效措施，在机场规划和建设中体现环境友好要求，注重保护生态环境。优化各种资源配置，实现土地、空域等资源的有效利用，提高利用资源和能源的效率，推进民航可持续发展。

（六）抓好机场集疏运系统建设。为充分发挥民航机场枢纽功能，提高区域综合交通运输体系的安全性、可靠性与整体效率，应注重加强机场枢纽的集疏运系统的规划和建设，尤其是吞吐量达到相当规模的机场枢纽，进一步与轨道交通、城市公交和高速公路以及铁路等优化衔接，增强机场枢纽对区域经济发展的支撑作用。

（七）注重军用机场资源的合理利用和空域资源优化配置，促进军民航协同发展。坚持平战结合和以经济建设为中心，进一步研究解决好相关问题，妥善处理好各种利益关系，建立健全相关规章制度，鼓励和优先考虑利用既有的军用机场资源，加强军民合用机场的建设和军队报废机场的合理利用，继续推进空中交通管理体制改革，促进军民航二者协同发展。

附件：一、全国民用机场布局规划表

二、全国民用机场布局现状图（2006年）

三、全国民用机场布局规划分布图（2020年）

附件一

全国民用机场布局规划表

类别 \ 名称	北方机场群	华东机场群	中南机场群	西南机场群	西北机场群
	北京、天津、河北、山西、内蒙古、辽宁、吉林、黑龙江	上海、江苏、浙江、山东、安徽、江西、福建	广东、广西、海南、河南、湖北、湖南	重庆、四川、云南、贵州、西藏	陕西、甘肃、青海、宁夏、新疆
既有机场（147个）	北京首都、南苑、天津、石家庄、秦皇岛、太原、运城、大同、长治、呼和浩特、包头、海拉尔、满洲里、锡林浩特、赤峰、通辽、乌兰浩特、乌海、沈阳、大连、丹东、锦州、朝阳、长春、延吉、哈尔滨、牡丹江、齐齐哈尔、佳木斯、黑河	上海浦东、上海虹桥、南京、无锡、常州、徐州、连云港、南通、盐城、杭州、宁波、温州、舟山、黄岩、义乌、衢州、济南、青岛、烟台、威海、临沂、潍坊、东营、合肥、黄山、安庆、阜阳、南昌、赣州、井冈山、九江、景德镇、福州、厦门、晋江、武夷山、连城	广州、深圳、珠海、梅州、汕头、湛江、南宁、桂林、北海、柳州、梧州、海口、三亚、郑州、洛阳、南阳、武汉、宜昌、恩施、襄樊、长沙、张家界、常德、永州、怀化	重庆、万州、成都、九寨沟、攀枝花、西昌、宜宾、绵阳、南充、泸州、广元、达州、昆明、西双版纳、丽江、大理、芒市、迪庆、保山、临沧、思茅、昭通、文山、贵阳、铜仁、兴义、安顺、黎平、拉萨、昌都、林芝	西安、延安、榆林、汉中、安康、兰州、敦煌、嘉峪关、庆阳、西宁、格尔木、银川、乌鲁木齐、喀什、伊宁、库尔勒、阿勒泰、和田、阿克苏、库车、塔城、且末、那拉提、克拉玛依
	既有 30 个	既有 37 个	既有 25 个	既有 31 个	既有 24 个
新增机场（97个）	北京第二机场、良乡、邯郸、衡水、承德、张家口、吕梁、五台山、鄂尔多斯、阿尔山、二连浩特、巴彦淖尔、达来库布、霍林河、加格达齐、长海、长白山、通化、白城、漠河、大庆、鸡西、伊春、抚远	淮安、苏中、丽水、济宁、九华山、蚌埠、芜湖、宜春、赣东、三明、宁德、平潭	韶关、百色、河池、玉林、东方、五指山、琼海、信阳、商丘、神农架、衡阳、岳阳、武冈、邵东	黔江、巫山、乐山、康定、亚丁、马尔康、腾冲、红河、怒江、会泽、勐腊、泸沽湖、荔波、毕节、六盘水、遵义、黄平、黔北、阿里、日喀则、那曲	壶口、宝鸡、商洛、天水、夏河、金昌、陇南、张掖、武威、航天城、玉树、花土沟、德令哈、果洛、青海湖、固原、中卫、喀纳斯、吐鲁番、哈密、博乐、奎屯、楼兰、富蕴、塔中、石河子
	新增 24 个	新增 12 个	新增 14 个	新增 21 个	新增 26 个

附件二 全国民用机场布局现状图（2006年）

（未含港澳台地区）

附件三　全国民用机场布局规划分布图(2020年)

（未含港澳台地区）

图例	名　　称	数量
●	06年底通航机场	147
▲	十一五计划新增	45
■	2011~2020计划新增	52
	总计	244

1978年，郑州机场仅完成旅客吞吐量3.98万人次，货邮吞吐量2184吨，飞机起降5607架次。1990年以后，随着我国改革开放的不断深入和社会主义市场经济的逐步成熟，郑州机场的运输生产量整体呈现出了加速上升态势。到2007年，旅客吞吐量突破了500万人次，货邮吞吐量6.57万吨，飞机起降54474架次，三大生产指标在全国机场的排名上升至21位。与1992年的旅客吞吐量24.41万人次、货邮吞吐量3429吨、飞机起降3712架次相比，15年来，郑州机场三大生产指标年均增长率分别为22.31%、21.76%和19.62%。2008年，郑州机场完成旅客吞吐量588.76万人次、货邮吞吐量6.47万吨、飞机起降62288架次。

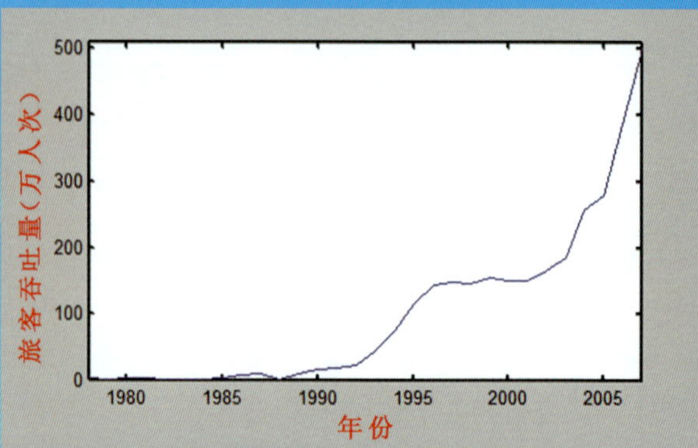

图1 郑州机场1978至2007年旅客吞吐量曲线图

从30年的统计数据来看，郑州机场基本实现了持续快速发展，旅客吞吐量年均增长率高达18.14%，2007年是1978的125倍(见图1)；货邮吞吐量也创造了两位数的平均增速，年均增长率为14.44%，2007年是1978年的30倍(见图2)；飞行架次年均增长率为8.15%，2007年是1978年的9.7倍(见图3)。随着运输生产的快速发展，主营业务收入也在逐年增多(见图4)，其中2006年是郑州新郑机场通航以来的首个盈利年度，被河南省政府授予了“2006年度完成第三产业经营发展责任目标先进单位”光荣称号。

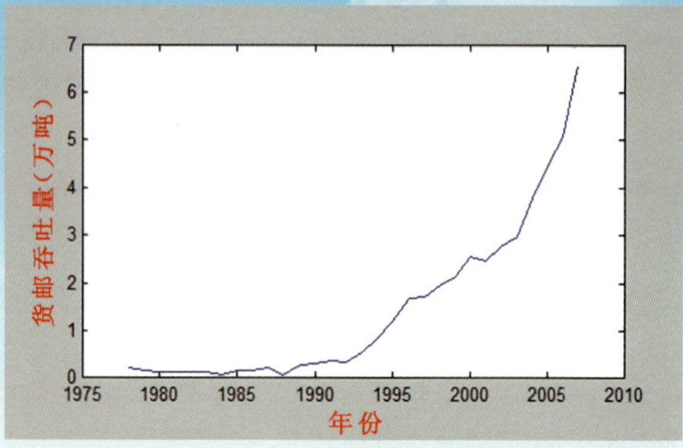

图2 郑州机场1978至2007年货邮吞吐量曲线图

当前，我国正在积极转变经济发展方式、调整产业结构，在这种形势下，高新技术产业、现代物流业、旅游会展业等新兴产业必将得到长足发展，将对航空运输业起到很大的推动作用。我们有理由相信，未来相当长一个时期是我国航空运输业的黄金发展期，也是郑州机场实现新一轮跨越发展的难得机遇期。

2.安全形势持续平稳

随着我国改革开放的不断深入，民航发展环境发生了巨大变化。在这一过程中，郑州机场始终把安全工作放在首要位置，采取一系列有效措施，不断加强和改进安全工作，确保了安全形势持续平稳，连续多年实现了安全年，为郑州机场的快速发展提供了最根本的保证。一是加强领导，完善制度；二是强化监察，狠抓落实；三是加大投入，完善设施；四是加强教育，提高员工整体素质。

3.服务质量不断提高

随着我国市场经济的快速发展，服务业在国民经济

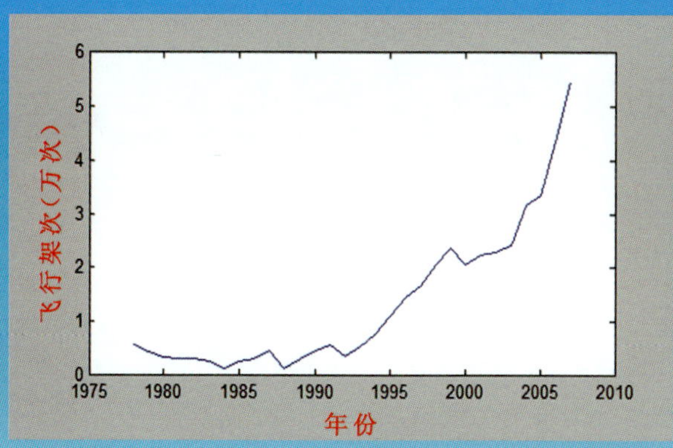

图3 郑州机场1978至2007年飞行架次曲线图

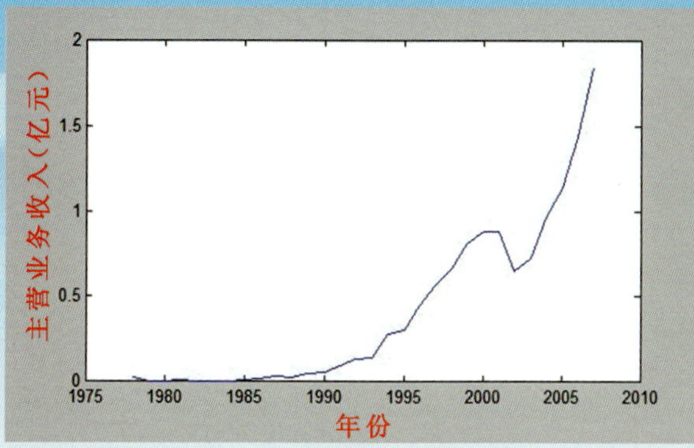

图4 郑州机场1978至2007年主业收入曲线图

中的比重越来越大,机场服务作为现代服务业的重要组成部分,其服务质量不仅关系到旅客满意度的高低,还直接影响到机场作为一个地区对外开放窗口的形象。多年来,郑州机场把提升服务质量作为推进各项工作的突破口,始终秉承"旅客为本,用心至诚"的服务理念,打造卓越服务品牌,擦亮"河南第一名片",树立"中原第一窗口"的良好形象。一是规范服务管理,打造一流队伍;二是拓展服务内容,提升服务档次;三是完善服务设施,提高保障能力;四是狠抓航班正常,完善不正常航班保障措施;五是积极开展文明创建工作。通过不懈的努力,郑州机场连续16年荣获"省级文明单位"称号。2001年被民航总局评为"全国文明机场",2007年再次蝉联"全国文明机场",并一举夺得"最佳服务质量机场"、"最佳餐饮服务机场"、"最佳购物服务机场"、"最佳候机环境机场"4个全部单项奖。2008年的全国文明单位评比中,郑州机场代表全国153家机场被国家民航局推荐为全国文明单位,在进入全国文明单位行列的同时,也标志着郑州机场的服务工作又迈上了一个新的台阶。

4.积极主动拓展市场

为适应市场规律、拓宽发展道路,郑州机场长期坚持"客货并重、国内国际兼顾"的方针,不断加大市场开发力度。一是注重市场研究;二是坚持"走出去、请进来";三是积极培育市场;四是提供优质服务;五是探索空地联运。截至目前,在郑州机场运营的航空公司已有16家,其中,基地公司3家,分别是南航河南分公司、深航郑州分公司、鲲鹏航空公司总部。通航城市或地区有48个,国内省会城市中除石家庄、拉萨外均已通航;开辟了65条国内国际航线,12个不定期国际客货包机航班。郑州新郑机场承担着河南省绝大部分航空运输任务,占全省民航旅客运输量的96%以上,郑州新郑机场已经成为了河南省的空中交通门户和国内重要的航空港。

5.改革改制实现突破

1980年邓小平同志指出"民航一定要走企业化道路",国务院和中央军委决定"民航不再由空军代管,改由国务院直接领导"。以后,郑州机场管理机构(当时为民航河南省管理局)开始执行"民航系统和地方政府双重领导、以民航领导为主"的新体制,1980年至1992年进行了劳工制度、指标考核、奖金分配、办公室整改等多项改革举措,对企业化管理进行了前期探索。1992年民航体制改革后,明确民航河南省管理局为企业单位,实行一级核算,为各航空公司提供代理销售和地面服务,授权承担空中交通管理和服务,并负有沟通所在地省市政府的职责。2003年实行属地化改革,组建河南省郑州新郑国际机场管理有限公司。组建5年来,河南省郑州新郑国际机场管理有限公司坚持"积极、稳妥、循序渐进"的方针,结合公司的实际情况,围绕市场化运作成功地进行了人事制度、财务制度、内部机构、公务用车等一系列改革。

6.内部管理不断完善

为强化企业内部管理,提高管理效能,郑州机场坚持以人为本,深入开展管理创新。一是加强人力资源管理,把人才作为企业的第一资源,积极引进各种专业人才和综合人才,加强对新员工的教育和培训,不断完善对人才的激励和约束机制,打造了一支强大的人才队伍;二是推行规范化管理,逐年修订公司规范化管理手册和各单位分册,对各项工作予以规范,逐步走上了管理规范化的道路;三是健全公司督查机制,设立督查室,选聘督查员,加强监督检查;四是完善预算管理,根据各单位业务量和历年经费支出情况,制定费用预算,按照预算进行考核,有效控制了各项开支;五是进行采购招标管理,规范招标程序,实施全程监控;六是广泛开展节能降耗活动,构建资源节约型机场;七是对附属企业实行经营目标管理;八是对一些附属企业进行整合,下放管理权限,建立相应的激励约束机制,调动了各附属企业的积极性和创造性;九是积极探索特许经营模式,与深圳雅士维传媒有限公司合作成立了河南空港雅仕维传媒有限公司,将机场广告业务以特许经营的方式授权合资公司经营,为机场由经营型向管理型转变积累了有益经验。

四、战略发展规划

国内外航空运输业快速发展的形势和日趋激烈的竞争压力，要求我们必须从战略高度重视并加快航空运输业发展。近年来，我省按照中央提出的建设"三个基地、一个枢纽"的要求，加快了公路、铁路建设，"三纵三横"的国家高速公路网已经形成，"三纵五横"的铁路网基本建成。与发达的陆路交通相比，我省航空运输发展严重滞后，已成为制约综合交通枢纽建设和实现中原崛起的重要因素。为尽快改变航空运输落后局面，构筑现代化的综合交通运输体系，必须扭转过度依赖陆路交通的状况，实现发展思想的跨越，确立民航优先发展的指导思想，加快郑州国际航空枢纽建设，做大做强航空运输业，拉长民航"短腿"，促进我省航空运输业实现跨越式发展，构筑中原崛起的腾飞平台。

1.指导思想

郑州国际航空枢纽发展建设的指导思想是：贯彻落实科学发展观，抓住中部地区建设"三个基地、一个枢纽"的战略机遇，充分发挥区位和陆路交通优势，实施民航优先发展战略，加快郑州国际航空枢纽建设，强化港区功能布局，加强空陆运输协调，提高客货集疏能力；整合区域航空资源，大力发展基地航空公司，完善运营体制机制，扩大航空运输规模，建成全国大型枢纽机场和国际货运枢纽，为中原崛起和中部崛起提供强有力的支撑。

2.战略定位

郑州国际航空枢纽发展定位为：以客带货，以货促客，客货并举，建设成为全国大型枢纽机场和国际货运枢纽。

我省建设全国大型枢纽机场和国际货运枢纽，具备许多有利条件。一是区位优势明显。河南地处中部，是承接东部产业转移和西部资源输出的枢纽；省会郑州陆路交通十分发达，有利于人流、物流汇集；郑州机场位于全国东西和南北主航路的交汇处，空域资源良好，具备建设大型航空枢纽的区位条件。二是市场潜力巨大。我省经济社会快速发展，城乡居民收入持续增长，旅游、文化资源加快开发，对外开放水平不断提高，对航空运输市场的需求不断扩大；以郑州为中心2小时的高速公路交通服务半径达到200公里，随着铁路提速和客运专线建设，铁路服务半径将进一步扩大到500公里左右，覆盖范围延伸到周边省份，覆盖人口将超过2亿人，郑州航空枢纽发展前景广阔。三是发展航空物流条件优越。随着我省由经济大省向经济强省跨越，国际国内产业转移步伐加快，经济外向度不断提高，郑州机场具有发展国际航空货运的潜在优势，发展快递物流、多式联运、航邮物流、紧急物资配送等条件优越。

3.航线建设

根据郑州国际航空枢纽建设时序，分三个阶段有序推进中枢航线网络建设。

第一阶段（2007～2010年）：发展和完善"点对点"航线网络。在已有航线基础上，加大至北京、上海、广州等中心城市的航班密度，达到每天10～15班；逐步加大郑州至沿海开放城市和西部区域中心城市的航班密度，达到每天2～6班；全面开通西安、南昌、合肥等省会城市航线；陆续开通烟台、汕头、湛江等沿海开放城市及丽江、黄山等主要旅游城市的航线；积极争取开通直航台湾的包机。航线数量由目前的37条增加到60条左右，航班量由现在的每天150班增加到每天300班左右，形成覆盖所有省会城市、沿海开放城市和主要旅游城市的航线网络。努力开辟国际客运航线，重点开发通达东亚、东南亚主要国家的定期直航航线，积极争取开通北美航线；增加主要货物来源地或目的地的全货运航班，重点发展面向南亚、中东、非洲以及欧盟国家的航线，国际航线得到初步发展。

第二阶段（2011～2020年）：构建国内中枢航线网络。积极培育网络型基地航空公司，重点建设以郑州机场为核心、国内转国内的"轮辐式"中枢航线网络，着力提升客货中转流量，使郑州机场在航线网络结构、航线覆盖范围、航班密度、旅客中转比例等方面达到枢纽机场的要求，初步形成每天2～3个衔接良好的航班波。

第三阶段（2021～2035年）：全面建设通达全球的航线网络。重点发展国内转国际、国际转国内和国际转国际航线，优化航线网络结构，提高枢纽运行质量，形成每天4～6个高质量的航班波；充分开发利用第五、第六航权，通过国际航空联盟、航班代码共享、联运产品开发等多种形式，积极拓展国际航线，构建国际航线网络，使郑州机场进入全国大型枢纽机场行列。

4.发展目标

郑州国际航空枢纽发展的战略目标是：

——2010年郑州机场旅客吞吐量达到850万人次左右，货邮吞吐量达到13万吨左右，形成区域性枢纽机场和航空物流集散中心。

——2015年郑州机场旅客吞吐量达到1700万人次左右，货邮吞吐量达到30万吨左右，形成中西部地区门户机场和全国航空物流集散中心。

——2020年郑州机场旅客吞吐量达到3000万人次左右，货邮吞吐量达到60万吨左右，形成全国大型枢纽机场和国际货运枢纽的雏形，建成全国飞机维修基地。

——2035年（终期）郑州机场旅客、货邮吞吐量分别达到7000万人次和200万吨以上，形成全国大型枢纽机场和国际货运枢纽。

2007～2035年，郑州机场旅客、货邮吞吐量年均增长速度分别为10.5%和13.5%。

西安咸阳国际机场的建设与发展

西安咸阳国际机场股份有限公司

一、总体介绍

西安位于中国大陆的中心位置，地理位置优越，距离大地原点5公里，是我国重要的航空港。以西安为中心，两小时航程可以到达中国75%的地区，3小时航程可以覆盖中国所有地区。西安咸阳国际机场于1991年9月正式投入运营，是中国十大机场之一，连续多年全国旅客吞吐量排名第九；是民航总局规划中的区域性枢纽机场及航空客货集散中心；是西北地区规模最大、等级最高、设施设备最先进和完善的机场。咸阳机场地处中国大陆版图的中心，是通往中国西部的重要门户，更是连接西北地区与全国其他区域的中心枢纽，在全国航线网络布局中具有极为优越的承东启西、连接南北的区位优势。优越的地理位置使得咸阳机场不但在航空公司的航线网络布局中是建立轮辐式航线网络的最佳位置、航班中转对接的重要节点，同时从航空业务特点上看，也是国内远程航线最佳的技术和商务经停点。

二、航空设施条件

西安咸阳国际机场于1991年9月正式投入运营，是国家八大区域性枢纽机场之一。机场飞行区等级4E级，场区占地面积564公顷，拥有3000米×45米和3000米×48米的跑道和平行滑行道各1条，跑道运行实施Ⅱ类运行系统，停机位60个。机场现有候机楼2座，面积共10万平方米（其中1号候机楼为南航、厦航和川航等航空公司为主使用，其余航空公司均在2号候机楼运营），共设有登机廊桥15部，安全检查通道16条，值机柜台70个，行李提取转盘7个。为加快机场建设步伐，提升机场保障能力，满足不断增长的市场需求，咸阳机场二期扩建工程已于2007年12月动工，将新建第二条跑道，第三座航站楼以及相关配套设施，预计2011年工程建设完成，可保障年旅客吞吐量3100万人次。届时咸阳机场将成为全国继北京、上海、广州三大枢纽机场之后的第4个实行双跑道独立运行的机场。

三、运营情况

目前，咸阳机场共实现通航城市75个，其中国内通航城市69个、国际地区直达通航城市6个；运营航线146条，其中国内航线139条、国际地区航线7条。共有21家航空公司在咸阳机场运营，其中国内航空公司15家、国际地区航空公司6家。现有基地航空公司5家，分别是东航西北公司、海航长安公司、大新华快运航空公司、南航西安分公司和鲲鹏航空公司，其中东航西北公司的航班量及旅客吞吐量市场份额均位列咸阳机场首位。此外，以支线运营为主的幸福航空公司也将落户咸阳机场。

近年来，咸阳机场旅客吞吐量一直保持在国内十大机场行列，并占到民航西北地区总业务量的75%以上。自

2003年以来的5年间，机场连年旅客吞吐量平均增幅均保持在20%左右，业务量由2003年的437万人次激增至2008年的1192万人次，进入繁忙机场行列。以咸阳机场为中心，高密度通航三大枢纽，有效连接大型机场，全面覆盖周边中小机场的轮辐式航线网络基本成形。预计2009年，咸阳机场旅客吞吐量达到1323万人次，增长率为11%，净增131万人次；货邮吞吐量为12.41万吨，增长率为5%，净增0.6万吨；运输飞行架次为12.78万架次，增长率为8%，净增0.95万架次。

四、股份制改造

为引入先进管理理念和方法，拓宽机场建设融资渠道，新的西安咸阳国际机场股份有限公司于2008年9月9日正式挂牌成立。公司采取发起设立的方式，注册资本20亿元，股权结构为西部机场集团公司以咸阳机场净资产出资10.18亿元，持股50.9%；西部机场集团空港物流（西安）有限责任公司以现金出资200万元，持股0.1%；引入法兰克福机场和中国航空集团有限公司，各出资4.9亿元，各持股24.5%。公司高管5人，其中西部机场集团委派3人分别出任总经理、党委书记和财务副总经理，法兰克福机场委派1人出任运营副总经理，中航集团委派1人出任发展副总经理。公司主要业务包括飞行区管理业务、航站区业务、公共区业务、后勤业务和消防、急救等保障业务。

五、发展战略

西安咸阳国际机场通过建立轮辐式的航线网络结构，形成以西安为中心的辐射骨干网络，覆盖沿海、沿江、沿边开放城市、各省会城市和旅游热点城市以及香港、澳门、台湾等地区；做好支线航班与干线航班、国内干线与国际航线的有效衔接，实现咸阳机场与周边机场的高密度飞行，促进区域性枢纽发展；在国际航线上重点发展东南亚、东北亚航线，逐步拓展北美、欧洲、独联体和东亚地区，使咸阳机场具有较强的国际通达能力；同时，不断打造咸阳机场的中转服务品牌，强化中转功能，提高货运中转能力，加快货运业务的发展。咸阳机场将着力打造安全服务品牌空港，为各航空公司和旅客提供全方位安全、高效、周到、优质的服务，吸引更多的航空企业加盟西安民航市场，不断提升机场在国家航空交通运输大格局中的地位和形象，从而将西安咸阳国际机场建设成为我国中西部门户枢纽机场。

六、中转业务

咸阳机场拥有完善的中转设施，顺畅的中转流程和

齐全的中转服务产品，越来越多的航空公司选择咸阳机场作为扩大其航线网络的中转点，咸阳机场致力于与航空公司共同打造全国最好的中转品牌，共同促进中转业务量的稳步提升。

候机楼内设置有规格统一、色调一致、清晰醒目的中转引导标识，引导中转旅客前往中转厅。

面积300多平方米的中转厅设有专用的值机柜台和离港系统，专门为中转旅客办理乘机手续，配套齐全的设施可为中转旅客提供休息、购物、餐饮、代购保险、行李寄存等各项服务。

中转服务承诺：凡已购买当日在咸阳机场停留90分钟以上中转国内其他航班机票的旅客，无需提取交运行李，可直接到中转厅办理乘机手续，等候登机。

服务目标：无论旅客乘坐哪家航空公司的航班，在咸阳机场均可享受到标准统一、周到完善的中转服务。

中转服务产品齐全，可为中转旅客提供：价格优惠的团队餐食和商务套餐；候机楼内钟点房服务；周边景点的旅游服务；汽车租赁服务；西安火车站接（送）团队服务；上网、浴足等休闲服务。

公司还争取政府支持，在2号航站楼到达厅设立了长途汽车客运站，开通机场至汉中、宝鸡的班车，使空地运输连接逐步完善起来。

七、机场服务

机场员工树立“一切为旅客、用户服务”的理念，从文明用语到规范着装乃至面部表情都要给旅客以温馨的感觉。机场设立了精品服务样板岗，公布服务投诉电话，推行“一米黄线”制度，开辟“爱心通道”，使每一位旅客都享受得到一流的服务。在近年开展的全国质量万里行和“十万旅客话民航”活动中，咸阳机场受到消费者的一致好评。在创建“文明机场”活动中，在服务工作中发挥着重要的作用的问询窗口率先被机场确定为“精品服务样板岗”，为机场服务质量的全面提升和服务品牌的创立做出了很大的贡献。为方便旅客和用户，机场向旅客制作发放印有自动查询和人工查询电话号码的卡片，免费提供纸张、针线、火车时刻表、鞋油、鞋刷、工具等，受到旅客欢迎。为使问询服务规范化和标准化，服务人员要求统一着装，挂牌服务，站立回答旅客问询，并制定了“有问必答，百问不厌，热情主动，文明礼貌”的十六字服务准则，使旅客在享受航空运输安全、快捷的同时，也感受到地面服务保障的温馨、方便。如今，机场的旅客问询服务依然是候机楼内一道美丽的风景线。

八、机场荣誉

1997年，咸阳机场获得民航总局首批授予的“全国文明机场”荣誉称号。2007年，在民航总局召开的“全国文明机场”命名表彰大会上，咸阳机场又以优秀的考评成绩通过文明机场复评，获得了“全国文明机场”称号，还获得了中国民用机场协会授予的“全国最佳餐饮服务机场”和“全国最佳候机环境机场”称号。

多年来，机场航班放行正常率一直高于全国主要机场平均水平，在2003年民航总局第二期“始发航班正常百日竞赛活动”中，机场始发航班正常率在8个参赛机场中取得了第一名的好成绩。机场加强航班监管力度，改扩建停机坪，合理划分停机位资源，提供进出港航班双向引导服务，规范了机坪运行秩序，提高了航班运行效率。2004年10月，西安咸阳国际机场Ⅱ类仪表运行系统工程通过了国家民航总局组织的竣工验收，成为全国拥有此类设施的少数机场之一，此举改善了机场在低能见度下的运行条件，提高了航班运行效率。2007年1月，在深圳航空公司举办的2006年度全国优秀机场评比活动中，西安咸阳国际机场荣获“杰出机场奖”、“优秀机坪服务奖”和“优秀维修服务奖”等3个奖项，获奖数在参评机场中位居第一。2008年，咸阳机场再度获得深圳航空公司授予的“最佳中转服务奖”和“最佳机组保障奖”。

自强不息　争创一流的四川机场集团

吴海军

四川省机场集团有限公司(以下简称“四川机场集团”)成立于2004年3月29日，由成都双流国际机场经民航总局划归地方政府实现属地化管理后组建而成。四川机场集团现已成为四川省百强企业之一，为我国民航建设和地方经济社会发展起到了积极作用。

一、机场集团基本情况

四川机场集团是四川省国资委管理的一家大型国有独资企业，主要业务范围包括机场投资、机场运营管理、机场航空地面保障和地面运输服务及相关非航业务。集团公司拥有成都双流国际机场股份有限公司、成都机场明捷航空服务有限责任公司、四川至诚环保园林公司、成都国际机场广告传媒有限公司、四川省成都双流国际机场建筑安装工程有限公司、成都空港旅游运输有限公司、成都双流国际机场旅客服务有限责任公司等7家子公司和经营性单位朝阳湖大酒店，与中航集团合资成立了成都空港货运站。详细信息参见图1。

成都双流国际机场股份有限公司是四川机场集团控股的核心主业公司，主要经营民用航空器起降、旅客过港服务、地面运输服务，经营、出租候机楼内航空用营业场所、商业场所、生产办公场所，经营、出租候机楼内综合性旅客服务场所。成都机场明捷航空服务有限责任公司为主业提供民航地面运输代理服务、机务维修维护、航空客货销售代理、车辆及设备维修及其他相关业务。

目前，成都双流国际机场股份有限公司由四川机场集团、机场管理(香港)有限公司、深圳机场股份有限公司、成都市华盛(集团)实业投资有限公司和大连周水子国际机场集团公司共同持股，股权比例分别为51%、25%、21%、2%和1%；成都机场明捷航空服务有限责任公司由四川机场集团和英国明捷航空集团公司两家持股，股权比例分别为60%、40%。其他五家辅业子公司均由机场集团公司控股。详细信息参见表1。

目前，四川机场集团共有职工4112人，其中拥有高级职称的29人，中级职称的236人；大专及以上文化程度的1883人，占员工总数约46%。从人员分布上看，集团职能部门650人，机场股份公司1726人，明捷公司756人，其他员工1630人。

四川机场集团下辖成都双流、西昌青山、达州河市3

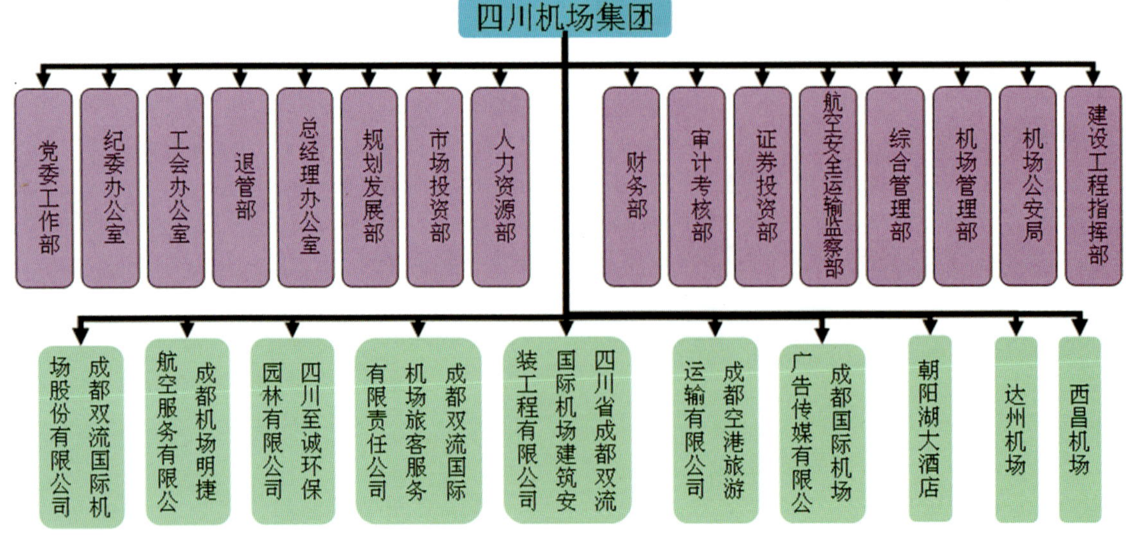

图1　四川机场集团组织结构图

四川机场集团控股子公司一览表　　表1

子公司名称	性　质	集团所占股份	主 营 业 务
成都双流国际机场股份有限公司	股份制	51%	民用航空器起降应急救援保障服务，旅客过港服务，地面运输服务，经营、出租候机楼内营业、商业场所和生产办公场所；经营、出租候机楼内综合性旅客服务场所
成都机场明捷航空服务有限责任公司	中外合资	60%	民航地面运输代理服务、机务维修维护、航空客货销售代理、车辆及设备维修及其他相关业务
四川至诚环保园林公司	有限责任	74%	园林绿化工程的规划、设计、施工及绿地养护、管理；花卉、盆景、苗木的培育和销售；污水和垃圾处理；废物加工利用；卫生保洁服务
成都国际机场广告传媒有限公司	有限责任	95%	设计、制作、发布、代理国内各类广告业务（气球广告除外）
成都双流国际机场建筑安装工程有限公司	有限责任	95%	房屋建筑、房屋维修、房屋装饰（凭资质证经营）、水电安装；销售建辅材料、金属材料（稀贵金属除外）、水暖管件
成都空港旅游运输有限公司	有限责任	95%	车辆租赁、旅游运输的咨询服务及其他无需许可或审批的合法项目；空港巴士业务和机场客运站业务
成都双流国际机场旅客服务有限责任公司	有限责任	95%	住宿服务、中西餐炊服务、冷热饮服务，国内旅游服务，销售、免税商品、工艺美术品（不含金银制品）、日用百货、日用化学品、五金交电、建筑材料、珠宝玉器、服装、糖果糕点、水果、饮料、滋补保健品，食品制作加工，停车场

个机场。其中，成都双流国际机场位于距离成都市中心16公里的双流县，是中国国际航空公司西南公司、四川航空股份有限公司和鹰联航空有限公司的基地机场，也是我国中西部地区规模最大、设施最完善、功能最齐备的机场之一。机场现有飞行区等级为4E，跑道长3600米、宽45米，停机位92个，候机楼13.8万平方米，可起降波音747-400及以下的各型飞机。西昌青山机场位于西昌市安宁镇，东经102°11′03″，北纬27°59′20″，机场标高1558米，跑道长3600米、宽50米，可起降波音737及以下的各型飞机。达州河市机场位于达州市河市镇，东经107°25′47″，北纬31°07′56″，机场标高280.7米，跑道长2000米、宽45米，可起降波音737及以下的各型飞机。

二、机场集团业务能力

近年来，四川机场集团在业务规模、安全保障工作、综合保障能力、基础设施建设、服务质量方面取得了显著的成绩。

业务规模长期保持持续增长。2007年，四川机场集团共完成旅客吞吐量1890万人次，货邮吞吐量32.9万吨，如图2所示。其中，成都双流国际机场完成旅客吞吐量1858万人次，货邮吞吐量32.6万吨，在全国城市排名第5位（机场排第6位），全球百强机场排名中旅客吞吐量

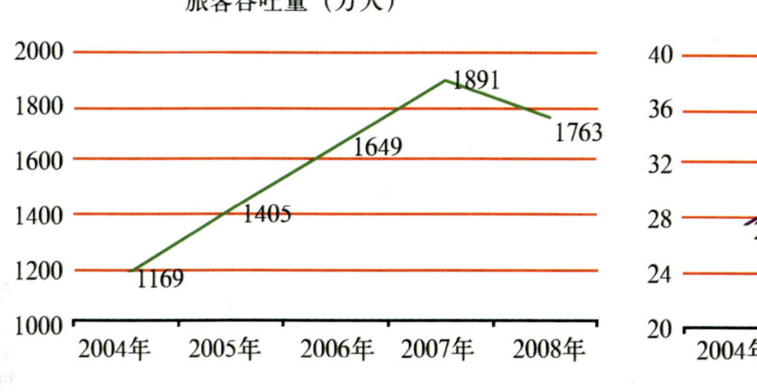

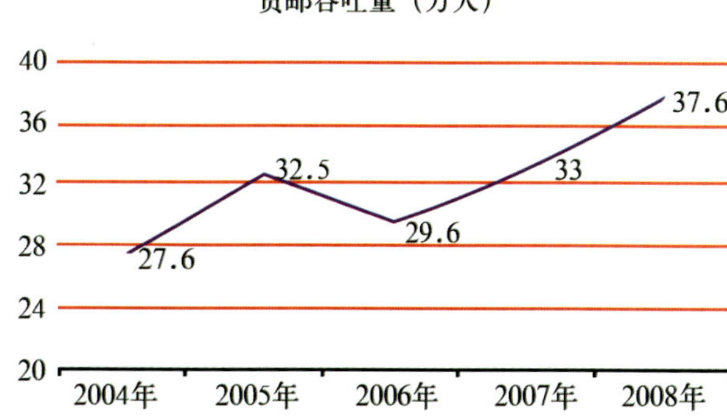

图2　四川机场集团客货运输量

排名第73位，货邮吞吐量排名第55位。由于受汶川大地震等因素影响，2008年生产业务量有了不同程度的下降，但在中国民航运输业务量排序上依然没有发生变化。集团全年共完成旅客吞吐量1763万人次，货邮吞吐量37.6万吨。其中成都双流机场完成旅客吞吐量1725万人次，货邮吞吐量37.4万吨。

安全保障工作成效显著。坚决贯彻"安全第一"的方针，抓硬件投入，增强安全服务科技含量，2008年四川省机场集团实现了第21个安全年目标；以安全专项整治工作为主线，不断提高安全水平，双流机场成为民航第一家通过航空保安审计的机场；目前，集团公司全面启动安全管理系统建设工作，力求建立安全风险控制机制，强化安全风险管理。

综合保障能力不断提高。四川机场集团严格执行飞行区施工管理制度，加大飞行区维护力度，确保机场随时处于适航状态；严格执行空防安全制度，加强对候机楼、安检通道、飞控区围界、机坪道口、机坪交通秩序、隔离区证件的管理、巡逻和整治，保障了空地安全。

基础设施日趋完善。"九五"期间，完成了双流机场飞行区扩建工程，机场飞行技术等级达到4E标准。"十五"期间，完成了双流国际机场航站区扩建工程，新建T1航站楼7.5万平方米以及配套设施，完成对西昌、达州机场进行改扩建。2003年进行了T1航站楼A指廊扩建，使成都双流机场航站楼总面积达到13.8万平方米，满足设计年旅客吞吐量1500万人次、典型高峰小时4500人次的需要。"十一五"期间，建设了双流机场货运站、B滑行道延长等项目，开工建设双流机场二跑道和新航站楼，启动西昌机场改扩建、达州机场跑道盖被等一批基础设施工程建设。经过多年的建设发展，四川机场集团下辖的3个机场基础设施条件得到极大改善，大大提高机场运行保障能力，为机场集团的发展奠定了基础。

服务质量名列行业前茅。2007年，成都双流机场国内旅客满意率为97.33%、国际旅客满意率为98.28%，航班放行正常率为99.92%；连续多年"旅客话民航"1000万人次机场组"用户满意优质奖"；获得"全国五一劳动奖状"、"全国抗震救灾英雄集体"等荣誉称号；多次获得文明单位和先进集体等称号；通过了ISO9001：2000质量管理体系认证；开展了双流机场场区环境综合整治，顺利通过国际卫生组织专家组的评审，成为国内第七家、中西部第一家国际卫生机场。

三、机场集团发展规划

四川机场集团发展愿景为：将四川机场集团打造为中国最佳的机场运营管理商之一，将双流机场打造为中国第四大枢纽机场。

四川省机场集团的使命是：致力于以机场管理为核心的航空业务领域的发展，成为具有独特核心能力的一流机场管理集团，成为航空公司和顾客的首选。

到2010年，初步确立四川机场集团作为我国最佳机场运营管理商之一的地位，将双流机场初步打造成为我国中西部最大的枢纽机场。

到2020年，确立成都双流国际机场作为中国第四、中西部最大的航空枢纽机场地位，实现机场年旅客吞吐量5000万人次，货邮吞吐量140万吨，成为世界大型枢纽机场。

到2035年，成都双流国际机场的旅客吞吐量、货邮吞吐量分别达到6800万人次、220万吨，跻身世界知名机场行列。

四、成都双流机场建设规划

跑道建设：近期，在现有跑道的东南，距现有跑道中心线1525米建设第二跑道，跑道长3600米、宽60米，两条跑道可以实现独立运行，飞行区等级达到4F标准。远期，在第二跑道的东南，中线方向平齐，中心与第二跑道中心线间距1525米规划建设第三跑道，跑道长3600米、宽60米。

航站楼建设：近期，建设一座建筑面积约29万平方米的新航站楼，由4个指廊组成，拥有总机位76个，包括近机位49个、远机位27个。远期，在二、三跑道之间规划第二航站区，以满足机场远期发展需要。

五、成都双流机场航线规划

目前，成都双流国际机场国内定期航班通航城市71个，国际和地区（含中转联程）定期航班通航城市26个，其中直达阿姆斯特丹、首尔、新加坡、香港、澳门、曼谷、金边、马尼拉、台北等城市。

成都双流机场航线规划将着力构建"一个枢纽（双流机场）、三个网络（省内及周边省际网，国内大中城市干线网，面向东南亚、南亚、西亚和欧洲的国际网）"，充分利用基地航空公司战略干线能力，形成"培育干线，反哺支线，带动国际线"的航线网络。主要是整合省内支线机场，完善省内及邻近省区的支线网络结构；增密成都至北京、上海、广州等战略干线，增强网络延伸辐射能力；积极建设国际航线网络，强化现有的成都—阿姆斯特丹等航线，重点发展欧洲、中东、南亚、东南亚和东亚航线。

展望未来，我国航空运输业将长期处于快速持续发展的黄金时期，在相当长一段时间内，四川机场业将始终面临着广阔而美好的发展空间。随着双流机场二跑道及新航站楼工程的稳步实施和机场管理体制的深化改革，四川机场集团势必将成长为我国一流的机场管理集团，成为地方经济社会发展的强大助推器。

吴海军：四川省机场集团有限公司规划发展部

四、搭建三个平台，促进区域性航空枢纽科学发展

重庆江北国际机场管理团队以科学发展观为指引，始终把可持续发展摆在首位，依托"三大平台"促进区域性航空枢纽科学发展。通过设立机场安全运行委员会、服务质量共同促进委员会、机坪运行委员会、商业促进委员会、扩建与生产运行联席会，打造机场运行管理协调平台。以966666呼叫中心为核心，打造机场公共信息服务平台，实现信息共享。打造资源管理平台，对机场土地资源、保障资源、商业资源进行统一规划、统一开发、统一管理，优化资源配置，提升资源价值，最大限度地发挥资源效能。

五、专注安全与服务，提升区域性航空枢纽品质

重庆江北国际机场专注于持续安全和服务质量建设，从机制到管理、从设施到人员培训，把每一个细节做到极致，获得行业主管部门和中外旅客高度认可与赞扬。在全国率先实施SMS安全管理体系，2007年获得全国民航安全最高奖项"金樽杯"，2008年获得全国"安康杯"优胜企业。在全国机场中，第一个使用服务质量旅客测评系统，覆盖航空业务和非航业务的一系列服务品牌，严密的服务流程，技能精良的专业服务团队，奠定了重庆江北国际机场服务水平在全国机场中的领先地位。当前，我们正瞄准国际领先目标，创新安全与服务手段，打造高品质的区域性航空枢纽。

六、瞄准世界一流目标，规划重庆机场发展未来

站在这个重要的历史关口，重庆机场人提出了以"跨越式"发展思想为指引，通过实施"枢纽战略、航空城战略、综合交通战略、流量经济战略"，将重庆机场发展成为世界一流、亚洲领先的大型商业门户枢纽。以2040年为目标年，按照年旅客吞吐量7000万人次、货邮吞吐量250万吨，总体布局"南客北货"，规划两组4条跑道、80万平方米航站楼，最终将重庆机场打造成为最受公众欢迎的机场、旅客中转的首选机场、科技与人文完美结合的典范机场。

改革开放30年：昆明机场旧貌换新颜

倪嘉云

改革开放30年来，云南民航事业得到了飞速的发展，取得了令人瞩目的成就。特别是位于昆明东南部的昆明巫家坝国际机场，随着云南经济和旅游业的发展，旅客运输量增长迅猛，经过多次扩建，呈现出一派欣欣向荣的景象。2007年，昆明机场的旅客吞吐量为1572.9万人次，航班起降架次为14.79万架次，货邮吞吐量为23.26万吨；与2001年相比，分别增长了146.1%、113.8%和116.4%。昆明机场保证了空防安全，提高了航班正点率，为广大中外旅客提供了优质的服务。截至目前为止，从昆明机场始发的国内航线有138条，国际航线有23条，地区航线有2条，昆明机场已成为中国最重要的国际口岸机场和全国起降最繁忙的国际航空港之一，是中国西南地区的门户枢纽机场。

一、忆往昔　峥嵘岁月

民航云南省局所属的昆明巫家坝机场，其前身是1951年2月成立的“军委民航局西南办事处昆明站”。民航云南省局驻昆明巫家坝机场，系军民合用机场，占地面积4667亩，原来只有2架伊尔-14和2架安-24小型飞机。1980年是民航改变领导体制、开始走上企业化道路的一年。同年3月5日，国务院决定改变民航的领导体制，由国务院直接领导。从此，民航云南省局接受民航成都管理局和云南省政府双重领导，以民航领导为主，走企业化道路，按国营企业规范进行管理。在云南省委、省政府的支持下，先后于1985年、1986年、1991年从国外引进3架波音737-300型客机。民航云南省局自1985年底引进第1架波音737型飞机后，昆明地区航空运力的布局逐渐得到改善。

早在1991年6月，昆明机场为迎接1993年8月在昆明举办的首届中国昆明出口商品交易会，动工兴建第三代候机楼。1993年7月，新候机楼建成并投入使用。该候机楼的总面积为1.718万平方米，设有3个国内候机厅、2个国际候机厅，采用4个登机桥门位候机、近机位登机，内设自动扶梯、航班显示自动监控、行李自动传输系统等设施，融时代性和地方特色为一体。新候机楼的建成，适应了昆交会期间客流增长的需要，为云南民航的发展立下了汗马功劳。

1994年5月20日，在民航总局、民航西南管理局等部门的支持下，总投资6154万元的昆明机场飞机维修库开工兴建，经过两年多的精心施工，于1996年7月28日投入使用。从此，云南民航告别了露天维修飞机的历史。新建的飞机维修库占地面积为8153平方米，采用新工艺、新材料和大跨度网架整体吊装结构，成为西南地区第二个先进的飞机维修库。该机库可全天候同时对3架波音737

或同时对1架波音757和1架波音767飞机进行“C级”维修。

1997年，昆明取得了1999年世界园艺博览会的举办权，预计参观人数将达到1000万人次，而昆明机场现有的吞吐量远远不能满足举办世博会的要求，机场扩建势在必行。云南省委、省政府和民航总局决定投资10亿元，按照国际A机场标准，总体按1条跑道、年旅客吞吐量为1200万人次进行规划，扩建总面积达5.8万平方米，包括新候机楼、站坪、停车场等。1997年4月，昆明机场扩建工程开始动工，经过近两年的艰苦建设，新候机楼终于在1999年2月28日竣工，4月20日交付使用。扩建后的昆明机场新老两个候机楼总面积达到了7.63万平方米。新候机楼共设有59个值机柜台，每个柜台都配有1套托运行李安全检查系统。同时，设有10余个安检通道，16个候机厅，12个登机桥，34个停机位，6个行李托盘。新候机楼还设有残疾旅客特殊通道和母婴候机室。新候机楼启用后，昆明机场的年旅客吞吐量由原来的200万人次提高到700万人次，极大地提高了昆明机场的保障能力，经受了世博会的严峻考验。世博会期间，昆明机场共保障各类飞行80707班次，专机46架次，包机700架次，加班9006架次，圆满完成了江泽民等党和国家领导人专机和出席世博会的各国元首的专机保障任务。

2001年4月25日，民航总局在昆明机场召开表彰大会。昆明机场凭借保障航空安全50周年的优秀业绩，被民航总局授予“保证航空安全标兵单位”的荣誉称号，并荣记集体一等功，成为中国民航系统首家获此殊荣的机场。截至2001年3月，昆明机场共保障航班飞行50余万架次，保证航班飞越12余万架次，累计完成旅客吞吐量5000万人次，货邮吞吐量78万吨，年均增长30%；旅客吞吐量连续两年位居全国第4位，起降架次位居全国第6位。

二、看今朝　空港腾飞

2001年11月28日，民航总局根据中央关于深化民航改革的精神，作出了云南民航体制改革的重大决策。经民航总局研究决定，原则同意云南民航分立重组方案。分立后的3家单位分别是：民航云南省局、云南航空公司、民航空管中心。分离后的民航云南省局隶属于民航西南管理局，担负着经营昆明机场和云南省内9个支线机场，保证机场安全、正常运营，为航空公司提供机场保障等任务。

2004年4月26日，昆明机场及保山、思茅、昭通、西双版纳、德宏芒市、丽江、大理等8个民航机场正式移交云南省政府管理。同时，云南机场集团公司正式挂牌成立，这标志着云南省民航机场管理体制和行政体制改革顺利完成。2004年8月20日，昆明机场成为云南机场集团公司所辖的8个机场之一，开始按照新的组织结构运行。昆明机场作为云南机场的旗舰，在云南机场集团公司的改革、发展、建设、管理、安全、服务、效益和飞行正常中都起到举足轻重的作用。

2004年11月，昆明机场为消除跑道破损的情况，投资1900万元实施跑道“盖被”工程。昆明机场在不停航的情况下，利用夜间对全长1860米的跑道进行修补和换板，摊铺沥青混凝土，同时对部分助航灯光进行改造。经过近2个月的紧张施工，“盖被”后的跑道于2004年12月底投入使用。

2005年9月，为缓解停机位紧张的状况，昆明机场投资3000多万元实施停机坪北扩工程，整个工程将增加各类机型停机位15个，扩建停机坪8.72万平方米，包括C类、D类、E类三种类型的飞机停机坪，其中C类飞机停机坪可同时停放9架C类飞机；D类飞机停机坪可同时停放4架D类飞机；E类飞机停机坪可同时停放2架E类飞机。停机坪扩建后，昆明机场的停机位由原来的34个增加至49个，昆明机场的客流量和航班起降架次得到大幅度提高。

2006年4月，昆明机场投资718万元修建快速脱离道。随着昆明机场航班量的不断增加，飞机起降高峰小时已超过了28架次，2006年的旅客吞吐量预计将突破1400万人次，给飞行安全提出了更高的要求。而昆明机场属国家一类机场，是全国同类型4E级机场中惟一没有快速脱离道的机场。因此，修建快速脱离道迫在眉睫。经过80天的紧张施工，快速脱离道于2006年7月建成并投入使用。快速脱离道建成后，飞机起降高峰小时达35架次，可基本满足昆明机场迁建前的使用要求。

2006年9月1日，2台具有国际领先水平的自助值机柜台在昆明巫家坝国际机场正式投入使用。至此，昆明机场成为国内首家可以为昆明始发的全部航空公司提供符合国际航协（IATA）CUSS标准自助服务的机场。昆明机场CUSS的投入使用，创造了三个第一：首先是国内第一家支持国际航协通用自助服务（CUSS）标准的机场；其次是同一终端界面可同时办理航空公司最多（12家）；第三是首家可以支持团队自助服务的机场通用自助服务系统。到目前为止，昆明机场已拥有12台自助值机柜台。昆明机场自助值机柜台的使用，使旅客办票不再排队，缓解了机场超负荷运行的状况，保障能力得到进一步提高。

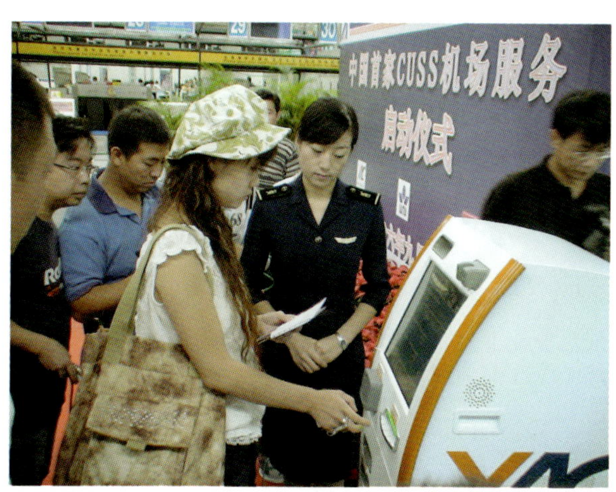

2007年1月，总投资约为1.2亿元、总建筑面积为34314.6平方米的昆明机场商务候机楼投入使用。昆明机场商务候机楼将为旅客推出“一站式服务”，使民航服务变得更加便捷。VIP客户还将有专职管家直接陪伴，为其提供一对一全套服务。它主要面向机场高、中端旅客市场，以从事商务候机为主，兼营宾馆、水疗、商务办公、会议、餐饮、娱乐和停车场，旨在完善昆明机场设备、设施配套功能，分流昆明机场候机旅客及百事特商务贵宾，构筑机场集团公司新的经济增长点。商务候机楼将充分运用其定位优势，以科学的管理、优质的服务全面提高总体竞争力，为把昆明机场建设成最佳空港作出更大贡献。

2008年7月，昆明机场在北京奥运会召开前夕，投资1900万元引进了29台由德国海曼公司生产的先进设备——行李安全检查X光机，对安检站原来使用的旧设备进行了更新。昆明机场安检站原先所使用的行李检查安检设备，从1999年启用至今已长达10年，设备的各项性能指标已经无法适应日益严峻的空防安全形势。为此，云南机场集团、昆明机场通过多方对比和考察，引进了目前在国内外较为先进的德国海曼公司生产的安检设备。与老设备相比，新设备具有图象质量清晰、行李传输速度快的特点，在欧美等国家的机场使用较为普遍。目前，这些设备已投入使用且运行状况良好，旅客托运行李的速度明显提高。

昆明机场在加强基础实施建设的同时，还开展了创建“诚信机场”活动。自2005年3月以来，昆明机场推出了《诚信宣言》和《十项服务承诺》，构建了“诚信机场”体系。2007年，昆明机场航班平均正常放行率在96.02%，旅客满意度达到89.4%，名列全国七大机场前列。2008年1～8月，昆明机场起降航班9.73万架次，完成旅客吞吐量1021.35万人次，货邮吞吐量为15.4万吨。3年来，全体员工用辛勤的汗水和真诚的服务为昆明机场赢得了一个又一个的荣誉，先后获得云南省消费者协会授予的“诚信承诺单位”称号、获得“全国质量、服务双十佳信誉示范单位”、“全国企业文化诚信建设先进单位”、“第七届全国残运会组委会先进接待单位”、“云南省第二届热心支持消防公益事业先进单位”称号、深圳航空公司“最佳安全运行奖”等荣誉。

三、展宏图　面向未来

随着云南省社会经济的迅猛发展，航空运输市场近年来呈现出较快的发展趋势。昆明机场现有候机楼旅客吞吐量的原设计能力仅为800万人次，但仅在2006年，昆明机场旅客吞吐量就已达到1440万人次；2007年，旅客吞吐量达到了1573万人次。据预测，在2010年昆明新机场建成以前，昆明机场的年旅客吞吐量将达到约2000万人次。现有候机区的设施和容量已严重制约航空业务量迅速增长的需求。因此，对昆明机场进行增容改造是非常紧迫和必要的。

为此，云南机场集团有限责任公司为进一步提升现有机场的运行保障能力，于2006年提出并制定了两个"5＋1"工程规划，即建设新昆明机场，新建腾冲、红河、泸沽湖、会泽、怒江机场；对昆明国际机场进行增容改造，对西双版纳、丽江、大理、德宏芒市、迪庆香格里拉5机场进行改扩建。在云南省政府和民航西南地区管理局的大力支持下，目前，"5＋1"改扩建工作已全面进入现场施工阶段。自2007年以来，昆明机场增容改造工程项目作为云南机场集团有限责任公司的两个"5+1"工程规划项目之一，正在紧锣密鼓地建设中。这项工程的主要内容包括昆明机场老候机楼增容改造、新建候机楼以及商务候机楼至老候机楼之间的"空中廊桥"；昆明机场"八一"候机楼、停机坪的改造和扩建；昆明机场周边道路改造、绿化亮化美化等项目。目前，增容改造工程已全面完工，这项工程将有效地缓解昆明机场旅客流量不断增长带来的压力，提高机场运输保障能力，尽快解决影响昆明机场运输市场发展的瓶颈问题，进一步提高服务质量，以满足年旅客吞吐量2000万人次的需求。

昆明新机场是国家"十一五"期间唯一批准新建的大型枢纽机场，是云南省"十一五"期间20个重点项目之一。按照大型枢纽机场和面向南亚、东南亚地区的门户枢纽机场的战略定位，近期2020年、中期2030年和远期2040年，昆明新机场旅客和货邮吞吐量将分别达到3800万人次、95万吨，5800万人次、170万吨和6500万人次、230万吨。以统筹规划、分期建设、滚动发展为准则，昆明新机场项目本期工程航站楼将以2020年旅客吞吐量3800万人次的需求一次建成，建筑面积54.83万平方米，站坪停机位84个，配套公共设施、生产生活设施，相应建设航空公司基地、空管、民航监管办和供油工程，项目总投资230.78亿元，机场工程投资184.8亿元。昆明新机场是云南省充分发挥优势建设民航强省的基础性工程，建成后将成为国内第四大国际机场，昆明的航空运输能力将得到极大提高。

倪嘉云：昆明巫家坝国际机场党群工作部宣传室

四、行 业 信 息

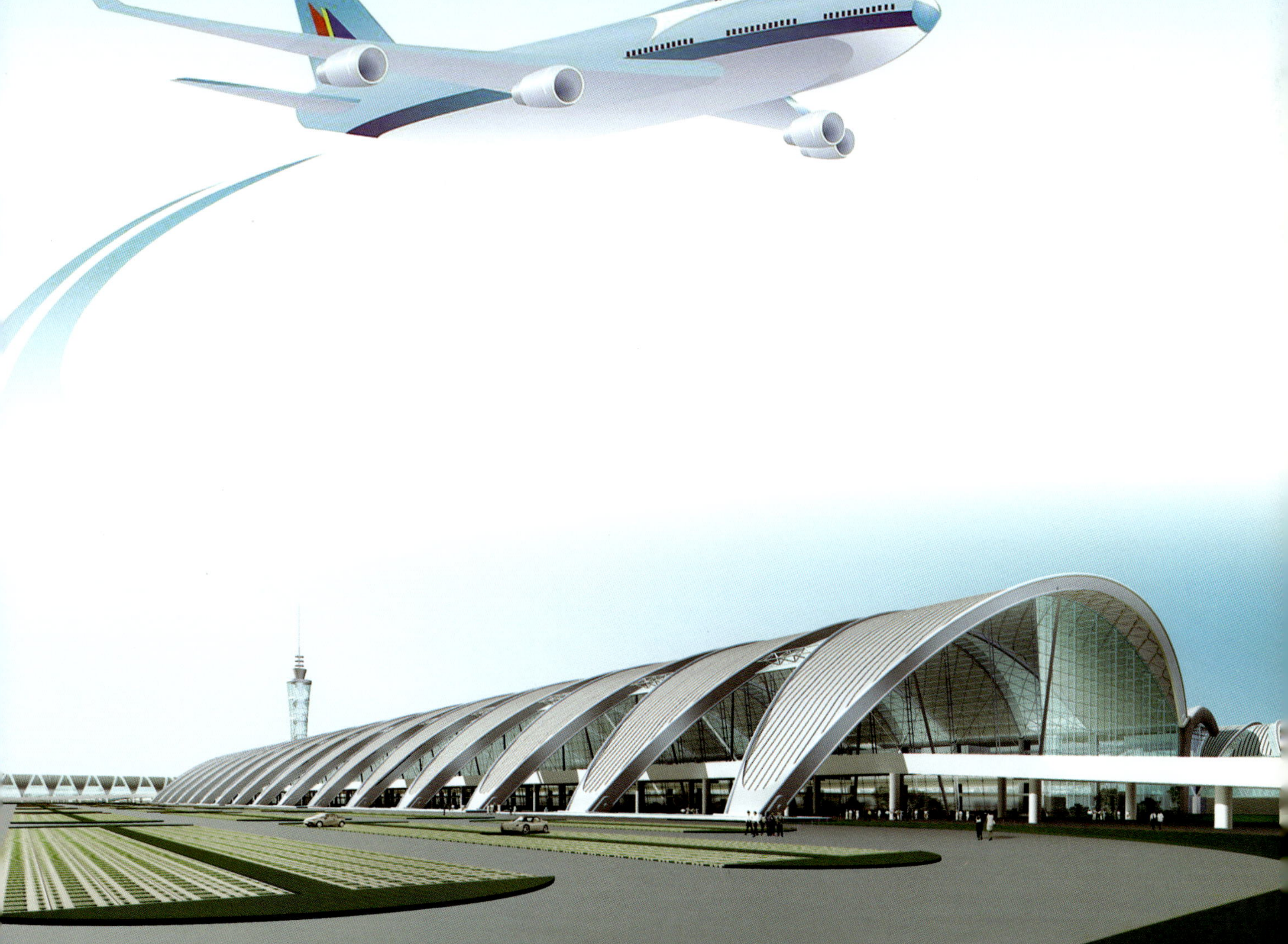

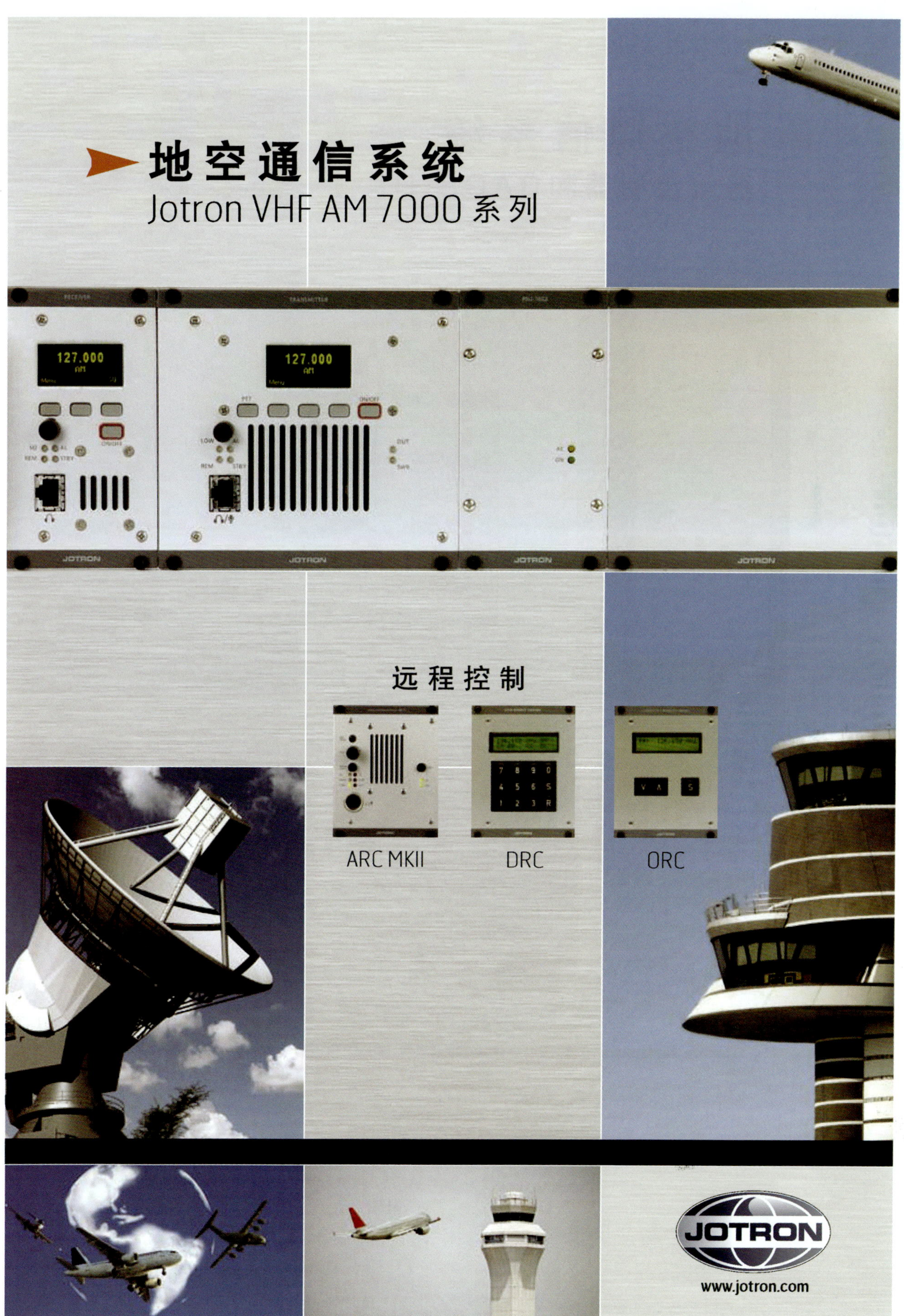
地空通信系统
Jotron VHF AM 7000 系列
127.000
AM
JOTRON
远程控制
ARC MKII
DRC
ORC
JOTRON
www.jotron.com

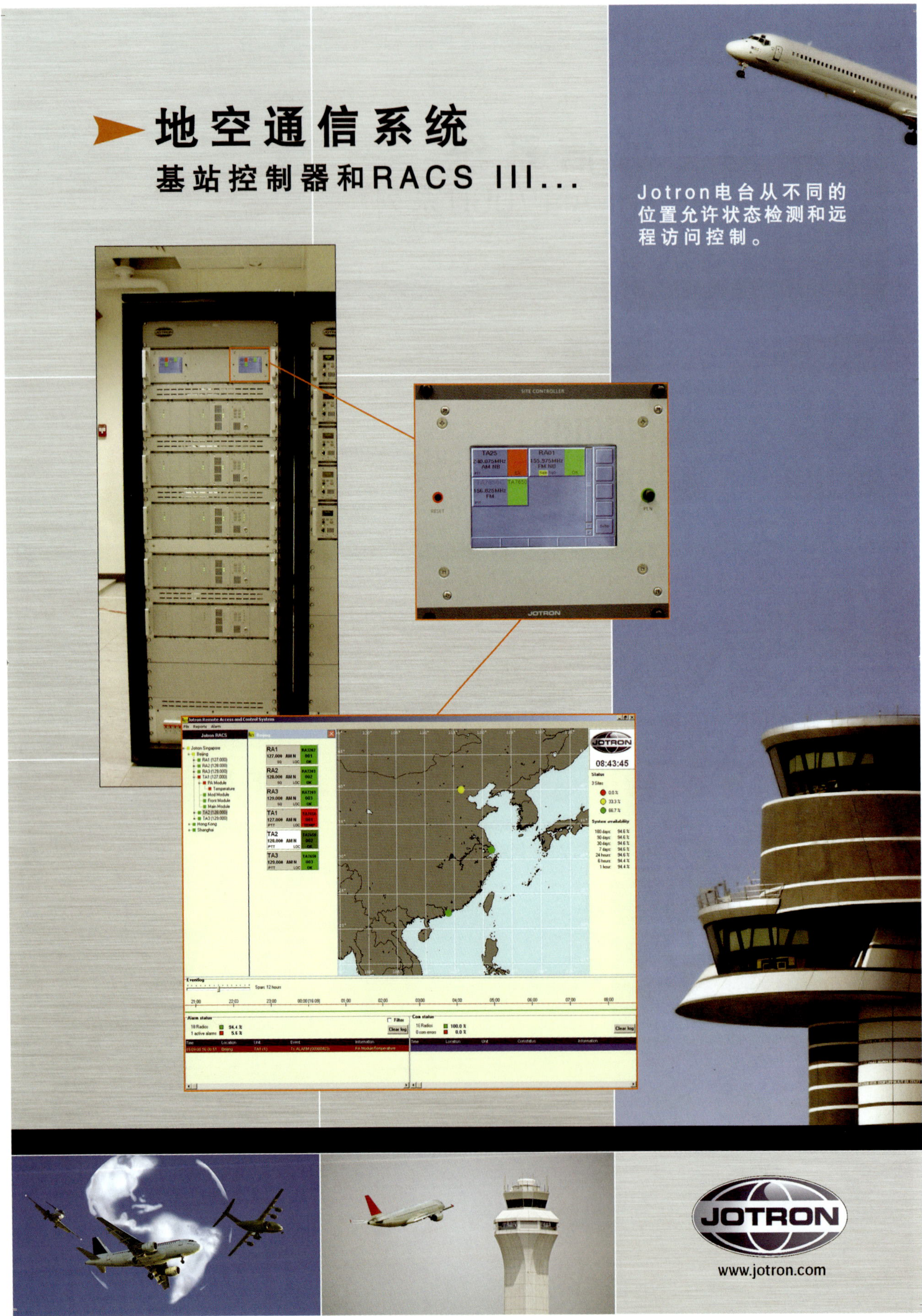
地空通信系统
基站控制器和RACS III...
Jotron电台从不同的位置允许状态检测和远程访问控制。
JOTRON
08:43:45
JOTRON
www.jotron.com

地空通信系统
TR-810多模式VHF/AM 收发器
JOTRON
136.975 MHz
TR-810
JOTRON
www.jotron.com

北京飞机维修工程有限公司

北京飞机维修工程有限公司（英文简称 Ameco）是中国国际航空股份有限公司（60%）和德国汉莎航空公司（40%）合资经营的企业，成立于 1989 年，提供航线、飞机机体、发动机和附件的维修、修理和大修（MRO）服务。此外，Ameco 还为客户提供培训、工程、航材服务以及地面计量设备的校准和检测服务。

Ameco 拥有中国民航主管部门（CAAC）、美国联邦航空主管部门（FAA）、欧洲航空安全主管部门（EASA）以及其他多个国家颁发的维修执照。

Ameco 是中国民航合资早、规模领先的民用飞机综合维修企业，目前拥有员工超过 5000 人。自 1989 年成立以来，两个股东对 Ameco 的总投资额超过 2 亿美元。

Ameco 占地 60 多万平方米，北接北京首都国际机场 2 号候机楼，东与北京首都国际机场 3 号候机楼毗邻。

公司用于飞机修理的主要基础设施包括：2 座四机位机库，其中原有四机位机库可同时容纳 6 架宽体飞机和 4 架窄体飞机，2008 年 3 月落成的 A380 机库四机位机库毗邻三号航站楼，可同时维修 6 架宽体飞机和 4 架窄体飞机；一座可容纳波音 747-400 飞机的全封闭式喷漆机库；另外，一座能容纳一架波音 747 飞机的大修 / 喷漆机库正在修建中。建成后，Ameco 将共有 15 个宽体机位和 11 个窄体机位用于为客户提供飞机维护和大修工作。

Ameco 的主要厂房设施还包括：发动机修理车间和试车台，总面积达到 2.6 万平方米；附件修理恒温电子电器车间、起落架修理车间、救生设备修理车间以及各类机械、气动、液压车间等，总面积达 2 万多平方米。

此外，中心库房和培训中心新增教学楼工程正在建设中。

认证情况

Ameco拥有中国民航主管部门（CAAC）、美国联邦航空主管部门（FAA）、欧洲航空安全主管部门（EASA）以及其他多个国家颁发的维修执照。Ameco培训中心（简称AAC）已获得CCAR147认证和EASA147认证。Ameco已获得中国民航首家民用航空器改装设计委任代表（DMDOR）授权。

Ameco竭诚为客户提供优质、准时、经济的服务。

北京凤凰大昌航空设备维修有限公司（DNP）濒临北京首都国际机场，乃中国航空集团凤凰事业属下的北京航空货运服务部及香港中信泰富属下的大昌—港龙空运设备有限公司两方共同投资的中外合资企业，于2003年10月正式成立，是中国民航业首家提供航空货运集装器维修服务的合资企业。凤凰大昌于2003年12月获得CCAR-145维修许可证，2004年7月获得JMM维修许可证，2004年12月获得FAA（美国联邦航空主管部门）FAR-145维修许可证，2007年2月通过ISO9001-2000质量认证。凤凰大昌为国内首家同时拥有中国民航主管部门(CAAC)、美国联邦航空主管部门(FAA)及中、港、澳三方互相认可航空器维修批准合作安排(JMM)的维修许可单位。

凤凰大昌位于首都机场北侧，厂房面积8000多平方米，配备各类进口和国产集装器配件和材料，具有先进的维修设备、严谨的质量保证体系和精干的工程技术人员，达到FAA等国际认可维修水平。公司严格按照维修标准和适航指令进行操作，确保质量安全可靠。

公司采用完善的电脑系统，对维修、零配件、服务、销售的资料信息进行管理及系统分析，并且拥有独立完整的顾客资料储存系统，降低了处理文件的时间，加快了工作流程。

业务范围

- 维修航空集装箱
- 维修航空集装板
- 维修航空集装网
- 组装航空集装箱
- 维修餐车
- 维修和制作各类型非动力设备
- 航空集装器租赁

北京凤凰大昌航空设备维修有限公司

公司地址：北京市顺义区高丽营镇水坡村南养殖场1号院
邮编：101303
电话：8610—69495041/42/43Ext866或868
传真：8610—69495191

珠海翔翼
ZHUHAI FLIGHT TRAINING CENTER

二、以质量求生存、以创新求发展

由于模拟机基本都是从国外进口，所以建立飞行训练中心的门槛并不高，只要有足够资金和场地，从厂家买进设备并培训些技术人员也可以保障模拟机运转起来。因此，十几年间，国内各航空公司和国外航空巨头纷纷在中国建立训练基地，珠海飞行训练中心成立时是国内第三家训练中心，而到了2008年，国内能够为运输航空公司提供模拟机训练的机构达到了13家之多。随着国内训练中心如雨后春笋般的成立，一个严峻的问题摆在了管理层面前：我们拿什么去和别人竞争？我们靠什么在市场中立足？

飞行安全是航空公司赖以生存的基础，飞机一上天，上百条生命和上亿元资产就交到了飞行员手中，飞行员的飞行技能直接决定了这些生命和财产的安全，而飞行训练是提高飞行技能的有效手段。为此，各航空公司对于飞行训练的质量都格外关注。珠海翔翼充分认识到：必须以质量作为竞争的根本。在提高质量方面，珠海翔翼是有优势的。中外合资的珠海翔翼充分发挥“引进管理”的理念，从CAE公司引进了“训练中心信息系统（TCIS）”、质量保证体系、“训练中心运行手册（TCOM）”，设立了“质量与持续改进部”和训练质量监察员，负责建立公司的质量保证体系并进行内审。在训练部设立了专职“质量与标准经理”，负责组织编写训练大纲、训练课程和课程控制文件（CCD）；建立了地面教员复训和定期检查授课质量的制度，保证做到不合格者不上讲台；在模拟机维护部成立了“工程部”，不断向模拟机厂家学习各项技术，专门负责解决训练设备的“疑难杂症”和客户化构型，保证模拟机满足各客户的训练要求和良好的运行状态。各项质量管理措施的实施收到了成效，我们从客户得到的反馈几乎是一致的——珠海翔翼的训练质量很高！

高质量可以稳定客户，而新产品才能拓展市场。当今世界，科技日新月异，新技术同样给训练方式的变革带来了可能。珠海翔翼引进了网上CBT和学习管理系统（LMS），并针对于国内互联网速度较慢的情况正在开发“移动CBT”，这些系统的引进可以使飞行员在任何时间、任何地点自我学习。结合训练设备生产商新推出的VSIM（真实模拟）和IPT（综合程序训练器），珠海翔翼改变了以往教室上大课的教学方式，推出“机组式”地面教学模式，引导学员从被动学习变为主动学习。实践证明，机组模式的地面教学方式缩短了训练周期、提高了训练效果，为航空公司降低了训练成本、节约了人力资源。目前珠海翔翼的客户中已有半数以上使用该教学方式，新的教学理念和产品逐渐被大家认可和接受。

除机组模式的理论培训方式外，针对中国西部开发政策下西部新建机场多为高原山区机场的特点，珠海翔翼在国内率先制作特殊机场视景，目前已制作完成九寨、林芝、拉萨、芒市、迪庆等十几个机场的视景并投入训练使用。目前正着手开发集模拟机训练过程回放、质量评估、数据分析为一体的SIMPAS系统，该系统将客观分析每位飞行员的飞行技能，发现弱点、有的放矢地加强提高，并必将对飞行训练质量的提高带来积极的影响。

珠海翔翼的管理团队和技术团队正在积极探索，希望结合新的科技手段，利用创新的理念来改变飞行训练的传统方式，从而提高飞行训练的效率和质量……

珠海翔翼
ZHUHAI FLIGHT TRAINING CENTER

三、以客户为导向、以服务促销售

公司要生存和发展，就必须要拓展市场，扩大销售。珠海翔翼一直秉承"客户就是上帝"的服务理念，精心开发客户所需的产品，满足客户提出的训练需求；同时，不断提高客户服务质量，通过优质服务扩大客户群体。

2007年，针对客户的需求，翔翼正式启用应急生存训练，并开发了ELT、MCC等课程，虽然使用这些课程的客户并不多，但能为客户提供"一站式"服务，不但为客户提供了方便，也促进了公司改装训练的销售。

珠海翔翼成立之初，模拟机维护人员是在一间封闭的值班室值班，为了增加与客户的交流，为学员提供迅捷的、面对面的服务，珠海翔翼将封闭的房间改为开放式，值班人员与每个训练机组进行即时交流，询问训练时的设备状况，遇有机组反映设备问题，维护人员都会及时排除。同时，维护人员利用从CAE引进的TCIS系统，将训练人员反映的设备故障情况、排故情况等向训练人员公布，使得教员在训练前就能通过屏幕查询到各设备的状态信息，更是大大提高了对训练机组的服务水平。

由于中国民航正处于快速发展阶段，飞行员数量不足造成各航空公司需要经常调整训练计划以满足航班飞行需要；航校资源的不足也造成新飞行员毕业时间存在诸多不确定性，多数航空公司只能在新学员毕业后才临时向训练中心要求安排改装训练。因此，客户经常向翔翼提出更改或增加训练计划。每每遇到这样的要求，珠海翔翼的计划员们都会不辞辛苦，与其他客户协调，有时甚至要调整之后两、三个月的训练计划以满足客户的要求。客户们普遍反映，珠海翔翼的计划员在各训练中心中服务好、效率高。2008年，通过与南京航空航天大学的合作，珠海翔翼开发了"训练计划信息系统（TSIS）"，该系统是集自动排班、自动预订住宿和交通、自动生成训练证书和多项统计与预测功能于一体的管理软件，它的投入使用，将进一步提高训练预订效率。珠海翔翼还将对该系统进行二次开发，实现客户网上预订的功能，进入电子商务的时代……

凭借优质的客户服务，珠海翔翼在2006年珠海市举办的"金渔女奖"评选活动中获得了"最佳服务企业"奖。优质的服务也促进了销售，一些客户主动将珠海翔翼推荐给其他航空公司，比如在尼泊尔航空公司飞行员的建议下，印度一家航空公司主动前来联系训练……然而，珠海翔翼并未安于现状，下一步，她将为各客户设置专门的客户服务人员，力争使客户服务工作再上一个档次。

展望

改革开放给珠海翔翼的发展带来了勃勃生机，从一幢小楼变成两个训练场地、从中国第三变成亚洲三甲，伴随着改革开放的步伐，珠海翔翼走过了辉煌的十五年。成功给珠海翔翼带来了更大的信心，她将继续以质量和服务为根本、以创新和发展为目标，在中国民航业的良好发展环境中，依托外方股东的技术力量和全球销售网络，飞向更加广阔的国际舞台，实现世界一流的梦想！

地址：珠海市吉大石花西路163号
电话：+86 (756) 321 3388
传真：+86 (756) 323 6607
邮件：Market@zhftc.com
网址：www.zhftc.com

模拟机与公务机的新时代

中亚航空技术有限公司——

中亚航空技术有限公司1985 年于香港成立，拥有超过20 年的航空业务经验，目前业务遍及亚洲、欧洲、美洲，亚太和南美洲，客户也往来于东南亚、韩国、印度尼西亚、台湾、越南、马来西亚、菲律宾、朝鲜人民共和国、香港、澳门以及国内政府机构、航空公司、航空院校、知名企业、私人机构等。公司长期致力于为客户提供航空领域的全方面咨询服务，并将具有价值的航空技术成果引进中国服务于飞速发展的中国航空事业。

1．中亚航空技术有限公司为中国飞行培训事业注入新鲜的血液

多年来，全球航空界始终致力于使航空飞行朝着更加安全的方向前行，其结果也颇值得欣慰，民航百万飞行小时／架次事故率呈逐年下降趋势，但令人遗憾的是，飞行事故的实际次数却随着航空运量的快速增长有所上升，因此，在世界航空运输量不断创下新纪录的未来，降低事故率仍然是一项重要而且紧迫的任务。

根据飞行安全基金会的统计，在85%的飞机事故中，操作失误是主要的原因，即所谓的“人为因素”。到了20 世纪70 年代中期，解决航空安全问题的主要手段逐渐向人为因素转变，研究重点也日益集中在优化个人表现、提高个人操作能力上。飞行员注意力分散、违反操作程序、失去空间方向感等都是常见的引发飞行事故的人为因素，这种行为及有可能使飞机进入危险的飞行姿态，若飞行员无法正确改出，将导致事故发生。

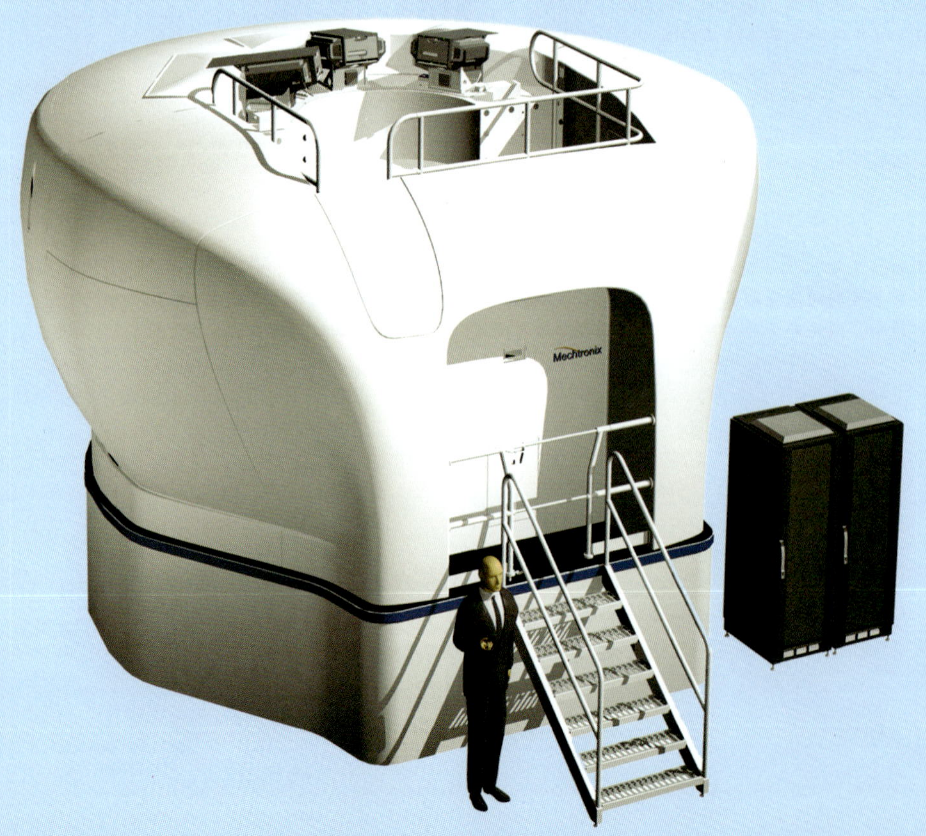

Mechtronix FFT X™

要解决这些问题，有两种有效的方式：其一，在飞机上应用专门的智能系统，并以此帮助飞行员在飞机进入危险飞行姿态后能正确改出，或者是飞机具备自动改出的能力；其二，加强对飞行员的训练，使他们具备将飞机从异常的飞行姿态及失速状态中改出的能力。对于第二种方式，良好的模拟训练器是必不可少的。

中亚航空技术有限公司带来的Mechtronix 全动模拟机拥有角度为180° x 40 ° 以上的视景系统，该系统将为使用者提供很强的保真度。6 自由度动作平台可以让飞行员在训练时更真实的感受到飞行姿态以及失速状态。

与中国航空业携手前行

Mechtronix Systems Inc. 公司坐落于蒙特利尔航空中心内部，是当今飞行模拟器三大设计商、供应商之一。得益于优先的财政支持，Mechtronix 在全世界范围内得到了快速发展，目前已在美洲、欧洲和亚洲开展业务。经过20 多年的不懈追求与努力，Mechtronix 已完善了自己独特的技术并在飞行员培养领域显示出广阔的前景与行业领导能力。Mechtronix 飞行模拟器具有经济实用的特点，其机器性能完美，质量高，方便使用，宜于维修，售后服务系统完善，生产周期短，而且价格具有很大优势。

Mechtronix 在全世界的合作伙伴及培训中心有中国民用航空飞行学院、中国安阳航空运动学校、汉莎航空培训中心、巴拿马航空公司、土耳其伊斯坦布尔培训中心、丹麦航空学院、比利时联合培训航空集团、突尼斯航空飞行学院、日本航空公司、西北航空公司、深圳航空公司及塔卡国际航空公司等。

中亚航空技术有限公司作为Mechtronix 在亚洲地区的代理商以及合作伙伴，正全力将Mechtronix 的产品引入中国市场，为中国飞行培训事业注入新鲜的血液。

2005 年11 月26 日，在四川广汉市，中国民航飞行学院和Mechtronix 公司共同为获得了国家民航主管部门颁发的D等级证书的AscentB737NG FFS XTM 全动模拟机举行了揭幕仪式。中国民航飞行学院院长郑孝雍先生指出：“中国民航飞院十分高兴为AscentFFS XTM 揭幕，并且为培训中心引进和配置这台技术先进的设备感到由衷的欣慰。Mechtronix 公司能够为我们提供高质量的产品和全新的技术，这对中国民航的发展十分有价值。”

2006 年9 月12 日，由Aerosim-Mechtronix 公司提供的波音737-700 Virtual Procedure Trainer 飞行程序训练器完成了在民航航空安全技术中心的安装。中国民航主管部门正致力于将Aerosim-Mechtronix VPT 飞行程序训练器纳入其飞行训练大纲。作为Aerosim-Mechtronix 忠实的合作伙伴，中国民航主管部门协同中国民航飞行学院致力于巩固Aerosim-Mechtronix 在中国的地位，并一直与其共同专注于建立真正满足中国客户需要的训练解决方案。VPT 的引入将改变以往的飞行训练过程，有效的缩减飞行学员在全动模拟机上的飞行训练时间，从而大大提高飞行培训产量，同时缩减培训成本，VPT 的广泛应用将带来飞行培训领域划时代的变革。

Mechtronix FFS X™

模拟机与公务机的新时代

中亚航空技术有限公司——

Mechtronix Virtual Flight Deck™ (VFD™)

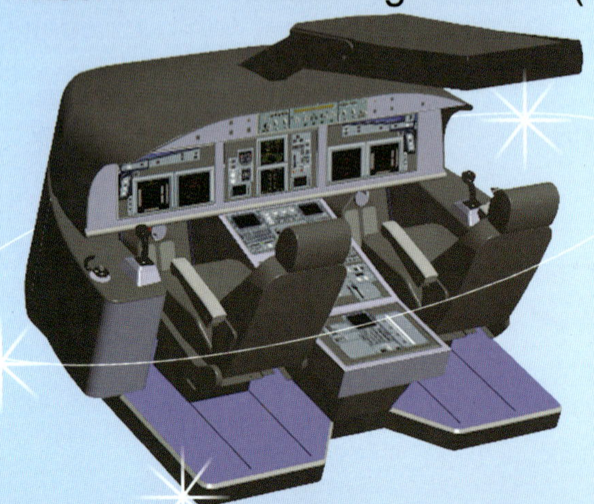

Mechtronix– Aerosim VPT™

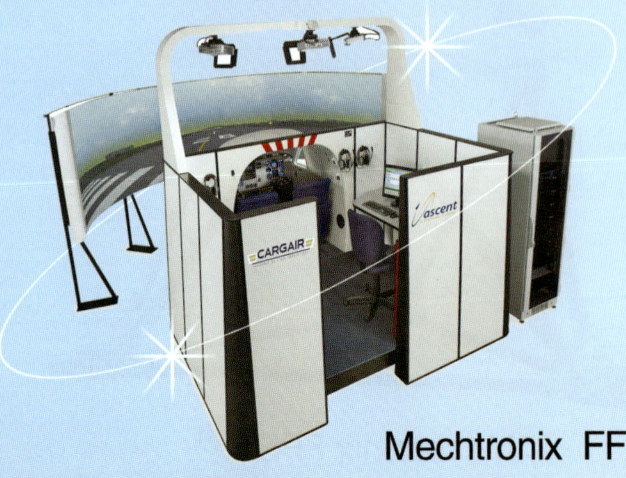

Mechtronix FFT™

2．中亚航空技术有限公司向中国引进新型高端公务机，与中国公务航空市场共发展

假如全球公务机市场仍然像几年前一样，仅是美国市场就占全球公务机销售量的80%以上，那么美国此次经济衰退信号,足以使整个公务机市场面临寒冬。但现实情况是，在新兴市场崛起的牵动下，全球公务机市场已经出现了供不应求的局面，有公务机厂商表示，即使客户现在下订单，飞机也要等到2年后才能交付。面对市场所呈现出的良性增长趋势，各大公务机厂商纷纷增产，并推出了一批新的公务机机型。

过去很多年中，公务机在消费市场上的霸主地位一直无人能及。但是，由于此次美国各大运营商已经引进大量公务机，在新一轮购机潮之前，原本就有一段购机低谷期，再加上美国经济近来呈现放缓趋势，以及对航空管制、税收政策、高保费以及油价上涨等因素的考虑，美国公务机市场需求放缓。

然而，其他新兴公务机市场的崛起，削弱了北美市场对公务机行业的影响。无论是欧洲、中东、拉丁美洲还是亚太地区，都表现出了对公务机强劲的需求。统计数据表示，近两年来，美国以外的市场所采购的公务机数量已超过总销量的一半。

回顾近两年的中国公务机市场，我们可以看到，香港、澳门两个市场增长非常快，大陆市场也有较快增长，只是不及港澳市场那样强劲。中国公务机市场销售有起色主要原因：一是中国宏观经济的持续迅猛发展和企业效益的大幅增长；二是国人对公务机的理解和认识逐渐加深，观念也在改变。越来越多的企业家正逐渐改变观念，公务机已不仅仅是奢华的代名词，如何把公务机更务实、更高效地应用于工作以及企业发展中的一个重要话题。然而，不可否认的是，中国公务机市场虽有起色，但距繁荣仍有相当的距离。但是我们相信，随着公务航空的发展，中国公务机拥有者会越来越多，他们的声音也会越来越高，

与中国航空业携手前行

因此，能推动航业政策的松动，继而带动中国公务航空市场的发展。中国经济的发展造就了一批实力很强的企业，无论在需求上还是在购买力上中国市场都具备消化公务机的能力。

在中国公务航空市场扬帆启航之际，中亚航空技术有限公司带来了湾流宇航公司的产品（Gulfstream）。湾流宇航公司是目前世界上生产豪华、大型公务机的著名厂商。1999 年由通用动力公司完全收购，其主要产品为“湾流”系列飞机。到目前为止湾流公司已生产了1300 多架飞机，广泛应用于民用、商业、政府机构、私人、军用各个领域。世界财富500 强的企业中超过1/4的公司都在使用湾流公务机。

湾流系列公务机主要型号：G150, G200, G350, G450,G500 以及G550 。2008 年 3 月，湾流公司正式宣布，将投资开发一款全新公务机G650 。按照时间表，G650 将于2009 年下半年首飞，2011 年通过美国联邦航空主管部门和欧洲航空安全主管部门的适航审定，2012 年交付使用。由于G650 将采用先进的空气动力设计，其最大飞行速度可达0.925 马赫，这不仅刷新了公务机的飞行速度，也将使G650 成为目前世界上飞得快。航程远.客舱大的公务机。

中亚航空技术有限公司协助湾流宇航公司在中国市场进行推广活动，近年来成绩不凡，促成湾流宇航公司和中国国际航空公司公务机公司合作引进了G-IV 型公务机，这个重要的举措为现在中国公务机的市场奠定了重要的基础，并已签署多架飞机订单。

伴随中国民用航空事业的飞速发展以及我国经济的全面振兴，公务机市场的春天即将来临，随之而来的将是公务机市场需求量的急剧提高。同时，根据国家发展计划战略，中西部大批新兴机场以及低空领域的逐步开放都将成为我国公务机市场发展的助推器。

作为全球公务机生产厂商的领军人物之一的湾流宇航公司，致力于全新机型的研发，并长期保持该领域的技术领先地位；这也正是中亚航空技术有限公司选择湾流公司进入中国市场的主要原因之一，同时湾流公司也将会为未来中国公务航空市场的开拓做更多的努力，为中国带来更多的高端新型公务机型。

西安飞鹰亚太航空模拟设备有限公司

简介

西安飞鹰亚太航空模拟设备有限公司是专业研制、生产模拟训练设备的厂商。它的总部和生产基地处于被誉为中国航空城的西安阎良国家航空产业基地经济开发区。西安飞鹰亚太航空模拟设备有限公司始终以其先进的技术、雄厚的资金、强大的生产能力以及精良的员工，为用户提供优秀的产品和尽善尽美的服务。目前我们设计制造的各类模拟训练设备已经遍布国内外各大航空公司及其他用户。

西安飞鹰亚太航空模拟设备有限公司已经取得了中国航协、国内各主要航空公司（如国际航空公司、东方航空公司、南方航空公司等）的生产认证证书，同时还通过IOS9001质量管理体系认证和世界著名乘务训练设备生产厂家美国SAFETY TRAINING SYSTEMS, INC.公司在中国的授权。

主要产品包括

- ★ 专业级乘务训练舱
- ★ 学校级乘务训练舱
- ★ 灭火训练舱
- ★ 舱门训练器
- ★ 训练设备更新换代
- ★ 反劫机模拟训练飞机
- ★ 模拟娱乐设备

1. 专业级乘务训练舱包括：固定式紧急撤离训练舱、运动式紧急撤离训练舱、客舱服务训练舱等。该系列的训练舱可以满足CAAC、FAA等对乘务训练设备的全部要求。适用于航空公司的专业乘务培训。

2. 学校实训级乘务训练舱主要包括：客舱服务训练舱、舱门训练器和展示舱段等。主要适用于各种乘务职业培训，在该训练舱上，学员可以初步学习到飞机和乘务的基本知识。

3. 灭火训练舱可以模拟出飞机客舱内的各种火情，如厨房失火、盥洗室失火、电气短路等，以训练学员在客舱失火时的应变能力。

4. 舱门训练器可以模拟出飞机的各种舱门，以训练空中和地面人员对舱门的各种操作。

5. 反劫机模拟训练飞机是对整架飞机进行模拟，包括飞机的各种舱门、应急通道和检修门等，客舱内部的布局和站位等也完全与真实飞机一致。以训练武警战士从各种舱门进入客舱的能力，以及帮助熟悉飞机客舱的布局等。

联系地址：电话：（029）86825658转分机
（029）86853117直线
传真：（029）86852777
联系人：胡志刚 手机（0）13909227783
王毅婷 手机（0）13909227158
张晓亮 手机（0）13816076718上海地区
邮箱：zbz@xfap.com　xifei@public.xa.sn.cn
网址：www.xfap.com

北京蓝天航空科技有限责任公司

运七-100飞机飞行训练模拟机

新舟60飞机模拟机（C级）

新舟60C级模拟机内景

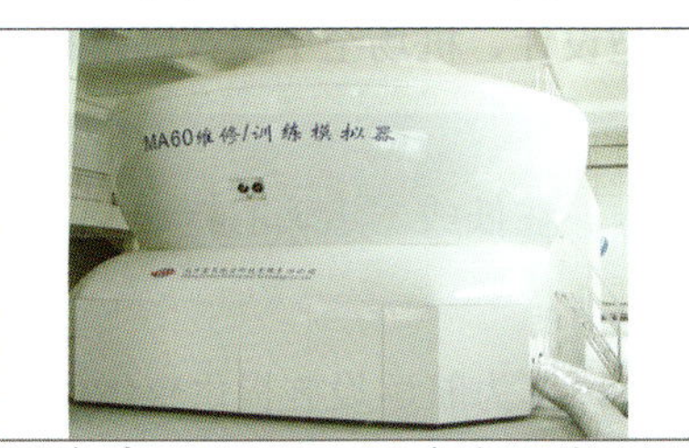
新舟60飞机飞行/维修训练器

ARJ21飞机工程模拟器

ARJ21-700飞机飞行训练器/维护训练器（FTD5级/MTD）

运七-100飞机飞行训练模拟机

国内自行研制的首台大型飞行训练模拟机。通过视觉、听觉、动感、触觉，为飞行员提供逼真的飞行仿真训练环境。它采用协合式六自由度运动系统、计算机图像生成系统、虚像显示系统（三通道四窗口视景窗）、高逼真数字式操纵负荷系统、触摸式教员控制台等先进设备。荣获1998年航空工业总公司科技进步一等奖。

新舟60飞机模拟机（C级）

我国自主研发的，首台通过民航当局C级认证的高等级模拟机。采用进口液压六自由度运动系统、电动操纵负荷系统、视景系统，大量使用飞机真实部件，除了提供全面的飞机功能和逼真的飞行性能模拟，尤其强调了对机载复杂航电设备的仿真，包括气象雷达、近地警告、空中防撞、GPS/综合导航管理和自动飞行控制等系统的仿真。完成了全套飞机工程拟合数据，确定了具有自主知识产权的飞机飞行数据包。

新舟60飞机飞行/维修训练器

该模拟器首次在一台模拟器上实现了飞行训练和维修训练功能。采用固定基座，国产三通道虚像视景显示系统，进口电动操纵负荷系统和先进的视景服务器，并针对维修训练增加了虚拟座舱系统；该机飞行训练部分通过了民航当局的5级训练器鉴定，维修训练部分可为地勤人员提供故障发现、故障定位和排故操作训练。

ARJ21飞机工程模拟器

在飞机研制过程中，为工程技术人员提供了一种对飞机系统配置和指标进行设计、验证的辅助手段，并且可以用于试飞员的评估飞行。在ARJ21飞机试飞取证过程中，为试飞员提供了极大的便利，是一种安全、高效的工程仿真平台。

ARJ21-700飞机飞行训练器/维护训练器（FTD5级/MTD）

采用开放式座舱结构，1:1仿真座舱，大屏幕液晶电视视景显示系统和电动操纵负荷系统，主要用于ARJ21-700飞机飞行员的飞行训练（满足民航当局固定基座飞行训练模拟器5级标准）并兼顾机务维护人员的飞机维护训练和培训。

北京蓝天航空科技有限责任公司

董事长：靳东升

总经理：周保银

地　址：北京市海淀区上地开拓路9号

邮　编：100085

电　话：010-62980739/40/41/42/43　传　真：010-62981373

2008杰出项目奖

2008年10月22日，DHL和欧博迈亚公司共同在德国威斯巴登接受了德国项目管理协会颁发的“2008年德国杰出项目奖”。

该奖项是为了嘉奖DHL和欧博迈亚公司在“DHL欧洲航运中心枢纽”项目在项目管理方面的杰出表现。这个DHL欧洲货物航运枢纽已于2008年3月成功启用。自此，每天晚上都有上至60架飞机的快递货物在莱比锡/哈勒通过全自动的分选系统进行集散分装。

欧博迈亚支持DHL，派出一支由15名项目经理组成的团队负责整个项目管理的子项目：分选技术、IT技术、人力资源、前场及楼宇修建、网络运作、过渡、测试车及调试运转正式使用。

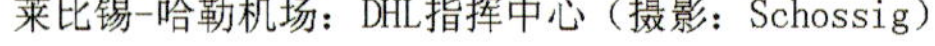
莱比锡-哈勒机场：DHL指挥中心（摄影：Schossig）

莱比锡-哈勒机场：DHL中转区域 （摄影：Schossig）

在中国成功进行了20年的设计和规划后，欧博迈亚集团于2005年成立了欧博迈亚工程咨询（北京）有限公司。

北京首都机场A380机库

福州东部新城规划

沈阳桃仙机场

武广铁路

梦想、设计… 建设

巴黎机场工程公司：来自机场 … 走向城市的心脏

法国巴黎机场国际工程公司（ADPi）创建于2000年6月，是巴黎机场集团的子公司以及规划设计室，在全球范围内参与了大量的机场设计与扩建以及城市发展规划项目。

依托于巴黎机场50年的建设经验，巴黎机场工程公司的建筑师、工程师们以他们独有的创造天分，为世人留下了地标性建筑，无论是迪拜国际机场的三号航站楼，还是法国图卢兹空客A380的总装配工厂，或者是波哥大机场的航站楼扩建，无一不展示着其强大的设计实力。

KING ABDULAZIZ国际机场-JEDDAH/沙特阿拉伯

中国上海东方艺术中心

广州新体育馆

adpi

浦东国际机场

中国大剧院-中国、北京

ADPi的专家们具有创新的天赋、高超的技能。在他们的努力下，ADPi不仅成为全球机场建筑及工程设计的领导者，而且也跻身于大都市的地标性建筑设计：北京的中国国家大剧院、广州的体育馆及财政局大厦、迪拜的Tiara双塔以及巴黎的拉丹芳斯大凯旋门。

以分享梦想、分享激情为宗旨，ADPi的专家们以严谨的设计及执行能力，不仅确保了项目的审美性、经济性及耐久性，而且也最终满足了客户的需求。而这一切，都来自ADPi建筑师、工程师们的激情。

重庆机场总体规划

雇员数量：
截至2008年12月，共有雇员600名
营业收入：
2007年6440万欧元
2008年1.06亿欧元
认证：
2003年获得 ISO 9001认证
现有项目：
遍布100个国家和地区
海外机构：
ADPI 中国子公司
ADPI 哥伦比亚分公司
ADPI 迪拜分公司
ADPI 法国总部
ADPI 黎巴嫩子公司
ADPI 利比亚分公司
ADPI 莫斯科分公司
ADPI 阿曼分公司

迪拜的TIARA双塔

广州财政局大厦

联系方式：

联系人：尹纳新
手 机：13910779422
E-mail: nancyyin@163bj.com
传 真：010-82131359

法国总部：

ADPI Bâtiment641-Orly Zone Sud91204 ATHIS-MONS CEDEX FRANCE
T :+33(0)149751100
F :+33(0)149751391/98

E-mail: develop@adp-i.com
www.adp-i.com

A MEMBER COMPANY OF THE AÉROPORTS DE PARIS GROUP

航天晨光股份有限公司

科技大楼

CGJ5600GJYST机场加油车

25000L半挂飞机加油车新产品

航天晨光股份有限公司于1999年9月30日设立，并于2001年6月15日在上海证券交易所上市。公司注册资本为32440.3万元，股票简称“航天晨光”，股票代码为“600501”。

公司历史渊源于清朝洋务运动中创建的金陵机器制造局，成立于1865年，是中国近代民族工业的摇篮。新中国成立后，组建南京晨光机器厂，先后隶属于兵器工业主管部门和航天工业主管部门，现为中国航天科工集团公司所属大型综合机械制造企业。

航天晨光占地76.72万平方米，其中厂房建筑面积30万平方米；现有员工2400余名，其中工程技术人员519名，高级技术人员290名，享受政府专家津贴6名。航天晨光建有研究开发中心、信息中心、检测实验中心和覆盖全国的营销服务网络，具有强大的产品研究、设计、开发和生产能力，完善的客户服务体系和现代化的管理手段。公司拥有2个销售分公司、10个产品经营分公司、8个控股子公司和3个参股公司。

20世纪60年代初期，公司开始研制生产军用加注车，经过40余年的跌宕起伏，积累了大量研制军用、民用特种改装车的经验，主要为中航油、华南蓝天油料公司下属的各地分公司、航空护林中心及二炮、空军、海军等各军种提供油料装备。高新技术产品—CGJ5600GJYST全挂机场加油车于1995年入选国家“双加工程”，获航空航天部科技进步二等奖；CGJ5230GJYST/CGJ5270GJYST机场加油车1999年获航天名牌产品称号，已被民航主管部门认定为进口替代产品，并使我公司成为民航主管部门颁发生产许可证单位，是航油系统同类产品在国内较大的供应商。

航天晨光的专有技术源于航天领域的开发技术，继以几十年不断的研制和开发创新，取得了20多项产品和制造技术专利，使航天晨光的综合技术实力和主导产品经营规模均在同行业中处于领先地位。公司产品使用的“三力”牌注册商标，是江苏省工商行政主管部门认定的“江苏省著名商标”，在国内外具有较高的知名度。公司信用等级为AAA级。

电话：025-52826790　传真：025-52430501
企业网址：www.aerosun.cn　邮箱：tc@aerosun.cn
地址：南京市江宁经济技术开发区天元中路188号　邮编：211100

空军南京航空四站厂

空军南京航空四站厂创建于1980年，现已发展为空军机场地面设备研发、生产、维修的专业工厂和空军航空液压油泵车定点研制基地。

工厂建有研究开发中心、生产制造中心、航空液压试验中心和机场地面设备维修中心，具有强有力的机场地面设备设施开发、生产制造和维修能力。工厂主导产品有航空液压油泵车、航空液压负载试验台、液压升降台、机场场务工程车、飞机副油箱组装检测车、工程抢修车、多功能装卸车、野战装卸平台、航空地面电源检测仪等系列。

工厂积极推行现代企业管理方法，建有严密的质量保证体系，已通过空军科研单位研制资格审查，GJB9001-2001军工产品质量体系认证，ISO9001质量标准体系认证和ISO14000环境标准体系认证。工厂依托航空技术和质量优势，通过体制创新和技术创新，优化和调整产品结构，逐步建设成为一个生产规模化、维修专业化、管理精细化、产品多元化、市场国际化的现代企业。

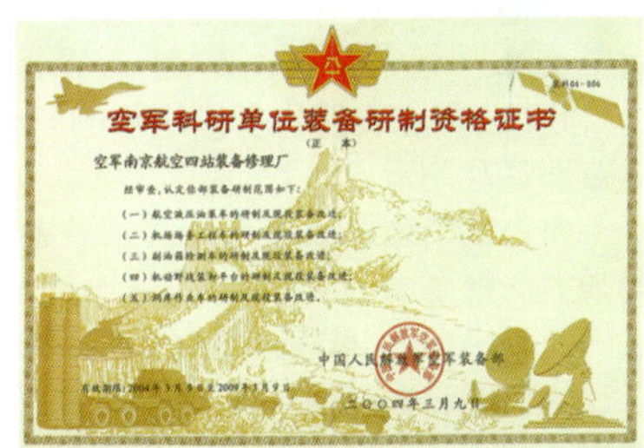

YYBC-2型航空液压油泵车

主要用于飞机液压系统性能检验以及地面维修、试验和故障检测；为飞机补充加注符合要求的航空液压油；净化飞机液压系统；具有向飞机供油功能。

装备野外抢修车

主要用于保障装备在野外的应急抢修。适用于所有航空保障装备、民用电力装备等野外应急抢修。

IV型机场场务工程车

IV型机场场务工程车具有先进的设计理念，集成化、自动化程度高，有高效的切缝、破碎、清洗、夯实、机场排水及夜间施工照明等功能，主要用于机场道面的快速修补。

洞库作业车

洞库作业车系电动自行式搬运、吊装装备，具有货物的吊装、吊卸、叉装、叉卸、装运和牵引等功能，适用于仓库、货场、物流中心等场所货物装卸作业。

多功能急抢修车

多功能急抢修车主要用于自来水、煤气管道等市政工程的抢修，对抢修抢险工程能够及时的作出快速反应，迅速赶赴现场实施有效的控制险境。

机动野外装卸平台

机动野外装卸平台是用于国民经济各行业进行铁路、公路运输时物资快速转运、装卸作业的机动保障装备。

地址：中国南京太平门外蒋王庙街265号
邮编：210042
电话：025-85471082
传真：025-85471339
网址：http://www.njhksz.com

美国 JBT 公司是世界上先进的机场地面设备提供商。主要产品有：升降平台、飞机牵引车、除冰车、豪华客梯车、蛇形行李传送车等等设备，广泛应用于全球各大航空公司、各大机场。JBT 公司前身为 FMC 科技有限公司，创建于 1888 年，迄今已经超过 120 年的历史，2008 年 7 月，JBT 公司从 FMC 科技有限公司中分拆出来，并于 2008 年 8 月 1 日在纽约证交所上市。

JBT 公司在美国佛罗里达州的奥兰多，尤他州的奥格登，宾夕法尼亚州的查尔法以及西班牙的马德里和墨西哥的祖里兹都建有制造厂。

作为航空地面设备工业的领导者，JBT 公司拥有着世界级产品，其全球化的生产、设计、制造能力，技术支持能力和强大的财务背景更保证了可以提供其他较小的机场地面设备公司所不具备的各种先进技术、优质的售后服务以及发达的商务平台，JBT 的全球化售后服务支持体系更为业界翘楚。所有这些都将为我们的用户节约大量的使用维护成本。

我们的目标是——为用户提供低设备寿命周期费用的产品，向用户提供超越产品本身的各种扩展价值，使客户获得设备总成本较低的解决方案。

从 FMC 到 JBT 我们始终如一！

地　址：上海市广东路 689 号海通证券大厦 3002 室
电　话：021-63411616　传真：021-63410708
联系人：叶　菁　手机：13906023216
E-mail:joshua.ye@jbtc.com

上海东风照明器材有限公司

公司简介

上海东风照明器材有限公司创建于1947年，是中国较早生产照明灯具的专业工厂之一。

本公司隶属上海港裕投资管理有限公司，是一个混合所有制的有限公司。公司主要产品有：机场助航灯具、航空灯具、工矿灯具三大类100多个品种和规格，同时承接照明工程配套项目。公司从1959年开始为军航、民航研制、生产并提供机场助航灯具，20世纪60年代初开始为北京首都机场、上海虹桥机场、广州白云机场、成都双流机场提供了全部的助航灯具。90年代研制、生产了与国际接轨的8″～12″系列嵌入灯具，本系列产品完全符合GB7256《民用机场灯具技术条件》、国际民航公约组织（ICAO）附件14的要求，主要性能符合美国FAA150/5345-46B的要求，目前已在上海浦东机场、虹桥机场、北京首都机场、广州白云机场、四川双流机场、绵阳机场、杭州萧山机场、重庆江北机场、西安咸阳机场、沈阳桃仙等机场广泛使用，效果良好。

公司已通过ISO9001:2000质量保证体系认证，建立了一套完整的质量控制及售后服务体系，因而从产品零部件加工、装配的检测至成品检测都得到严格监控，确保了产品质量。

公司愿意在互惠互利、争取双赢的基础上与国内外同仁和所有的朋友建立良好的各种形式的合作关系，为促进照明事业发展作出贡献。

主要产品

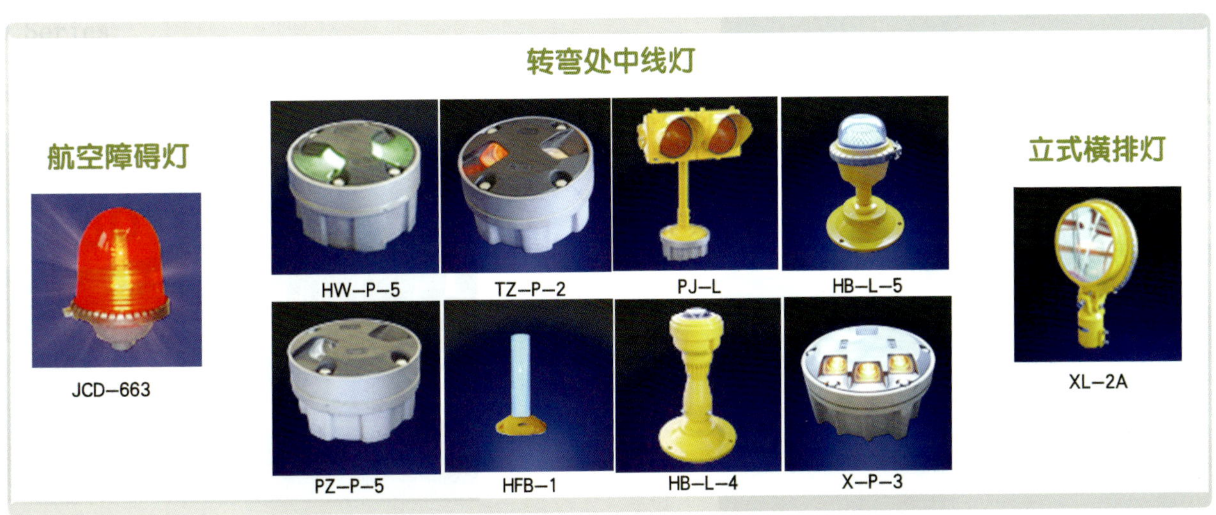

东风照明
地　址：上海市上川路555号　邮编：201209　电话：021-68681098　传真：021-68681098
E-mail：df@sh-dongfeng.com　网址：http://www.sh-dongfeng.com

联手国际地勤公司，打造专业优质服务

2008年9月29日在人民大会堂举行奥运会、残奥会总结表彰大会上，BGS和BAIK都被授予“北京奥运会残奥会先进集体”。这是所有BGS和BAIK员工都值得记住的一个日子。

在奥林匹克圣火熄灭3个月后的2008年11月21日，旅客服务促进委员会（BCIA）举行了奥运期间第三季度的整体服务审查。在这次会议上，BGS和BAIK分别被授予“服务表现优秀奖一等奖”和“服务表现优秀奖二等奖”。

除此之外，BAIK也赢得了北京奥运组织机构授予的“奥运食品安全”特别贡献奖，民航主管部门授予的“北京奥运会残奥会航空运输保障先进集体”奖以及首都机场集团授予的2008年“奥运保障先进单位”奖。

北京空港航空地面服务有限公司（BGS）

北京空港航空地面服务有限公司（BGS）成立于1995年，是首都机场集团（CAH）和新加坡航站服务有限公司（SATS）按60%和40%的出资比例成立的合资企业。BGS向客户提供全面的地勤服务，主要包括客运、货运和停机坪以及通过BCIA提供过站机务维修等。目前，BGS有超过40个国际和国内航空公司的客户，市场占有率约为50%。在2008年，BGS共处理388万人次、139529次航班和455000吨的货物。

北京空港配餐有限公司（BAIK）

北京空港配餐有限公司（BAIK）成立于1993年，是首都机场集团（CAH）和新加坡航站服务有限公司（SATS）按60%和40%的出资比例成立的合资企业。从2008年12月25日起，BAIK已移至新的航空配餐楼，生产能力达到每天1.8万份餐食。BAIK向国内和国际航空公司提供品种丰富的特色菜肴、点心、饮料和免税商品。在2008年，BAIK生产的餐食达到500万份。

BAIK目前在北京首都机场向22家国际航空公司和24家国内航空公司提供服务。

新加坡机场航站服务有限公司（SATS）

SATS是新加坡航空有限公司的子公司，于2000年5月在新加坡证券交易所上市。总部位于新加坡樟宜国际机场。SATS是全球领先的航空公司的地面服务和航空配餐解决方案供应方，其综合性服务包括空运货物、行李处理、客运服务、停机坪服务、航空安全、航空餐饮、冷藏和冷冻加工食品制造以及航空亚麻洗衣等。

SATS通过60多年的经营经验和在全球越来越多的投资项目，已成为国际知名优质服务品牌。这使SATS成为许多机场当局和航空公司首选的合作伙伴。在SATS的全球网络下，SATS在07/08财政年合计处理51.4万个航班、6700万人次以及380万吨的货物，并生产了6500万份航空餐食。

迄今，SATS已在亚太地区的40个机场组建了18家境外战略合资企业。这些区域包括：印度、中国、菲律宾、马尔代夫、台湾、越南和印度尼西亚。在中国（包括香港和澳门）SATS公司已在13个机场组建公司。SATS为海外合资企业所带来的增值包括：

1. 实现现代和先进的管理，系统和业务专长；
2. 提升服务标准和质量；
3. 提供工作人员培训和发展；
4. 分享领域专门知识的业务，产品和服务的发展。

专业的机场地勤公司

专业的地勤服务公司将能够提高机场的服务水平并同时降低航空公司的运营成本。这是因为航空公司不再需要保持价值高昂的基础设施和地面支持设备如特种车队和用员工来完成航班的地面服务工作，因而能够专注填满飞机上的座位。

除此以外，机场管理当局也能够将宝贵的资源用以提高机场的基础设施设备，把重点放在制定合理的的增长政策，从而吸引更多旅客和航空公司上面。

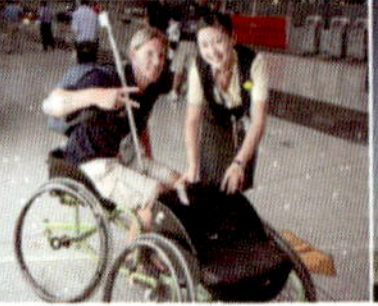

新加坡机场航站服务有限公司北京代表处

地址：朝阳区东三环北路霞光里18号佳程广场A座1120
电话：010-59231196　传真：010-59231197

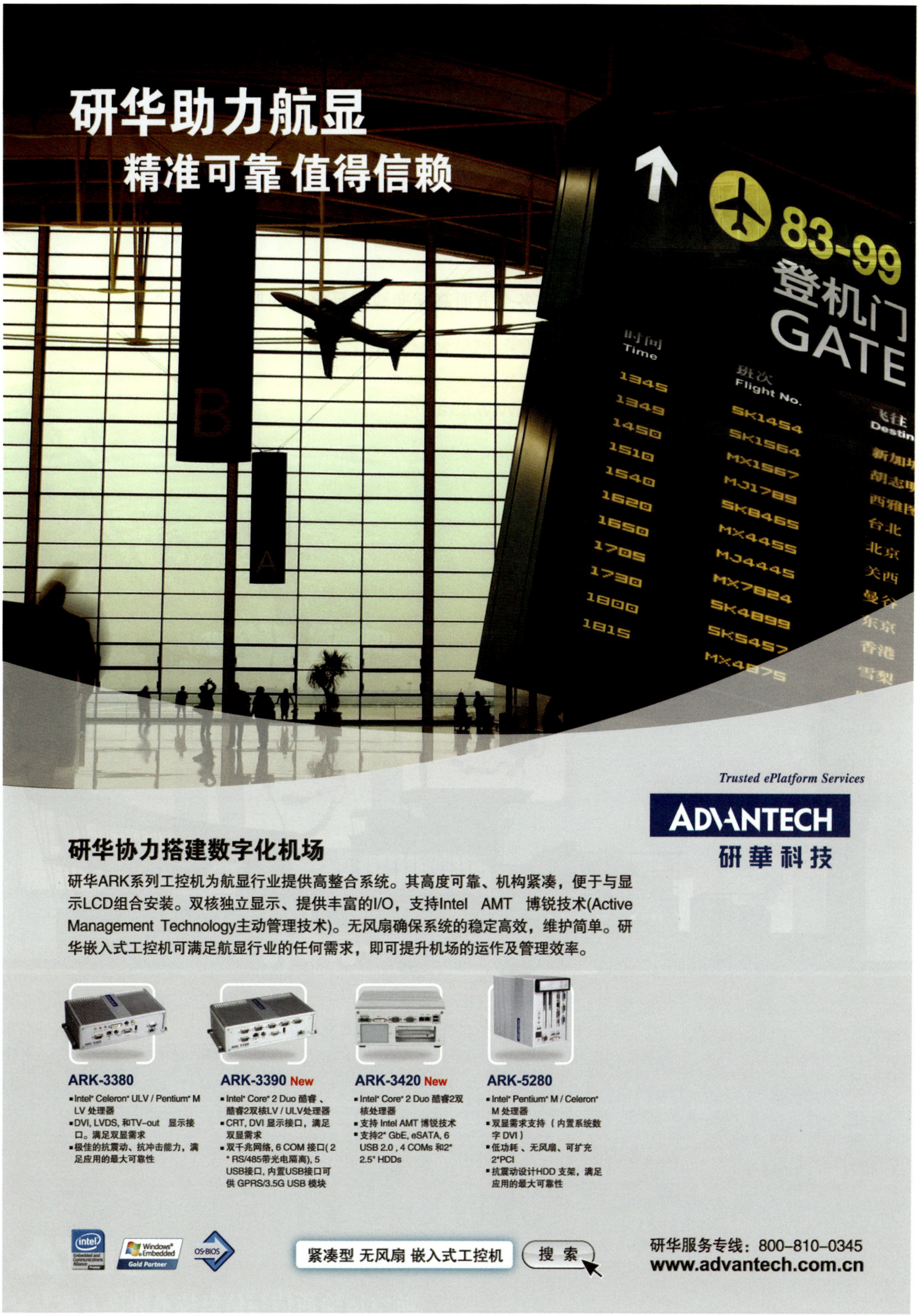
研华助力航显
精准可靠 值得信赖
83-99
登机门
GATE
时间
Time
班次
Flight No.
Trusted ePlatform Services
ADVANTECH
研華科技
研华协力搭建数字化机场
研华ARK系列工控机为航显行业提供高整合系统。其高度可靠、机构紧凑，便于与显示LCD组合安装。双核独立显示、提供丰富的I/O，支持Intel AMT 博锐技术(Active Management Technology主动管理技术)。无风扇确保系统的稳定高效，维护简单。研华嵌入式工控机可满足航显行业的任何需求，即可提升机场的运作及管理效率。
ARK-3380
▪Intel® Celeron® ULV / Pentium® M LV 处理器
▪DVI, LVDS, 和TV-out 显示接口。满足双显需求
▪极佳的抗震动、抗冲击能力，满足应用的最大可靠性
ARK-3390 New
▪Intel® Core® 2 Duo 酷睿、酷睿2双核LV / ULV处理器
▪CRT, DVI 显示接口，满足双显需求
▪双千兆网络, 6 COM 接口(2 * RS/485带光电隔离), 5 USB接口, 内置USB接口可供 GPRS/3.5G USB 模块
ARK-3420 New
▪Intel® Core® 2 Duo 酷睿2双核处理器
▪支持 Intel AMT 博锐技术
▪支持2* GbE, eSATA, 6 USB 2.0 , 4 COMs 和2* 2.5" HDDs
ARK-5280
▪Intel® Pentium® M / Celeron® M 处理器
▪双显需求支持（内置系统数字 DVI）
▪低功耗、无风扇、可扩充 2*PCI
▪抗震动设计HDD 支架，满足应用的最大可靠性
紧凑型 无风扇 嵌入式工控机
搜 索
研华服务专线：800-810-0345
www.advantech.com.cn

北京三赢伟业科技有限公司

北京三赢伟业科技有限公司是一家致力于民航行业的信息化建设、实施和咨询服务的专业的高新技术企业。公司成立于2003年，截至目前为止同国内大多数的航空公司均有着业务的合作，合作客户涵盖厦门航空公司、上海航空公司、山东航空公司、深圳航空公司、东方航空公司、四川航空公司、中国国际航空公司、首都国际机场等。曾参与开发和实施的厦门航空公司航班运行控制系统获得了厦门市的科技成果奖并得到了民航主管部门的肯定。至今，公司开发实施的一些民航业务系统在国内多家民航企业得到了成功应用，并取得了良好的经济效益和社会效益。

飞行机组管理平台(CMPS)

公司拥有目前国内自主开发的先进的航班运行控制系统、机组管理平台系统及其他民航行业产品。公司荟萃了一批服务于中国民航行业技术精英和业务专家，其中有多人从1996年便开始与民航客户的合作，对于国内航空公司、机场和空管等业务运作模式和管理模式非常熟悉。数年来，这些人员不断以强大的技术能力和卓越的服务意识为民航客户提供日益完善的服务。在这些人员中，具有民航业务知识和IT技术能力的人高达90%以上，全部拥有大学学历，绝大部分拥有计算机专业学位。多人通过国内国际的多种技术或管理认证，包括美国项目管理协会的PMP认证和ORACLE公司的ORACLE DBA认证等。由于参与实施过多家民航客户的信息系统，在国内民航行业中拥有良好的口碑。

航班运行控制系统(FOC)

实施项目客户介绍

公司近年来参加实施项目的民航客户主要有：

- 厦门航空有限公司
- 深圳航空有限公司
- 四川航空股份有限公司
- 山东航空股份有限公司
- 上海航空股份有限公司
- 东方航空股份有限公司
- 东航武汉有限公司
- 东航江苏航空公司
- 中国国际航空股份有限公司
- 国航浙江航空公司
- 中国货运邮政航空公司
- 中国货运航空有限公司
- 上海吉祥航空有限公司
- 东星航空有限公司
- 东北航空有限公司
- 鲲鹏航空有限公司
- 南京航空航天大学

应用解决方案介绍

公司目前可向国内外航空客户提供以下产品或方案服务：

◇ 航班运行控制系统（FOC）
◇ 机组管理平台系统（CMPS）
◇ 计算机飞行计划系统（FliPlan）
◇ 航空公司业务运行网系统
◇ 航空公司办公信息网系统
◇ 飞行人员网上准备系统
◇ 航班剩余座位销售系统
◇ 机场综合信息管理系统
◇ 机务工程系统（M&E）
◇ 航班运价管理系统
◇ 电子商务管理平台系统
◇ 航空公司直销服务平台系统
◇ 商务数据分析系统
◇ 航班节油奖励系统
◇ 飞机资源调度系统
◇ 移动运行平台系统
◇ 航班配载平衡系统

TEL：010-64803206　Web：www.bjsunwin.com

北京航安伟业科技发展有限公司

——中国航空软件的领航者

Company Introduction

公司简介

航安伟业成立于1999年，是专业致力于航空软件的研发、推广和服务的高科技公司，属北京市高新技术企业协会会员单位。

航安伟业不仅拥有“航空机务MRO系统”、“QAR数据处理系统”、“FOQA数据处理系统”及“航空办公自动化管理系统”等诸多成熟产品，而且在ACARS数据应用及飞机远程故障诊断及跟踪系统也有深入研究。在自主研发的同时，我公司也广泛开展国际合作，目前我公司是美国EMC公司针对国内民航数字化出版物领域的合作伙伴，共同致力于机务维修数字化工卡、飞行类技术资料及其他相关电子出版物的制作及发布系统的推广和应用。

公司产品在国防和民航领域得到了广泛的应用，为我国航空工业的信息化建设做出了卓越贡献。

我们的目标：

为航空公司信息化建设提供整体解决方案

Aviation Safety Great Cause Science & Technology Development Co.,Ltd

ASGC Co.Ltd.,established in 1999,is a high-technology company specialized in software research,development,extension and its service.It is a member of Beijing High-Techonlogy Enterprise Association.

The products of the Corporation have been widely applied in the fields of national defense and civil aviation that makes an outstanding contribution to the development of aviation industry informatization for China.

地址:北京市海淀区北四环中路238号柏彦大厦
Add:Baiyan Building,No.238 Beisihuan Zhong Road,Haidian District,Beijing
电话/Tel:010-82330159
传真/Fax:010-82330150
网址/Http://www.airit.com.cn

地址：上海市联航路1518号　　邮编：201112
电话：021-24178888　　传真：021-24177777
网址：www.wondersgroup.com

准备好结束您的
救火式IT管理了么？
昔日的繁重工作会结束么？何时才能不再每天花费大量时间处理应急事件？您如何确保无需投入大量的时间和精力就能将所有的事情都妥善处理？
减少重复工作的时间，将精力集中在新想法、解决方案以及创新改进上将会对您和您的企业大有裨益。想做到这一点非常容易：使用前摄性、可持续的自动IT工作流，可自动执行重复的维护任务，使您从被动变为主动。
蓝代斯克管理平台。
欲了解更多详情，
请登陆 www.landesk.com/go/process1
Avocent
LANDesk

ICAO Asia-Pacific Sub-regional Aviation Security Training Centre
国际民航组织亚太次地区航空保安培训中心
HKSAR China Aviation Security Academy
中国香港航空保安学院

香港机场保安有限公司 航空保安学院培训课程

国际民航组织亚太次地区航空保安培训中心

香港航空保安学院于1999年成立，并于2005年成为国际民航组织亚太次地区航空保安培训中心。2007年，香港机场保安有限公司与国际民航组织共合办8项培训课程，2008年，香港机场保安有限公司继续与国际民航组织合作，举办10项培训课程，其中包括“航空保安管理”、“质量管理研习班”、“国家培训计划班”、“专业管理”、“国家监察员”、“导师认证”和“危机管理”课程。

机场保安有限公司-航空保安学院

航空保安学院致力提供各类型的航空保安课程，为世界各地机场从业人员提供其他培训进修机会。航空保安学院于2008年3月举办“高级航空保安管理培训课程”，并计划于10月开办“基本航空保安管理培训课程”。

中国民航主管部门/机场保安有限公司

香港机场保安有限公司与中国民航主管部门保持紧密合作关系，计划在2008年举办一系列的航空保安培训课程，包括“航空保安管理”、及“人力资源管理”等培训班。课程将于香港航空保安学院举行。课程会安排学员到香港国际机场实地考察，加强学员的印象和了解。根据以往经验，学员对课程的反应都非常良好。

展 望

作为国际民航组织亚太次地区航空保安培训中心，航空保安学院将会继续与国际民航组织合办不同类型的航空保安培训课程。同时，航空保安学院与中国民航主管部门将会继续合作，致力提供崭新的航空保安培训课程，提升业界人员及机构的水平。

1 Cheong Yip Road, Hong Kong International Airport, Lantau, Hong Kong
香港大屿山香港国际机场畅业路1号
Visit our website at（请浏览网址）：Http://www.avseco.com
Or contact us at（或联络我们）：E-mail 电邮地址：academy@avseco.com.hk
Tel 电话： +（852）29498226
Fax 传真： +（852）22153703

ISO 9001:2000
HKG 0041001
All Operations and Operations Support Departments

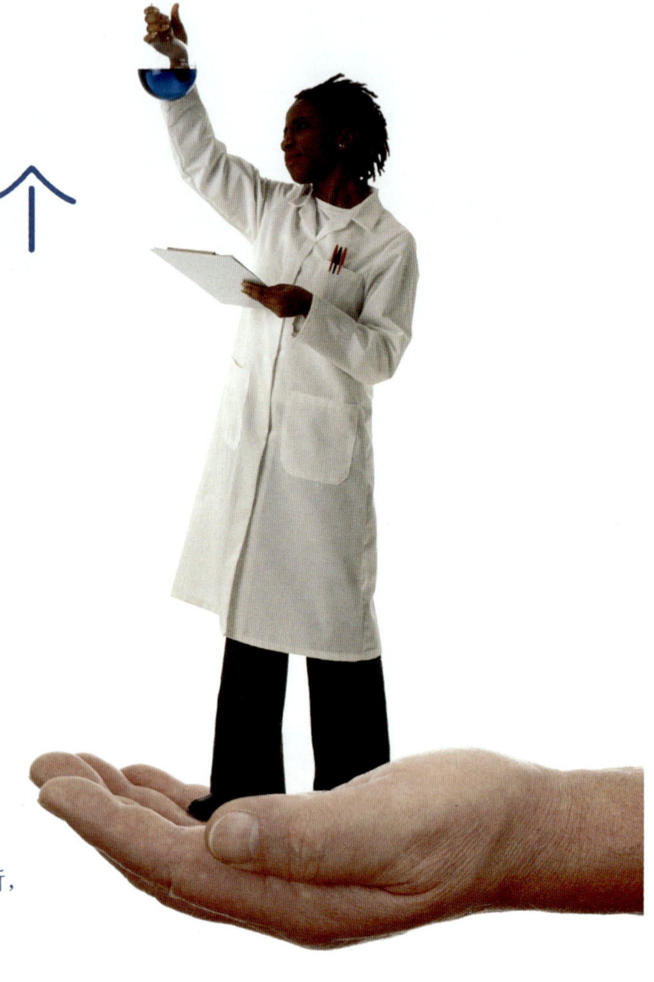

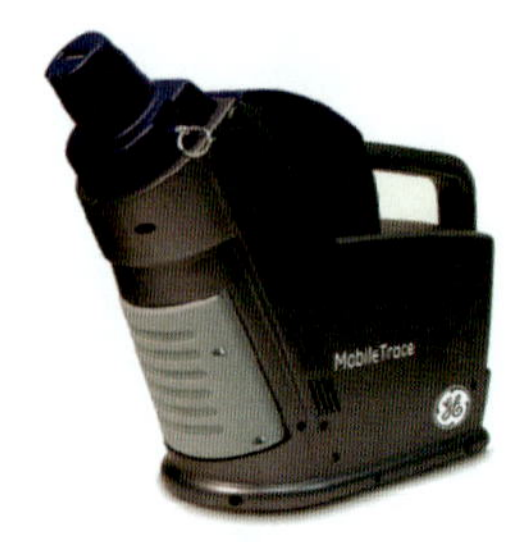
MobileTrace

梦想启动未来

GE
安防业务

GE国土安防微量炸药及毒品探测器有效降低英国肯特郡的毒品散播

毒品所到之处往往伴随着麻烦和犯罪。在英国肯特郡，警方正在对全郡范围内的俱乐部、夜总会及其周边地区，采用一种手持式微量炸药及毒品探测器检测迷幻剂，以便减少毒品散播，加强街道安全。

作为肯特郡“安全街道”举措的一部分，该郡执法部门已确定将GE国土安防的MobileTrace探测器用于对多种毒品和迷幻剂进行现场检测。针对全郡600多家聚会场所，警方要求，只有经过这种探测器检测的人员方可进入。

该项计划启动以来，已有超过300人因近期吸毒而被拒之门外，另有152人因持有毒品而被捕。

“微量炸药及毒品探测器为我郡的缉毒工作带来极大助益，”肯特郡警局毒品联络官Howard Chandler 警官如此说道，“由于夜间工作需要，我们一晚上通常要巡逻很多地方，而这种手持式设备正是我们所需的。通过将街道和夜总会的毒品量控制在最低程度，就能降低犯罪率，从而为民众提供一个更为安全的环境。”

除了能够检出迷幻剂，MobileTrace 还能够检测炸药。MobileTrace 能够检测阴、阳离子，只需一次检测，即可从各种、甚至难检物质中，明确有效地鉴定出是否存在炸药物质。

“GE国土安防十分欣喜，因为肯特郡警方将GE国土安防的手持式MobileTrace 探测器及其现有的Itemiser 台式迷幻剂探测器结合起来使用后，在缉毒战线上的出色表现，”GE国土安防业务国防专家Vincent Ortega 说道，“这充分体现了GE国土安防不懈的努力，以求为当今世界提供高科技安防解决方案，满足当代执法机关的需求。”

GE安防业务，让世界更安全。
www.gesecurity.com

GE
安防业务

GE国土安防产品符合中国民航主管部门安全检查设备规定与认证

——三款爆炸物自动探测系统再次受中国民航主管部门肯定，成为业内推崇的先进交运行李断层扫描系统之一

GE国土安防研发并制造的CTX9400DSi，CTX5500DS，CTX2500爆炸物自动探测系统系列，全都通过中国民航主管部门安全检查设备规定，符合、认证并许可用作于全国民用航空安全检查设备。

自GE国土安防的CTX 9000 DSi于2008年奥运期间，成功安装并应用于北京首都机场三号航站楼后，GE国土安防的另外三款爆炸物自动探测系统CTX9400DSi，CTX5500DS，CTX2500再次受到中国民航主管部门的肯定并成为业内推崇的先进交运行李断层扫描系统之一。

通过美国运输安全管理主管部门（TSA）认证的CTX2500设计小巧、功能丰富，与和其他型号相比，所需占地面积更小，是一款适合安装在小型安检通道的理想机型。此款设计小巧的机型可以独立使用，也可以与机场行李分检系统（BHS）集成使用。

对于独立的安检入口来说，CTX5500DS 无疑是上佳的选择。此款经过美国运输安全管理主管部门（TSA）认证的爆炸物探测机器具有很高的通行能力，可从容运行于繁忙的航站楼。它能使安检处理速度与将行李手动放置在传送带上的速度一致，并且适合在诸多机场环境下使用。

具有一米宽转送带及通道系统的CTX9400DSi以其超高性能和高通行量而备受瞩目，其高可靠性和组网能力的特点，可使系统效率达到最大化，并可将航空安防业的总体拥有成本降至最低。

此三款爆炸物自动探测系统因而适用于目前国内各种规格大小民航机场的不同需求，从繁忙高客流量的大型机场至小规模机场单机操作的特殊需求，GE国土安防爆炸物自动探测系统系列全线产品的投入市场，为2020年前的244个民航机场在机场安全检查设备上，提供了更广泛的产品选择。

所有GE国土安防行李断层扫描系统-爆炸物自动探测系统都通过美国运输安全管理主管部门TSA认证。全新高端CTX 9800也于2009年二月中旬获得美国运输安全管理主管部门TSA的合格认证。据悉，CTX 9800，不仅仅能胜任比目前市场更高的行李吞吐量，全新的“高清数据采集系统”更可达到高标准的图像保真度，为用户提供前所未有的全动态3D高品质图像。

华瑞科力恒(北京)科技有限公司

作为危险环境安全检测防护设备的开发商和制造商，美国上市公司——RAE Systems公司即华瑞科力恒(北京)科技有限公司不仅为反恐防化、环境保护、应急救援等众多领域提供了核化监测等一系列产品，并为众多国内外用户提供优质的系统解决方案。

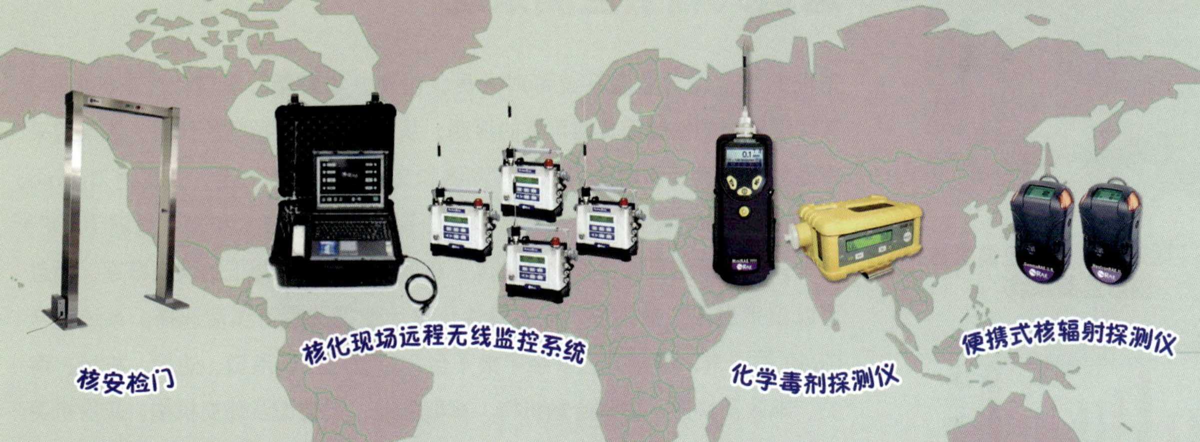

2008年，第29届奥林匹克盛会在中国北京成功召开，中国不仅成为了全世界的体育中心，并作为世界文化及经济交流中心令世人瞩目。与此同时，中国公共场所的安全保障受到了更大的考验，对致力于公共安全保障的企业来说也是一次相当大的挑战。2008年4月起，华瑞科力恒(北京)科技有限公司积极与各大涉奥机场沟通，通过多次技术、商务交流，现场测试，最终凭借优秀的产品质量、高新的技术赢得了与各大机场共同合作的机会。公司多个产品如核化现场远程无线监控系统、核安检门及核辐射仪表均在赛会期间服务于各大机场，如首都机场、上海两大机场、沈阳机场、青岛机场、天津机场等。华瑞科力恒(北京)科技有限公司通过高质量的产品和完善的服务为赛会期间机场公共安全提供了强有力的保障，为盛会的顺利召开贡献了自己的力量!

华瑞科力恒（北京）科技有限公司
重点项目部
电话：+86.10.58858788-3400 传真：+86.10.58858788-3600
地址：北京市海淀区永丰产业基地丰贤中路7号华瑞科力恒大厦 邮编：100094

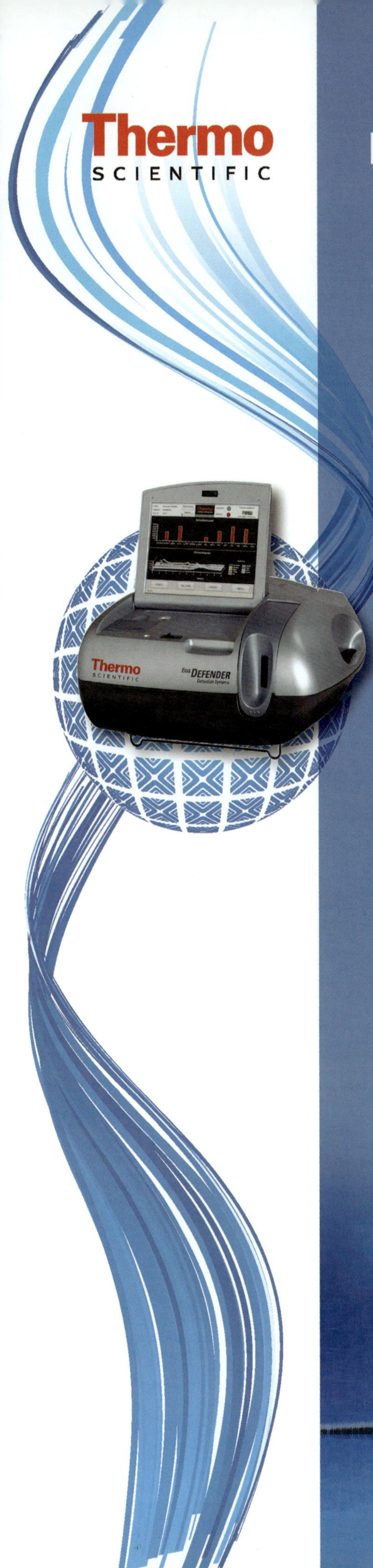

EGIS Defender 台式爆炸物探测仪

高速 GC 和 DMX 双级联用专利技术
无须模式转换即可一次完成对正离子和负离子的检测

EGIS Defender 台式爆炸物探测仪，该产品主要特点为高速气相色谱 / 微分离子迁移谱技术双级联用。

赛默飞世尔科技公司是世界领先的分析仪器研发和制造公司。不仅在实验室分析仪器领域有举足轻重的地位，在现场炸探和毒品检测也已有 17 年的生产研发历史，其前一代的产品有著名的 EGIS II 和 III 型。

现在，每一天有超过 120 个美国机场和世界范围内的其他 50 个机场以及国内的 20 多个机场在使用赛默飞世尔公司的 EGIS Defender 爆炸物探测仪，它提供了很可靠的安全保障，是能够适应拉萨贡嘎机场（海拔 3600 米）、邦达机场（海拔 4334 米，是目前世界上海拔较高的民用机场）等高海拔环境的台式爆炸物探测仪。

我公司针对现有的痕量检测技术分辨混合爆炸物的能力和抗干扰物和掩蔽物的能力差、仪器重度污染后恢复时间长等缺陷研发了 EGIS Defender 台式爆炸物探测器。该仪器结合了获得专利的高速气相色谱技术和微分离子迁移谱技术，显著地提高了精度、速度和探测范围。此双级联用技术可使 EGIS Defender 提供很高的性能，以很高的灵敏度同时探测塑料、商业和军用炸弹，如 TATP、HMTD、AN-FO、黑火药以及国际民用航空组织的标识化合物、所有种类的硝胺炸药。

样品采集片分析

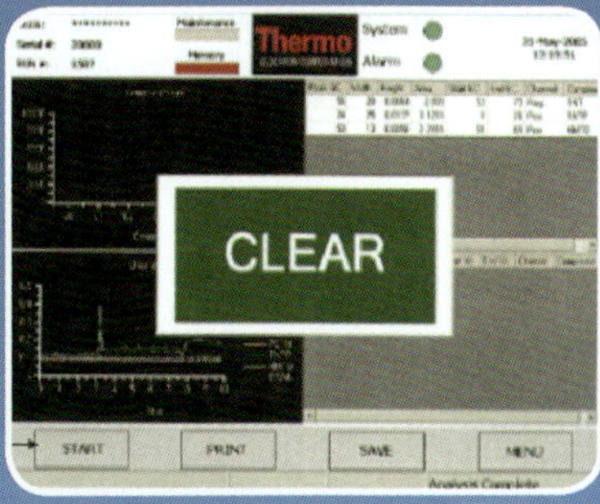

操作员菜单窗口

小件行李物品安全检查的首选设备
——双视角能量型X射线安全检查设备

FISCAN 双视角设备采用线扫描工作原理，设备的单次检查剂量和设备的射线泄漏剂量率都很低，在没有任何特殊防护下，设备对被检物以及公共环境都不会造成危害，是目前极安全的检查设备。设备装备了输送带系统，被检物可以快速地通过X射线检测区域，大大提高了检查效率。所以，FISCAN双视角X射线检查设备在机场、海关、铁路、公路、公共场所的集会以及重要部门得到了广泛应用。

FISCAN 双视角设备使用了2个射线源和2套能量探测器，射线从水平和垂直2个方向穿过被检物，设备的2个显示器分别显示了同一个被检物的水平和垂直两个方向的X射线投影图像，操作人员可以更容易地从重叠的物体中识别出可疑物。下图给出了水平和垂直方向被检物的X射线投影图像，手枪可以很容易地从垂直投影图像中发现，而不易从水平投影图像中发现。

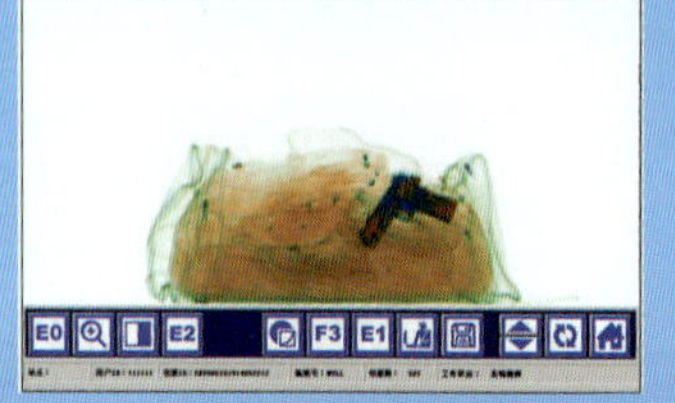
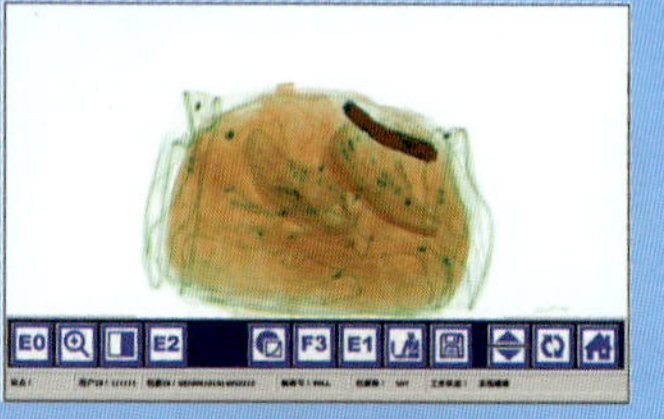

图 (a)垂直X射线投影图像 (b)水平X射线投影图像

FISCAN 双视角设备是在传统单视角设备的基础上进行设计的，设备在水平和垂直方向上都提供高质量的被检物的X射线透射图像。

双视角X射线检查设备造型美观，可同时进行2个方向的检查，比传统的X射线检查设备有着明显的优越性，因此具有十分广泛的适用性。

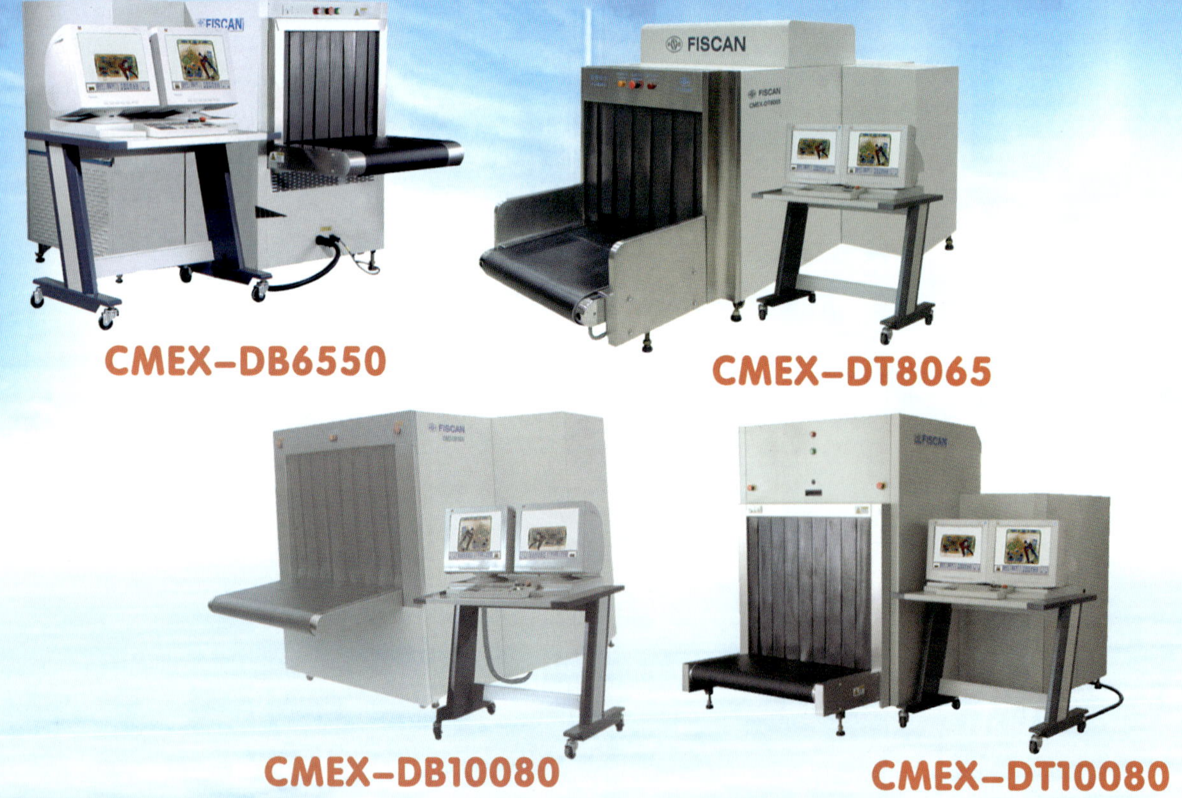

北京中盾安民分析技术有限公司

公安部第一研究所安检事业部

地　　址：北京市海淀区首体南路1号　邮　　编：100048

电　　话：010-88513627～36　88513411～13

传　　真：010-68421178

邮　　件：sales@fsican.cn

网　　址：http://www.fiscan.com.cn

北京民用航空保安器材公司

Beijing Civil Aviation Security Equipment Company

www.avsec.com.cn

世界先进的行李安检机

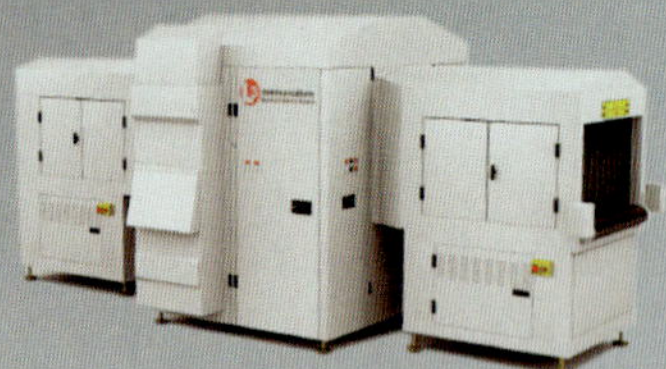

eXaminer3DX6500

Examiner 3DX 6500 CT扫描安全检查设备是多重切片CT安检设备，具有精确的爆炸物探测能力。小的误报率和良好的图像显示，以及简便的操作程序。其每小时600件的检测速度使被检测包裹可以连续地通过。并可以将可疑物自动标示、报警。独特的三维成像技术，允许操作员对被检测物品进行360°观察。

02PN20 ENZB金属及辐射探测器

金属探测器特性

· 可对由磁性金属、非磁性金属以及合金金属制成的武器进行探测
· 多区域部位显示
· 极高的分辨能力和通过率
· 具有非常高的抗电磁干扰和机械干扰的性质
· 可对经过包装处理的放射性物质进行探测
· 通过国际认证并符合金属探测器应用标准

辐射探测器特性

· 可对具有放射性危险的射线进行探测
· 内置高灵敏度、全高度辐射感应器，可探测全部通过区域
· 多区域显示通过放射源的位置
· 符合放射线入口监视的应用探测要求

02PN20 ENZB金属及辐射探测器

世界民航广泛使用的安检门

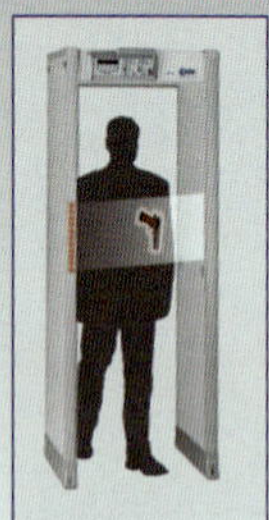

02PN20高性能金属探测门

02PN20具备优越金属形状分辨能力，既保证对刀具实现100%探测又大大降低了手表、腰带、皮鞋等随身金属报警率，减轻了安检人员劳动强度，是美国机场指定的安检门，也是目前各大国际机场使用较多的新一代安检门。

金属探测门包括HI-PE Multi-Zone、SMD600 Multi-Zone、PMD2、CLASSIC等多种款式型号。结合PD140系列手持金属探测器使用可以达到良好效果。

PX6.4

PX6.4耐久型检查点X射线系统： 图像质量高、检查速度快、移动灵活。优越成像性能保证了对各种危险物品的快速检测，如武器、麻醉毒品、爆炸物以及其他非法品等。在必要设置安全检查点的地方，从旅客航站楼、政府大楼到存在高危险公司机构等，PX6.4多样性功能都可以提供可靠解决方案。

MVT-HR

MVT-HR是一种革命性的高速多视角自动爆炸物探测系统，其采用三个真正的高低能交变射线源，获得行李不同角度的图像，并通过对被检查行李内部材料的原子序数和密度进行分辨，查找炸药和毒品，并标记出可疑区域。可单机或联网使用，符合中国和国际安全标准，能完全保证胶卷检测安全。包含了最新的图像处理技术，可以提供比以往更为清晰的图像和更为先进的图像处理功能。

鞋底探测仪

· 结合安检门使用，可在不脱鞋的情况下准确地探测
· 膝盖以下部位的危险金属物品，是防止恐怖分子利用鞋子携带爆炸装置及金属武器的有效方法

鞋底探测仪

防爆桶TC92

TC92防爆桶是专门针对恐怖爆炸袭击而设计制作的，该防暴桶具有独特的设计，主要针对公共场所的爆炸威胁，保障公众安全，适于放置在敏感区域。

特征：操作简便

1.大容量的存放空间；
2.具有安全锁定装置；
3.容易清理；
4.自排水系统，非常容易清洗。

防爆桶TC92

其他产品

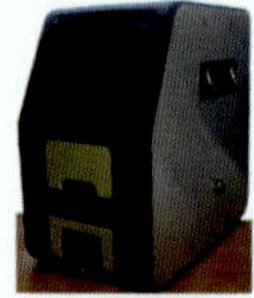

EMD爆炸物痕迹探测系统

EMD爆炸物痕迹探测系统

· 探测所有爆炸物，不需更新爆炸物样本库
· 降低拥有总成本，不需干燥剂等耗材
· 更安全、更快速，不需要放射源，减少分析时间
· 样品盘可重复使用，不需要清洗导管
· 不用为系统污染而烘干或花费大量时间清理
· 自动化校正
· 将触摸屏和内置打印机结合起来
· 节省空间，便于运输

IU1200型防爆罐

IU 1200型防爆罐 专为机场设计

是能保证室内使用安全的爆炸物存储设备。

· 可容纳、隔离并移动可疑的包裹
· 能够方便地出入大多数公共场所的门和电梯
· 新型锁定机构和手柄

大型拖车式防爆设备－IU2000

大型拖车式防爆设备－IU2000 专为机场设计

· 高性能的爆炸物质及碎片防护技术
· 有效降低人身安全的风险及财产损失
· 优先放置于有事故隐患的场所及安检场所
· 内部容积为1.5m³，适合大尺寸行李
· 机动性能强，可挂载在机动车后
· 操作简便，维护成本低

公司总部：

地址：北京市东城区东四十条甲22号南新仓商务大厦B921　邮编：100007
电话：010-64096845　传真：010-64096813

上海办事处：

地址：上海复兴中路1号申能国际大厦506A
电话：021-63900017 63900956

成都办事处：

地址：成都市武侯区人民南路商鼎国际2-1-507室　邮编：611000
电话：028-85293208　传真：028-85293218

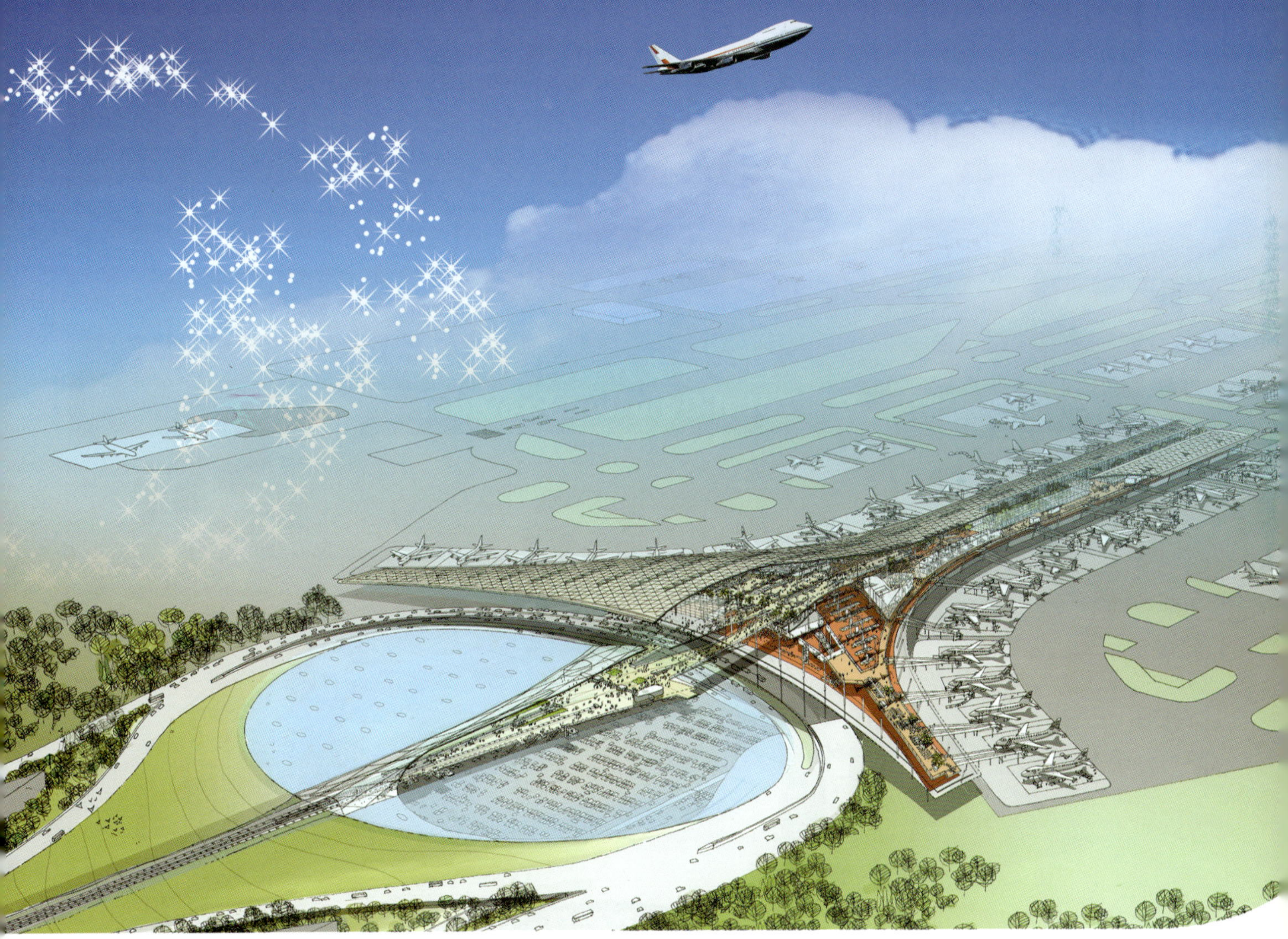

BOHN
THE COLD STANDARD
整体解决方案的提供者
Total Solution Provider
E+
Solutions
Efficiency • Environment
HEATCRAFT
Worldwide Refrigeration
西克环球制冷亚洲有限公司
HEATCRAFT WORLDWIDE REFRIGERATON - ASIA
www.heatcraft.com.cn

CHIGO 志高中央空调
新风格 大气候
CHIGO

全 球 领 先

蒸发冷却和冰蓄冷设备的先导企业

BAC全球

成立于1938年的美国巴尔的摩空气盘管公司一直致力于创新产品的开发研究，为客户提供传热解决方案。这使得BAC成为全球蒸发式热交换产品和冰蓄冷产品的先导企业。BAC是目前世界较大的蒸发式热交换设备和蓄冰设备的制造商之一，产品广泛运用于商业、工业、冷冻、发电等领域，能满足不同客户的要求。

BAC中国

BAC在中国有两个工厂，分别是BAC冷却系统(大连)有限公司和BAC大连有限公司。

BAC冷却系统(大连)有限公司简称BACCS。成立于2005年，系BAC在华的独资企业，公司为中国及周边市场提供高品质的开式冷却塔设备。

BAC大连有限公司是由美国BAC公司和大连冰山集团共同投资创立的合资公司。主要从事制造蒸发式冷凝器、闭式冷却塔和冰蓄冷设备，产品主要供应中国及周边的亚洲市场。

B.A.C.

部分产品

开式冷却塔

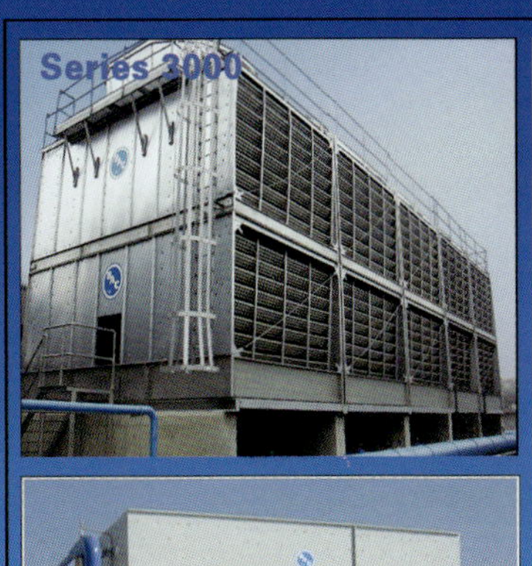

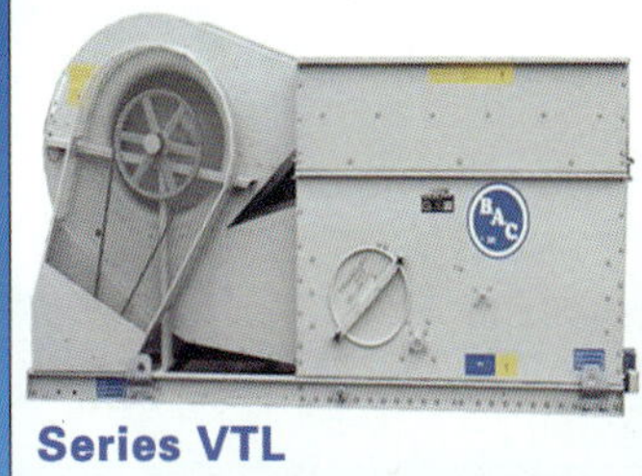

闭式冷却塔

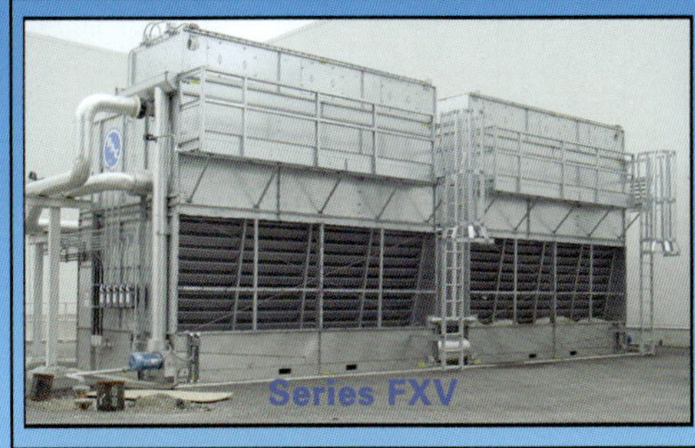

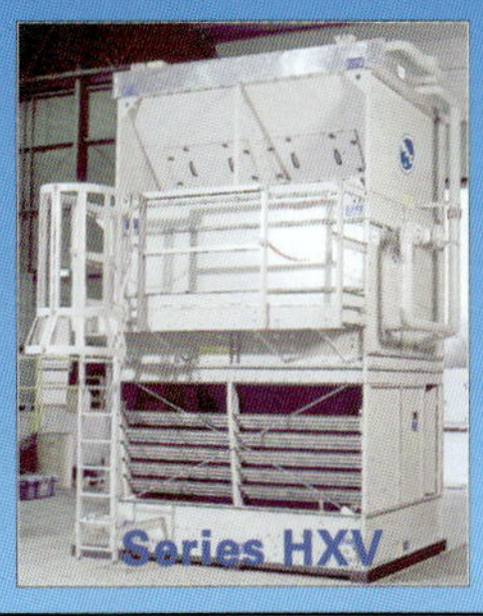

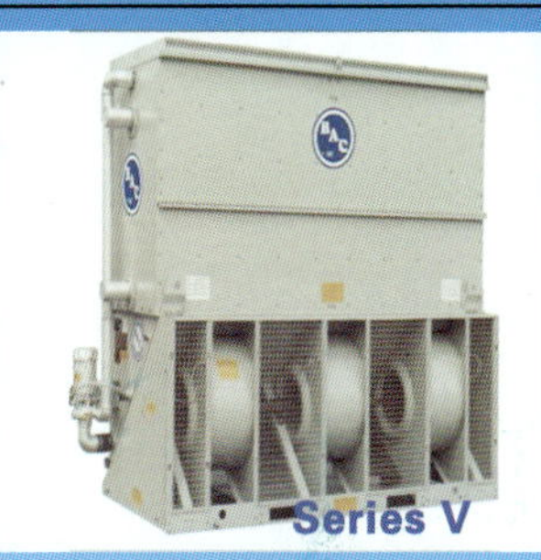

蒸发式冷凝器

蓄冰产品

B.A.C.

部分业绩

机场业绩

美国芝加哥奥黑尔国际机场
澳大利亚墨尔本机场

加拿大多伦多机场
埃及开罗机场

英国伦敦希思罗机场
阿联酋迪拜机场

北京首都机场

上海浦东国际机场

上海虹桥机场

天津滨海机场
湖北武汉天河机场
陕西西安咸阳机场

冷冻及工业领域(蒸发式冷凝器/闭式冷却塔产品)
BAC大连有限公司

中国辽宁省大连市高新园区广贤路65号
电话: (86-411) 8479 3275
传真: (86-411) 8479 3273
网址: www.BaltimoreAircoil.com

舒适性空调领域
BAC冷却系统(大连)有限公司

中国辽宁省大连市高新技术产业园区火炬路38号
电话: (86-411) 8479 6902
传真: (86-411) 8479 6903

北京办事处

中国北京朝阳门外大街18号丰联广场A座2107室
电话: (86-10) 6588 7611/12/13
传真: (86-10) 6588 7615

上海办事处

中国上海市南京西路580号南证大厦B座723-725室
电话: (86-21) 6218 2403/04/05
传真: (86-21) 6218 0171
网址: www.BaltimoreAircoil.com

其他业绩

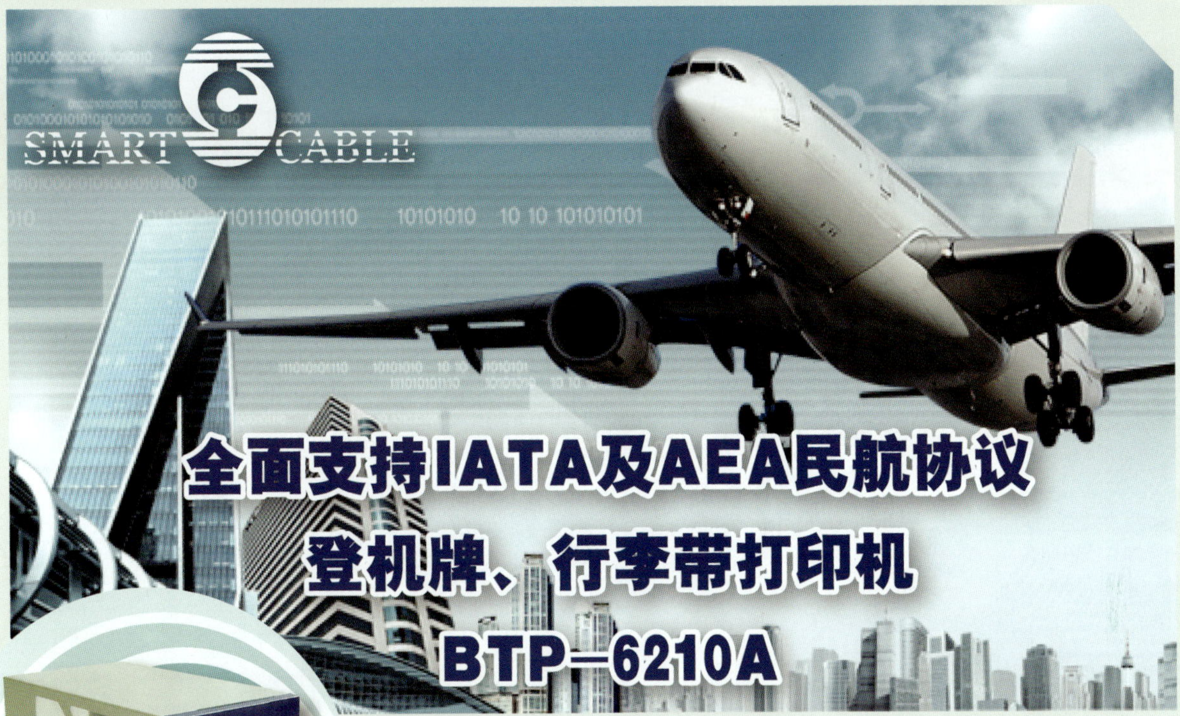

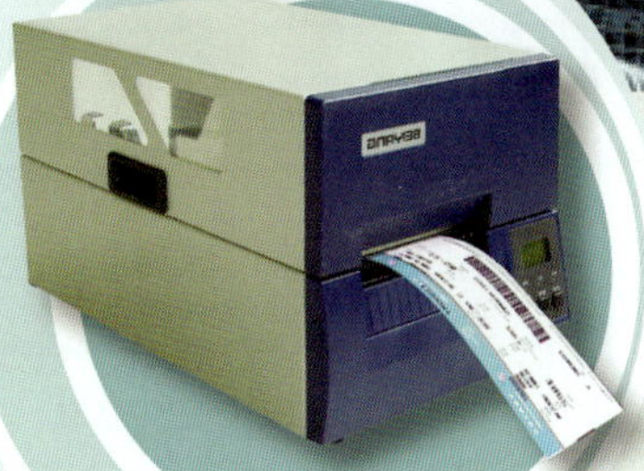

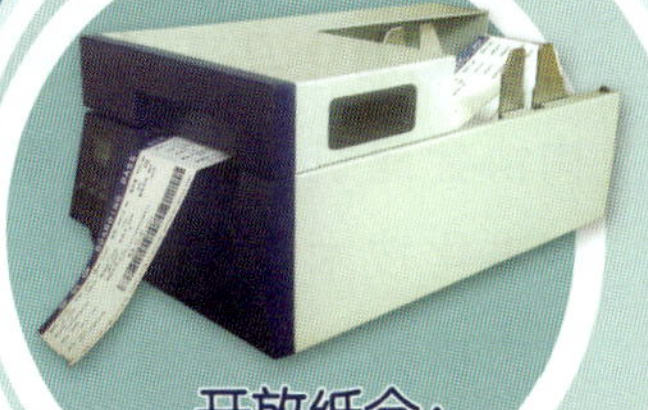

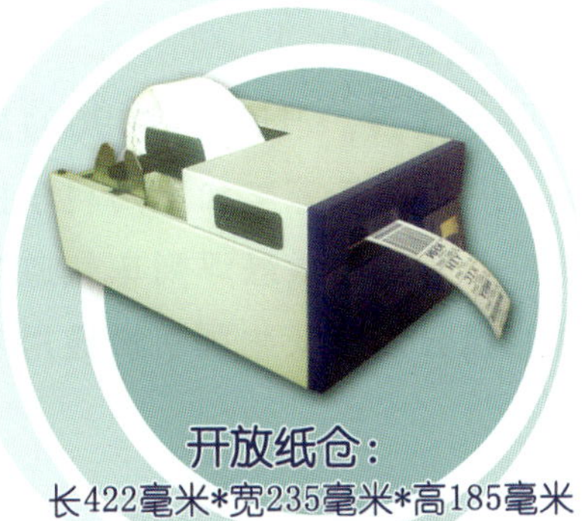
开放纸仓：
长422毫米*宽235毫米*高185毫米

南京国网电瑞电力科技有限公司

南京国网电瑞电力科技有限责任公司创立于2002年，位于江苏省南京市新城科技园。公司主要从事交通行业的交通机电工程（民航机场、大型/特大型桥梁、特大型隧道/隧道群等）供配电综合自动监控系统的设计、开发、制造、工程及技术咨询服务，从事电力行业发电厂、变电站保护测控、配网自动化系统的设计、开发、制造及技术咨询服务。公司于2005年被认定为南京市高新技术企业，2007年被认定为江苏省高新技术企业。

迄今为止，公司已参加超过50项大型公共交通工程项目的建设，工作内容涉及供配电系统运行监视、控制调节、环境安全等多个方面，为交通机电工程供配电系统的安全、优质、经济运行提供支持，进而为交通工程项目的安全、高效、稳定运行提供支持。公司还拥有成熟有效的质量控制体系，按ISO 9001:2000质量管理体系标准完成设计、研发、生产、工程服务的全过程质量管理工作，确保在所有的工程项目中都能依托先进的技术提供优质的服务，不断提高并巩固公司在行业中的领先地位。

公司参与建设的民航机场项目有广州白云机场、武汉天河机场、新疆乌鲁木齐机场的站坪照明控制系统，杭州萧山机场、沈阳龙家堡机场、北京首都机场区域供配电监控系统，南京禄口机场高速、陕西咸阳机场高速全线照明控制系统；大型/特大型桥梁项目有浙江杭州湾跨海大桥、舟山大陆连岛工程、深港西部通道深圳湾公路大桥、江苏润扬大桥、南京长江第三大桥、广州黄埔大桥等；大型/特大型的公路/隧道/隧道群工程项目有沪蓉西高速湖北段、江西武吉高速、湖南邵怀高速、湖南常吉高速、安徽合铜黄高速、河南郑石高速等。

部分机场案例

部分监控中心图

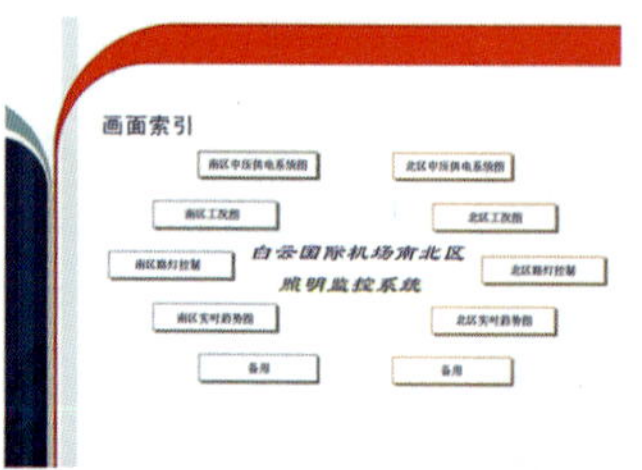

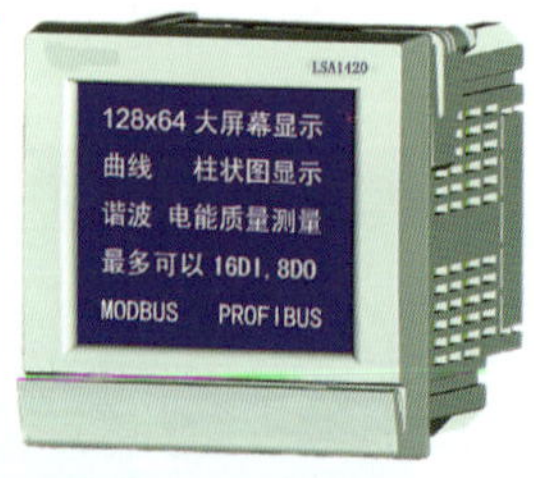

部分产品图

地　址：南京市建邺区奥体大街69号3栋6楼　邮　编：210019
电　话：(025) 86970900　传　真：(025) 52400181
商务邮箱：shangwu@njgwdr.com　工程邮箱：gongcheng@njgwdr.com
公司网址：www.njgwdr.com　www.chinalsa.com

首都国际机场

香港新机场

某空军机场施工后

使用前

使用后

运用一年后情况

欧美大地仪器设备有限公司
机场跑道工程高科技质量检测
全面解决方案供应商

欧美大地仪器设备中国有限公司（EPC®）成立于1987年，是中国大陆、香港、澳门地区领先的土木工程仪器设备全面解决方案的供应商。主要从事引进世界上先进的土木工程测试仪器设备，同时为广大用户提供优质的售前和售后服务。公司总部设在香港，在全国设有11个办事处，分别是广州、北京、上海、南京、成都、西安、沈阳、武汉、深圳、福州和济南。除了强大的销售和技术支持网络之外，公司在香港、广州和上海还设有客户服务中心和保税仓库，并在各办事处配有售后服务人员。

欧美大地仪器设备中国有限公司代理美国、加拿大、瑞士、瑞典、德国、英国、法国、丹麦、芬兰、澳大利亚、日本等先进国家的70多个厂家的产品。在机场跑道质量检测方面，有落锤式弯沉仪、MU-METER路面摩擦系数测定仪、探地雷达、无核法沥青路面密度仪、路面雷达系统、手持式激光平整度仪、多激光路面断面测量仪、三维探地雷达、动态摩擦系数测定仪、激光路面纹理测试仪、机场跑道气象信息系统等。

落锤式弯沉仪

评定跑道承载能力，调查水泥混凝土路面接缝的传力效果，预估道路的剩余使用年限。

路面摩擦系数测定仪

提供准确的日常跑道路面横向摩擦系数值，方便跑道养护部门维护。

探地雷达

无损探测，跑道结构详细分析，地质勘察，界面友好，触摸屏操作。

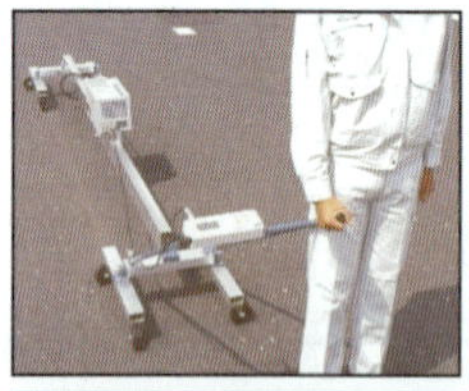

手持式激光平整度仪

通过激光技术和画像处理技术的非接触式测绘方式，可应用于弯曲、倾斜、旋转、排水等的特殊路面。

三维探地雷达

高分辨率的真正的三维地下成像探测系统，是目前市场上机场跑道大面积勘查应用较理想的探地雷达设备。

机场跑道气象信息系统

能够实时提供机场跑道道面信息和天气状况，以便机场运行管理人员及时进行决策和维护。

多激光路面断面测量仪

用于跑道上高速检测路面断面和高速检测路面微观纹理。

无核法沥青路面密度仪

快速确定跑道面层的沥青密度，以确定压实质量，及时修补密度达不到要求的区域。

路面传感器

测量路面温度，化学物浓度，并计算路面状况和化学结冰点。与跑道齐平安装，现场传感器的支架采用适合民航系统的易折式设计，较大限度地减小对航空器安全的影响。

http://www.epc.com.hk http://www.epccn.com

城市	电话	传真
香港	(00852)23928698	(00852)2395 5655
广州	(020)8336 1533	(020)8336 2080
北京	(010)6708 2860	(010)6708 2160
上海	(021)5821 9850	(021)5821 1778
西安	(029)8833 7488	(029)8833 7487
沈阳	(024)2324 2365	(024)2324 2359
武汉	(027)8786 4202	(027)8786 3386
深圳	(0755)8234 4730	(0755)8234 8570
南京	(025)8319 0370	(025)8319 7200
成都	(028)8675 8783	(028)8674 3787
福州	(0591)8738 8113	(0591)8738 8116
济南	(0531)8179 5601	(0531)8179 5600

欧美大地 引领科技